中国当代设计学术思想文丛

主编　陈岸瑛

美书　留住阅读

吕敬人　著

江苏凤凰美术出版社

图书在版编目（CIP）数据

美书：留住阅读 / 吕敬人著 . -- 南京：江苏凤凰美术出版社 , 2024. 9. -- (中国当代设计学术思想文丛 / 陈岸瑛主编). -- ISBN 978-7-5741-2209-3

Ⅰ . J04

中国国家版本馆 CIP 数据核字第 2024WK1622 号

责任编辑	韩　冰
项目执行	高家融
责任校对	唐　凡
责任监印	张宇华
	唐　虎
责任设计编辑	赵　秘

丛 书 名	中国当代设计学术思想文丛
丛书主编	陈岸瑛
书　　名	美书：留住阅读
著　　者	吕敬人
出版发行	江苏凤凰美术出版社（南京市湖南路1号　邮编: 210009）
制　　版	南京新华丰制版有限公司
印　　刷	南京爱德印刷有限公司
开　　本	787 mm× 1092 mm　1/32
印　　张	18.375
版　　次	2024年9月第1版
印　　次	2024年9月第1次印刷
标准书号	ISBN 978-7-5741-2209-3
定　　价	168.00元

营销部电话　025-68155675　营销部地址　南京市湖南路1号
凡江苏凤凰美术出版社图书印装错误，可向承印厂调换

总　序
中国设计，让理想照进现实

设计实践和设计教育的兴起与发展，是20世纪波澜起伏的中国式现代化进程中一段重要的插曲。现代设计与工业化、城市化进程密切相关。19世纪下半叶，作为对第一次工业革命的艺术回应，现代设计运动率先在英国出现。在第二次工业革命的推动下，现代设计运动在欧美现代都市中此起彼伏，并在20世纪初汇集为一种国际化的艺术潮流。毋庸讳言，中国在此过程中是缺席的。中国的现代设计和设计教育，最早可追溯至洋务运动时期，于新文化运动后浮出水面，在战火纷飞的20世纪上半叶得到了一定程度的发展。真正意义上的中国设计高等教育，要等到二战后的第三次工业革命时期，也即中华人民共和国成立以后，才得到成体系、成规模的发展。而以市场为导向、走进千家万户的设计实践，则要等到改革开放后才逐渐发展壮大。

中国式现代化是一种外源性现代化，按照罗荣渠先生的说法，它是一种精英思想引领、超经济手段推动的自上而下的现代化。这使得与之相关的中国现代设计和设计教育常常处在理念先行的状态，以及"正名""启蒙"和"学科地位"的焦虑之中。设计在中国的"正名"，实际上是一个消化产生于不同历史阶段、不同地域的外来词汇的过程。图案、装饰艺术、实用美术、商业美术、工艺美术、设计、工程设计、工业设计等外来词汇，本身就带有多种含义，即便在欧美也有不同的语境和不同的解释，再加上中日两国的翻译，情况就更为复杂了。迄今为止，中国设计界对上述词语的界定也未取得完全一致的意见。

设计"正名"的过程，同时也是一个学术思想研讨的过程。在20世纪下半叶，这一过程又受到自上而下的学科目录调整的影响，一些争议点和兴奋点也不断形成。新中国设计教育和学科建设，起先是在工艺美术名义下展开的，由此形成了广义的工艺美术（约等于设计）和狭义的工艺美术（特指手工艺）两种用法。1990年，"设计"一词悄然进入《授予博士、硕士学位和培养研究生的学科、专业目录》，与"工艺美术"搭配使用。1997版学科目录，"设计艺术学"替代"工艺美术学"和"工艺美术设计"，在学界引起了不小波澜。1997版后又有2011版学科目录，艺术学脱离文学升级为门类，设计学成为名正言顺的一级学科，包括各门类设计实践和研究。至此，近30年的工艺美术与设计之争告一段落，与此同时，在物质和非物质文化遗产知识视野中，人们逐渐舍弃"美术"这个过时的西方概念，转而用传统工艺来指称传统工艺美术，用物质文化研究来涵盖内容交叠的工艺美术史、社会生活史和科技史研究。

设计终于被"正名"了，然而，在2022年最新发布的学科目录中，设计的学科归属又成为一个让"学科带头人"们焦虑的新问题。设计学理所当然地隶属于艺术学，还是也可以同时属于工学？工科院校中的设计学，与艺术院校中的设计学，二者如何共存？在2011版学科目录中，设计学注明可同时授艺术学、工学学位。而在2022版学科目录中，作为一级学科的设计学放到了交叉学科门类下，艺术学、工学的授位顺序被颠倒过来，工学在前，艺术学在后；留在艺术学门类中的设计学则被去掉"学"字，只能授予研究生专业学位；与此同时，艺术学理论更名为艺术学，既包括一般艺术学研究，也包括各门类艺术的史、论、评，其中自然也包括设计史论研究。在新的学科目录中,设计一分为三,占据显要地位,这一方面体现了国家对发展设计学科、培养设计高端人才的重视,同时也在客观上造成了艺术设计院校的选择焦虑,引发了有关设计学学科定位的诸多讨论。

设计是艺术还是技术?设计可否脱离艺术而存在?宏观地来看,设计无论在古代还是在今天,都是造物活动中的一个谋划环节,涉及诸多因素,很显然,这些因素并不都是艺术因素。回顾现代设计在欧洲诞生的历史,我们会看到,虽然所有的造物活动都有谋划环节——包括工业革命以后的机械化制造——但设计史所关注的现代设计,更多是指艺术家主动参与造物活动后产生的一种新的专业活动。这种被称为"设计"的专业活动(包括艺科融合的设计)放到艺术界,会被看作是一种能与表意艺术(旧称"美术")并驾齐驱的艺术形态,占据中心和主流位置;但若放到理工科,即便增加再多的科技成分,设计也不可能位居主流。或许,设计不可能脱离艺术、设计学不可能完全脱离艺术学的道理正在于此。

现代设计的发展,通常与"轻工业""服务业"而不是与"重工业""机械制造业"相关。轻工业、服务业涉及衣食住行用,涉及生活方式、消费和时尚,与使用者的感受息息相关。设计之为艺术,在于它始终与人的主观感受相关。设计服务的主要对象,是那些与美好生活感受相联系的造物和服务活动。现代如此,古代亦然。只不过,美好事物和美好生活,在现代社会原则上人人可及,而在古代社会只有极少数人有资格享用。

2009年,杭间先生在回顾改革开放30多年来的设计成就时,首次提出了"设计是一种启蒙,是一种生活启蒙"的观点。新文化运动,倡导思想启蒙,以先进的思想启迪民智。但对于广大民众,甚至包括精英知识分子自身而言,更深刻的启蒙不是从书本和理论中来,而是从日常生活中来。在此意义上，生活启蒙的作用，殊不亚于思想启蒙。40余年的改革开放和市场经济的繁荣，不仅使中国后来居上，提前实现了老一辈革命家憧憬的"四个现代化"，而且使现代化在日常生活层面充分展开，使异域的、想象的、抽象的现代性成为在地的、现实的、具身的现代性。

日常生活的现代化，给了设计从院校走向社会、从蓝图变为现实的机会。设计为衣食住行用服务，装饰美化人民生活。设计之为生活的启蒙，在于它提升了生活的美感，使衣食住行用不仅仅是在满足人的温饱需求，而且使人在使用过程中获得更丰富的感受和更愉快的体验。正是在这种身心愉悦的生存状态中，被工业化、都市化进程"连根拔起"的现代人重新安顿下来，重返感性的、人性的家园。

现代与传统、理性与感性、机械与手工的矛盾冲突，更多是在现代化初级阶段发生的。随着现代化进入高级阶段，曾经的矛盾冲突会得到协调和解决。在中国，随着现代化在日常生活层面的充分展开，传统文化始料未及地获得了复兴和振兴的机遇。人们发现，品茶、品香、写书法、弹古琴，与开汽车、坐飞机、刷手机、享受现代生活并无必然的矛盾；在逆城市化进程和新时代乡镇建设中，开启人与自然和谐共生、建立融通古今的现代东方文明，绝非不可能之事。上一代人纠结的农业文明与工业文明、工艺美术与现代设计的矛盾，一夜间冰消瓦解了。设计既可以服务智能城市、建设元宇宙，也可以助力乡村振兴和非遗活化，二者并不冲突。

20世纪80年代以来，中国设计学界所进行的设计启蒙，多表现为"启蒙"决策者和管理者为设计的学科地位摇旗呐喊，为国家建言献策。2011年以来，随着设计学成为名正言顺的一级学科，设计的思想启蒙已阶段性完成任务，继之而起的应是设计的生活启蒙。从设计院校数量和招生规模来看，中国设计看似已领先全球，但从设计在日常生活中的实际表现来看，中国设计还有很大的提升空间。设计有必要走出学院高墙，从自上而下的驱动模式，转变为自下而上的发展模式，其终极检验标准，应来自因设计而提升的百姓生活品质，而非来自学科评估和各类远离市场的宣传说教。

  百姓日用即道，此为设计之正道。士不可以不弘毅，任重而道远。感谢提出了设计之为生活启蒙的杭间先生，也感谢他向江苏凤凰美术出版社提议出版此套文丛并推荐本人荣任主编。本文丛以"中国当代设计学术思想"为题，汇聚中国当代设计界中坚力量，既包括设计史论类学者，也包括设计实践类专家，以个人文集形式系统呈现其学术、思想及实践成果。首批入选者，多数出生于20世纪50和60年代，经历过物资匮乏的岁月，接受过中国现代设计教育开路者的教诲与感召，沐浴着改革开放的春风，成长为中国设计界的骨干和带头人。

  改革开放40余年，伴随着市场的繁荣和人民生活品质的日益提升，中国设计由理想变为现实，由弱小走向壮大。在新的历史时期，中国设计必将更全面、更深入地走进生活日常，在日用渠道中产生享誉世界的中国品牌和中国风格，产生令自己骄傲、令外人羡慕的有东方韵味的生活方式。理想在现实中潜行了百年。这里就是罗陀斯，就在这里跳吧！在这个新的历史起点上，期待本套文丛起到某种承上启下的作用。

陈岸瑛

2023年元旦于清华园

目录

—— 序 　　　　　　　　　　　　　　　　　　　　001

—— 一　书籍的整体之美　　　　　　　　　　　　　017
　　1. 装帧与书籍设计是时代阅读的一面镜子　　　019
　　2. "装帧"与"书籍设计"——读田中瑟的《装帧用词用语考》有感　　040
　　3. 从装帧到书籍设计引申出来的概念　　　　　053
　　4. 莱比锡"世界最美的书"　　　　　　　　　　064

—— 二　书籍设计3+1　　　　　　　　　　　　　　085
　　1. 编辑设计　　　　　　　　　　　　　　　　087
　　2. 编排设计——演绎版面的"舞台"　　　　　098
　　3. 装帧　　　　　　　　　　　　　　　　　　118

4. 承道工巧——创造书籍的物化之美　　　　　　　　136
5. 穿越书籍的三度空间——杉浦康平的设计语法　　143
6. 创造书籍的阅读之美　　　　　　　　　　　　　150
7. 书籍设计是一项系统工程　　　　　　　　　　　158

—— 三　信息视觉化与视觉信息化设计　　　　　　　　163
1. 信息设计（Information Graphic Design）　　　　165
2. 信息图表设计（Diagram Collection Design）　　　168
3. 信息图表设计在书籍设计中的应用　　　　　　　176
4. 一双探究不可视世界的复眼——读《时间的折叠、空间的褶皱：杉浦康平的信息视觉化设计》　　　　　　　　　　　　　　　　　　184
5. 地图新解／非地图　　　　　　　　　　　　　　205

—— 四　设计是一种交流——书籍设计教学思考　　　213
1. 概念书之教学概念　　　　　　　　　　　　　　216
2. 编辑设计：同一文本演绎不同故事　　　　　　　220
3. 信息视觉化设计　　　　　　　　　　　　　　　225
4. "现场主义"设计教育　　　　　　　　　　　　　229
5. 社会化设计教育的实验性探索——"敬人书籍设计研究班"　　　　　　　　　　　　　　　　　　　238
6. 对当下设计教育的看法　　　　　　　　　　　　243

五　书艺对谈　　　　　　　　　　　　　　　247

1. 当代书籍形态学与吕氏风格　张晓凌&吕敬人　249
2. 敬业以诚，敬学以新　韩湛宁&吕敬人　268
3. "天圆地方"——让文字的传统语法在今天发扬光大
　　杉浦康平&吕敬人　294
4. 《书·筑》——历史的"场"　方晓风&吕敬人　330

六　良师艺友　　　　　　　　　　　　　　　407

1. 引导我跨进设计之门的导师——杉浦康平　409
2. 恩师贺友直　439
3. 出版理想国的缔造者——李起雄　448
4. 乌塔——海洋彼岸等待着一个黑色的吻　453
5. 夏日的对话——与菊地信义的《树之花》之遇　462
6. 喜欢吃馒头的安尚秀老师　466
7. 把书当作快活玩具的松田行正　470
8. 素描宁成春　474
9. 郑在勇——勾勒与渲染音韵在书中　483
10. 刘晓翔——为文本以造型的人　490
11. 周晨——意蕴多来去　诗意有回文　497

七　创作自述 503

1. 我的书籍设计观——承其魂,拓其体:
   不摹古却饱浸东方品位,不拟洋又焕发时代精神　　505
2. 我对书籍设计师这一角色的认识　　512
3. 我做传统书　　514
4. 创作案例解读　　521

跋　华彩书香——我的书籍设计45年　　567

吕敬人简历　　571

序　　　　　美书　留住阅读
——当代阅读语境下中国书籍设计的传承与发展

在数千年漫长的书籍创造史中，书籍制度不断变迁，在推陈出新中日益完善，新的书籍形态也不断衍生出来。20世纪初的辛亥革命开启了一扇封闭已久的文化之门，中国近代书籍设计广泛吸纳多元外来文化的影响，真正开始起步。在20世纪初的新文化运动中，鲁迅、丰子恺、孙福熙、司徒乔、闻一多、钱君匋等一大批文化人、艺术家留学欧、美、日等地，将欧洲各种流派的插图艺术风格和在日本被称为"装帧"的书籍设计引进中国，传统和外来文化的融合，形成了一道五彩纷呈的民国书籍艺术风景线。1949年后，中国书籍艺术受到当时苏联现实主义美术的影响，国家有关部门聘请苏联、民主德国的专家提升印制技术，还派人赴东欧学习。那一时期最优秀的艺术家们都服务于出版行业，如叶浅予、黄永玉、丁聪、曹辛之、黄胄、蔡亮、张慈中、任意、袁运甫等，创作出一大批至今仍可称得上是经典的装帧、插图之作。遗憾的是，60年代中国社会政治、经济动荡，直至"文化大革命"时期，中国的出版业发展停滞，书籍设计业也陷入低谷。直到1978年改革开放之后，中国的书籍设计业才真正迎来了艺术的春天。

中国书籍制度在20世纪经历了巨大变化：文本的竖排格式改为横向排列；繁体字变为简体字；装帧手工艺逐渐步入大批量的工业化印制进程；维系了大半个世纪的活字凸版印刷，被90年代的平版胶印所替代，平版胶印成为中国印刷的主流；被称为"当代毕昇"的王选开发了北大方正汉字数码排版系统，迎来21世纪电子数字化印刷的天下。当今中国生产力、生产工具、生产关系的巨变，必然引发阅读载体、出版体系、授受关系、设计观念等的革命性范式转移。

20世纪90年代是中国改革开放的黄金期，思想精神的解放，使得中国书籍文化丰富而多元，出版界对书籍设计开始有了改变滞后观念的迫切感。出版、设计、印艺业的有识之士开启了广泛的国际化交流，更多的设计师们以开放的心态和学习的诚意，对东方与西方、传承与创新、民族化与国际化、传统工艺与现代科技产生了新的认知。他们打破装帧的局限性，投入大量精力和心力，强化内外兼具的编辑设计用心，为创造阅读之美进行了有益的探索。很多年轻的设计师不拘泥于单一的体制环境，脱离国家体制，自主创业，以个体设计人的身份或独立工作室的模式，加入社会化的竞争。无论是体制内还是体制外，一批又一批设计新人不断涌现，他们的优秀作品被读者喜爱，在国内外广受瞩目，因此才有了当今中国书籍设计的新面貌。例如，上海新闻出版局自2003年开始主办"中国最美的书"评比活动，每届评出的20本书再参加莱比锡"世界最美的书"的评选。20年间，有300多本书获得"中国最美的书"奖，其中有22本获得包括金、银、铜奖在内的"世界最美的书"称号。"中国最美的书"也成为书籍设计业的品牌，很多读者纷纷购买收藏，体现了设计的价值。

此外，自1959年起举办的全国性书籍艺术大展，历经时代的动荡和风雨，直至"文革"后才举办了第二届，而后趋于稳定，1986年、1995年、1999年、2004年、2009年、2013年分别举办了第三至第八届，2018年举办的"第九届全国书籍艺术设计大展"，其涉及面之广、参与者之多，是业内规模和影响力最大的赛事之一，其间还举办了"国际书籍设计论坛"，极大地推动了书籍设计理念的发展。2005年国家新闻出版署设立了三年一届的"中国出版政府奖"。以上三个大赛是国内出版行业公认的三大奖项，给年轻一代的书籍设计师带来竞争的机会和创作的动力，这些奖项也成就了设计师的事业，使得年轻的设计师不断崭露头角。中国设计走出国门，当代书籍艺术开始为国际所关注。

近年来，中国书籍艺术虽有较大的发展，但还存在着诸多问题。全国500多家出版社和近万家杂志社，每年出版近50万种出版物。大批设计师被海量的设计和滞后的装帧观念所拖累，部分设计师一年就要设计300~400本书的封面，机械的工作使他们失去创造的动力。为节省时间和成本，一些出版单位本着经济、促销的原则，只注重表面的书皮设计，而放弃内在的编辑投入，并不断压低设计稿酬。浮躁的做事心态使得不少书的文本叙述流于平庸，山寨、模仿现象严重。许多低质的出版物一面世就滞销，很快成为废品，书籍设计师也因巨量的劳动和低廉的设计费而无法生存。但这一现象并未阻止一批有良知的出版人和有责任感的书籍设计师反省做书的意义。他们不畏艰难，苦苦实践，让这一行业有了更多的共识：书不仅要有一件"漂亮"的外衣，还要有内在设计观念的倾注。设计师应成为文本传达的参与者，要像导演那样让信息在页面空间中拥有流动的时间内涵，让书成为文本诗意表现的舞台。出版不能只谈"价"而不顾"值"，只有能流传后世的原创精品书才能体现做书的价值。

当今世界进入大数据时代，中国网民更是处于加速生长期。据中国互联网络信息中心统计，1997年中国上网户数仅62万，到2015年中国网民规模达6.88亿，手机网民规模达6.20亿，18年间增加1000倍。不可否认的是，电子载体的盛行，给传统出版业带来了巨大的冲击，许多出版机构都在分流精力和资金投入电子出版。政府也提出"多媒体+"的概念，拨出了大量基金给予扶持。显然，21世纪的新技术带来的新阅读载体会大量出现，这应该是件好事。不过，近期也有一个现象值得我们注意：传统的阅读习惯并没有被年轻一代所抛弃，好的阅读产品也会吸引他们。一些优秀的文化人纷纷成立个体文化出版或编辑策划公司，自筹资金与出版社合作，出版既符合市场需求又具有阅读价值的书。这一出版模式，为设计师打破出版的固定思维和模式，发挥创意并设计出优质图书提供了新的可能性，在今天，这种例子越来越多。除了体制内的设计师，还有大批自由设计师也参与了书籍的设计，拓宽了创作的空间，涌现了大批优秀的设计人才。由于电子阅读的普及化，人们对于实体纸质书籍的好感度和需求也在与日俱增。由中国出版协会书籍设计艺委会和中国美术家协会平面设计艺委会联合举办的"全国大学生书籍设计大赛"已成功举办四届，推动了各艺术院校的书籍设计教学。由书籍设计艺委会主编的《书籍设计》杂志，为完善学术研究，普及书籍美学，推介世界先进设计理念提供了很好的交流平台。中央美院徐冰策划的概念书展"水晶之夜"广受欢迎，显示了人们对艺术图书的兴趣。我于2013年创办的"敬人纸语"书籍设计研究班，也是对传统阅读的回归和新造书运动的提倡。

中国书籍艺术是一条动态发展的历史长河，中国设计师既要具有谦卑且冷静对照古人做书的进取意识，用敬畏之心珍惜祖先留下来的宝贵遗产，脚踏实地做好传承这门功课，同时又要有开放的胸怀，学习世界各国优秀文化，海纳百川，尊重发展规律，汇入进步的潮流，这也是中国书籍艺术持续发展的动力。传统不是模式化的复制，传承更不是招摇过市的口号，每个民族的

敬人书籍设计：承其魂　拓其体——不摹古却饱浸东方品位，不拟洋又焕发时代精神

设计都不可能从自身文化的土壤中剥离开来,世界各国的设计师都在寻找现代语境下延展本土文化的新途径,这也应该成为当代中国设计师的理念追求。改革开放40多年,大批书籍设计师创作出的优秀作品,像连接起来的一道彩虹,辉映出他们满怀热情、充满辛劳和智慧的做书心迹。

创造书籍之美,留住阅读温和的回声。

10个概念

● 书籍设计

"装帧"是20世纪初中国古籍制度在范式转换中引进西方的产物,如装帧形式由东方的右翻线装改为西式的左翻锁线装;文本的竖排阅读规制变成横排;封面上丰富的图像装潢美术替代了古籍封面单纯的模式,民国的设计体现了这种转换的特征。50年代后,除了极少数的重点项目才顾及一点内外整体的设计之外,多数装帧则以封面为主,导致出版人一般认为书的设计仅停留在给书做衣装的层面,并形成了中国持续近一个世纪的书籍审美和装帧范畴的定式。尤其是到了80、90年代,出版商品化更强化了将书衣打扮作为利益最大化诉求的装帧定位,弱化了文本阅读功能中书籍整体设计力量的投入,造成了中国书籍出版跨入新阅读时代的意识阻隔。

书不是一件漂亮的摆设,书籍设计师不应当仅仅满足于书的外在,还要关照它的内部。设计者应在文本中寻找书籍语言的最佳传达方式,六面体的书籍是展示信息的空间场所,更是努力编织文本叙事的时间过程,让视觉信息游走迂回于每一页面之中,让书之五感余音缭绕于翻阅之间……书感染读者的情绪,影响阅读的心境,传递"善的设计"的创造力。一个文本能传递出100个生动的故事，设计师要承担起导演的角色。

书籍设计包含三个层面的工作：要求设计师完成装帧、编排设计和编辑设计。书籍设计要领会文本从整体到细部、从无序到有序、从空间到时间、从概念到物化、从逻辑思考到幻觉遐想、从书籍形态到传达语境的表现能力。这是一个富有诗意的感性创造和具有哲理的秩序控制的过程。书籍设计不仅仅停留于信息传达的平面阶段，设计师要拥有文本信息阅读设计的构筑意识，要学会像导演那样把握在层层叠叠的纸页中时间、空间、节奏构成的语言和语法。通过设计，书页承载着知性的力量，而非仅仅漂亮的躯壳。以往平面设计的职业功能正在改变，书籍设计师必须超越装帧的工作层面：从文本理解、调查研究、信息收集、数字积累、解构分析、编辑组织，到视觉表达。设计不止关注美感，更要关注整体结果给予读者的感受价值。

● 编辑设计

编辑设计是书籍整体设计的核心概念，是过去装帧者尚未涉及的工作范畴。编辑工作过去只局限于文字编辑，今天提出的"编辑设计"对于作者和责任编辑来说，是对"不可进犯的领地"的一种"干预"。编辑设计鼓励设计者积极对文本的阅读进行视觉化观念的导入，即编著者、出版人、责任编辑、印艺者在策划选题过程中或选题起始之初，就开始探讨文本的阅读形态，即从视觉语言的角度提出该书的内容架构和视觉辅助阅读系统，提升文本信息的传达质量，使读者乐于接受并阅读书籍形神兼备的形态功能。这就对书籍设计师提出了一个更高的要求，即仅懂得绘画、装饰手段以及软件技术是不够的，还需要明白除了书籍视觉语言之外的新载体等跨界知识，学会像电影导演那样把握剧本的创构维度。设计者在尊重文本准确性的基础上，投入自己的态度和方法论去精心演绎主题，完成书籍设计的本质——阅读的目的，实现文本内涵的最佳传达。

编辑设计并不能替代文字编辑的职能，责任编辑同样不能满足于文字审读的层次，而要了解当下和未来阅读载体的特征和视觉化信息传达的特点，提升艺术审美水准。一位合格的编辑一定是一位优秀的制片人，是书籍设计的共同创作者。

对"品"和"度"的把握是判断书籍设计师修炼水平的试金石。

● **信息视觉化设计**

新世纪数码技术造成了传播载体的革命性变化，信息时代，平面设计师的传统思维需要产生全新的跨越。书籍设计领域正面临从为书衣做打扮的装帧趋向到强调编辑设计之信息再造的观念转换。平面设计不只是装饰美术，更是能与时代沟通的新设计语言和语法的运用过程。设计师优化客户诉求，提升文本价值，成为建构新阅读语境的导演和信息建筑师。

20世纪30年代，一位叫Henry Beck的英国工程制图员，打破地图制作规范，摆脱实际空间的地理概念，运用了垂直、水平，或呈45度角倾斜的彩色线条，来表示各个车站之间的距离位置，让乘客能清晰查阅地铁运行的明细信息。这张地铁图已成为伦敦的一张城市名片，并影响世界至今。设计的本质就是解决问题，这张地铁图的信息视觉化设计使大众受惠，这对当下的设计师来说，是一种必要的回望和新的设计思维的选项。

书籍设计不止停留在视觉美感这一表层，从文本中我们可以发现各种包含时间和空间的矢量化差异关系，并给予视觉化的信息传达，让差异留住记忆。设计应该是一种深刻反映社会意义的文化行为。书籍作为大众传播的媒介，其信息有着多元表达的机会，通过感性思维和逻辑思维相结合的设计方法论，文本信息得以更高效地传递，设计才有其存在的价值，信息理解是一种能量。

视觉化是人类在创造文字之前共通的地球语言。当今的数码时代让人们重新意识到视觉化语言传播的重要性，遗憾的是，以往的设计师不具备信息视觉化的担当意识，从而限制了书籍整体设计的思维能力，今天我们必须补上这一课。

● 艺术 × 工学 = 设计²

艺术 × 工学 = 设计²：即用感性与理性来构筑视觉传达载体的思维方式和实际运作规则。艺术塑造精神的韵；工学构筑的是神与物，艺术和工学两者之间蕴含着潜在的逻辑关系。实现这样理想的设计界面，即形神兼备的设计，就可达到原构想定位的平方值、立方值，乃至 n 次方的增值结果。当然，这要付出极大的努力，进行反复实践，并且要拥有对物化工艺的把控和态度。

艺术感觉是一种敏感的好奇心，是灵感萌发的温床，是迈向创作活动重要的一步。相对来说，设计则更侧重于用理性（逻辑学、编辑学、心理学、文学等）过程去体现有条理的秩序之美，还要运用相应的人体工学（建筑学、结构学、材料学、印艺学等）概念去完善和补充，像一位建筑师那样去调动一切合理的数据与建造手段。建筑师为人创造舒适的居住空间，书籍设计师则要为读者提供诗意阅读的信息传递空间。具有感染力的书籍形态一定涵盖视、触、听、嗅、味五感的一切有效因素，从而提升原有信息文本的增值效应。国外有这样的说法：不要为当下做设计，而要为未来做设计。这将成为当代书籍设计师应该面对的挑战。

工学部分要特别强调的是，书籍设计还应当包括信息视觉化设计，它是书籍整体深度设计的重要补充。设计者要分析并掌握信息的本质，依循内在的秩序性与逻辑关系，构建易于理解的视觉化信息系统，演绎出有趣、有益、有效的信息传达的语言、语法和语境，一目了然，便于读者记忆。

● **传统设计现代语境**

传统不只是过去的遗物，它更是每个时代最好的东西，在历史的研磨中释放光芒，得以传承至今。中国古代书籍制度对当代中国书籍艺术的进步产生了重要影响，要了解书卷传统对阅读文化的影响力在哪里，就必须以敬畏谦卑之心对待先辈留下来的艺术与工学精髓。正如《考工记》记载："天时、地气、材美、工巧，合其四者然而可以为良。"古人将艺术与技术、物质与精神的辩证关系阐述得如此精辟，是对形而上和形而下追求的完美融合。

我有幸参与国家图书馆的善本再造工程，深深为东方古籍艺术的魅力所感染，同时体会到古人艺术的审美境界不只在造物之外，更是浸润于内。作为中国的书籍设计师，我由衷地感到荣幸，背靠这座文化大山，有了一点自信和底气。改革开放40多年来，我们拥有宽阔的胸怀，海纳百川，同时也存在着以西方设计方法论和审美语境来评判中国设计的误区。当今时代信息泛滥，我们无法阻拦外来信息的流入，但那些似曾相识的设计与手法一眼就能被我们识破。

具有东方文化气质的设计，绝不能停留在复制拷贝的层面，或者只是还原古籍的原有形态和装帧方法。传承同样需要符合时代的需求，推陈出新。不摹古却饱浸东方品位，不拟洋而焕发时代精神，这是我努力的方向，尽管我的设计还没有达到这样的境界。

● 书之五感

今天的图书按介质可分为电子书和纸质书两种，前者是有利于快捷获取信息的阅读；而纸质书的阅读，不仅仅指的是视觉阅读，即过去为人熟知的纯粹文字的阅读，它还包括形态阅读、触感阅读、交互阅读、聆听阅读等等。即使是视觉阅读，也存在着图品、字形、编排、空间、节奏、层次的欣赏，以及戏剧化设计语言和语法的领悟，甚至还包括联想、启迪、展现，以及美感的享受。正如博尔赫斯所说："书的魅力很大程度上来自于它的物质性……这是一种在时代更迭之间显得愈发珍贵的气质。"品味阅读体现出一种优雅的气质。

一本好书不仅是信息的传声筒，更是影响内心和周边心像物境的生命体。书的物质性可以让读者与纸张亲密接触，它的质感、自然的肌理都与电子书的感觉不同，是一种有温度的阅读享受。

正因为有了对"装帧"观念的反思，我们才觉悟到书籍设计在装帧之外的责任和乐趣。我接到文本后，第一步是编辑设计，像导演或编剧一样，理解、分析、解构文本，与作者、编辑、制作人员共同探讨，寻找与文本相通的信息点，构架最佳的叙述方法和设计语言，把书的内在特质表达出来，以此增加阅读的附加值，和信息传达的多维思考；第二步是编排设计，包括字体、字号、图像、空间、灰度节奏、层次阅读性，哪怕是一根线、一个点，也要在二维的平面上经营出最有利于阅读的图文空间；装帧则是最后一个步骤。当然三个步骤相互联系，前后不断照应。预想读者拿到书的感觉，有视觉、嗅觉（油墨、纸张、年代的味道）、触觉（手感）、听觉（翻书的声音、内心的朗读声）和味觉（品味书的气质），预想的结果通过这五感慢慢生发出来。

人类的五个感官——视、触、听、嗅、味中，有四感都集中于头部，唯独触觉遍布全身，所以触觉是人感受机会最多，也是最敏感的感知。只要物质还存在，纸张作为物质的一种，就无法被排除出人们的生活。而纸质书一旦承载信息，就必然以它特有的方式作用于阅读，并使之具有与其他艺术完全不同的欣赏形式：物质性、时间性、空间性、流动性，因此，我喜欢把书称为信息诗意栖息的建筑。

盖房子要选择材料，这与功能、环境、气候、地域、文化都有关系。纸张的使用，同样要有理念、有审美、有内涵、有情调，甚至兼顾翻阅时的节奏和层次等。纸张在使用前是中性的，是设计赋予它意义才产生了价值。书籍设计师要做就是把纸张的性格特征表现出来，通过肌理、翻折法、柔软度、听觉度，还有气息，来驾驭纸张的品相秩序，这样才能顺理成章地叙述最好的故事。

我会把一本书看成透明的物体，每一张纸，每一层都要看在眼里，从头看到尾。把握好整个节奏，曲线、高低、外延、内向、聚合、扩散……都在纸张的舞台上演绎的精彩书戏。读者通过眼视、手翻、心读等，全方位感受书籍五感的魅力。

正当人们都在唱衰纸质阅读的时候，我却认为物质的书正迎来新的生命周期！

● **设计要物有所值**

数码时代改变了人们的阅读习惯，甚至影响了生活规律。对于设计手段来说，更是让过去匪夷所思的想象得以实现，不断更新的电脑软件让年轻的设计师们如虎添翼。21世纪的电子革命还在创造着各种奇迹。当然任何事物都有两面性，比如，数码工具为人们的沟通带来了方便，同时制造了大批"宅编"，守在电脑旁，组稿、审稿、发稿、找设计等，全部通过电话、邮箱解决问题。我们那时当编辑骑着自行车到处跑，与著作者、设计者、摄影者、插图者、印制者见面，整个过程是一种沟通、交流，传递着书稿的温度。当一个编辑特地跑来，真诚地希望你做一本书，他会把对书稿珍爱的温度传递给你，让你感动，设计者也愿意为之付出，如此就有可能孕生出有温度的设计。

设计者也同样会承接客户空洞而无章法的"大气""大美"以及快捷的设计要求，设计者没有时间投入对文本的研究，担负起诠释文本的编辑角色，像一个制片人，对市场需求、作者气质、设计品位、工艺实施有一个清晰的判断与执行。

当下出版业低价、功利、求量，短平快的竞争造成产品山寨跟风，粗制滥造，追求码洋，精品减少。如今一些出版人和作者正在反思，针对不同的题材、作者风格、读者对象，制订不同的设计方案和合理的成本核算。谈价值不能只谈"价"不求"值"，而是应该物有所值。这种只追求数量、低价、低质的运营方式是在断绝中国出版的生路。而与此同时，另一种现象也在兴起：一些手工书、限定本、个性化的精心打造的出版物正在赢回读者，回归书籍富有自然质感的阅读品位。我认为中国即将迎来一个新造书运动，很多年轻人会积极参与进来，对于这个区别于传统常规的书籍市场，我是看好的。

● **书籍设计需触类旁通**

文学、戏剧、音乐、电影是我自幼起的业余爱好，我从小学画，并没有想到会从事做书的行业。所以开始做书之后，就面临着知识、修养欠缺的苦恼。尤其是要当好一名书籍设计师，而非装帧师，这种专业定位迫使我重新认识自己，重新界定设计师做书的本质和责任范围，除了掌握装帧、编排设计、编辑设计三位一体的设计理念之外，设计者本人的知识积累也十分重要。

除了提高自身的专业素养外，还要努力涉足其他艺术门类，如目能所见的空间表现的造型艺术（建筑、雕塑、绘画），耳能所闻的时间表现的音调艺术（音乐、诗歌），还有在空间与时间中表现的拟态艺术（舞蹈、戏剧、电影）。书籍设计是具有挑战性和研究性的工作，我们要懂得打破书衣装饰的格局，解开传统的线性陈述方式，采用灵动的书籍层级关系，呈现书籍文本多元叙述的表达程式。书籍设计师要担当起导演的角色，并寻找发表自己看法的契机……成为一名书籍设计师，以上提到的姊妹艺术的熏陶和领悟必不可少。

一位英国哲学家曾说过，戏剧的感染力与观众的观察距离有着相当密切的关系。翻书的体验与戏剧欣赏类似，它不是一个单独的个体，也不是一个平面，而是跨越时空的信息活体群，具有多重性、互动性和时间性。通过层层页面云集的信息的近距离翻阅形式，找到准确的设计语言和语法，让读者在与书的接触中，真正感受书籍赋予的真实。书籍不仅是信息的容器，更是在翻阅的过程中传达的做书人的温度与真诚，还有千变万化的手法。从世界各国的文学、戏剧、音乐、电影中汲取做书的门道，这种真切的体验，将使我们受益多多。

● 书戏

纸质书具有与电子载体全然不同的阅读感受，它不依赖任何器物，室内户外随时随地都可以轻松阅读，纸张给我们带来视觉、嗅觉、触觉、听觉、味觉五感之愉悦的想象舞台。纸张语言的丰富，为书籍设计师的创造提供了千变万化的载体，展现无穷无尽的艺术魅力，让读者进入阅读的美妙意境。

书籍的设计与其他设计不同，它具有多重性和互动性，其多个平面组合的、近距离翻阅的形式，涉及多项领域的交叉应用。我们的视点除了在选择书的内容、题材上去决策设计的方法与方向之外，还要像一个导演在接到一部剧本后那样思考和工作。从单纯的视觉信息阅读到五感的欣赏领悟，书籍与虚拟的电子载体相比，有着太多值得回顾与反思之处，或者可以说，书籍还属于有待开拓的设计领域。

书籍设计是一种物质精神的创造。书籍设计者要学会像导演那样，把握阅读的时间、空间和语言节奏，让信息游走迂回于页面之中，起承转合。书籍设计是呈现信息并使其得以完美传播的场所，这是一个引导读者进入诗意阅读舞台的书戏构建过程。

● 书筑

书籍是时间的雕塑，是信息栖居的建筑，是诗意阅读的时空剧场。建筑是一个三维空间加时间的体验，它并没有局限在一个平面的视觉维度上。书籍设计也应具有同样的出发点：让信息（文本）通过文本构架、平面构成、文字设定、叙事方式、色彩配置、图形语言、工艺手段等设计概念构建、安排妥当。但这并非设计的终极目标，书籍设计还需让读者在页面空间中"行走"，在翻阅的时间流动中享受诗意的阅读，流连于阅读的过程，展开"居住其中"的联想。

当今世界，数码技术快速发展，信息传播和生活习惯越来越虚拟化，在人类精神和物质生存方式遭受质疑之际，"书筑"的概念可以让书籍设计师和建筑师们进一步探讨人与物的关系，进而引发诸多的联想与启示。

一 书籍的整体之美

1. 装帧与书籍设计是时代阅读的一面镜子

长期以来,"装帧"观念的滞后致使书籍设计的认知范围相对狭窄,阻碍设计者就文本进行创造性设计的努力,不利于中国书籍设计的发展。设计不仅要关注书的外在,还应关注内在美的构造,学会用感性和理性来构筑视觉传达媒体的思维方式和实际运作规则,以达到书籍整体之美的语境,达到设计结果的增值功能。故提出书籍设计的概念,即装帧、编排设计和编辑设计三个层面的工作,也是信息再造的视觉化系统工程。由"装帧"向"书籍设计"观念转换的话题值得探讨。

(1) 当代阅读语境下中国书籍设计的传承与发展

在悠久的文化历史长河里,中国的书籍艺术一直不断变化发展着。在数千年漫长的书籍创造中,古人并不作茧自缚,经历简策、卷轴、经折装、蝴蝶装、包背装、线装等书籍制度的变迁,在不断完善中推陈出新,保持时代精神的美感与功能之间的完美和谐,并不断衍生出新的书籍形态。这是书籍能存在至今,具有生命力的最好证明。

中国近代书籍设计,受外来影响仅100多年。1978年改革开放,中国的书籍设计业真正迎来了春天。但拥有被视为世界文化瑰宝的造纸术和活字印刷的中国传统书籍艺术,由于种种原因,其文化价值逐渐被国人淡忘。怎样传承与创新、怎样民族化与国际化、怎样使传统工艺与现代科技相结合的探索至今没有停止,尤其进入21世纪的数码时代,设计怎样为书籍艺术注入动态发展的活力，是值得探讨的问题。

● **装帧、书籍设计**

装帧、书籍设计这两个词很有意思，两者体现着书籍艺术在发展的过程中呈现出不同内涵的范式转移[1]思考。其既有延续性，又有内涵的增加与变化；既有独立功能的界限，又有相互交错的衔接；若用时态来表述，或许可称为过去时、进行时或未来时。20世纪初，中国终于结束了数千年封建专制王权统治而踏进新民主主义社会，吸收引进西方文化，缓慢地跨入工业化的进程，中国的书籍制度也随之来了个彻底的改头换面：由传统简册线装改为西式平装、硬壳精装，由右翻的竖排本变成左翻的横排本，文言文转换成白话文，形式千篇一律的封面根据内容的不同有了花样百出的设计。中国虽然发明了活字，但仍保留木雕版印刷，19世纪末引进金属活字，凸版印刷维持了近大半个世纪。80年代照相植字进入菲林时代，90年代逐渐舍弃凸版，平版胶印成为中国印刷业的主流。可称为20世纪伟大革命的是1985年北大方正王选团队成功研发的中文字体应用计算机处理系统，在迎来新世纪与世界最先进的数码印刷技术之时，以最快速度衔接并普及了新印刷技术。改革开放后的几十年，中国印刷水平好像瞬间进入世界一流方阵。

从简册制度到卷轴制度，从册页制度转入西方模式的书籍制度，生产方式从手工抄写到复制印刷，照相菲林制版到数码还原技术，生产力发展导致

---

[1] 范式转移：科学的发展不是科学知识的积累过程，而是范式的转移过程。范式的共同体及其拥有的价值系统是范式的核心，而危机的出现终将导致范式的转移，新的事实和理论的确立标志着新范式的成立。——托马斯·库恩（1922—1996）。摘自赵健著《范式革命：中国现代书籍设计的发端（1862—1937）》，2012年版，人民美术出版社。

中华古籍艺术的魅力

《呐喊》，鲁迅设计

一 | 书籍的整体之美　　021

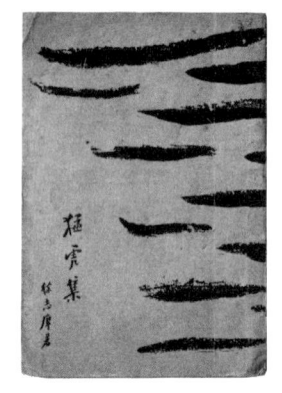

《坟》,陶元庆设计　　　　　《猛虎集》,闻一多设计　　　　《欧洲大战与文学》,钱君匋设计

生产关系的改变,信息传播的广度、深度、速度、形态都在发生变化。书籍制度的范式转移在历史进程中似乎不那么惊天动地,但它与社会、政治、经济、文化、艺术乃至价值体系有着盘根错节的密切联系,带来新阅读语境的变局、多层次的思维模式、个性化的审美标准、多元的价值取向。当人们越来越容易获取知识信息的选择权利之际,"书"的阅读(不管是纸质书还是电子书)仍然保持着社会发展的一股正能量,中国社会的进步证明了这一点。

书给人们提供无形的知识力量。中国有庞大的出版业,每年50多万种书的出版量(不包括杂志、报纸),孕生出数以万计的造书人。自古以来,图书是著作者、出版者、设计者、印制者等组合力量的产物,从辛亥革命至今有多少美术从业者为实现书籍审美和提升阅读价值而付出被称为"装帧"的辛劳和用心。

● 装帧

依目前存有的资料考证，"装帧"这个词源自日本19世纪后半期。明治维新带来西学风潮，大量洋装书进入日本，同时也出现了许多新词，"装帧"就是在这样的西方文化东进的背景下诞生的。说来有趣，德国美因兹的谷腾堡活字印刷革命带来阅读的大众化需求，而那时出版商销售的书只有内芯，即仅印有图文的内页，没有封皮、内衬等。读者买到书以后，根据自己的审美偏好或经济条件再委托专业的装帧师装订成心仪的书籍。这一传统的装帧行业留存至今，我在英、德、法拜访过很多这方面的专家，都是师父带徒弟，或子承父业代代相传。内文锁线、衬页染制、封面装饰、材质选用、装订技法等工序讲究、精美绝伦，真可谓书籍艺术精品。2013年1月第一期敬人书籍设计研究班，我特意邀请了法国国家图书馆的特聘装帧家来给我们讲课，传授30多道工序的装帧技能。

据记载，日本明治之前有"制本"的称谓，即在1872年《古历集》上有"北岛茂兵卫制本"的标注。明治末期，随着出版文化的发展，开始使用"装钉"一词，据说取自中国。"装钉"于1900年正式纳入文部省编的《图书管理法》。"装帧"在日本维基百科上这样解释："装帧，'装饰'及'订成（制）'的意思，也称为'装订'。书画的装裱一般被称为'帧'。'装订'略称为'装丁'在日本渐渐被固定下来。"（日语中，帧、钉、订、丁均为同音。）"装帧"一词曾在1904年与谢野宽、与谢野晶子著的《毒草》中出现，1926年改造社出版的吉田弦二郎的《父》一书上写了"装帧：恩地孝四郎"落款。1929年津田青枫著《装帧图案集》和庄司浅水著《书籍装钉的历史与实际》中"装帧"与"装钉"并用。1956年通过的《日本国语审议》报告中，为避免同音，要求将"装帧""装钉"统一改写为

"装丁",不过在以后的实际执行中设计师各取所好,这些词都有使用。中国最早出现"装帧"一词,据学者目前找到的资料是1927年上海一则图书广告中有"钱君匋装帧"和"丰子恺装帧"的专署。这是中国出现"装帧"一词最早的记载。我认为,研究中国装帧史应以19世纪末或20世纪初为开端,而中国古代书籍艺术应以"书籍制度"的历史演变来研究更严谨,更具意义和深度,其过程更不能以"装帧"笼统贯之。此学术问题供更多有兴趣的同仁们进行专业的、理性的探讨和研究。

有人说"装帧"是维系中国书籍传统不可变更的语言链,也有设计师认为"装帧"是中国现代书籍设计事业的符号概括。我认为"装帧"这个词,它是20世纪初西学东渐的产物,是东方近代书籍制度变革下的东西混血儿,经历了百年的涅槃洗礼,功不可没。但随着社会、经济、文化的进步,读者对书籍的阅读需求和审美观都不断提升,"装帧"在现代阅读载体发展进程中呈现其时代的局限性。更让人忧心的是,在80、90年代,出版商品化将书装、书衣当成利益最大化诉求的设计定位,一些出版人只图封面好看,而弱化了文本内在编辑设计力量的投入,装饰美化取代了书籍整体设计应有的本义,忽略了设计是为阅读服务的本质,一些作品甚至还达不到民国或50年代的水平。"装帧"的滞后观念无形中成为中国书籍艺术跨入新阅读时代的阻隔,设计师自我素质提升的罩门,中国出版物水平进入世界一流方阵的屏障。

● **书籍设计**

尽管"装帧"作为书籍设计中的一个步骤还在应用,但真正理解书籍艺术深意的设计者并没有被"装帧"的原意所束缚,他们在努力闯出一条符合时代阅读需求的新路。如同在20世纪60、70年代,日本设计界以举办奥运会为契机，书籍设计师借助经济、文化的发展，为装帧注入新的内涵和改革动力：他们对陈腐的美术观念提出挑战，不满足只为书做装饰的角色，积极介入包括文本信息阅读构成，文字图版等形式格局的再设计，从外在到内在，从语言传达方式到印艺形态等方面，为呈现一册具有阅读意境的全方位思考的书籍进行被称为"Book Design"和"造本"的整体概念设计。杉浦康平是其中的领军人物之一。但在当时的日本，真正懂得书籍设计理念的设计师和编辑为数不多，也遇到不小的阻力。为此，以著名书籍设计家道吉冈为代表的设计师们于1985年11月在东京成立了日本图书设计家协会（BDAJ，Book Designer's Association of Japan），为打破僵化的装帧观念、推进研究日本书籍设计做出了巨大贡献。

我们的现状不容乐观，很多装帧师仍然在以二次元的思维和绘画式的表现方式完成书的封面或版式设计。他们很少注意内文视觉传达整体架构的方法论，很少有投入研究书籍阅读规律的设计思考。而一部分出版人或文字编辑的专业水平仅具有把握文字质量的能力，缺少对书籍信息阅读特征和艺术表现力的索求和想象。这就造成目前从出版人到编辑，从设计师到出版发行人员仍习惯于人靠打扮马靠鞍的"美化书衣，营销市场"老观念，而难以制作出高水准的书籍产品参与国际市场竞争。如此，书籍何以引发阅读动力的升级而面对数码时代新载体的挑战？

令人庆幸的是：中国的出版界、编辑界、设计界、印艺界、流通界已经开始打破旧观念，注入与时俱进的实际行动。优秀出版人的好选题，编辑们具有温度的创想力感染着设计师们更努力地投入。第六、七、八、九届全国书籍设计大展暨评奖活动，中国政府出版奖评选，"中国最美的书"评比，这些比赛都打破旧规矩，以"装帧""编排设计""编辑设计"三位一体的书籍整体设计为评选标准。自2004年至2022年，中国的书籍设计作品有22部获得"世界最美的书"称号，并包括金页、金、银、铜等各类奖项，这是值得中国的出版、设计、印制界自豪的大事。2014年，我代表中国担任了莱比锡"世界最美的书"奖的评委，目睹中国的书籍设计正在与国际的先进水平缩短距离，我国设计师的作品受到国际评委们的好评，我感到由衷的自豪和幸福。这些成绩的获得是因为中国改革开放以来，社会政治、经济、文化的巨变，与出版文化相对应的读者对书籍阅读价值需求的变化，新的信息载体传播态势也要求改变书籍出版的老格局。书籍设计者与文本著作者一样，是书卷文化和阅读价值的共同创造者，对改变观念、认识装帧概念的时代局限性有着共同的愿望，中国当代许多优秀的设计家早已不满足于只为书籍做衣装打扮的工作，而是与著者、出版人、编辑一道排除各种困难，以新的理念，付出心力和智慧，展现出中国书籍艺术的魅力。

从装帧到书籍设计，这并不是对两个名词的辨识，而是时代变迁，是书籍制度演进过程中对两种称谓不同内涵的厘清。书籍设计师从习惯的设计模式跨进新设计的范式转移，从知识结构、美学思考、视点纬度、信息解构、阅读规律到最易被轻视的物化技术规程等方面突破出版业内一成不变的固定模式，这正是今天书籍设计概念过渡的转型期需要的。书籍设计师与装帧者的不同之处，在于设计师要了解自己作为承担为文本增添价值的新角色，更多了一份将信息视觉化传达的专业责任，提升了自我修炼综合素质能力的门槛。"装帧与书籍设计是折射时代阅读文化的一面镜子。"[1]

---

[1] 日本著名设计评论家，《日本装帧史》著者臼田捷治语。

（2）书籍艺术——留住书籍阅读温和的回声

书籍设计者的工作是将信息进行美的编织，同时使书籍具有最丰富的内容（信息量），以及最易阅读（可读性）、最有趣（趣味性）、最便捷（可视性）的表现方式。

书籍设计不在于形式上的矫揉造作，外表上的奢华豪艳。在过去的年代，受社会、经济、观念等诸多方面的制约，装帧只是一个外包装，即使有些书籍设计还可观照内文的插图、版式，但绝大多数在意识上还做不到书籍整体设计这一点。

书的形态是一个立体的空间，人的思维模式是在阅读过程中建立的。开启书籍是一种动态的行为过程，创造一个舒适的阅读环境直接影响人的心情。随着书页翻动，文本主体语言和视觉符号进行互换，为读者提供新的视觉体验。书籍设计依附于书中的内容，是为书里的文字服务的，恰到好处地把握情感与理性、艺术与技术之间的平衡关系，需掌握一个适当的度。古人说"书信为读，品相为用"，值得设计师思考。

在今天的书籍市场里，我们可以看到打扮得花枝招展、五花八门的书籍封面，更有商家不惜牺牲书的内容，镶金嵌银，浓妆艳抹，其目的是提高书价，达到经济索求，书已失去体现书籍文化意蕴的特质。有的书不考虑中国读者的阅读习惯和审美心理，一味模仿西文设计模式，不顾体裁门类，不顾内容气质，制造了阅读障碍。要明白书籍设计放弃了让人看的功能，就失去了书籍读用的价值。

著名德国设计家冯德利希指出："重要的是必须按照不同的书籍内容赋予其合适的外观，外观形象本身不是标准，对于内容的理解，才是书籍设计者努力的根本标志。"

由此看来，设计的服务对象有两个：一为内容，二为读者。书籍设计师工作的起点就是解读内容，从最原始的文本中寻找灵魂所在，并找出揭示代表其内涵的一个或一组符号。这是解开书籍设计视觉结构密码的一把钥匙。

日本著名设计家杉浦康平说："书籍设计的本质是要体现两个个性，一是作者的个性，一是读者的个性。设计即是在两者之间架起一座可以相互沟通的桥梁。"

摆好设计师的位置，就能在设计的过程中，从创意起始，进入实质性的设计，再到物化工艺流程，使"我"的感悟转向将文本内容与自己融合在一起的"我们"更为宽广的设计思路中去。这是一种设计的思维方式，是实实在在的设计师与书籍内容之间建立的平衡和谐的工作关系。

设计过程中，"自然也要从一切完全以自我为中心的圈子里跳出来，忘记自我的存在，消失在对作品深层次的感知与情绪之中，还要尝试摆脱时刻跳出的客观自我、空洞的媒介、噪音与杂念，进而成为创作中一串温和的回音"。这个充满意识与认知的设计起步对全部的创作非常重要。正是这个难以名状的阶段，不仅为艺术家重新定义新作品提供了思维空间，还可挖掘书籍内涵深度的洞察力与感受力，引领他们相信自己有能力创造出一个事实存在的，又十分接近设计者构想的、引起人们共鸣的作品来。

显然，书籍设计师要懂得在主体与客体之间找到一种平衡，为此在我们设计过程中所应用的各种元素，必然是非常自然地、完整地从书中的字里行间散发出来的。以人为本、以读者为上帝的设计理念，最终会使作品具有"内在的力量"，并在读者心中产生亲和力。

在国外，书籍设计业可分为三类：第一类是纯粹做传统书籍（如古籍复制、影印），他们严格沿袭传统做书的手段和审美习惯，工作目的就是传承和学术研究；第二类是书籍商品设计，这就像今天大多数设计师为出版社的书籍做装帧，是为了书的销售，体现广告性和商品性，要求物美价廉，批量流通，其设计水平必须适应市场的普遍需求；第三类是艺术家做书，他们把书作为艺术品来创作，更多关注书籍语言的新阐释，其作品开始逐渐得到藏书者的钟爱，更可提供给第二类设计师做参考学习之用，甚至成为其"抄袭"的摹本。

无论是哪类设计均有其存在的必要。今天我们的出版界比较喜欢划一，造成书籍面貌"千书一面"，学术批评也是非此即彼，缺乏多元思考，这显然对书籍艺术的发展是不利的。我觉得书籍设计艺术的想象空间还很大，与古人创造的书籍艺术相比，今人的想象力还远没有发挥出来。书籍要为广大受众设计，但未必限定在一个层面的服务，如同交响乐与二人转，均有其为受众服务的价值体现。

书籍设计与纯美术创作不同，设计者无权只顾自己意志的宣泄，而是要想方设法通过设计在作者（内容）和读者之间架起一座通畅的桥梁，调动所有的设计元素，与要传达给受众的书籍信息融合起来，创造与内容相吻合的氛围，体现原始文本的再生。

当下最时尚的话题就是传统的纸质书将寿终正寝，最终被电子载体所替代。未来我无法预知，但就目前来看尚没有那么悲观，纸质书能够让读者体会文字之外的美感，纸媒相较于电子书更有存在感。我们人类的器官需要这样的物质感，通过眼视、手触、心读，体会阅读书卷的乐趣。也许随着科技的发展，未来有一天只需要在人的大脑里植入芯片，我们闭起眼睛随着意念，脑海里就能阅读任何想读的信息，那则是另一码事了。只要我们的人体

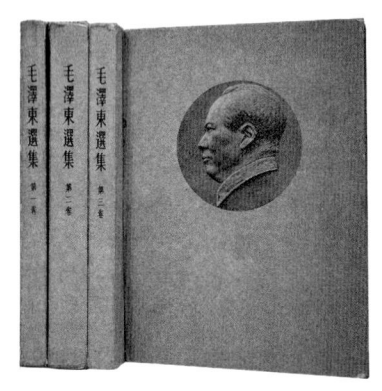

《毛泽东选集》，张慈中设计

器官功能还没有改变，对存在感的需求就不会消失。时尚与传统，当下与未来，用东方轮回学说来解释，所有事物都是周而复始的。

19世纪末，西方现代设计史的代表人物威廉·莫里斯对英国工业革命带来的机械化进行反思，提出继承中世纪书籍的手工制作传统，展示生活与艺术相融合的"书籍之美"的理念，在工业化的鼎盛期探寻艺术的未来。在虚拟电子信息盛行的当下，我们是否也和150多年前的莫里斯一样探寻回归或升华之路呢？当人们警醒信息的泛滥与错乱造成认知价值危机时，与上层建筑相关的书籍制度又会产生怎样一种范式转移呢？

感谢电子载体分担了一部分信息传播的功能，节省了自然资源并提升了获取知识的速度，否则我们的纸质书的种类和数量就无限制超量了。而真正想做一些值得传承的有生命力书籍的出版人会沉静下来编辑设计有价值的书。今天还有一些出版人只关注吸引人眼球的装帧审美层面，书的整体设计的阅读构想都谈不上，读者是不会为此买单的。很高兴看到一些有现代意识

《九叶集》，曹辛之设计　　《新波版画集》，曹洁设计　　《巴尔扎克全集》，张守义设计

的出版人越来越注重信息传递的有效性、有益性乃至艺术性，在满足不同层次的受众，并还原书的本质，提升阅读的价值。当下不是有一大批悟出这一道理的爱书人正在辛勤耕耘吗？他们极力推崇东西方富有温度感的传统书籍艺术，提倡回归传统手工造书的运动。相信面对每天充斥视野的电子屏幕，读多了大机器制造的书物，反而喜好翻阅手制书的人们会越来越多。即使当下还比较小众，但未来的文化人，如艺术家、诗人、作家，甚至是普通读者，都愿意做一些独特的、回归自然形态的、注入情感温度，又能代表自己个性的书籍，作为阅读、馈赠、珍藏之用。

日本著名设计家原研哉认为："正是数字媒体的发展，原来以传达图文为最主要功能的纸张载体被解放出来。书，将成为书之本身，它将以独立的艺术而存在。"任何事物都具有相对性，古腾堡活字印刷术的出现代替了建筑传播人类思想的功能，建筑并没有消失；DVD加快了影视推广的速度和广度，影院并没到日暮途穷的地步；手机几乎人手一部，但书的销售仍在进行。因此，在未来书不会消失，它会成为一种引人注目、爱不释手的艺术品，读书人、爱书者更会珍视。未来电子书、量产印制的书和小批量的手工书将会并驾齐驱，它们将根据不同的受众需求而存在。

冷静对照古人做书的进取意识和专业的设计理念，我们没有资格自满，更没有必要内耗；我们没有时间空谈，更没有权利懈怠。中国的设计师既不要被固有框架所束缚，也不该依样画葫芦地照搬国外模式；我们绝不可能从传统文化母体的土壤中剥离，也要意识到传承不是招摇过市的口号，而是充满敬畏地吸收传统中的养分，并寻找现代语境下延展本土文化的新途径，服务受众。相信"书籍设计"概念能给年青一代的设计师提供传承与发展中国书籍艺术的动力和丰富的创想。

总而言之，设计观念要与读者（多层次的读者）保持一致（如果你的设计想拥有广大读者的话），以赢得尽可能多的读者温和而久远的回声。

（3）由"装帧"向"书籍设计"观念转换的必要性

"装帧"是在中国出版流程中经常使用的词，但概念始终不是很清晰。中国古代用语中没有"装帧"这个词。据当今现有的资料，传此词在20世纪初由日本引入中国，至今还不到100年。中国古代书籍设计艺术与技术在"装帧"这个词舶来之前早就存在，并有数千年悠久的书卷文化传统与历史，而非装帧使然。

《辞源》（商务印书馆，1997年修订本）中有"装裱、装潢、装池"的解释："其法先用纸托衬于书画等背后，再用绫绢或纸镶边，然后装轴杆或版面。制成品有挂轴、书卷、册页等形式。"宋米芾《画史》："余家顾

（恺之）净名天女，长二尺五，应《名画记》所述之数。唐镂牙轴，紫锦装裱。"

《辞海》（上海辞书出版社，1979年版）中只有"装订"的解释："装订，印刷品从印张加工成册的工艺总称，我国古代把简牍用丝革编联成册（策），已具有书籍装订的形式。历代以来，随着生产的发展，书籍装帧形式也出现了很多变化。在周代已有卷轴形式的帛书，造纸及印刷术发明后，先后出现过经折装、旋风装、蝴蝶装、包背装、线装等形式。现代通用的装订方法，有穿线订、平订、铁丝订、骑马订、无线装订等。"

《辞海》（上海辞书出版社，2008年第三版）中有"帧"的解释："①画幅。如：装帧。②画幅的量名。汤垕《古今画鉴·唐画》：'《唐化龙图》在东浙钱氏家，绢十二幅作二帧。'"

《新华字典》（人民教育出版社，1953年版）中只做了"装"的解释："对书画、字画加以修整或修整成的式样。如：装订、穿线装、蝴蝶装（一种古代的装订式样）、精装。"

《新华字典》（商务印书馆，1992年重排本）里提到了"装"和"帧"二字："装，对书籍、字画加以修整或修整成的式样。如：装订、精装、线装书。""帧，图画的一幅。如：一帧彩画。装帧，书画等物的装潢设计。"

《现代汉语词典》（商务印书馆，2005年版）终于有了"装帧"词条："装帧，指书画、书刊的装潢设计（书刊的装潢包括封面、版面、插图、装订形式等设计）。"

《新日汉辞典》（大连外国语学院编，1986年版）："装帧，装订书籍的技术、工艺。装订、装帧的装饰审美。"

《日本语大辞典》（日本讲谈社，1990年版）中对"装丁、装订、装帧"

的解释："书物的缀连，并附着封面。依据书的体裁进行整体的装饰工程。"

其实，输出"装帧"这一词汇的日本在20年前已经开始反思，《日本现代设计事典》1989年增补改订版中对"装帧""图书设计""Book Design"分别表述。

"Book Design"的日语片假名为ブックデザイン。"Book Design"亦曾有称作"装本"或"造本"的词，其具有整体创意设计和印制工艺合二为一的意思。"装帧"是为一般书籍外貌或被称为"书衣"部分的设计，也包含其材料及构成设计，一般称之为"产品设计"。另外还包括在书店的陈设效果、体现商品魅力的"包装设计"。从明治时期到第二次世界大战结束，装帧领域往往以绘画作品的使用居多，也成为画家的额外收入。但近期（20世纪80年代），专业的装帧家增添了平面设计的工作内容。专业的设计师已不仅完成书籍外在的装帧，还包括文本信息构成、文字、图版等形式的设计和材料选择及印刷工艺，而呈现一册具有意境的全方位思考的书籍整体设计。最近也由"Book Design"发展成新的专用词汇"书籍设计"，但到目前为止，真正懂得书籍设计理念的设计师和编辑为数不多。

书籍设计是在对以上各方面相互关联的要素进行综合系统化思考的同时，对书的整体进行由内到外的全面统筹控制设计。鉴于观念的更新，1985年11月在东京成立了日本图书设计家协会，这个协会是推进研究开发书籍设计的专业团体。

由此看出，20多年前在从装帧到图书设计，再发展到"Book Design"的进程中，日本的设计师们也在不断发现问题，总结经验，更新观念，与时俱进。当时新的书籍设计概念并不被出版界，甚至同行认同。

海内外有很多印刷艺术大赛，包括近几年国内举办的国际性、权威性的"金光印艺大赛",其中有一个赛项是印后装订工艺的评比,称为"装帧奖"。可见,澄清装帧概念的专业定位,才能更有利于中国书籍艺术向纵深发展。

装帧与书籍设计概念的区别是什么?长期以来,装帧只是封面设计的代名词,或仍然停留在书籍装潢、装饰,即为书籍做打扮的层面。这并不排除部分装帧者对书进行整体运筹的特例,但多数的装帧则以二次元的思维和绘画式的表现方式完成书的封面和版式设计制作。其原因有三:一是设计者受装帧观念制约,把自己的工作范围限定在给书做外包装,很少注意内文的视觉传达规律研究和书籍整体阅读架构的设计思考;二是出版也是一种产业,出版人为了控制成本,认为从封面到内文的整体设计会增加成本,影响经济效益,故并不积极主张设计师对书进行整体设计的投入;三是大部分文字编辑的专业观念还停留在过去习惯的工作层面,虽有把握文字质量的能力,却缺少对书籍信息传达特征和艺术表现力的索求和愿望。这就造成目前从出版人到编辑,从设计师到出版发行人员仍然习惯于"美化书衣,营销市场"的"装帧"概念。

有鲁迅先生关于中国书籍艺术要观照整体的呼吁,也有钱君匋、范用、余秉楠等老前辈的一再提倡,还有中国许多优秀的设计家并不满足只为书籍做打扮的工作,也曾创作出一批书籍整体设计的经典传世之作。但无奈那时的社会环境、经济条件、出版体制、观念意识等诸多因素,并不能使设计师充分发挥他们的才智和创造力,实现每本书都做到整体设计的愿望。更由于"装帧"一词原意中装潢加工的解读,无法注入全方位的整体设计理念,而仅仅停留在增加吸引力和艺术化表现层面,他们的创意认同和劳动价值至今得不到完善如实地兑现。更有甚者,很多设计师往往被要求"批量生产",

只得低质高产，或者干脆改行当文编，完成利润指标。改革开放以来，新的信息载体传播态势要求改变这一局面，首先要改变观念，认识到装帧概念的时代局限性。作为书籍设计者，我们与文本著作者一样，是书卷文化和阅读价值的共同创造者，他们一定能以新的理念，展现出中国书籍艺术的魅力。

我认为书籍设计包含以下三个层面：装帧、编排设计、编辑设计。显然，书籍设计的真正含义应该是三位一体的整体设计概念。装帧只是完成书籍设计程序中的一个部分或一个阶段。随着信息化时代的到来，书籍中以数据分析为叙述内容成为必要，视觉化信息设计应运而生。我把信息设计作为书籍整体设计不可或缺的一个部分，故有了书籍设计3+1的概念。

一个合格的书籍设计师应该明白需承担的责任和职限范围，以及应具备的整体专业素质。由此看来，"装帧"与"书籍设计"在概念性质、设计内涵、工作范畴、运行程序、信息传达、形态架构等方面均有着质与量的不同。

书籍设计应该是一种立体的思维，是注入时间概念的塑造三维空间的书籍"建筑"。其不仅要创造一本书的形态，还要通过设计让读者在阅读的过程中与书产生互动，从中得到整体的感受和启迪。那种以绘画式的封面装饰和固化不变的正文版式为基点的装帧，只是一个外包装。

书籍设计应是在信息编辑思路贯穿下对封面、环衬、扉页、序言、目次、正文体例、传达风格、节奏层次，以及文字图像、空白、饰纹、线条、标记、页码等内在组织，从"皮肤"到"血肉"的四次元的有条理的视觉再现。书籍设计者要从整体到细部、从无序到有序、从空间到时间、从概念到物化、从逻辑思考到幻觉遐想、从书籍形态到传达语境的各个细节来领会文本。这是一个富有诗意的感性创造和具有哲理的秩序控制过程。

一本书的设计虽受制于内容主题，但绝非狭隘的文字解说或简单的外包装。设计者应从书中挖掘深层含义，寻觅主体旋律，铺垫节奏起伏，在空间艺术中体现时间感受；应用理性化、有序的规则，捕捉住表达全书内涵的各要素——到位的书籍形态、严谨的文字排列、准确的图像选择、有时间体现的余白、有规矩的构成格式、有动感的视觉旋律、准确的色彩配置、个性化的纸材运用、毫厘不差的印刷工艺；寻找与内文相关的文化元素，升华内涵的视觉感受；提供使用书籍过程中启示读者联想的最为重要的"时间"要素和对书籍设计语言的多元运用；最后达到书籍美学与信息阅读功能完美融合的书籍语言表达。这近乎是演绎一出有声有色的充满生命的戏剧，是在为书

充满活力的中国当代书籍设计

构筑感动读者的书戏舞台。书籍设计应该具有与文本内容相对应的价值，书应成为读者与之共鸣的精神栖息地，这就是做书的目的。一本设计理想的书应体现和谐对比之美。和谐，为读者创造精神需求的空间；对比，则是营造视觉、触觉、听觉、嗅觉、味觉五感之阅读愉悦的舞台。好书，令人爱不释手，读来有趣，受之有益。好书是内容与形式、艺术与功能相融合的读物，最终达到体味书中文化意韵的最高境界，插上想象力的翅膀。

（4）书籍设计的工作程序应包括以下七个方面

① 设计者首先要与作者和编辑共同探讨本书的主题内容，沟通设计意向；

② 根据文本内容、读者对象、成本规划和设计要求，确定相应的设计形态和风格定位；

③ 整理出书籍内容传达的视觉化编辑创意思路，提出对图文原稿质与量的具体要求；

④ 进行最为重要的视觉编辑设计和与之相对应的内文编排设计，对封面、环衬、扉页等进行全方位的视觉设计；

⑤ 制订实现整体设计创意的具体物化方案，选择装帧材料、印制手段与程式规则；

⑥ 审核本书最终设计表现、印制质量和成本定价，并对可读性、可视性、愉悦性功能进行整体检验；

⑦ 完成该书在销售流通中的宣传页或海报视觉形象设计，跟踪读者反馈，以利于再版。

书籍设计师与装帧者的不同之处，在于书籍设计师要了解自己承担的角色，增添了一份视觉化信息传达的责任，多了一道综合素质修炼的门槛。书籍设计师除了提高自身的文化修养外，还要努力涉足其他艺术门类，如目所能见的空间表现的造型艺术（建筑、雕塑、绘画），耳所能闻的时间表现的音调艺术（音乐、诗歌），同时感受在空间与时间中表现的拟态艺术（舞蹈、戏剧、电影）。书籍设计是包含着这三个艺术门类特征的创作活动。

从装帧到书籍设计，这并不是对两个名词的识辨，而是思维方式的更新、文化层次的提升、设计概念的转换、书籍设计师对自身职责的认知。从习惯的设计模式转向新的设计思路，这是今天书籍设计概念需要过渡的转型期。时代需要以书籍设计理念替代装帧概念的设计师，从知识结构、美学思考、视点纬度、信息再现、阅读规律到最易被轻视的物化规程，突破出版业一成不变的固定模式。

不空谈形而上之大美，不小觑形而下之"小技"，东方与西方、过去与未来、传统与现代、艺术与技术均不可独舍一端，要明白融合的要义，这样才能产生出更具内涵的艺术张力，从而达到对中国传统书卷文化的继承拓展和对书籍艺术美学当代书韵的崇高追求。

2."装帧"与"书籍设计"——读田中瑟的《装帧用词用语考》有感

30年前在杉浦康平先生事务所求学,感到他做书的设计观远远超越国内对"装帧"的认知范畴,关于"装帧"的概念曾求教于他。他说日本以往的装帧是某些画家利用自己的画技做书,也有一些是为了生存而从事平面设计这个职业,对于什么是装帧,什么是书籍设计,有过去那个时代的局限,业内缺乏清晰的定义。这倒和我入道那个年代的中国装帧界状态相差不多。杉浦先生一再强调书不是平面的载体,而是由层层叠叠的纸页累积而成的立体物。书的设计不只是装帧和版面图文的设定,或者只为多帖缝缀而成的正文页做个外包装。他说阅读之物,外貌是表象,内在是核心。读封面或读一面单页与读一本书是完全不同的概念,书不只是存在于空间的摆设物,只有触动书体、翻动书页、顾及外观与内里,才会展现文图动态的信息阅读体验,书籍设计岂能止步于装帧范畴的工作?

书籍设计者仿佛是一支部队的统领,对书的整体进行规制和整合。设计者应该是全书阅读传播的责任担当者,这样才有资格在版权页上署名。杉浦先生希望日本的书籍设计师要超越传统三次元的思考,加入书籍阶梯式、层积式的时间性设计观念,这是那些装帧者既意识不到,也不可能承载的工作负荷。他认为书物,是将世界万事和宇宙万物囊括其中的阅读体系,文本从外部不断向内纵深渗透着,页面层层叠加,信息层层递进,从平面到立体,从空间到时间,这里需要有多少触类旁通的学识铺垫。根本上来看,页面是承载着庞大知识体系的生命体。我想,书籍设计师该具有多好的修养和见地,才能做出拥有生

Eureka，2003年第9期/青土社封面

命意义的书呢？他的问题一直敲击我想攀越这座高峰却畏惧困难的惰性，他的教诲至今都是我坚持"从装帧到书籍设计观念转换"课题研究和实践的动力。

记得20世纪90年代中国青年出版社编辑出版了一本《编辑工作手册》，负责设计此书的一位资深美术编辑问及"装帧"一词的准确定义，因为此前的《辞源》《辞海》《新华字典》《中国大百科全书》均没有能够专业、准确地对"装帧"一词进行令业内满意的解读。我对"书籍设计"的认知在当时还不能被一些人接受，并被戴上"反对装帧，反对传统，数典忘祖"的帽子，甚至说"装帧"已形成汉字的语言链，不容修正。当然这并不影响我对由日本引进的"装帧"这一词的研究兴趣，也更让我不感情用事，以科学的态度严谨探求新知，认真寻找答案。由于国内这方面的研究很欠缺，于是利用赴日的机会，跑书店，找文献，请教专家，逐渐积累资料，对"装帧"的来龙去脉有了些许

的认识。其中一本《ユリイカ》（Eureka）杂志上登载田中瑟先生的《装帧用词用语考》[1]一文，很受启发。故将该文部分译出供读者一阅。

谈及"そうてい"这个假名，用汉字表记为"装钉""装帧""装订""装丁"的词汇组合，根据文献记载曾有用"装缀"一词。同类语也有用"装潢""装裱"，但发音不同，之后还用过"装本""造本""图书设计"，即"ブックデザイン"（书籍设计）等称谓。日本从昭和年代之初直到今天，这些词汇的应用依然混乱，没有一个明确的定论。

● "装钉"与"装帧"

据考证，古代最早使用"装潢""装裱"一词为中国北魏（386—534）贾思勰的《齐民要术》中《染黄及制书法》一文记述："为防虫蛀用一种黄檗的染料涂于纸上称为'潢'。"《大唐六典》中有"熟纸匠装潢匠各十人"的记载。大唐的书籍制度传到日本后，在《大汉和辞典》里有"装潢""装裱"的解释："书物形态有卷轴、经折等，是为书画卷轴装裱的作业。"根据文献那时尚未有"帧"字，普遍使用"装潢""装裱"。

明代方以智的《通雅》里有"以叶子装钉谓之书"的撰述，清乾隆年间袁栋在《书隐丛说》里有"手卷不如册页质变，册页又不如今日装钉之便也"一说。叶德辉的《书林清话》里有"明代人装钉书籍，不解用大刀，逐本装钉"。由此看"装钉"被普遍使用，其词义与书的制作的意思很相符，也是日本江户时期普遍使用的专用词汇。但"钉"这个词缺乏雅趣，而"装帧"似乎有一种美感。"帧"字本来读音不是"tei"而是"tao"，久而久之误读却成了

---

[1] 《装帧用词用语考》，《そうてい用字用语考》，Eureka，2003年，第2期。

"钉"（tei）音。

昭和四年（1929）4月6日，有和田万吉为会长，庄司浅水为干事长，还有石田干之助为编委发起"装钉研究同好会"，其中还有恩地孝四郎、杉浦非水等8人的座谈会，此活动消息刊登在当时的《读卖新闻》文艺栏。第二年他们出版发行了《书物与装钉》期刊，主要记述有关书的设计创意和业内新闻记事。很遗憾只出版了3期。其中有件趣事，在对《读卖新闻》上刊登消息的栏目进行校对时，因为"钉"的活字模上有垢，用"帧"作了替换。待报纸一出，大家对"帧"的铸活字字体非常不满，于是在第二周的座谈会纪要报道中，又回到"装钉研究同好会"的原貌，还出版了一本《书籍装钉的历史和实际》。尽管那个时候"装钉"一词比"装帧"使用得更广泛一些，但这件事引发了大家对两个词的关注。"装钉研究同好会"的新村出发表了一篇《装钉还是装帧？》的文章［昭和五年（1930）《文艺春秋》］，文中阐述了与"装钉""制本"相比，富有一定创意和图案元素的"装帧"更为合适的看法。

明治维新以来，日本引进西方的活字印刷和装钉技术，书的形态与传统和本已完全不同，对于新的书籍制度的冲击，一方面尊重历史，同时又要适应时代的趋势。昭和五年12月，草人堂研究部编《装钉的常识》阐述书的制本技术到保存的全过程，其中引用了木村的话："装帧是书物造型的整合设计，制本是包括设计、装钉在内的具体实施。"昭和六年（1931）7月，佐佐木在新创刊的《书物展望》上发表"装钉"的解释，认为"装本"是不包括内容在内的机械化生产，"装钉"是包含着工艺美术在内的技能性生产行为。"装钉"和"装帧"是有关"有无美的内容"的区别。另一种解释是"装钉"中包含了"装帧"的涵义等，词汇的不确定性使认识复杂化。

● "装钉""装缀""装订"

昭和八年（1933）6月由田中敬执笔陈述"そうてイ"一词的变迁，其提到"装缀"一词的"缀"在日语中也是读"钉"（tei）音。他认为实用性的制本应称之为"装缀"，"缀"具有结至、限定的意思，即将多帖集积连缀在一起，不让它散乱之意，属制本的专用语，并提出具有装饰感的制本谓"装帧"的看法。该词使用的例证：大正四年（1914）在《高丽版大藏经》中有印制实施特殊的"装缀"一词的记载。昭和十二年（1937）在京城举办的"书物同好会"上帝国大学教授一干人对田中敬的"装缀"提案表示支持。鸟生芳夫在《书之话》中附和田中的"装缀"说。虽有不少人支持用，但由于"装缀"发音生疏且书写复杂，该词逐渐淡出。日本在新造词的过程中，有很多的争议和探讨，各持己见，也引来不同的支持者。当时非常著名的设计家恩地孝四郎坚持使用"装本"一词，昭和二十七年（1952），他在《书的美术》中撰文指出"装帧"与"装钉"用词的不足之处，因为这两个词一直被用来指给书做简单的装饰。一般设计师拿到书后仅在封面配上一幅画，那称为"装画"就足已，如果从封面、环衬、扉页、内文甚至材料等全面考虑仅称为"装帧"就不够了，使用"装本"的叫法似乎更全面些。根据恩地的记述，当时书的设计师大多数是手绘画家，放一幅画而已就算设计了，而恩地自己强调"书的设计"，不单是书的外包装，还包括文本传达格式设定，图文编排组合，从封面、环衬、扉页、目录直到版权页，以至与书内容相关的所有元素，最后包括材料工艺的选择，这是远远超越封面"装画"的工作。他希望有一个能准确定义的词，这也是他不得不采纳"装本"来代替"装订""装帧"用词的实际背景。

恩地孝四郎的这一表述对"书籍设计"（Book Design）的称谓做了前瞻性的解释，也促使之后的《出版事典》（1972）等与书相关的辞典，包括最具权

威性的《广辞苑》在"装钉""装帧""装丁"词条之外,另设了"ブックデザイン"(书籍设计)专用词。

另一位书志学者川濑一马在《日本书志学用语辞典》[昭和五十七年(1982)]中写明"装订(帧·钉):书物的缀订方法、制本的技术,'钉'字是江户时期的学者藤原贞干使用过的字,到了明治时代,西方印制术在日本广泛应用。'装帧'的原义是指书画的装裱、装饰,'订'是将书页整合的意思,因此从昭和元年(1926)开始,日本书志学会规定使用'装订'一词"。

那时以长泽、川濑为代表的学者的研究一般以古籍为中心,"装钉"定义侧重表明书的不同使用形态,其中并不强调设计的要素。故一批学者坚持用"订"替代"钉"。当时的《日本古典籍书志学辞典》《广辞苑》《世界大百科事典》将长泽的"装订"说作为专用词。在当今日本的书店里可以看到,不管形态如何,甚至只是封面设计,版权页上署"装订"的情况依然存在。但时代在变迁,还是用固态的定义,而不是与时俱进,很不协调。

● "装丁"

当下与"装帧"使用率相当的属"装丁"这个词。学者长泽规矩也认为使用"装帧"或"装订"不如"装丁"准确。昭和三十一年(1956)第三十二届国语审会总会颁布"装钉(帧)→装丁"这一条目,即统一使用"装丁"的规定。由此日本的辞典做了不同程度的修正。《言林》(1957年版):"装丁(帧,钉)";《广辞苑》(1969年版):"装帧,装订,装丁",平成三年(1991)排列顺序做了变动:"装丁,装订,装帧";《印刷技术用语辞典》昭和六十二年(1987):"装丁";《图书馆用语集》昭和六十三年(1988):"装丁(装钉,装订,装帧)"。平凡社《世界大百科事典》

（1988年版）枥折久美子指出"帧"的原来发音区别于钉、订，常用汉字没有"帧"字，故使用"装丁"为准。从辞典用词变化来看，日本由最初采用"装钉"，随之"装帧""装缀""装订"到"装丁"，与纯物理化的"制本"相对应，以书的外包装为主，并兼有审美意识的设计行为，均称为"装钉""装帧""装丁"。自昭和二十七年（1952）以来的统计，"装帧"一词的使用比"装钉"更普及，"装丁"的使用也在增加。

另一方面，在图书馆界，《图书馆学编·学术用语》（1958年）有专用词"装丁——Binding""制本——Binding/Book Binding"（1997年取消"装丁"代之以统一的"制本——Binding"）。《图书馆信息学检索》（1999年版）中对"装丁"的解读为图书的缀订术和制本法。使用《日本十进分类法》（新定九版）"装丁——卷子本、经折装、旋风蝴蝶装、包背装、线装等不具信息创意的书籍形态"在书志学界已有共识。在《日本十进分类法》的"相关索引"里有"装订（书志学）"记载：作为图书内容分类的"制本——ブックデザイン（书籍设计）"。

● **新说不断诞生**

昭和初年使用"装钉""制本""装帧""装订""装丁"，随着时代的发展和新技术的进步，"装钉"一词逐渐衰微，一批新生代的设计师提出改变的诉求。昭和六十年（1985），以从事与出版相关的著名设计家道吉刚、广濑郁等为中心，成立了"日本图书设计家协会"。道吉刚提出，书的形成要考虑诸多要素，是综合考量下的立体化设计，具体可分为：格调、内容、视觉化、材料、生产、流通、阅读、保存等诸多方面的构想、权衡、思考，是一种重视各元素相互有机联结的"书"的整体设计。与以往只指书的外包装设计相比，"书籍设计"

强化书物的整体性。这些与早年的设计前辈恩地孝四郎提出的设计不应该局限于"装画"的主张一致。设计不只针对书的封面，而是从内容的表现着手，突破编辑的惯性思维，从文本编辑、文图编排、印制设定乃至当时被称为DTP[1]以及新的电子技术手段的应用。总之，书籍设计已不局限于装帧的范畴，而是包含着文本在内的视觉传达设计的综合方法论的执行。这就是"ブックデザイン"（图书设计）这一新词诞生的背景，实为时代发展之使然。"日本图书设计家协会"成立时有47位会员，还编辑出版了《日本图书设计》期刊，主张真正实现业界以包含"编辑设计"在内的整体设计的崇高目标。

从以上文章看，日本对"装订""装丁""装帧""制本"的使用也纠结了100多年，显然"装帧"的应用并未形成固化不变的所谓"语言链"，而且随着时代的发展，科技的进步，手段、程序的演化等，使得专业词汇的界定以及容量都产生了不小的质变。一些有追求、有理想的设计家不满足装帧观念的局限，希望拓宽书籍设计领域的专业维度，为当下读者所用。

目前，日本对于装帧和书籍设计的称谓是分开来使用的，著名书籍艺术评论家、《日本装帧史》著者臼田捷治[2]有这样的表述："日本近来将封面的

---

[1] DTP：桌面出版中所谓"出版"是指印刷、裁切、出品、宣传，直到流通等（也就是"后出版工程"）整个过程。实际上，DTP在大多数情况下只是指制版前（也就是"预出版"工程）的过程，因此有人主张改用Desktop Prepress即"桌面预出版"这个词。另外，近年来苹果公司也不用"桌面出版"，而使用"设计和出版"（Design And Publishing, D&P）这个词。从发展潮流来看，电子出版、"自定义出版"（个人出版）等新的形式已出现，真正意义上的"桌面出版"成为可能，DTP这个称呼的内涵也会逐渐改变。

[2] 臼田捷治：1943年生于日本长野县，毕业于早稻田大学，任《设计》杂志主编，并在平面设计领域从事艺术评论方面的写作活动，著有《装帧时代》《装帧列传》《日本的书籍设计1946—1995》《旋——杉浦康平的设计世界》等。

设计称为'装帧',包含文本在内的整体设计谓之'ブックデザイン'(Book Design/书籍设计)。"

20世纪日本书籍艺术界的泰斗原弘先生在1970年印刷时报上撰文:"……实际工作中,我们所说的装帧差不多都只设计书的外观,很少设计书的内部。最近有'图书设计'(Book Design)一说,从'书籍整体设计'的意义来讲,它更明确了'装帧'的意思。不过目前人们仍然模糊地用着'装帧'这个词。"

书籍设计不是仅仅做封面的装帧工作,还包括书的开本设定、文本的图文编排设计、信息阅读的增值设计等整体概念的运筹。书籍设计是从封面开始逐渐进入环衬、扉页、序言、目录、辑页、内文视觉结构、不同体例的版块设定、阅读节奏、跋或后记、必要的文本信息图表、索引等的编辑……一直到版权页的"时间戏剧"的演绎过程。日本著名书籍设计家铃木一志用了一个生动的比喻来说明装帧与书籍设计的区别,他说:"装帧如同短距离赛跑,书籍设计就像马拉松比赛,有一个较长的经历过程。"

今天职业的分界线越来越模糊,设计师可能参与选题策划、影像拍摄、插图绘制、图表制作、图文编辑和阅读编排,还要掌握多种软件的应用和工艺印制装订技能,更有跨界领域如电影戏剧手法的主动介入……在出版业越来越注重商业化的今天,以节源创收、短平快的工作主旨,将一切必要的经历、程序、投入大肆省略,造成业内"没有设计的设计是最好的设计"的误读,拿着当下时兴的作品让设计师仿造、山寨,不鼓励创新、不推崇个性,少花工夫、多获收益成为行业评判的标准。还有另一个倾向,仅为获奖的面子工程不惜投入大量的资金,做无谓的装帧、过度的设计。其结果:中国的出版品种、码洋年年递增,而广为留存的经典作品和具有国际竞争力的出版物并不多。业内对参与书籍设计领域的从业者缺失了尊重，那些万般辛苦、付出大量精力、不断重复劳动的书衣装帧者已失去了起码的价值认同和生存底线。

装帧概念的局限性造成设计意识的自我封闭和创造价值的自我矮化，因生存的窘迫而迁怒于外部不良环境的同时，装帧者是否也该反省。作为设计师必须打破封闭地为书装、书衣打扮的装帧界定，深入书籍设计中最重要环节的编辑设计专业知识和能力的开发，跨过"会画画就会设计"这道阻碍中国书籍艺术发展的意识门槛。书籍设计应该对物化的书开启一个新的着眼点，如果说20世纪还是属于装帧的时代，那21世纪的书籍设计则不能再止步于装帧的层面，电子媒介的涌现带来了机遇与挑战。作为一本有独立价值的书，当然有著作者、出版人的智慧，但书籍设计者不是全书制作过程中多余的人，关键是设计者心中要有个小宇宙，要有冲破固有装帧概念的束缚，寻得解放自己的机会和能量，用最大的心力和态度使书得到（超越文本）新生命的欲望。

"装帧"与"书籍设计"不是名词之争，我还想再次引用日本著名艺术评论家臼田捷治的话作为本文的结束："'装帧'与'书籍设计'是折射时代设计的一面镜子。"

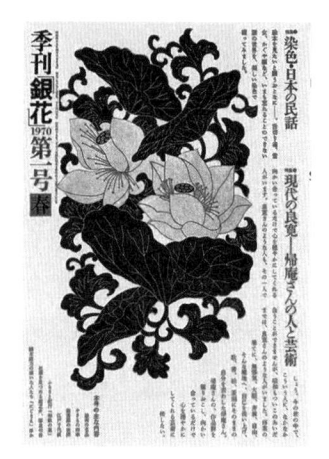

杉浦康平20世纪60、70年代书籍设计作品

一 | 书籍的整体之美

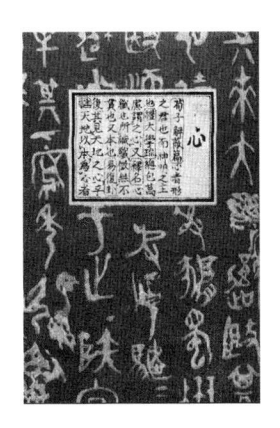

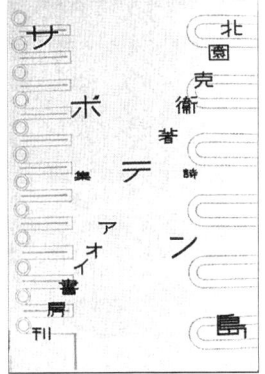

051

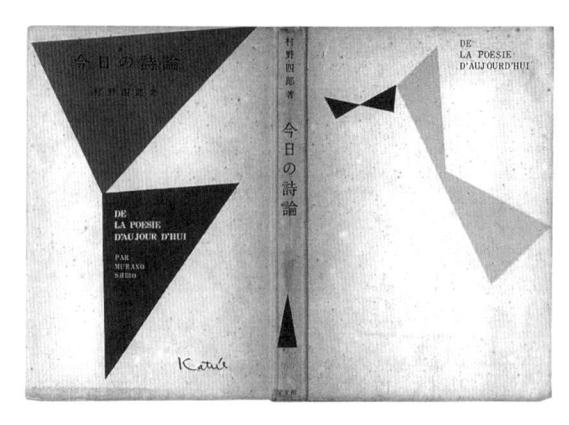

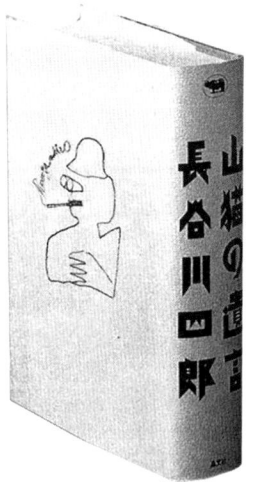

日本20世纪早期的书籍装帧作品

3. 从装帧到书籍设计引申出来的概念

（1）书之二重构造——形神兼备的书籍设计

形态，顾名思义，即书的造型与神态，是指书籍的外形美和内在美的珠联璧合，才能产生形神兼备的艺术魅力。书籍形态的塑造，并非书籍设计家的专利，它是著作者、出版者、编辑者、设计者、印刷装订者共同完成的系统工程，也是书籍艺术所面临的诸如更新观念，探索从传统到现代以至未来书籍构成的外在与内在、宏观与微观、文字传达与图像传播等一系列的新课题。

书的形态，固有观念不难想到是书的外观：六面体的盛纳知识的容器，造书者们从其功能到美感，构成至今为人们所熟识的书的形态。中国在漫长的历史进程中，书籍的形态有着很奇妙的演进。自甲骨文字作为传递信息的记号工具至商代中叶，出现了刻写在竹木简上并用带子串联起来的"简册"，以及由丝织品、帛箔做材料并围着中心捧卷而成的"卷轴"，到纸张发明后，遂改成以一张张长方形纸为单位的"折叠本"。后又受印度梵文贝叶经的启示，将书面按序粘接起来，加以折叠，因大多撰以经文，故称之为"经折装"。五代初期，书的装订逐渐转向"册页"，至明中叶后，被称为"线装"书的形态所替代，直至晚清。

中国自古就有"图书"一词，叶德辉《书林清话》中说："古人以'图书'并称，凡书必有图。"自宋元始雕刻印刷有了很大的发展，书籍中附有各类形式的插图，不仅在小说类读物，经、史、集、礼、乐、自然科学等类书籍中均有相辅相成的文字和绘图。这种以版式多样化为特点的书籍形态的创造，给内容以充分表现，给读者以视觉和阅读的引导，也增添了书籍形态的表达语言。古人对书进行整体的精心运筹，使书籍既是信息传递的重要载体，也成为一件完美的艺术品，展示在读者面前，供其阅读和收藏。

现代书籍汲取西方的做书模式，印刷装订技术已实现现代化。无论是古人还是今人，在书籍的创造过程中研究传统，适应现代化观念并追求美感和功能两者之间的完美和谐，是书籍发展至今仍具生命力的最好证明。但当我们还满足于近百年来一成不变的书籍形态时，是否应该意识到当今信息万变的多媒体传播时代的到来，以及我们的读者所处经济、文化环境的突变。"铅字文化"作为以往传播手段独霸一方的状态逐渐为视像等多元传媒形式所冲击，当今书籍形态所存在的问题是值得出版家、作家、设计家、印刷专家们来共同探讨的。

传统的造书者们对书籍进行精心的整体运筹，构成至今为人们所熟识的书的形态，使书籍成为一件件完美的艺术品展现在我们面前。只是由于某些历史原因，或是被一种自我封闭的意识所困，人们渐渐习惯于千篇一律、千人一面的书籍形态。现代新书籍美学的价值标准，是致力于传统书卷美与现代书籍形态相融合的探索过程，创造具有主观能动性的设计产物，启发读者在阅读中寻找并得到自由感受，萌发丰富的想象力。

读者买书是为了愉悦地获取资讯。拿到一本书时，对读者来说最重要的问题是"这本书到底在讲什么？"设计师将书中繁杂或冗长的信息，进行逻辑化、秩序化、趣味化的重新整合与创造，使读者能有效、快捷地把握书中的主旨，使信息能够明晰并准确地传递；同时，赋予文字、图像等视觉元素富有情感和精神内涵的视觉表现形式，在形状、大小、比例、色彩等方面展现它们独具个性的视觉化形式，并进行戏剧化的演绎，体现出书籍内容时空传达的层次化，以富有表现力的形象赢得读者、感动读者。

书籍形态的形成过程，不仅要注重其物理性——书的外在构造，从书籍形态的整体来看，它还应注入内在的理性构造，即书籍形态的二重构造的基本概念，创造书籍形神兼备的整体之美。

（2）书筑——书籍设计为信息构造诗意栖息的建筑

书籍是时间的雕塑，是信息栖息的建筑，是诗意阅读的时空剧场。建筑是一个三维空间+时间的体验，它并没有局限在一个平面视觉维度上。书籍设计也应具有同样的出发点：让信息（文本）通过文本构架、平面构成、文字设定、叙事方式、色彩配置、图形语言、工艺手段等设计概念构建信息安排妥当。但这并非设计的终极目标，书籍设计必须让读者在页面空间中"行走"，在翻阅的时间流动中享受到诗意阅读的体验，更可流连于阅读过程中，展开各种信息"居住其中"的联想。

2012年11月和2016年10月分别在东京代官山和首尔设计广场DDP隆重举行了"书・筑"展。活动由日本建筑界的泰斗槙文彦和韩国著名出版人、坡州书城（Paju Bookcity）创始人李起雄发起，由中日韩三国书籍设计家和建筑家一对一组合，完成了12本全新概念的"书筑"载体。这是书籍与建筑两个领域共同协作的跨界研究项目。建筑设计与书籍设计作为行业，以往属旁门左道，"老死不相往来"，但作为一种文化现象和人文精神的共同追求，虽涉及的领域和客户不尽相同，但"书是语言的建筑，建筑是空间的语言"有着相似的认知和共通的解读。

法国文豪雨果说："人类就有两种书籍，两种记事本，即泥水工程和印

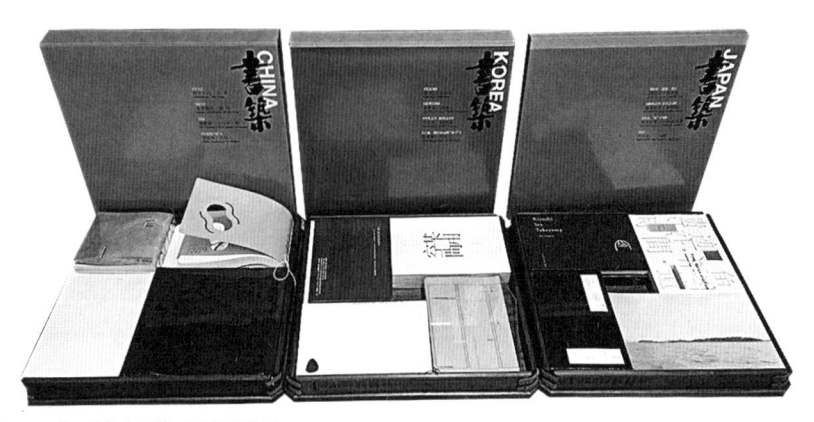

《Locus书·筑》中日韩三国12部作品

《Locus书·筑》出版首发式海报

《书筑·历史的场》,方晓风×吕敬人著,中国建筑工业出版社,2016

刷术,一种是石头的《圣经》,一种是纸的《圣经》。"15世纪前的欧洲,书为贵族和宗教人士所掌控,普通受众则是通过建筑上的雕塑了解《圣经》或文学故事,所以书籍与建筑数千年前就有着渊源。古腾堡活字印刷术的出现,改变了阅读为少数人专有的状态。这就有了书籍是时间的雕塑一说。如果说书是一座建筑的话,那么它为书的信息提供了一个居住的空间。过去装帧设计,无非解决平面的审美处理,只关注文本在页面上呈现的构成、对比、均衡、空白等关系,但这只是从二维的角度来看问题。建筑是一个三维空间+时间的体验,它并没有局限在一个平面视觉维度上,而是需实实在在让人亲身经历的时空过程。书籍设计也应具有同样的出发点:通过虚实构成、明视距离、叙事节奏、明暗层次、触摸感受等设计方法让信息（文本）得到合理、舒适、诗意安居的场所。

30年前我有幸在杉浦康平老师的设计事务所学习，他改变了我对书的设计只解读为外在装饰和内文排版审美的观念。他一再强调一本书不是停滞在某一凝固时间的静止生命，而是构造和指引周边环境有生气的元素，设计是要造就信息完美传达的气场，这是一个引导读者进入诗意阅读的信息建筑的构建过程。他认为书籍设计不仅仅是完成信息传达的平面阶段，而且要学会像导演那样把握阅读的时间、空间、起承转合、峰回路转，掌控游走于层层叠叠纸页中的构成语言，学会引导读者进入书之阅读途径的语法。他使我顿悟，优秀的书籍设计师应在文本的篇章节句中寻找书籍语言表演的空间场所和叙述故事的时间过程，让视觉游走迂回于页面之中，让书之五感余音缭绕于翻阅之间……感染读者的情绪，影响阅读的心境，传递善意设计的创造力。

对于一个建筑师来说，接受客户做建筑设计项目，目的和结果无非有两种：一种是表面工程，只要你设计一个规模建筑，大体量，炫目即可，当下中国各城市举目皆是；而另一种是真正设计人舒适居住和文化审美相融合的场所。怪不得由杉浦老师来主导，经历了整体编辑设计和贯穿物化全过程的书，其版权页上署名为"造本"。"造"，营造，构建；"本"，日语意为书。"造本"准确传递出当代书籍设计家把书当作建筑来做的新概念。

"书·筑"展对书籍的未来有潜在的启示意义，不仅是三国的建筑家和书籍设计家们共同协力面对挑战，创造性地开拓未来书籍与建筑概念互通和持续性发展的可能性，并具多重意义，展现"场"的划时代的思考。另一层意义还在于"书筑"的理念也衍生出书籍的未来——揭开新造书运动即将到来的序幕。面对当今数码技术的快速发展，信息传播和生活习惯越来越虚拟化，在对人类精神和物化生存方式产生怀疑之际，"书筑"概念让书籍设计师和建筑家进一步探讨物与人的关系，引发诸多的启示与联想。

（3）书戏——看透纸页舞台的深处

书，具有与电子载体全然不同的阅读感受，不依赖任何器物，户内户外随时随地可以轻松地阅读，纸张给我们带来视觉、嗅觉、触觉、听觉、味觉五感之愉悦的想象舞台。纸张语言的丰富，可供书籍设计师创造千变万化的纸张载体，体现无穷无尽的艺术魅力，让读者进入阅读的美妙意境。

书是传承文明的最重要因素，一个民族的文化生命绵延不断的根是文字，而文字又是组成书籍生命机体的细胞。汉字体现了信息沟通、表达语境，并且是被赋予了一种艺术神韵的中国智慧结晶。中国的书籍艺术有着悠久的历史，为我们留下了丰富的文化遗产，也是书卷文化不会被时下流行的电子载体吞没的根本原因。面对新的时代特征，纸面载体到底还有没有生命力，关键在于扮演着被阅读角色的设计师能否设计出"读来有趣，受之有益"的书，使阅读者通过眼视、手触、心读来感受纸面载体的魅力。

设计者在纸上进行平面设计时，纸张呈现的是不透明的状态，而对于一位能感受到纸张深意的书籍设计者来说，这张纸也呈现出与前页具有不同透明度的差异感，这种差异感必然会影响书籍设计的思维，并促使设计者去感知那些似乎看不到的东西。由一张一张纸折叠装订而成的书，已不仅仅是空间的概念，其包含着时间的矢量关系和陈述信息的过程。能够力透纸背的设计师已不局限于纸的表面，还思考纸的背后，能看到书戏舞台的深处，甚至延续到一面接着一面信息传递的戏剧化时空之中,平面的书页变成了具有内在表现力的立体舞台。

书籍设计是将信息进行美的编织的工作,是使书籍具有最易阅读(可读性)、最有意思(趣味性)、最为便捷(可视性)的表现方法论,从而设计出"读来有趣,受之有益"的书。

阅读与被阅读,即主体与客体、观众与演员,即读者与设计师的关系。书籍中的文字、图像、色彩、空间等视觉元素均是书籍舞台中的一个角色,随着它们点、线、面的趣味性跳动变化,赋予各视觉元素以和谐的秩序,注入生命力的表现和有情感的演化,使封面、书脊、封底、天、地、切口,甚至于翻开内页的每一面都呈现出书籍内涵时空化、层次化,有阅读韵味的书戏来。东方艺术的一个重要特点,即表现为主题在抽象时空中的演绎性,并贯穿延续性的戏剧变化,富于联想。如京剧生、旦、净、丑的做、念、唱、打,像欣赏江南的园林,步移景异,是一种时空的体验。

一出戏,整个情节是沿着一条既定的剧情路线进行的,或是线性结构,或是起伏性结构,或是螺旋性结构,依循内在的逻辑自然地发展着。正是这种秩序与条理性,使观众体验到了时空的细微变化。因此,书戏则是设计者把控信息生动表情,传达内容情节起伏的内在逻辑关系,让读者感受到故事时间与空间体验的被阅读载体。

设计师维系书之生命则是维系好阅读与被阅读,即主体与客体的关系。要懂得以人为本,以读者为上帝的设计理念,最终使作品具有"内在的力量",并在读者心里产生亲和力,以达到书籍至美的语境。

书籍的设计与其他设计门类不同,它不是单个的个体,也不是一个平面,它具有多重性和互动性,即多个平面组合的近距离翻阅的形式,涉及多向领域的交叉应用。我们的视点除了在选择书的内容、题材的点去决策设计的方法与方向，还像一个导演在接到一部剧本后所展开的思考和工作一样。从单纯的信息视觉阅读到五感的欣赏领悟，书籍艺术与虚拟的电子载体相比，有多少需要回顾与反思，或者可以说书籍还属于有待开拓的设计领域。

书籍设计是一种物质之精神的创造。书籍设计者要学会像导演那样把握阅读的时间、空间、节奏语言，让信息游走迂回于页面之中，起承转合，峰回路转。书籍设计是呈现信息并使其得以完美传播的场所，这是一个引导读者进入诗意阅读舞台构建的过程。

书籍设计者的义务是为读者演绎一出阅读好戏，书籍为这个世界增添了一众美好的东西！

（4）艺术 × 工学 = 设计^2

书籍设计，其本质就是要自觉地设计信息视觉展现形态，使这些信息以某种引人注目、便于接受的形态展示给读者。这是设计者在制作一本书之前必须具备的设计思路。现代书籍的设计者不满足只是运用文字符号作为传达媒介的唯一手段，而是根据文字信息做出自己新的认识和解释，并尽可能以形象思维以及视觉信息的传达方式，从单向性写作行为朝多向性传播方式的多元方向发展。

何谓"新设计论"？是书籍形态学的外在观赏美和内在功能和谐美结合的概念。杉浦康平先生为"新设计论"创立了这样一个公式：

艺术 × 工学 = 设计^2

这是用感性和理性来构筑视觉传达媒体的思维方式和实际运作规则，使设计达到其原构想定位的平方值、立方值乃至n次方值的增值设计效果。

不言而喻，书籍设计作为艺术思维活动离不开感性创造过程，艺术感觉是灵感萌发的温床，是创作活动重要的必不可少的一步。如果说绘画创作注重感性过程而体现一种混沌之美的话，那么设计则更侧重于用理性过程体现工学发挥的潜力，创造有条理的秩序之美。

工学是由大量、多元的知识经吸取、消化、积累的理性学习而成的信息源；工学是通过大脑的逻辑思维对知识进行抽丝剥茧、理性推理、提炼归纳而有效应用于设计的方法论；工学是一门物理性量化的艺术，并依靠多门精湛技术完善物化书籍的工艺学科。

所以，书籍设计者单凭感性的艺术感觉还不够，还要相应地运用工学概念去完善和补充；光具备美术知识还不够，还要像一位信息建筑师那样去调动一切工学因素，设计创造具有感染力的书籍形态的一切有效因素，完成设计结果的增值工程。

书籍设计，就是通过物化手段将视觉化信息展示于读者。这是设计者在制作一本书之前必须具备的"新设计论"思路。

艺术感觉是灵感萌发的温床，是创作活动必不可少的一步。设计更侧重于理性（逻辑学、编辑学、心理学、文学等）过程去体现有条理的秩序之美，还要运用人体工学（建筑学、结构学、材料学、印艺学等）概念去完善和补充，像一位建筑师那样调动一切合理数据与建造手段，为人创造舒适的居住空间。书籍设计师要为读者提供诗意阅读的信息传递空间，具有感染力的书籍形态一定是涵盖了视、触、听、嗅、味之五感的一切有效因素，从而提升原有信息文本的增值效应。"艺术×工学＝设计^2"这一新设计论将成为当代书籍设计师面对的前瞻性挑战，改变旧观念，以迎接数码时代、与世界同步的中国书籍艺术振兴。

不同的领域都可视为一个不同的"世界"，其间是一个休戚相关、密不可分、广袤无垠的宇宙世界，将装帧、插图、书衣等孤立地运作已无法满足信息传媒的时代需求，各类跨界知识的交互必然拓展该领域从业人员的知识面，扩展创意的广度与深度。

书是文本在流动中最适宜停留的场所，书籍空间中又拥有时间的含义，这是新设计论拥有的核心概念，排除不求进取的书装套路和花哨版面的商业索求，书籍设计师该做些什么了！

在电子载体唱衰纸书之际，书籍出版人、设计师、印艺技术人员不能故步自封，应以全新的思考面对书籍的未来，充满活力并保持理想地去面对奇妙无比的书籍世界。

中国的书卷文化审美精神，早在《考工记》中就有这样的陈述："天有时，地有气，材有美，工有巧，合此四者然后可以为良。材美工巧，然而不良，则不时，不得地气也。"古人已将"形而上与形而下""创意与物化""艺术与工学"的辩证关系阐述得如此精辟。

书籍设计是一种物质之精神的创造，作为物化的书籍，新设计论"艺术×工学＝设计^2"将使我们创造出让更多读者喜欢的书，并刻上时代印记的美。

4. 莱比锡"世界最美的书"

（1）最美的书未必"光彩夺目"——担任2014莱比锡"世界最美的书"评委随想

德国莱比锡书展（Leipziger Buchmesse）具有悠久的历史。近代的国际书展，都源于19世纪初举办的德国莱比锡书展。展会由德国莱比锡展览公司（Leipziger Messe GmbH）于每年的3月至4月在莱比锡展览中心举办，是德语书业界在欧洲地区重要的展会活动。其中，每年一届的"世界最美的书"在展会集中展示和交流。

现今的莱比锡"世界最美的书"赛事是经历了20世纪90年代初东西德合并，原东德主办的莱比锡国际书籍艺术奖与原西德主持的法兰克福"世界最美的书"奖合二为一之后正式成立的。莱比锡是座有着悠久书卷历史的文化都市，莱比锡国家图书馆是德国人引以为豪的人文遗产。图书馆开设的书籍印刷艺术历史博物馆，崭新的陈列方式和数字化的先进表达，清晰生动地展示了大量国宝级的史料文献。莱比锡平面设计及书籍艺术学院古老经典的建筑风格，坚持欧洲传统书籍艺术教学的主旨，以及传统与现代手段相结合的教学方法，在世界设计教育领域享有盛誉。这也是"世界最美的书"赛事放在莱比锡举办的缘由之一。每届赛事评委都由德国法兰克福图书艺术基金会邀请全世界有影响力的书籍设计家、字体设计家和出版人担任。作品来自各国该年度评选出来的最美的书，从中遴选出金页奖1本、金奖1本、银奖2本、铜奖5本、荣誉奖5本，共14本世界最美的书。

2014年初，我受邀担任2014年度"世界最美的书"国际评委，这是首次邀请中国的设计师担任该活动的评委。近年来中国的书籍设计在国际出版领域中得到了较好的评价，这说明我们的书籍设计水平被国际出版界关注。中国的书籍设计艺术有着自身的特点，尤其是设计者将"装帧"向"书籍设计"观念的范式转移，给中国的书籍艺术带来了全新的面貌，在世界得到认可。自2004年上海新闻出版局组织"中国最美的书"得奖者参加这一国际赛事，已有13本中国书籍的设计获得"世界最美的书"称号，包括1金、1银、2铜和9个荣誉奖。我想这是组委会邀请我担任评委的重要原因，作为中国书籍设计师的我甚感荣幸。

　　本次赛事有30多个国家的567本书参评，均为各国2013年评选出来的最美的书。经评委两天近20个小时的紧张评审，9个国家的14本书摘取2014年度"世界最美的书"的桂冠。欣慰的是中国有2本图书获奖，由小马哥＋橙子设计的《刘小东在和田＆新疆新观察》和刘晓翔设计的《2010—2012中国最美的书》分别荣获铜奖和荣誉奖。我顿感这和一个体育健儿参加奥运会或一部电影参评奥斯卡获奖一样，为国家争得荣誉是值得自豪的事。尽管这项评奖不为有关主管部门所重视，但因此有更多的人来品读书卷之美，我们的工作就是有价值的。

　　我担任过多次国内外赛事的评委，但这次评选经历给我留下深刻的印象。最大的感受是世界各国的高水平设计使我找到差距；其次体验了整个评选机制与评审过程，与国内评审方法的不同。每个国家的书都是该国评选出来的最美的书，均有雄厚的实力，水准不相上下。这次参评让我更清晰地认识到，在众多好书中选出最美的书有多困难，获奖的书确实称得上最美，但是没有获奖的书未必不符合最美的标准。奈何奖项实在太少，获奖率还不到

3%）。有些好书没能入选，从手边流过，很是可惜，但没有办法，这是经过评委们反复讨论，甚至争论后投票的结果。毕竟每个评委的文化背景不同，对书的设计审美都有不同的感受，从这个角度来讲，留有遗憾是正常的，评判不可能达到绝对的一致。

评奖的第一天先看书，在图书馆食堂匆匆吃完午饭接着看，看完后每个评委发14张不同颜色的票（色条），当晚投出你认为最美的14本书。第二天对自己投票的书向所有评委陈述理由，有一书多票的赞同者每位都要说明，接着对每一本的去留举手表决。接着经过好几轮，每次经历翻来覆去的讨论，桌面上留下的书越来越少，气氛也越来越凝重。要优中选优，难度越来越大，担忧的是怕把好书选下去。咬着牙，忍着痛，眼看一本本被淘汰，最后只剩下14本，时间突然停滞了。评委们谁也没作声，为一些好书的离去惋惜与不甘。评审主席提议每个评委可以从前几轮曾入选过的书中挑一本，加入已选出的14本，重新评选。再次一本本申述讨论，举手赞成或反对，最终14本2014年度"世界最美的书"确定，几本好书被挽救，几本好书"心不甘情不愿地"被出局，遗憾难免，这就是评选。但留在桌面上的还是可以成为众多优秀作品的代表，大家鼓掌通过。接着再次投票选出金页奖1本、金奖1本、银奖2本、铜奖5本、荣誉奖5本，以分数多少定出奖项。其实它们之间的差别真的是微乎其微。评审结束后，每一个评委都要当场为14本获奖书写上自己的评语。这一天从上午9点连续工作到晚上10点多，隔壁房间备有咖啡和茶点，随时可以充饥。

可以看出：14本最美的书的封面并不那么"光彩夺目"，说得不好听，都有点"灰头垢面"（没亮丽的色彩）。评委们坚持认为书籍审美不是单一的装帧好坏，外在是否漂亮并不是主要标准，标准应是书的整体判断，特别强调一本书呈现的传达结构创意、图文层次经营、节奏空间章法、字体应用得当、文本编排合理、材质印质精良、阅读五感愉悦，其中最看重编辑设计思路与文本结构传递的出人意表，以及内容与形式的整体表现。

获得金页奖的*Meret Oppenheim*是瑞士设计师的作品。这是记载一位艺术家生平的传记类读物，沿着生平历史轨迹的叙述构架，插叙插议式的图像铺垫，主文本与辅助文字的穿插编排，充满历史感的书信笔迹，打破常规的体例安排，丰富的表达，使阅读感受十分清晰。多种内文纸的应用和封面布面单色平装，简朴又不失高雅，第一视觉感受与触碰就能打动读者的内心。

获得金奖的是德国设计师的*Buchner Brundler*，一本关于建筑的书。海量的信息被整合成有序的阅读系统。解析建筑的结构图用较薄的纸张通过不等长度的折叠，在书口形成递进式阶梯检索，既合理又新颖，并与正文的严谨编排形成有趣的节奏对比。图文印制的高质量体现本书的高品位，繁复交错的巨量信息并没给读者带来负担，反而引发阅读兴趣。这是一本典型的德国理性主义的设计，严谨到几无瑕疵。

*Katalog der Unordnung*是获银奖中的一本，全书多种字体混合应用，版面编排几乎完美的表现，不可思议的无序与有序的对峙，富有挑战性且又达到理想和谐的阅读结果。露背装订便于书页展开，给人带来一种轻松的愉悦感。

获得铜奖的*79 97 Lange Liste*以大量购物的票据组合成文本，配之以1979年至1997年跨越东西德生活变迁的18年社会、文化、家庭、个人的照片，连接近20年时光转移、社会百相、亲情友情的历史涓流。主题叙述的切入点独特，编辑设计力量的投入，将琐碎的生活记忆与国家社会进程有序贯穿起来，具有别样的开本，叙述风格别开生面。

*Keiko*是这次获奖中唯一的一本纯画册，设计者将造船厂的主题演绎成一块（本）金属板。不留空白的全黑摄影作品充斥所有页面，三面书口全部涂成黑色，体现了金属船体沉重的物质感和存在感。摄影作品的印制强调黑到极致的强烈对比，阅读时似乎能听到金属碰撞的声音，是一本富有音感的书籍。

　　*Som fra mange ulike verdener*是一本纯文本的书，设计却不简陋。除了讲究的字体和严谨的排版，巧妙之处是标点符号的图形化处理，以及与图形符号相对应的黑色章隔页，给纯文本的阅读带来节奏感。主文本与注释文处理匠心独运。封面上的弧线与内文隔页形成有趣的连贯，全书宁静中略带诙谐，不张扬却引人注目。

　　小马哥＋橙子设计的《刘小东在和田＆新疆新观察》赢得铜奖。这是一本充满戈壁温度和泥沙气息的书，以笔记本的装帧形式将画家体验生活和创作的过程用书籍设计的独特语言娓娓道来，丰富多样的编辑方式，独特设计的体例，不同的纸材触感，给读者以亲临其境的刺激体验。可以看出设计师对文本信息的掌控力和奇妙的设计想象。

　　《2010—2012中国最美的书》由刘晓翔设计，这是他第三次获得"世界最美的书"奖。以三联折的编排手法贯穿整本书的阅读方式，精心的图像拍摄和用心的编辑经营布局，每面翻折打开都能引发惊喜，书内隐藏着看不见的节奏韵律，全书信息矢量化的分析图表又是一个独具匠心的看点。该书是设计者与出版人默契配合下的成功案例。

　　可圈可点的书还有很多，设计非常优秀的俄罗斯的《俄罗斯历史》、波兰的《世界地图》在最后环节被淘汰，还有奥地利的《未来菜谱》、挪威和西班牙的儿童读物，等等。三次获得"世界最美的书"金奖的依玛·布设计的特大体量的书也因她已多次得奖而未入围。评委似乎有意"怠慢"大书、精特装书，而亲近纯文本的小书，这次最终有3本纯文本小书获奖。有些书因设计过于简单、投入思考力度欠弱而落选。那些光有漂亮的书衣，而内文平平也只有靠边站的份了。

体现书籍美感的设计，不仅要结构新鲜，有翻阅质感，还要追求细节。评委经常提到书籍的音乐性，指的是设计叙述要有节奏感。中国选送的《文心飞渡》是一本设计非常精致、用心的书，博得许多评委好评，但由于整体版面结构过于程式化，缺乏节奏变化而被淘汰出局，令人扼腕。西方的评委们对中国书籍设计艺术的水平有较高的评价，他们看重民族风格的运用，比如竖排文字在很多评委眼中就是东方韵味的表达，但一致认为设计的传统性一定要与当代性融合才能体现设计者的功力和水平。

自中国的书籍设计参加莱比锡"世界最美的书"评比10年来，除2013年没得奖外，其他年份均有获奖。每年14本世界最美的书中都有中国的设计书影，应该说成绩面前我们一直没有放松观念上的与时俱进，进步自不用说，但还要看到很多不足。比如大多数设计照本宣科，体例结构十分单一，阅读设计创想不够，编辑设计语法欠缺，视觉语言程式化简单化，中文字体应用粗糙，双语编排很不讲究，印制只看大效果不注重细节质量。最典型的是过于注重外在表皮而缺乏内在叙述力量的投入。所以我们尚有很大的进步空间，要不骄不躁，继续努力。

中国一年大概出版50万种书，在世界出版数量中占有很大的比例，有众多书籍设计者付出大量辛劳。但与出版总量相比，优质的比例并不高，与出版大国的地位不尽相称。我期待未来少出不必要出的书，一方面省去大量人力、物力、心力，另一方面还可节约自然能源。应加大力度出精品美书，提升全民阅读审美水平。我们设计师应该逐渐从书籍的外在书衣打扮中走出来，能和编辑、作者共同探讨一本具有最佳阅读传达结果的书。设计者要对书有自己的看法与态度，对文本的叙述有不同的编辑切入点。用心的设计师可能会成为文本传达的参与者，甚至是第二"作者"。

我们有很多设计师并不一定是水平差，但比较固态的装帧思维和委托人强烈的商业诉求，使得他们的设计能力不能很好地发挥出来。在一些设计较为先进的国家，他们的出版社有艺术总监，但基本上不设专职设计，书籍的设计主要依靠社会力量。编辑们都成了制片人，他们是具有综合能力的策划

担任2014年德国莱比锡"世界最美的书"评委

者。他们对文本的理解，对设计师的了解，对印制技术的熟悉程度，我们的编辑与之相比，还有不小的差距。我觉得中国出版物水平的提升，不仅要改变落后的设计观念，还要面对出版与编辑意识落后的现实，还有常被我们忽略的形而下的每一个工艺细节，编辑设计给书籍设计师提出了更严格的素质要求和更高的跨入门槛。装帧与书籍设计不是名词称谓的差异，两者是折射时代阅读文化的一面镜子，这是提升中国书籍艺术水平的一个非常重要的认识问题。

莱比锡是座富有魅力的文化都市，有着悠久的书卷历史。莱比锡国家图书馆是德国人引以为豪的人文遗产，这里收藏着大量国宝级的史料文献，还有弥足珍贵的艺术图书。2010年我曾带清华美院的研究生到这里参观，浏览部分藏品足以让我们惊羡，一种神秘感难以忘怀。这次以"莱比锡世界最美的书"评委的身份踏入图书馆，多了一份亲近感。两天的闭关评审很辛苦，但收益良多。东西方文化的碰撞，同行专业的交流，世界各国优秀书籍设计艺术的饱览与冲击，我很幸运。坦白讲，去德国前，忧心忡忡，生怕中国的书评不上而"无颜见父老乡亲"；评上了，又担心有近水楼台先得月之虞。经历了公平游戏规则下的公开、反复、论证、评审，中国的设计在567本书中脱颖而出，在14本"世界最美的书"奖中占得2席，展现了自身的魅力和实力，我问心无愧。看到中国的书籍设计同行们的作品能在激烈的竞争中获奖，为国争光，为中国的设计人争气，我很幸福。

2014年莱比锡
评出的14本
世界最美的书

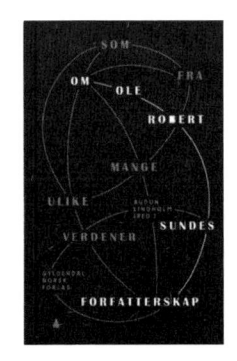

2014年度 14 本获得"世界最美的书"称号的书

（2）评选最美的书的10个条件

● 整体完整

判断一本书的质量，不在表象，而是由内向外散发出来的完整性，就是一种整体的美。

《21世纪的美德》（全7卷），柏林
《21世纪的美德》，这是德国的一本书，绿色隐喻着一种人们开放的理念，同时，逐渐走向一个冷色，所以这是一个整体。它的整体就是一个纯文本，但是这个设计非常完整，里面的扉页、章页也都是用绿色来统一这本书的一个色调。

《啰啰嗦嗦——又一山人》，麦启桁设计
《啰啰嗦嗦——又一山人》，一本开本很小的书，它用文字来阐述、诠释这本书的特质，语音在它的文字注释当中，所以从外到里，你就感觉文字在喧哗，啰啰嗦嗦，它就是一个整体概念，在进行很好的传递。

● 编排经营

页面的编排设计章法有序而富有变化，给阅读带来纯净的流畅感、舒适感和新鲜感。

《莎士比亚全集》，刘晓翔设计

《莎士比亚全集》，是一大套的书。我们说，剧本是很难设计的，因为里面注入的很多都不是纯文本，它有语言，有台词，有画外音，有注释，等等。如何来驾驭这样一本书，需要一个很好的编排理念，有很好的网格的统治，所以这本书最后的结果是非常完整的，阅读又非常疏朗，同时里面的文字的角色，有每个层次的表现，而且一目了然。

《穿行曼哈顿》，卡尔·汉萨出版社，慕尼黑

由德国出版的《穿行曼哈顿》，是一本随笔集，营造一个雨中行的氛围，随着水墨的投影，逐渐游走在曼哈顿的路上。这是一个带有情感的编排形式。

● 编辑设计

　　设计师对内容要有准确的判断和态度，编辑设计组件线性或非线性叙述结构，决定多维度的设计语言，为本文增添阅读价值。

《老人与海》，张志奇设计
编辑设计是区别于装帧的核心概念，非常重要。张志奇设计的《老人与海》，版本有几十种，设计师不满足对一般文本的编排，于是，他将《老人与海》里面的要素、对海的理解、对鱼、对从船进入海、从海出去的整体，都环绕着这本书的概念，并诠释得淋漓尽致。

《乐舞敦煌》，曲闵民＋蒋茜
全书的设计思路围绕考古残片的叙事结构展开，内容以残破画面的分割、拼接、组合呈现，十分契合敦煌壁画的视觉形态。打破了此类画册规范化、截图式的惯用手法，传递出跨越时空的悠远意境。全书使用多种富有质感的纸张，封面由多重材料手工粘贴而成，犹如古籍修缮，契合主题。这本书的设计很好地体现了编辑设计、编排设计、装帧的三位一体。

● **字体应用**

把握字体设计的合适度，对文本内容深入理解，优化字体的表现，产生有效的感染作用。

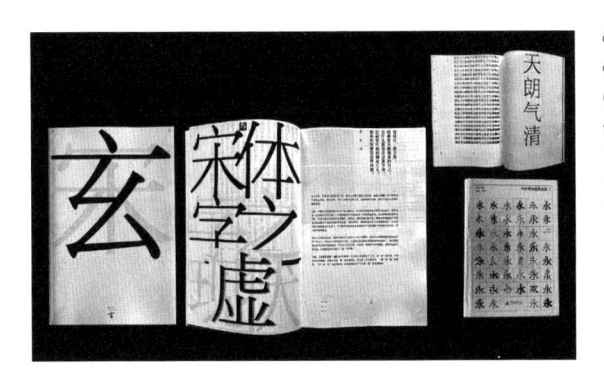

《汉仪玄宋字体》，刘晓翔（左）
《中文字体应用手册》，杨林青（右）
《汉仪玄宋字体》，应用了书法家朱志伟老师新创造的玄宋体，发挥字体便于视觉辨别的优点，以及编排有利于阅读的方方面面的考虑。

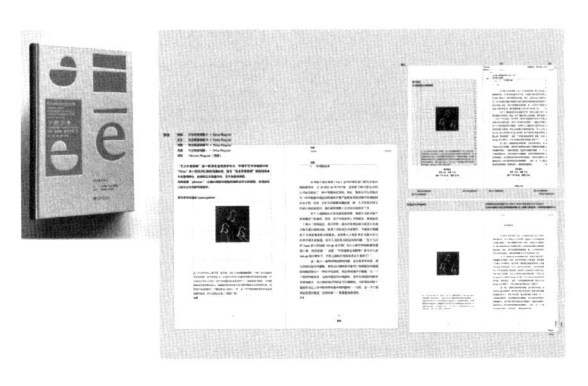

《字腔和字冲》，内文排版，刘晓翔设计
《字腔和字冲》很好地呈现了一个阐述结构方法，整本书的比例是5：8，比一般的32开要长一点，版心是2pt为一个模数的网格系统，25行28字的文本框，28行字分成7段，每4个字为一段，图注文与二栏对齐，同时每段的字首空4格，这和底下的注释又对齐，形成一种秩序之美。这些精心的思考，其实都是字体编排要非常注意的关键地方。

一 ｜ 书籍的整体之美　　　　　　　　　　　**077**

● **图像演绎**

纯图像的应用要赋予创想，每幅图都是一个角色，演绎一出好戏，美在读书人的眼里得到感悟。

《土耳其诗人文集》，陆智昌（左），《冷冰川》，周晨（右）

一张图不是简单地注入，也就是说，不能放进去一张图就完成了你的设计，图像是一个演员，它应该进行注释。陆智昌设计的《土耳其诗人文集》的插图非常巧妙，它把图进行分割、扩张、聚焦、分散，像一个演员在舞台上演绎一样。周晨设计的《冷冰川》，异曲同工，也很精美。

《食物革命5.0——针对未来社会的设计》，凯特纳出版社，2018

德国设计的《食物革命》，讲述的是今天的食物被污染的一个现状。设计师对里面的图形进行了一个特别的诠释，那就是寄生虫的涂鸦形态，贯穿全书而时时刺激读者。对当下全球食品、浪费、经济文化的反思，让读者有喘不过气来之感。

● **色彩管理**

严格把握印制图像的还原度、色彩的饱和度、油墨的渗透度,以及特种油墨的运用,体现图像的最佳效果。

《莱特威的苔藓与地衣》,伊玛·布设计,荷兰

设计师们对色彩管理有所了解,要有这个意识,作为编辑来说,也要把握这个质量。

伊玛·布设计的《莱特威的苔藓与地衣》讲究苔藓的触感,书本摸上去有毛茸茸的苔藓的质感,采用特种纸上丝网印刷,有了特殊的感觉。但图片精密的还原还是依赖严格的色彩管理。

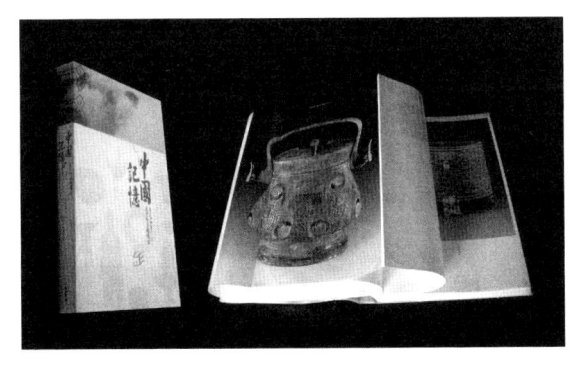

《中国记忆》

作为2008北京奥运会的官方国礼书《中国记忆》,以高质量的摄影和分色、制版、印刷展现每一件文物的图像的还原度、色彩的饱和度和高精度的质感而打动读者。设计师是成书质量的严格把控者。

● 纸张语言

依据文本的语境，准确使用纸张用材，充分传达纸张的表情语言，感受五感翻阅的愉悦度，体现物化书的魅力。这也是纸质书和电子书的区别所在。

《家中的美国读者》，谢德格尔斯皮斯出版社

瑞士设计师设计的《家中的美国读者》，为突出报纸的感觉，大胆地使用40g酸性平纹纸，有点半透明，翻阅过程与读报一样，8开大体量，成功地在薄纸上实现高质量的图文印刷、纸张的轻薄与高密度的排版产生反差的阅读感，使纸张的弯曲度、透明度充分彰显，使书有了报纸预览的个性。

《物质与非物质》，小马哥+橙子设计

《物质与非物质》，对参差不齐的纸张进行了很好的穿插应用，让你充分地触摸纸的感染力。

● 装帧把关

关注装帧的每一个环节,优质和细节意味着对读者的尊重,印制工艺的精密度直接影响翻阅的感受度。

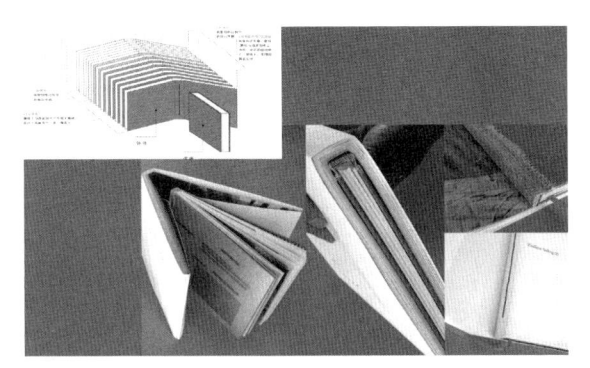

《遥远的航程》
案头设计完成后,工作并未结束,设计师还要很好地把握质量。如果印制过程失败了,那你就前功尽弃。所以,要把握好装帧这一关。设计师是给印装厂找麻烦的人。《遥远的航程》的设计对工艺要求非常严格。这本书是大书套小书,每一页叠加的厚度要计算出爬坡的尺寸,才能使两本书严丝合缝地成为一体。

● **异他性**

用区别于他人的概念模式，富有实验性、个性化的创意，出人意表的叙述语言和语法，赢得读者。

《便形鸟》（左）朱赢椿设计、
《订单——方圆故事》（右）李瑾设计

书要有个性，不能和其他书相同，所以提倡创新的意念。广受读者欢迎的朱赢椿做了很多从主题到形式都很独特的书，如《蚁呓》，以鸟粪便为主题的《便形鸟》等。他善于发现、挖掘生活中不为常人关注的视觉图像，并加以叙述。李瑾设计的《订单——方圆故事》，把一个书店主和出版社交流的订书单做成了一本非常有趣的故事书。

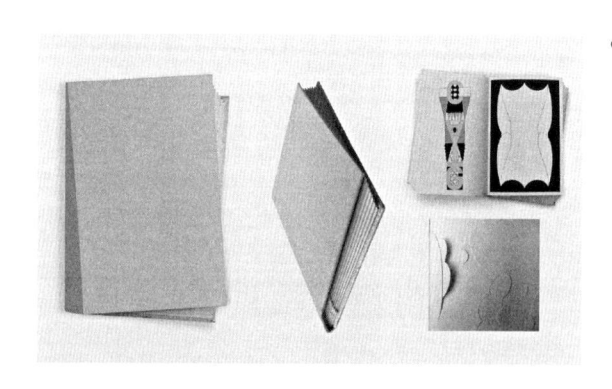

《XX·容》，小马哥+橙子设计

小马哥和橙子设计的《XX·容》，书中几乎没有文字，完全是用纸张的磨切、折叠、变形、错位来完成的一本很奇特的书。

● **度之美**

美书未必是场盛宴，驾驭"度"的分寸，"大"从作品的感染中体现，要挽留质朴，简约不等于简单，精耕细作不分经典本还是市场书。

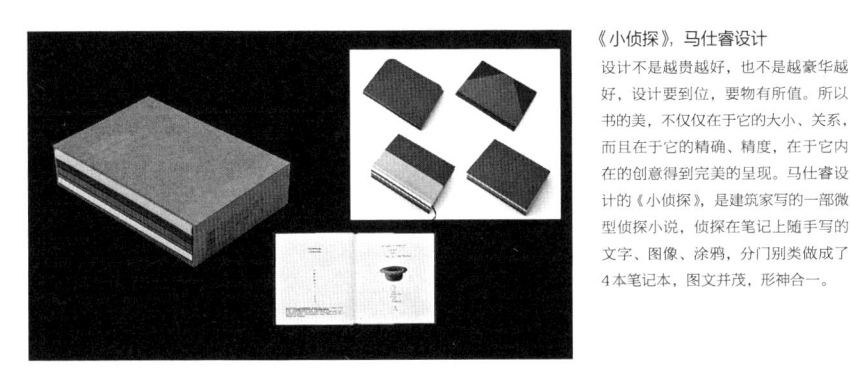

《小侦探》，马仕睿设计

设计不是越贵越好，也不是越豪华越好，设计要到位，要物有所值。所以书的美，不仅仅在于它的大小、关系，而且在于它的精确、精度，在于它内在的创意得到完美的呈现。马仕睿设计的《小侦探》，是建筑家写的一部微型侦探小说，侦探在笔记上随手写的文字、图像、涂鸦，分门别类做成了4本笔记本，图文并茂，形神合一。

要达到以上这10点要求，设计师需要掌握装帧、编排设计、编辑设计+信息视觉化设计的全方位专业知识，缺一不可。其中编辑设计是书籍设计的核心，也是一种设计的态度。设计师要有一个编辑设计概念，真的想把一本书做好，才会以对文本有见解的态度而投入自己的编辑思想；一定要和文本进行仔细的内心交流；和编辑、作者、出版人、工艺者、发行者，甚至读者进行对话，最后达到一个创意的平衡：最好的核算成本，最好的制作定位，最好的销售价格，得到物有所值的体现和回馈。

二 书籍设计 3+1

"书籍设计3+1"概念包括编辑设计、编排设计、装帧+信息视觉化设计各项设计思路和方法论。Book Design是令书籍载体兼具时间与空间、兼备造型与神态、兼容动与静的信息构筑艺术,它具有多重性、互动性和时间性,即多层平面组合的近距离翻读的阅览形式。此章3+1中的信息视觉化设计部分列入第三章专门论述。

1. 编辑设计

编辑设计要求设计者像导演一样,通过对文本的分析,在理解的基础上注入对信息的逻辑分辨并组织一个整体内容传达的视觉化结构系统,要求设计语言元素贯穿文本信息传达,在层次、节奏、时间和空间上有一个把控。编辑设计就是将已经有的东西以视觉传达的角度进行重新编排的作业,并注入一种秩序的存在,同时添加上你对这个事物的看法,完成逻辑思维和视觉审美相结合的理性创作活动。

书籍设计分为三个层次:第一个是装帧层次,即书的封面、选材、印制工艺阶段,也就是所谓保护功能、外观审美和商品宣传的装帧设计;第二个是编排设计层次。编排设计又称二维设计,是平面概念上的图文元素之间平衡关系的设计驾驭,就是把文本、图像、空间、色彩放在一个二维平面上进行非常好的协调制作,形成有效的阅读传达并体现审美价值的设计。国外有专门的编排设计家(Typography Designer),他们的工作就是塑造文字、编排文字、应用文字,传达文本、编织图像、制造阅读节奏空间;第三个是编辑设计层次。编辑设计不是文字编辑的专利，它是指整个文本传递系统的视觉化塑造。编辑设计，是将信息进行有序编织的逻辑思维过程，是掌控视觉化信息在阅读时空中的流动轨迹，做到既准确还原文本，又提升与丰富文本的阅读品质，即构成如何传达信息的设计语法的确立，并产生多主语的活性化设计过程。按书籍设计程序来说，编辑设计恰恰是首要的工作。编辑设计是重要的起始阶段，这样才能进入下一步的编排设计和装帧阶段。这三者须循序渐进、相互交替和完美融合才能完成一本书的整体设计。

《现代汉语词典》里对"编"和"辑"两字分别有这样的陈述：

> 编：①古代用以穿连竹简的皮条或绳子。②排列：按照一定的条理或顺序组织或排列。③编织：对资料或现成的作品加工整理。④创作、编制。

> 辑：①协调驾车的众马。②和协：亲睦、同和、齐一。③敛：拖着不使脱落，连缀。④聚集：将收集整理的资料按内容、顺序编纂成集。

编和辑组合在一起的"编辑"既是名词，也是动词。就书籍载体而言，是将文本信息进行逻辑统合、整理加工，对书籍信息阅读架构的有序驾驭，是一项提升创作过程的工作。

作为编辑设计者，我们应该在不违背文本内涵的基础上，用视觉阅读和艺术审美的设计语言去弥补文本之不足，甚至超越纯文本阅读，这在过去是不可想象的。以前的书籍设计者并没有参与文本视觉阅读的编辑意识，只是为书做装饰，给他人做嫁衣。编辑设计是导演性质的工作，设计师是把握文本传递的视觉阅读的掌控者。书籍中的文字、图像、色彩、空间等视觉元素均是书籍舞台中的一个角色,随着它们点、线、面的趣味性跳动变化,赋予各视觉元素以和谐的秩序,注入生命力的表现和有情感的演化,使封面、书脊、封底、天头、地脚、切口、内页的图文等所有元素都可以起到不同的作用。书籍设计师也可以使文本产生音乐般的节奏感、戏剧化的层次感,依据内容而不断编织变化、创造衍展,以达到书籍之美的语境。所以,优秀的书籍设计师也是一个"角儿",是一个演员,或者一个编剧,甚至还可能是一个导演。

所谓编辑设计就是将已经有的东西重新编排,并注入一种秩序的存在,同时添加上你对这个事物的看法,完成逻辑思维和视觉审美相结合的理性创作活动。所以说这是一种设计意识。

编辑设计师将根据书的不同内容、体裁、文风、读者方向、成本核算等做出不同的构想和设计方案。比如重构文本信息系统的编辑设计、展现三维空间+时间的编辑设计、表达主题书韵语境的编辑设计、提供阅读趣味的编辑设计、体现阅读功能的编辑设计、将繁杂信息视觉化的编辑设计、强调节奏性条理化的编辑设计、解决轻便阅读的编辑设计、进行信息戏剧化演绎的编辑设计、注入珍藏本书卷气息的编辑设计等。要因文制宜,因材施编,不能喧宾夺主。书籍编辑设计一定要注意三个关键点:把握内容传达的表情;呈现信息流动的轨迹;形式美与阅读功能的融合。

什么是设计?结果是何种载体并不重要。设计是一种交流,是信息沟通整合的编辑过程。好的设计师能调动设计与被设计的兴趣,处理好主体与客体、阅读与被阅读的关系。

（1）构建书籍信息传递的线性逻辑关系

英语"Logic"的词义，不但有逻辑学所指的逻辑含义，同时也可简单地解释为推理方法。推理为通过一个或几个被认为是正确的陈述、声明或判断达到另一真理的行动，推理方法自然就是为得到最后所追求的真理而采用的方法。依据这一逻辑，我们对编辑设计解释为：书籍设计师将读者的阅读过程引至书中所述结果而使用的方法。

书籍被阅读的过程中存在不可逆转的时间性，而这必然会成为长度不一的时间线，并且只有在逻辑的引导下读者才能确定阅读的先后顺序并形成这样的时间线。这一时间线就是在逻辑结构下产生的陈述结果。因此，我们将书籍设计中的逻辑形成解释为线性逻辑思维。

编辑设计要跨越二维空间的束缚，将设计提升到三维乃至四维的时空表达，这便要求设计师从信息表面静态的空间布局设计思路中跳出来，进入对信息背后的编辑与梳理工作中去，赋予信息在时空中富有动态变化的表现力。这样的设计才会在版面传达中把握信息在时间与空间中的生命力存在，平面的版面变成了具有内在表现力的立体舞台。

信息分解不是简单的资料整理，而是要赋予文化意义上的理解和在知性基础上展开艺术的创作，使主题内容条理化、逻辑化，在分解中寻找文本信息相互内在的关系，在归纳中梳理每一个环节的线索，以组织逻辑思维和戏剧化的分镜头视觉思考，由信息元素变为内心意念的构想。当一个设计者在一张纸上进行平面设计时，纸张呈现的是不透明的状态；而对于一位能感受信息编辑深意的人来说，这张纸被赋予了不同的透明度，在前后页的"透叠"中，感受相互间的差异感。这种差异感必然会影响编辑设计的思维，使其去感知那些似乎看不到的，隐藏在文本故事中的线索和富有视觉阅读感的东西。

编辑设计必须把握当代书籍形态的特征，要提高书籍形态的认可性，即读者易于发现的主体传达；可视性，为读者一目了然的视觉要素；可读性，让读者便于阅读、检索的结构性设定；要掌握信息传达的整体演化，就是把握全书的节奏层次，剧情化的时间延展性；掌握信息的单纯化，传达给读者以正确感受——主体旋律；文本以外的知识和信息的延伸扩展；掌握信息的感观传达，即书的视、听、触、嗅、味五感。总之，当代书籍编辑设计将是构建书籍信息时空传递的逻辑关系，用感性和理性的思维方法构筑成完美周密的并使读者为之动心的信息系统工程。

（2）看透纸页舞台的深处

科技力量影响下的信息媒体环境正在发生日新月异的变革，人们可以同时享受报纸、书籍、电话、网络等信息工具带来的便利，各种信息媒体成为我们的眼睛、耳朵，甚至手，我们周围的世界似乎也在变得越来越小。然而，人们在感受信息解放带来的新鲜感的同时，却依然渴望享受高质量的阅读体验。书籍作为大众传播的媒体，在多媒体疾速发展的今天，秉持着自身的特质和魅力，拥有大量的多元化的阅读群体。与此同时，书籍载体也面临着快节奏、高效率生活状态下的新生代阅读者对信息传播的挑剔和质疑。为读者提供容易阅读、便于理解的信息，并能将繁杂的信息进行概括、梳理、视觉化、戏剧化以形成有趣的信息传达的新的书籍语言。2003年，在日本名古屋举办的"世界平面设计大会"提出"信息之美"的主题，将信息设计的清晰度（易懂）、创造性（独创性）和幽默感（诙谐）作为当代设计的三个

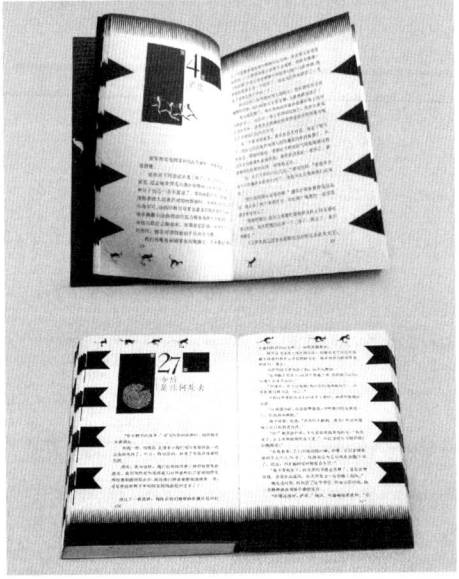

《黑与白》，中国青年出版社，1995年

本书是澳大利亚的土著寻根的文学著作，纯文字无图提供。想在文字之外让读者感受到殖民地白人与当地土著之间矛盾的视觉化，全书设定强烈对比的黑白锐角图形贯穿封面到每一页面的上天下地和出血口，在外侧书口的黑白色块与封面、封底、书脊的图形相呼应。将澳大利亚土著的图腾符号进行分离组合植入每个章节页，从图腾中剥离出象征澳洲特征的各种运动姿态的袋鼠置于全书内外。袋鼠从封面奔跑进书页，又行走于每一页再跑出封底，周而复始，意味着追述这段历史流动的时间线。同时将袋鼠的数量与章节相联系，便于检索。全书的六面全部呈现黑与白的对峙，翻阅中强化了主题的感受。

基本条件。当今设计师如何采用新的传播思路和设计语言，让受众来选择书籍并乐于接受视觉化信息传达的全新感受，正是时代对书籍设计师提出的要求。

以往的观念普遍认为，书籍装帧就是为书打扮梳妆，是为著者做嫁衣，要想超越文本则是非分之想。设计师不应将设计与文本内容相割裂，更要反对那种画蛇添足的过度设计，因为这是脱离信息设计本质，也是只强调外包装的滞后装帧观念。书在阅读时，随着一页一页地翻动，时间的流动，版面设计中蕴含着时空的表达过程，在读者视线的注视下，不断变换着时空关系。可以说，书籍是动静相融、兼具时间与空间的艺术。面对空白的纸张，设计师是一个能够演绎文本信息的"时间拥有者"。诸多元素具有生命力的表现令设计者像面对镜子一样在作品面前透出自己，并给他人传递自己的心路。一般概念的设计只能停留在白纸表面的构成表演，而能够力透纸背的设计师其设计概念已不局限于纸的表面，还会思考纸的背后，即贯穿全书的信息的渗透力。编辑设计师能看透书戏舞台的深处，甚至再延续到一面接着一面信息传递的戏剧化时空的创作之中。

（3）编辑设计过程的8个切入点

● **主调设立**

书籍设计的终极目的是传达信息，确立主调是完成书籍设计迈出的关键的第一步。深刻理解主题是信息传达之本，是设计之源头，随之才有进入以下各个阶段的可能性。将司空见惯的文字融入自己的情感，并有驾驭编排信息秩序的能力，掌握感受至深的书籍丰富设计元素，能找到触发创作灵感的兴趣点，主调即可随之设立。

● **信息分解**

信息分解不是简单的资料整理，而是要进行文化意义上的理解和在知识基础上的艺术拓展创作，其作用是使主题内容条理化、逻辑化。设计师在分解中寻找信息内在的关系，在归纳中梳理每一个环节的线索，以组织出有逻辑思维且具备戏剧化的分镜头脚本，进而创造出可传达的信息。

● **符号捕捉**

在书籍整体设计中，要强调对贯穿全书的视觉特征符号的准确把握能力，其中比较重要的是形成"全书秩序感的存在，它表现在所有的设计风格中"[1]。如同绘画中的调子、音乐中的旋律，书籍设计在阅读过程中给受众一个感知的整体律动，无论是图像解读、文字构成、色彩象征，还是信息传达结构、阅读方式、材质工艺，均是令读者感同身受的有序符号归结点。

● **形态定位**

要塑造全新的书籍形态，首先要拥有无限的好奇心和对书籍造型异想天开的意识。要创造符合表达主题的最佳形式，适应阅读功能的新的书籍造型，最重要的是按照不同的书籍内容赋予其合适的外观。外观形象本身不是标准，对内容精神的理解才是书籍形态定位的标尺。

● **语言表达**

语言是人类相互交流的工具，是情感互动的中介。书籍设计语言由诸多

---

[1] 英国艺术史学家贡布里希语。

形态组合而成，比如书面文字语言，有不同文体的表达，图像语言则有多样手法，阅读语言是明视距离的准确把控等，所以书籍语言更像一个戏剧大舞台。信息逻辑语言、图文符号语言、传达架构语言、书籍五感语言、材质性格语言、翻阅节奏语言，均在创造令读者感动的书籍语言。

● **物化呈现**

书籍设计是一个将艺术与工学融合在一起的过程，每一个环节都不能单独地割裂开来。书籍设计是一种"构造学"，是设计师对内容主体感性的萌生、知性的整理、信息空间的经营、纸张个性的把握以及工艺流程的兑现等一系列物化体现的掌控，架构设计师心中的书籍"构建物"。物化书籍之美的本质是什么？是为阅读创造与我们生活朝夕相处的"亲近"之美。理解和掌握物化过程，是完美体现设计理念的重要条件。

● **阅读检验**

书是让人阅读的，而不是一件摆设品。古人说："书信为读，品相为用。"翻阅令读者读来有趣，受之有益。设计师要懂得在主体与客体之间找到一种平衡关系，设计者无权只顾自我意识的宣泄，要想方设法在内容与读者之间架起一座互动顺畅的桥梁。设计要体现书的阅读本质，可以从整体性（风格驾驭完整，表里内外统一）、可视性（文字传递明快，视像画质精良）、可读性（翻阅轻松舒畅，排列节奏有序）、归属性（形态演绎准确，书籍语言到位）、愉悦性（视觉形式有趣，体现五感得当）、创造性（具有鲜明个性，原创并非重复）六个方面去检验。

● **书籍美学**

通过书籍设计将信息进行美化编织,我们可使书具有丰富的内容显示,并以易于阅读、赏心悦目的表现方式传递给受众。在春秋《考工记》中有此陈述:"天有时、地有气、材有美、工有巧,合其四者然而可以为良;材美、工巧,然而不良,则不时、不得地气也。"古人将书籍美学中艺术与技术、物质与精神之辩证关系阐述得如此精辟,也是书籍美学所要追求的东方文化价值。不空谈形而上之大美,更不得小觑形而下之"小技"。书籍美学的核心体现和谐对比之美。和谐,为读者创造精神需求的空间;对比,则是创造视觉、触觉、听觉、嗅觉、味觉五感之阅读愉悦的舞台,并为读者插上想象力的翅膀。

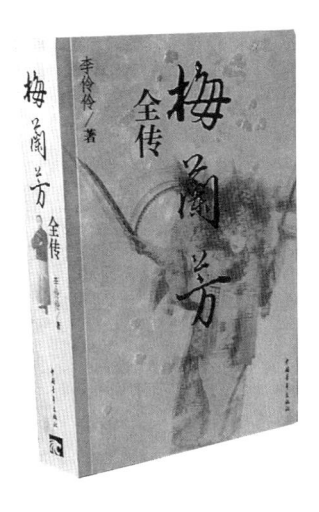

《梅兰芳全传》，中国青年出版社，1996年

一部50万字纯文本、无一张图像资料的书，经提出编辑设计的策划思路后，得到著作者、责任编辑的积极支持，设计中寻找近百幅图片编织在字里行间，使主题内容表达更加丰满，并构想在三维的书的切面（书口），设计为读者在左翻右翻的阅读过程中呈现梅兰芳"舞台"和"生活"的两个生动形象，很好地演绎出梅兰芳一生的两个精彩舞台。虽然编辑设计功夫花得多一些，出书时间也为此推迟，但结果是让梅兰芳家族、著作者满意，读者受益，此书获得了中国图书奖，社会、经济两个效益的目标都达到了。

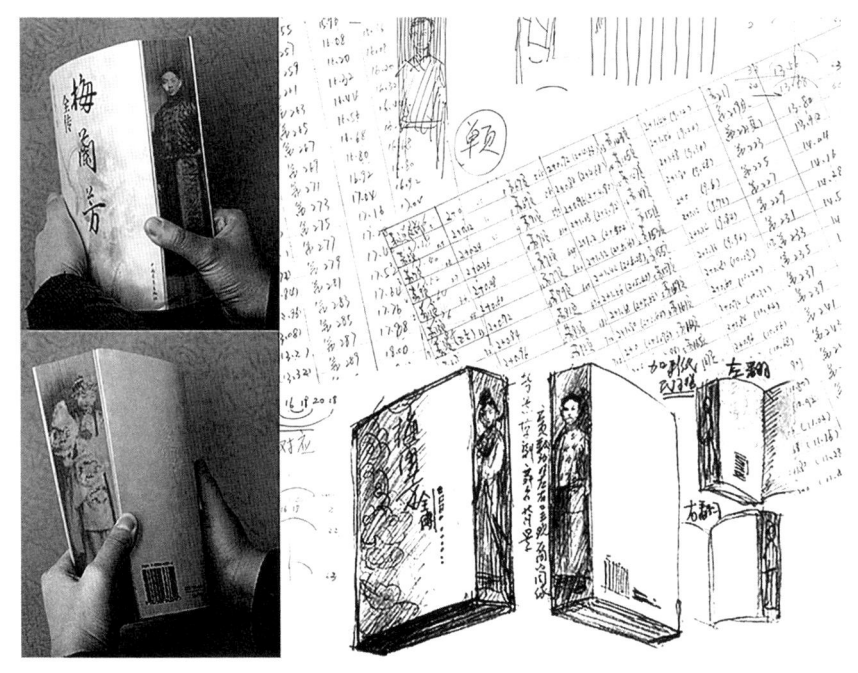

二 | 书籍设计 3+1

2. 编排设计——演绎版面的"舞台"

书籍设计中，不管是袖珍本，还是32开、16开，甚至更大的4开尺寸的书页，都可视为不同的"舞台"，文字的疏密度、图文布局的虚实度、明视距离的把控度、纸质的柔挺度、纤维的透隔度等，均烘托出一种信息氛围。可以说，版面设计就是面对着这样一个大舞台，通过文字图像的组合、取舍，蕴含着阅读形态的思考，信息传达时空节奏的运用，而产生出各具个性的版面剧场。设计语言应与文本个性相吻合，并要切合原著的精神内涵。简言之，面对一张张版面，需要全面理解书籍设计本质为受众愉悦阅读的纵深意义。

（1）版面——演绎图文信息的"舞台"把握元素与空间

在纸页上进行版面设计，无论是海报还是一本小书，其思考方式基本是一样的，那些视觉元素的安置关键是如何制造空间。空间是依据元素的配置场所而产生变化的。空间中拥有时间的含义，虽然这不是可以用言语表达出来的感觉，但是在实际的设计中却可以体现出来。

版面设计中，并非只有单一元素，有强弱、大小、空白、灰度、节奏等，如何将这些元素合理配置而产生不同寻常的表现力，是我们需要思考的。著名设计家菊地信义曾以讲台座席安排为例，主讲人坐中间，陪同者列席两旁，这可能是一种常规，但若反其道而行之，我们颠倒这种关系，同样保留这些元素，却改变惯常的排列，在原有的空间中则产生了奇妙的变化。

版面设计是将文字、插图、摄影、符号、色彩等大量元素聚集于一个场所，对其进行全面的审视、分析、排列、重合的过程，必须全面思考其内在的含义和相互的秩序关系。所以，众多元素游历于版面空间的设计是尤其重视规则的，空间为设计师提供了尽情表演的舞台。

● **解构与重构元素**

尽管设计师要依赖文字和图像元素进行版面经营，然而想真正打动读者还是要提供给观者一个传达信息的气场和阅读语境，即使纯文字或只有图像没有文字，甚至于没有文字或图像元素的场合，以精确表达内容的设计视角来分解组合，配置各种元素，并通过逻辑分析注入层次与节奏，其中还包含着精心计算的数学式版面构成。

书籍设计中强调版面设计优先的观念，各级别标题的前列位置与正文文字群的关系。天头与地脚之间的空间场所的比例，还有诸如页码在整个布局中的角色与位置，文字间的字距、行距的空间关系，以及行式、段式的定位等。设计师既要明白版面设计中的所有规矩，同时又要带有自身情感和理解力进行柔性的创造性设计。版面设计是一个十分理性并需要非常慎重的设计过程，在最后决定版式规格时，往往会有一个犹豫不决或举棋不定的心态，因为版面设计的个性定位决定了一出书戏的基调。

● **驾驭时间与空间**

一出戏，所有情节是沿着一条既定的剧情路线进行的，各种表演按照一定的顺序前后衔接，依循内在的逻辑自然地发展着，或是线性结构，或是起伏性结构，或是螺旋性结构。正是这种秩序与逻辑，造成了时间和空间的推移，使观众体验到了时空的细微变化。因此，时空感受是故事情节的起伏跌宕；是各部分的前后衔接；是一个故事的终结，另一个故事的开始；是一种次序的排列原则。假如书籍各部分之间的次序没有条理或没有明确地呈现给读者，这种缺乏内在逻辑联系的内容安排自然不会让读者产生时间与空间的体验。

东方艺术的一个重要特点，即表现为主题在时空中的连续性，并贯穿戏剧性的变化。如京剧生、旦、净、末、丑的唱念做打，欣赏江南园林的步移景异，都是一种时空的体验。

书籍中时间与空间的展现，是通过文字、图像等视觉元素和富有变化的纸张折叠开启封合那种充满活力的表现得来的。它们表现性的成因，并非对视觉元素施以物理力的驱动，而是基于一种力的结构、一种各视觉元素呈现出来的某些方向的集聚、倾斜、轨迹、明暗等的知觉特征，是由这些被康定斯基称作"具有倾向性的张力"造成的。

另外，书籍版面中文字、图像、色彩、空间等视觉元素的分布，它们的繁与简、详与略的关系，随着视线的移动，同样会产生时光的流动，也蕴含着时间与空间概念。因此，在书籍设计时，给文字、图像注入生命力的表现和有情感的演化，随着视觉元素点、线、面的趣味性跳动变化，赋予各视觉元素以和谐的秩序，使封面、书脊、封底、天头、地脚、切口，甚至翻开的前后勒口、环衬、扉页、内文之间相互协调，相互呼应，体现出内容时间、空间的层次感。要编织一出有韵味的书戏来，需要每个设计师注入心力的工作。

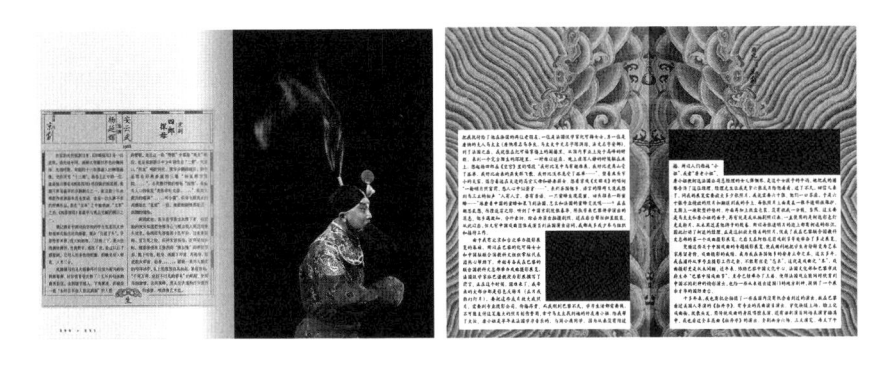

《美丽的京剧》，电子工业出版社，2007年

二 | 书籍设计 3+1

101

（2）文字的灵性——汉字在书籍设计中的表现力

人们交流的目的是表达概念。在口头交流中，头脑里的想法借助语言表达出来；在书面交流中，语言则要借助文字这一书写符号来表达，因此才有"文字是记录语言的书写符号"的说法。

世界上不同肤色、不同宗教信仰的民族所使用的文字都是人类智慧的结晶，其中并无先进与落后、优越与低劣之分。表意的汉字、拉丁式音素文字、阿拉伯式辅音文字，都在各民族的历史文化中发挥着巨大的作用，我们现今使用的众多文字无疑是前人留给我们的巨大财富。

汉字是世界上使用范围最广、应用人数最多的文字。它历经岩石陶器刻绘符号、甲骨、金、篆、隶、楷、印刷字体等演变，丰富的书体，再加上各类变体字以及汉字书写的各种表现形态，使汉字多元化的面貌拥有了众多的审美功能，这给我们的书籍设计提供了发挥创想和无限变化的机会。

具有丰富内涵的汉字，抑或因本身拥有的形象信息，通过其视觉式样向我们传递出"具有倾向性的张力"或"运动的表情"，这使书籍中的汉字具有了力量与声音，产生一种"不动之动"的艺术特性。如将"山"字在一定的空间内最大限度地扩大，会给人一座"大山"的感觉；反之，将其极度缩小，又给人以"小丘"的印象，放置文字的空间没有变化，却可产生出如此不同的感受。另将相同的汉字用不同字体来表现，给予读者的感受也是截然不同的。即便字体相同，而予以加长、压扁、倾斜等不同的变化，给人的印象也会随之产生差异。

版面中，汉字从左到右横写，或自上而下竖写，就产生了排列的秩序、行与列的关系。书籍版面看似简单的汉字组合，实则隐含着明视距离的确定、不可视格子的排列规律；汉字组成的内容文字间，又始终贯穿着一条流动的轨迹线，带给读者时间、空间、大小、疏密、节奏的不同体验，令人产生了信息跌宕起伏的传达感受。

美观自然、便于阅读的宋体，通常作为内文字体的首选；挺拔秀丽、舒展自然的仿宋体，多用于序、跋、诗文和小标题；端正规范的楷体，适用于短小的文章或小标题；横竖一样粗细的等线体，则较宜充任理性的图注或资料文字。

拉丁文字属音素识别系统，以字母组成拼音的阅读方式，所以西文版面设计中可以用细密的小号字进行排列。美国前卫作家维里莫·戈斯将书中文字的排列形容犹如在广垠草原中伴随着风声扩散蔓延；而中国文字以象形结构为特点，每一组文字群均有其空间架构，在版面中的文字排列犹似在看一幅图，这就需要设计者在进行汉字排列时理解汉字阅读方式并了解汉字审美意韵。东、西方文字的不同风格也令设计者在版面中设定文字时具有东方文化和汉字特质定位的意识，在学习外来文化中有清醒的识别能力，而不是一味模仿。

书籍版面中，字体类别少，版面显稳定、雅致；字体种类多，则画面热烈有趣，信息传达形态丰富多彩。科学、社会学、文学、经典类型的版面设计应简约合理，尽量减少字体种数，避免花哨。而以时尚为中心的出版物，则采用多样化的字体组合，以表达现代人的心态和律动追求。

单纯的文字只能起到传达作用，设计的目的则是赋予文字既能传达内容又能启示意念的双重功能，通过多种手段，使书籍产生出丰富的表情。

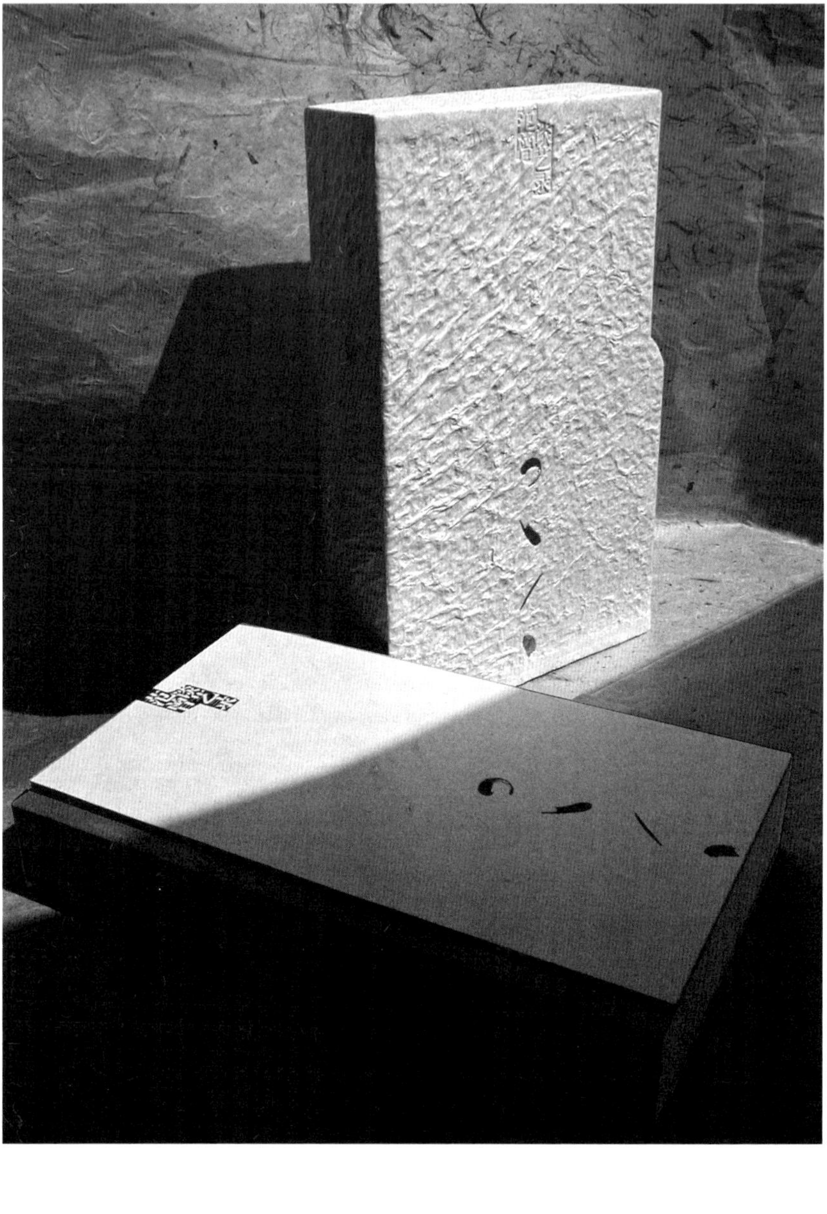

《范曾谈艺录》，中国青年出版社，2004年
一部画家的谈艺随笔。中国古代文人阅读时有眉批的习惯，这也形成古籍传统版面留有空间的范式，可惜当下许多出版物为降低成本，内页文字排得密不透风，不留余地。此书开本设定为大32开瘦长特异本，按常规要求每面不得少于700字，不得增加印张。故为了保证每一面的文字量，刻意缩小文字群的页边距，即压缩边沿文字与天头地脚、切口之间的空隙，甚至达到不足3mm的"危险"距离，而留下了大面积空白给予读者有足够批注文字的天地。不同章节的文字群进行偏上、偏下、居中或竖向左、中、右位移，任何一面都有变化的空白布局，文本也得到有节奏的灵动呈现，相对枯燥的纯学术文本给人以耳目一新的阅读感受。封面直接采用荷兰板烫黑，简约，不张扬。函盒用有自然肌理的手工宣纸裱贴，富有触感，传递着东方文人的书卷气息。

（3）编排的逻辑和秩序

在德国的书籍设计领域里，字体设计是一个极为重要的组成部分，有很多设计家从事字体设计这一行业。在国内，一般认为字体设计就是创造新字体的工作，如北大方正字体设计团队正在努力创造一款又一款的新字体。而德国[1]的字体设计师更注重字体应用的设计。比如说，如何准确表现主题而选择与其相吻合的字体，如何准确传达信息而设定文字的大小、粗细、文字群灰度与空间的最佳关系，如何以符合读者的阅读心理和阅读情趣为前提制定全书文字排版的传达形态等。这些设计师精通文字的各种表情而决定其可胜任何种角色，他们是运筹文字表演的操盘手，是在信息载体中专事经营文字游戏的工作者。他们的设计作用在设计的过程中举足轻重，而在国内，我们并不太把文字的设计当作一回事。过去铅字排版时，由设计者给印刷厂一个指示，由排字工人完成版面，如今只需从电脑上摘取文字，完成一个版面更是轻而易举。有人反问：难道在版面上还要做字体设计吗？对版面中字体设计的漫不经心，致使许多出版人从不将其纳入整体成本，也就怪不得我们的出版物中经常出现字体文不对题又不达意的设计。在排版中也有字号、字距、行距、段式、灰度、密度、空间极不讲究的粗糙简陋的设计，更缺乏对明视距离、视线流、动感阅读、音感、节奏、层次、规则的理解和对文字内在表现力中贯入气场、氛围、诗意表达的研究。在欧洲，中小学生就已有字体设计的艺术熏陶，哪怕他们写便条或作业都十分清楚如何把握文字在纸页中的美感，如标题字、文本字、署名的相互关系，天头地脚的空间关系……

---

[1] 包括欧美诸国。

中规中矩，十分合理，甚至胜过我们一些专业的文字编辑或设计师。

　　书籍设计师必须准确应用文字，掌握对其进行设计的本领。比如，多种标题的体例位置与正文文字群的关系，天头地脚之间的空间比例关系，文字间的字距、行距、行式、段式的整体定位，所有符号、点、线、页码在全局中应该处于什么样的角色地位。

　　字体设计是一个十分理性、逻辑性很强、必须极为慎重地去斟酌的过程，设计者在以准确地表达内容的设计视角来分解、组合、重构各种元素并构建其传达的系统和规矩的同时，又要带着自己的情感和理解力进行柔性的创造。随着阅读，流淌出跨越时间与空间的信息传达，文字成为能够演绎时空话语权的拥有者。因为文字，书才拥有了生命力的表现。

　　最近10多年，中国的书籍设计有了长足的进步，越来越多的设计师关注

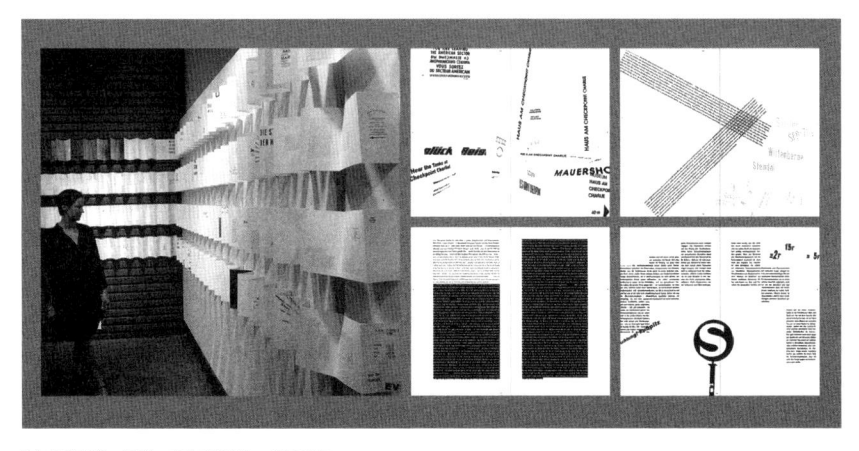

《文字柏林》，曼雅·赫尔曼设计，2007年
用文字表示一个城市的文化属性。德国青年字体设计家曼雅，数年游走于全柏林的富人区、穷人区、犹太区、新纳粹区……她用相机记录下街头小巷的现场文字，捕捉分析该区文字特征背后的人文故事，重构设计街区文化的文字景象，展示于她编纂的《文字柏林》一书的每一页面中，从线性的逻辑推理辐射出柏林多元文化交错而复杂的人文环境。文字具有演绎尘世万象中活生生表情的功能，令读者有一种别开生面的阅读感受。

并倾心字体设计。陆智昌风度优雅的文体排列，朱锷极简主义的理性字体设计，宁成春精细入微的三联字体风格，黄永松倾注情感的噪音设计，刘晓翔理性逻辑的编排思路……优秀的设计家无不把文字当作能够自语的生灵，在书籍纸页舞台上尽情诉说。

不过，今天还是有一些设计虽有创意的概念，讲究形式的突破或自我个性的展现，却忽略了设计字体的目的——传达信息。设计的文本应便于阅读并产生兴趣，"字体设计存在的理由就是信息本身，远胜于其摆布的形式"，这是奥地利设计家赫尔姆特·索米特对字体设计的经典陈述。所以设计师要充分发挥文字的力量，让其吸引读者来阅读。埃米尔·鲁杰尔——瑞士也塞尔设计学院院长、纽约国际文字设计艺术中心创始人——曾在专著中指出："文字设计具有双重性，首先，设计作品要具备功能性；其次，它也应具备艺术审美性，只有对其把握得当，才能达到两者和谐统一的状态。"

一本拥有出色的字体设计的书，字体、文笔流畅疏朗、可视度强；文字设定准确，文本信息层次清晰；在阅读中对其归属性一目了然，图文设计与文体相辅相成；叙述的节奏性在翻阅的过程中可以产生趣味盎然的表现力。由于设计师自身修为和对文本理解的不同，即使是同一本书其结果亦必然不同，因为"字体设计并不只是使用现成的计算机软件，而是细节使得字体设计与文字设计不同，是心血使得设计师与设计师不同"[1]。

设计师让文字产生灵性，文字赋予设计师灵感。

---

[1] 赫尔姆特·索米特语。

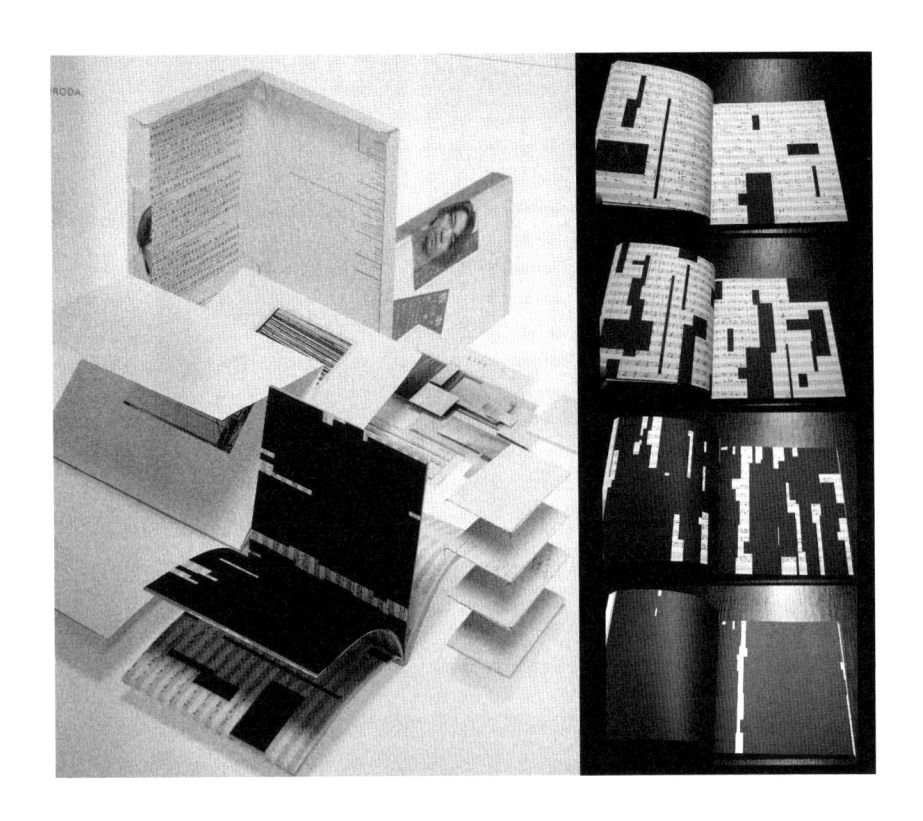

《坂本龙一的生活样本》，中岛英树设计，1999年
　　著名平面设计家中岛英树为现代音乐家坂本龙一设计的作品概念书，全函共有7本不同开本的书册，有作曲手稿、评论文本，有与音乐家相关的物品图册，有坂本龙一人体部分的拆组套页，还有表现旋律节奏可视化表达的音乐集。通过图形排序，面积的扩张、收缩、增减、渗补、排疏、聚密等矢量化游走变化手法，视觉图像具有了音感，随着页面的翻动，一曲"音乐"诞生了。编排设计中应用驾驭信息时空表现的语法，可以产生"具有倾向性"的张力。

（4）网格设计案例：《园林植物景观设计与营造》

● **分析主题内容**

此书为16开图文并茂的艺术类工具书，文图量比例为1∶3。全书既有园林营造的案例展示，又有解读方法论的文字，所以要求图像有清晰的表达，又有文本的紧随跟上，便于阅读、检索、查询，版面布局不同于文学题材，也区别于艺术摄影集的处理。网格设计一定据于内容设定格局语法，即形式语言的依据所在。

● **设定网格结构**

阅读结构是以文导图，图为阅读的主体，故要为图设立一个可自由伸缩的网格系统，为图的表现创造多层次的充分展示，有序且灵动的构成机会。辅助文本按体例设定递进式排列方阵，分清文配图的功能，又不失主体性。全书风格应逻辑理性且不失生动感。设定网格构架是对一本书最终的视觉阅读结果的预测与构想，是网格设计前最重要的一步。

● **网格设计**

a 设立网格页面

《园林植物景观设计与营造》的成本尺寸为213mm（宽）×285mm（高）。

首先设定网格的基本单位。该书的网格单位为3mm（不限定，根据设计设定2mm、4mm、5mm为一个单位均可）。

213÷3=71格（71个3mm的格子单位）

285÷3=95格（95个3mm的格子单位）

宽边213mm与长边285mm分别被3整除，组成纵向71格、横向95格垂直交错共6745格的网格页面。

打一个比方，你将在这个拥有6745格子的页面舞台上演绎图文书戏。每一个格子都是组成承载信息的基盘，信息尚未进驻之前则是毫无意义的空间。一旦文本进入这个页面舞台，分割、滑动、跳跃、停滞……网格具有了生命的意义。

b 设想网格结构

有了网格基盘，并不等于固态僵化地摆放或肆意妄为驻足就是网格设计。寻找最合适的矢量关系，运用最佳的倍率计算是网格设计的核心方法，内容决定了图文分布格局或运营的节奏格律。据此寻找该书的阅读意境、内涵气质、功能呈现、交互体验、印制条件、成本定位等基本条件，对网格设计进行的预设：

对版心范围、字体字号、行距字距、图文灰度、空间体量、节奏层次、信息游走、视线流及阅读导向等进行全方位的构想，以决定网格设计的具体执行。

c 设定网格系统

在71格（213mm）×95格（285mm）的网格空间中，以3mm的格子单位进行倍率计算，划分出文本与图像的最佳场合，体现每一空间的存在价值。

版心设定：版心决定一本书的基本面貌，文本主体的表演舞台体量，体现视觉阅读的虚实关系，即图文的基本势力范围。

版心：58格（174mm）×80格（240mm）；

上天：5格（15mm），下地：10格（30mm）；

书口：6格（18mm），订口：6格（18mm）；

书眉：1格（3mm）。

视线流：为留住该书以图叙述为主的整体形式印象和阅读视觉记忆，有意将版心上方以下的四分之一处（20格／60mm），设定为视线流位置。上部为标题、部分文字和空白的地方，下部四分之三（60格／180mm）为图像主要居住的场所，并经营部分文本（正文、辅助文、注释文、图版说明文等），纵向共分为四段。

文本：为清晰阅读不同体例的文本，以网格基数（1格／3mm）的倍率，设定了不同行长的段式。分别有一段式，行长（40格／120mm）为序言；二段式：行长（28格／84mm）为总论；三分之二段式：（38格／114mm）为篇章文；三段式：行长（18格／54mm）为正文；四段式：行长（14.5格／43.5mm）为注释文；五段式行长（34.8mm）为图版说明文。所有的数据均为基数3的倍率。注释文与图版说明文依据需要可在段式间自由位移。

图版：图版网格设计与文字设定相似，在版心规矩范围内和各段式之间设定最合适的位置，并与文字规矩相呼应，趋向一个层级。网格不限定于应用，比文字排列相对自由。可根据图像的内容、质量、艺术性、解读性，进行有序的变化与创意，甚至可以超越版心全出血或局部出血，达到出人意表的展示。纵使方法上"千变万化"，仍要保持全书的统一格调和阅读的秩序。

● **小结**

本案例只是纷繁多样网格设计中的一个，并不是唯一的样本，仅为提供一个做网格设计怎样起步的思路和线索，以及体会网格设计中应用数据倍率计算的基本方法。当今计算机字库中点（P）与20世纪80、90年代照相植字时代以毫米计算的字级单位（Q）的运算已不一样，操作上也更加方便，这是技术进步带来的优势。但网格设计的宗旨和原理仍是一致的，以上的方法论同样适用于计算机工具。

没有规矩不成方圆，以往只凭感觉，盲目随性地做版面设计；现在，网格设计可以增添理性的逻辑分析和创造内在秩序美的意识。网格设计不以网格的存在为目的，网格设计也不是只强调规则而禁锢了想象，好的网格设计隐藏于网格深处。杉浦康平先生曾说：网格设计使版面得到自由而有序的表达，不要浮于机械地仿效，而要体现出一种看不见格子的美，设计就是驾驭秩序之美。

3（切口）

3

15(3格)

基本版心：**174**(58)×**240**(80)mm

（四段）

60(20格)

（视线流）

（三段） （三段） （三段）

60(20格)

（两段） （两段）

（一段）

60(20格)

（三分之二段）

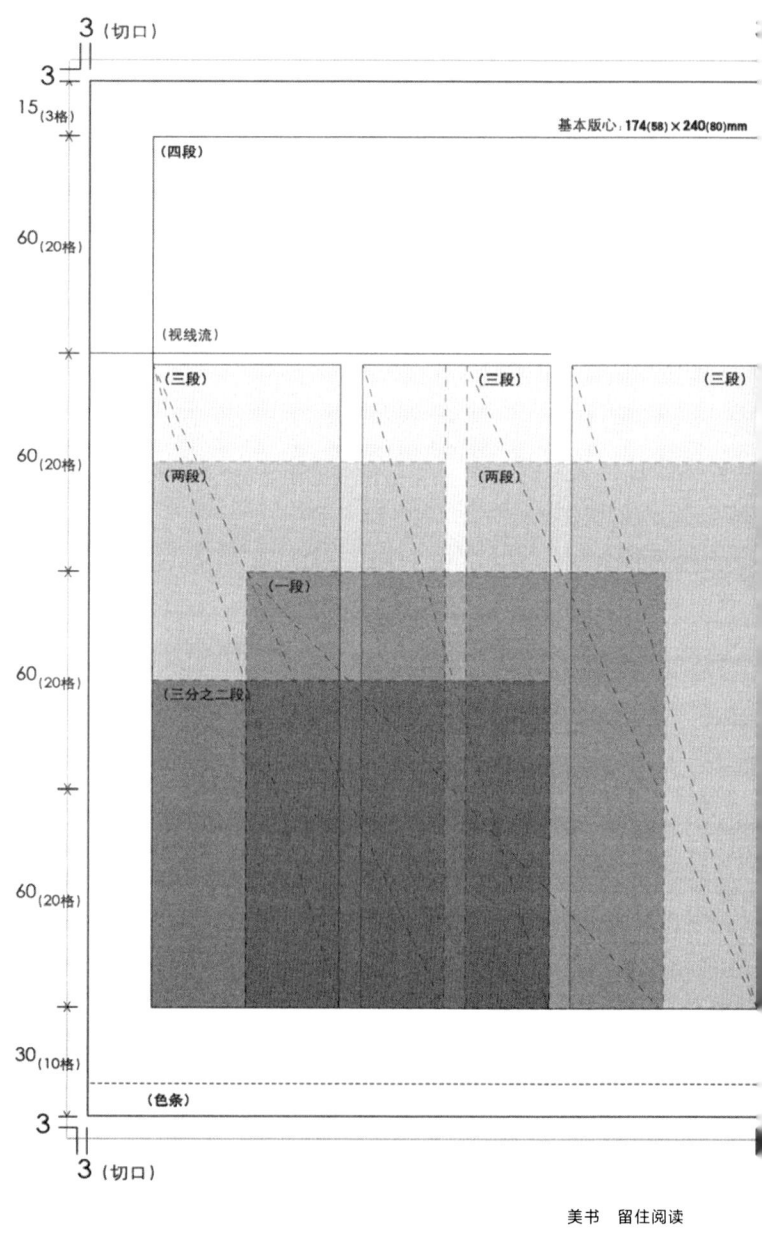

60(20格)

30(10格)

（色条）

3

3（切口）

美书　留住阅读

《★林植物景观设计与营造》国际16开（213mm×285mm） 网格版式设计法
以3mm为一个基本单位及以3mm的倍率设定位置与体量进行计算（单位：mm）

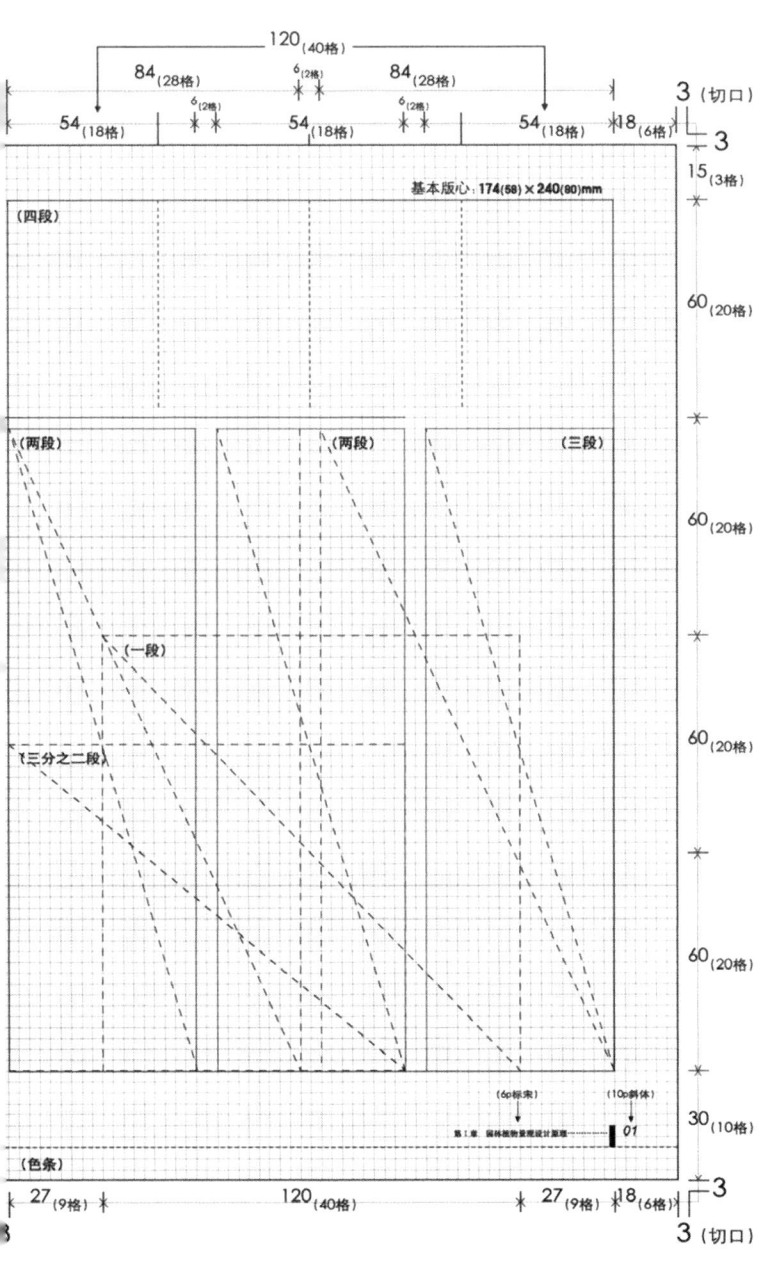

基本版心：174(58)×240(80)mm

（四段）
（两段） （两段） （三段）
（一段）
（三分之二段）

（6p标索） （10p斜体）
第1章 园林植物景观设计原理 01
（色条）

二 ｜ 书籍设计 3+1

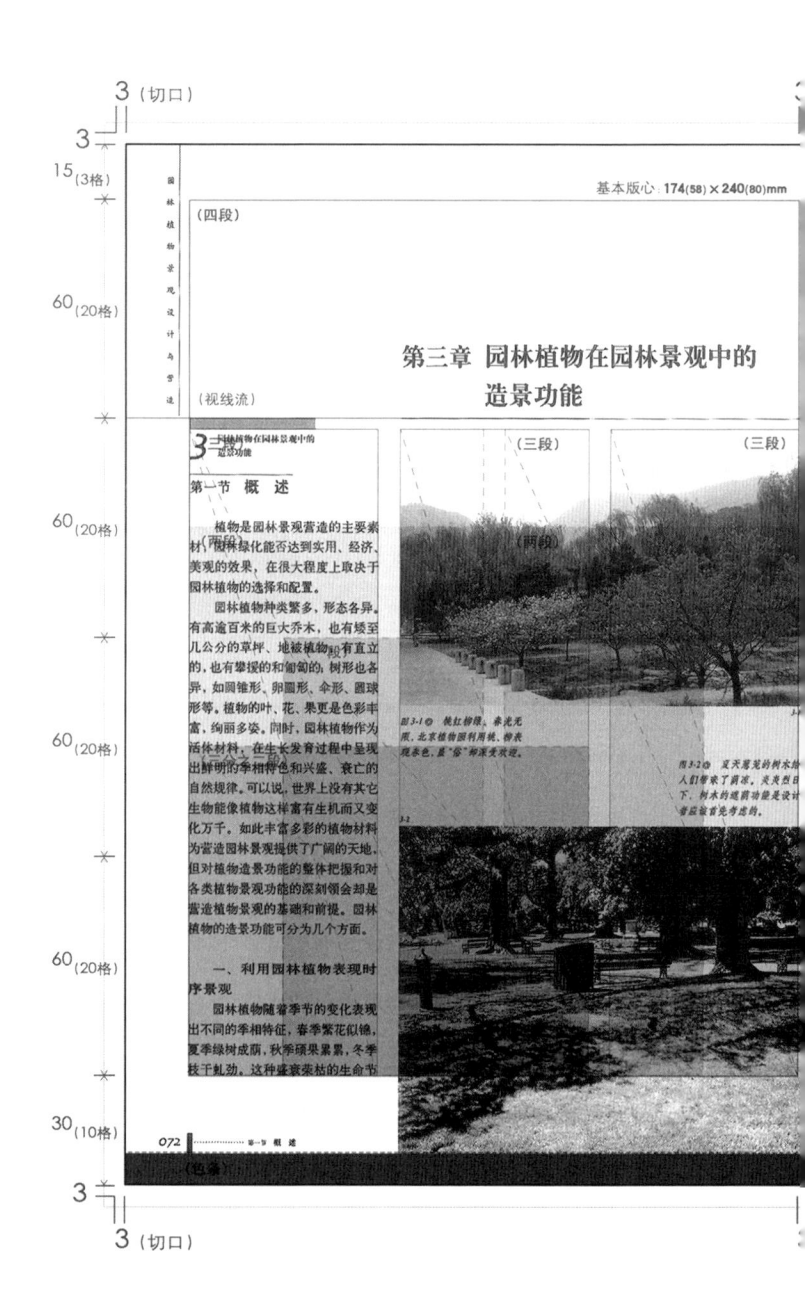

基本版心：174(58)×240(80)mm

第三章 园林植物在园林景观中的造景功能

第一节 概述

植物是园林景观营造的主要素材，园林绿化能否达到实用、经济、美观的效果，在很大程度上取决于园林植物的选择和配置。

园林植物种类繁多，形态各异。有高逾百米的巨大乔木，也有矮至几公分的草坪、地被植物；有直立的，也有攀援的和匍匐的；树形也各异，如圆锥形、卵圆形、伞形、圆球形等。植物的叶、花、果更是色彩丰富、绚丽多姿。同时，园林植物作为活体材料，在生长发育过程中呈现出鲜明的季相特色和兴盛、衰亡的自然规律。可以说，世界上没有其它生物能像植物这样富有生机而又变化万千。如此丰富多彩的植物材料为营造园林景观提供了广阔的天地，但对植物造景功能的整体把握和对各类植物景观功能的深刻领会却是营造植物景观的基础和前提。园林植物的造景功能可分为几个方面。

一、利用园林植物表现时序景观

园林植物随着季节的变化表现出不同的季相特征，春季繁花似锦，夏季绿树成荫，秋季硕果累累，冬季枝干虬劲。这种盛衰荣枯的生命节

图3-1① 桃红柳绿，春光无限。北京植物园利用桃、柳表现春色，显"俗"却深受欢迎。

图3-2② 夏天葱茏的树木给人们带来了繁茂、凉爽的视觉和心里感受。树木的遮荫功能是设计者应该首先考虑的。

072 第一节 概述

《园林植物景观设计与营造》国际16开（213mm×285mm） 网格版式设计法
以3mm为一个基本单位及以3mm的倍率设定位置与体量进行计算（单位：mm）

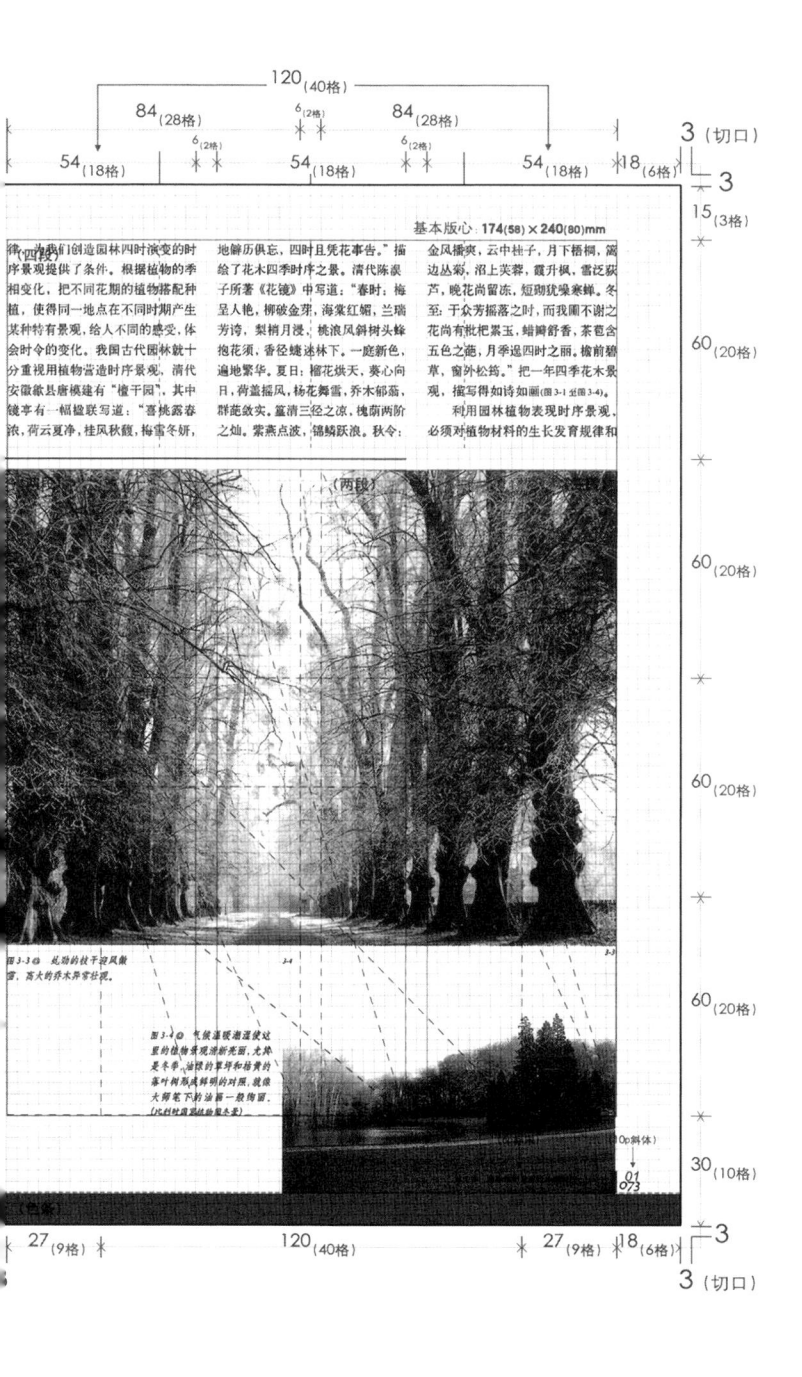

基本版心：**174**(58) × **240**(80)mm

3. 装帧

书是一个三维的立体物，人的思维模式在阅读过程中建立。翻阅书籍是一种动态的行为过程，设计为书创造一个舒适的阅读环境，可直接影响人的心情。随着书页的翻动，可以将文本主体语言和视觉符号互换，为读者提供新的视觉经验。恰到好处地把握情感与理性、艺术与技术的平衡关系，需掌握适当的度。古人说"书信为读，品相为用"，装帧设计的核心就在于此。

在今天的书籍市场里，可以看到打扮得花枝招展、五花八门的书籍封面，更有商家不惜牺牲书的内容，镶金嵌银，浓妆艳抹，其目的是提高书价，达到经济索求，书已失去了体现书籍文化意蕴的特质和读用的价值。装帧设计与纯美术创作不同，设计者无权只顾个人意志的宣泄，在装帧设计的过程中，从创意起始，到进入实质性的设计，再到物化工艺流程，使"我"的感悟转向将文本内容与自己融入在一起的"我们"更为宽广的设计思路中去，要想方设法通过设计在作者（内容）和读者之间架起一座顺畅的桥梁，调动所有的设计元素、纸材元素、印制工艺元素，精心构建和营造体现文本内涵的信息建筑，传达给受众形神兼备、有趣、有益的书籍信息。

书籍是一个相对静止的载体，但它又是一个动态的传媒。当把书拿在手上翻阅时，书直接与读者接触，随之带来视、触、听、嗅、味等多方面的感受，随着眼视、手触、心读，领受信息内涵，品味个中意韵，书可以成为打动心灵的生命体。作为物化的书籍，一部好的作品或优秀的设计，最终仍需要精美的印制工艺来体现。以往那种只空谈形而上、轻视形而下装帧技艺的现象阻碍了中国书籍艺术的发展。

书籍设计是一种物质之精神的创造。作为物化的书籍，书之五感的创造刻画着时代美的印记，给现在以及将来的书籍爱好者带来阅读的温和回声，并会永远流传下去。

（1）封面——内容的面孔

众所周知，封面具有保护书页和传达书籍核心内容的功能。想要塑造出既耳目一新，又充分体现书籍文本内涵的封面，不是件容易的事。

在东方医学里观察面部是诊断的一种手段，如眼睛能显露大脑的功能强弱，嘴可体现肠道的蠕动是否正常，鼻子则反映呼吸机能和心脏的健康状态……脸部的每一个部分都可以体察各脏器的运行状况。由此看来，人脸的外观形态映现出人体的内部实质。

封面犹如书籍的脸，凝聚着书的内在含义，通过文字、图像、色彩、材质等各种要素的组合，运用比喻象征的语言、抽象或写实的表现手法，将要传达的信息充分表现在这张表情丰富的"面部"之中。所以，我们不能把封面只看成一张简单的"经过化妆的脸"，而应理解为与文本相呼应的书籍内容精髓的再现。封面设计是书籍设计中的一个不可或缺的重要部分。

在出版界有一个认识上的误区，一些人认为书是文字传达的载体，设计只是为其装扮一张漂亮的脸，吸引人的眼球即可，与书的文本相比无多少价值可言。有人则认为，人靠衣装马靠鞍，书卖好靠一张皮，封面是获取利益的唯一途径，过于强调外在的打扮，哗众取宠，表里不一，忽略书籍整体设计的力量。装帧界也在封面设计上争论不休，所谓繁复与简约、写实与抽象、传统与时尚、形而上与形而下，非此即彼。有人言"没有设计的设计才是真正的设计",也有人说"封面设计就是把内容广而告之",于是大量无谓符号的堆积、累赘的广告宣传语、名人推荐等,不以内涵分类,不以受众区别,干扰视觉的封面设计无视读者的审美与阅读。

● **封面的纯化设计与复合设计**

近现代设计理念大致分为两种:一种是把内容高度提炼、概括,以极单纯的抽象形式来表达主题,也可称作"纯化设计",即"核化表现法";另一种则是将从属核心内容的重要因素结合起来,把与内涵相关联的诸多元素复合,从而产生一种虽"核"不可视,却思可视(阅读思考后的理解)的诱导化设计,即"复合设计"。前者以西方现代设计居多,后者为东方艺术见长。两种理念呈现东西方的文化个性和差别,均可达到一种完美的境界。

谈到封面设计的加减法,其无所谓良莠高低的评判意义,只是一种方法论。中国传统绘画有气韵生动、骨法用笔、应物象形、随类赋彩、经营位置、传移模写六法之说,将"气韵"冠于首位,可见"精神"这个灵魂在作品中的重要性。不论设计形式的繁与简、多与少,表现手法的增与减、具象与抽象,书籍设计的本质是内容的准确传达,是一种内在精神语境的准确传递。

20世纪60年代至80年代,出版社因为受制于印制技术或经济等因素,在装帧技术上采取了减而又减之法,有了封面就不印封底,凸版印刷颜色尽量少用,图像是越少越好……除极少数国家工程或为评奖的图书外,一般设计都有限定的规矩,不敢越雷池半步。那时的设计者在书籍设计上岂敢做加法?如今印制条件比过去有了很大的提高,书籍设计在出版业中的地位也有所改变,从封面到封底、书脊、勒口,甚至切口都做起了文章。除了设计容量在扩大外,对书籍的形态、纸材、工艺等都在进行周密细致的创想设计。

与西方高度概括的纯化设计相对应的复合设计观念，体现着东方的艺术特质。复合，是指书籍内容结晶的聚集，是在封面上将内容诸要素进行多层次组合、秩序化处理，将知识和信息构造化，是浓缩万象世界的设计。这是封面设计的一种理念，此时的封面就像信息储存箱，它既使群体化的个体得以展示，又保持着完整的主题表达。复合设计使信息在封面中孕育宇宙万物成为可能，与抽象的语言相比更具表达的力度。

　　封面设计并非书物的表皮化妆，也绝不仅限于平面图像、文字、色彩的构成形式，它应该是营造一幢容纳文化的立体构筑物的建筑术，即构筑书籍这个六面体、外在和内在形神兼备的生命体。书籍艺术的感性和理性的表现造成人与书的传感效应，我们的设计所处的思维状态远不是递减的阶段，诸如一份份"构件"架起书籍的天和地、外表和内部；将内容进行理性梳理，对诸要素精心提炼后营造出主体的零部件；在封面上构建表达内涵的符号旋律……"复合表现法"使设计具备内在"核"的扩张力，最终的目的并非达到书籍表面物量的多和少，而是一种神气——精神穿透力的视觉展示。

　　书籍封面设计既反对那种纯粹形式化的无灵魂的简单构成游戏，也忌讳废话连篇的牵强堆砌。设计是将每一个要素当作附着于设计中的神秘灵魂，无论是静止的点还是流动的线，给予作品的影响不止停留在美的表象，而要构成一种力量，表达一种精神。一个设计要素，哪怕是直径只有0.1mm的"点"，都能在空白中受孕结果。

　　书籍封面设计毕竟是在一块体积狭窄、容量有限的天地里耕作，设计者要学会创作中的加法和减法，要在准确把握整体内容的基础上采取纯化或复合的设计方式，其设计理念离不开书籍神气的自身。康定斯基有句名言："抽象里存在着伟大现实的根。"只要真正体现书籍内涵精神的设计都应该是成功的，不管其用的是加法还是减法。

封面设计的表现形式是多样的，比如大多用于学术书和专科著作的直表型；较多用于实用类和娱乐性书籍的添加型；为了帮助读者理解，直接从书的内文中选择文章或照片用于封面的构成型；还有从内文到封面的表现，全面运用文字、图像、色彩和材料四要素的具有创造性的综合表现型。书籍设计远不止这些手法，一切形式来自内容的制约，但优秀的设计都是跳出局限和制约，表现并超越内容，达到与内容既统一又出人意料的最佳设计形式。

● **封面设计**

封面设计包含正、背、书脊、勒口、环衬，乃至三面书口的设计（有的还包含宣传内容的腰封），连续性是对封面进行全方位的思考，并使之呈现戏剧性变化的设计。在三度空间[1]中呈现主题内容的重复或变奏，形成一种潜在的循环、渗透、诱导的内力运动，使封面蕴含一种气的流动，显现出书籍外在的表现活力。

书脊，是封面重要的组成部分，是展示书的本体时间最长、与读者见面机会最多的部分，但也是常常被忽略的地方。在书架上陈列的书，唯一显露的部分就是书脊，设计师需充分考虑在这一狭窄空间里传达信息的重要性，应倾注极大的心力来经营文字、图像与空间的关系，亦可多一些演绎戏剧化信息传达的戏份。

对于系列丛书的封面，要将书籍的主体信息旋律自始至终贯穿其中，犹如清风拂过海面，迂回于原野、大地、山脉之间，流动于丛书的整体之中。

---

[1] 封面、书脊、封底、书口、天头、地脚。

在维系共性的同时,也使单本书在群体中既保持整体的韵律,又渗透出独特的个性。

书口、天头、地脚设计更是信息传播的舞台,在翻阅的过程中,应用参数化矢量设计手法[1],为读者提供便于阅读检索和趣味化图文表现的互动机会。

环衬和扉页也应属于封面设计所涉及的范畴,环衬[2]、扉页[3]是封面形态的延续,也是封面语言的二次表达,是书籍必不可少的部分。

综上所述,将一本书包含的各种不同的内容,或凝缩,或浓密化于封面之中,把整本书看成一个生命体,分析内部表露出的特征,不管用的是纯化手法还是复合手法,使本质的东西得到充分突出的表现,呈现一副"生动的面孔"。优秀封面的表现力往往给予人们从视觉至内心一种无穷意境的品味。

● **书籍封面设计个性**

设计并非单凭设计者的艺术感觉就可以了,而是要将自己的设计方案与市场的竞争关系做一个相对化的比较,这是为了使自己的方案在视觉和制作上更符合客观实际。这种观点也更具有大众意识,即所谓迎合市场需求。但设计是抱有目的的表现,设计个性在某种意义上说是新生命的体现。当由于人们的阅读惯性设计不被接受而备受指责时,设计者往往处于悲哀的境地。设计作品的良莠标准并非可以一刀切,比如所谓封面文字大小、多少的争论

---

[1] 参数是相对于一定范围内的变量数,即事物中均存在着大小、多少、长短、快慢等变化的矢量关系。书籍设计中要善于运用文本中矢量关系,使信息传达在线性逻辑结构下导出动态的陈述结果。

[2] 封面与书芯之间的隔页,分前环、后环或双环、单环。

[3] 也称内封或书名页。

《向大师学绘画》，中国青年出版社，1997年

《赤彤丹朱》，人民文学出版社，1996年

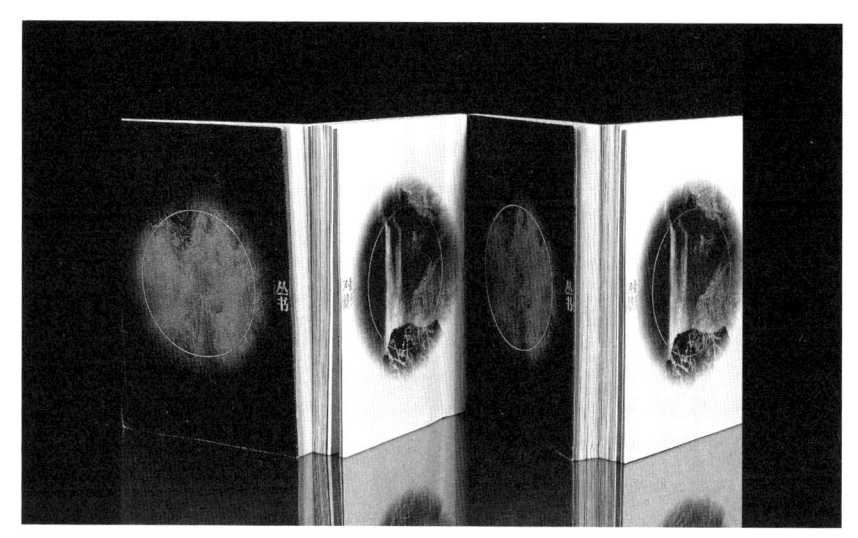

《对影丛书》，中国青年出版社，1997年

《中国民间美术全集》，山东出版集团，1992年

二 | 书籍设计 3+1

125

并无实际意义。极端而言，一本书的书名不易阅读，但此书的设计已将所要表达的内容十分明了地体现出来，甚至于书名全无，这也是可以被接受的设计。这里只是一个度的区别，或者说是对书籍属性的分寸把握。

从文本要素的运用到构成，书籍设计表现中的九成是出于战略性思考和技术的应用而成立的，有最后一成的体现，则是设计家对美的认识，并提出对于社会具有普遍美感的设计方案，此时算是设计表现的最终完成。世界上没有绝对标准的美，要视民族、历史、时代的变化等才可能形成特有的美的意识。而真正的书籍设计的目的应该是符合那个时代的人对美的感受，并通过书籍这一载体准确传达其内容信息的，获取人们的视线和内心，封面设计也不例外。

书籍设计向人们展示传统和未来，并不断让读者领会追求真正的美的意义。

（2）装帧用纸——书之五感

● 展现纸文化的魅力

"天覆地载，物数号万，而事亦因之曲成而不遗，且人力也哉？"

中国是造纸古国，在世界文明进程中有其无法取代的贡献。中国人发明造纸术，用来书写、绘画。后来有了印刷术，可以更广泛地传播文化，能工巧匠们在纸面上还施展创造平面艺术的才华。而传递文化主要的载体是由纸做成的书。文物收藏中，纸绢文物是数量最大的三宗文物之一[1]。

据考古发现，早于蔡伦之前，西汉就有了汉宣帝时期造的麻纸，证明我国早就有发明利用植物纤维造纸的历史，蔡伦在此基础上改良技术，推动了中国造纸业的发展。

纸的材料是植物纤维，其中有韧皮纤维，如大麻、黄麻（草本）、桑、楮、藤（木本）等；茎秆纤维，如稻草、麦秆、芦苇、竹类等；种毛纤维，如棉花等。古人用手工制作的纸，有麻纸、皮纸、藤纸、竹纸、棉纸、宣纸等。到了19世纪末，由机器大批量生产的纸张逐渐成为书业的主要用纸。

纸是信息传播的媒介，是视觉传递的平台。纸张传递信息、传播文化、表现书画艺术、推动印刷术、提供发展的机会，是中华文明重要的催生物。纸张与人们的生活、学习、劳动、生产休戚相关，是人类离不开的现实存在。纸张是近代书籍的基础材料，尽管有木板书、绢棉书等，但纸张仍是成本最低、携带阅读最为简便、印刷制作效果最佳的材料。

纸之美，美在体现自然的痕迹。它的纤维经纬，它的触感气味，它的自

---

[1] 另两宗为陶瓷器和玉石器。

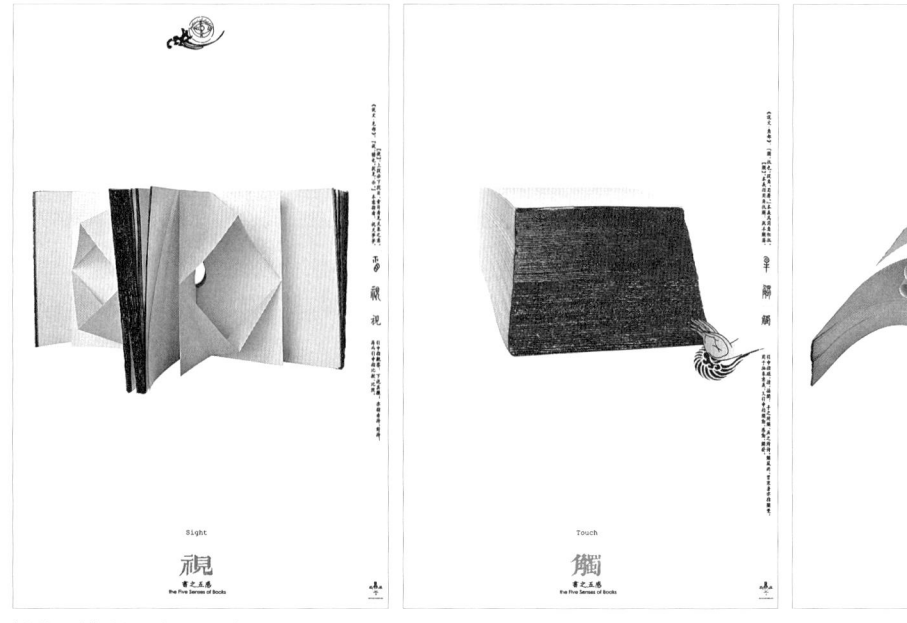

《书籍五感》海报设计，2006年

然色泽，它由印刷、书画透于纸背的表现力[1]。纸张的美为我们的生存空间增添了无穷愉悦的气氛。尽管今天已是电子数码时代，人们仍在尽情感受纸张魅力，这是大自然给予我们的恩惠——一种电子数码所无法替代的与大自然的亲近感。

纸张中的纤维经过搓揉、磨压，具有耐用结实的美感与实用功能。书籍用纸具有不可思议的文化韵味，纸张中凸凹起伏、层层叠叠的皱纹，带有不同的色泽，具有很强的张力，翻阅触摸时，竟有意想不到的享受，宛如弹拨

[1] 触感性、挂墨性、耐磨性、平整性。

乐器似的快感；纸张的魅力在于其内在的表现力，千丝万缕的植物茎根层层叠叠，压在不到零点几毫米厚的平面之内，并透过光的穿越，展现既丰富又隐而不露的微妙表情，也许文字和图像均可退居幕后，此时的纸张语言则是无声胜有声；纸张的魅力还体现在力与美的交融，珍藏几百年甚至上千年的古籍、古书画仍在散发着原作墨迹彩绘的光彩，为后人尽情观赏。

  纸张美的本质是什么？是"亲近"之美，是我们与周边生活朝夕相处的亲近感。由纸张缀订而成的书籍既有纯艺术的观赏之美，更具阅读过程中享受到的视、触、听、嗅、味五感交融之美。

  纸张美还反映不同国度和民族的民俗民风，并在长期的文明发展中呈现出风格迥然不同的迷人特质。西方和东方，东亚和南亚，中国、日本和朝鲜，既有相同之处，又有性格鲜明的他国特点，这正是不同的人文个性赋予纸张潜在生命力的基础。

书乃用之物，是人们接受知识的媒介。它既是观赏阅读触摸实用之物，也是心灵感受之物。

为完成中国和匈牙利联合发行的一套有关书籍艺术的邮票设计，我去国家图书馆查找资料，被其中一套《十竹斋笺谱》迷住，看后实令我惊叹不已、爱不释手。我小心翼翼一页一页翻动由明代胡正言采用"饾版"彩色水印制成的木版印刷品，无论是花卉山水还是翎毛走兽，行笔流线，墨韵赋彩都生动逼真地显现在纸页之中，书中造像完全融入纸背，蕴含着古老中国木版印刷艺术的灵魂。尤其令我瞠目结舌的是利用纸张纤维的可缩性，做得极为精细的拱花印制工艺[1]，一片片花瓣在纸面上凸起，如同鲜花从书中绽放出来一般，触手可及，似乎还能闻到花的香气。纸张赋予书中的花朵以生命，真可谓"赏菊醉意中，纸中生秋风"。

中国纸张的独有特征是世界书籍艺术进程中的重要组成部分，至今，中国的纸面书籍仍然备受青睐。人们翻阅着飘逸柔软、具有自然气息的书页纸，从中体味中国文明传承至今的命脉。

数字化时代体现了先进的生产力和科学技术发展水平，纸面书籍是否还有其存在或开拓的空间呢？不断推出的数字化电子阅读产品如iPad、Kindle、Kobo等自有其特殊的功能，但传统纸面书籍也有自身的生命特质，这里不做孰存孰亡的推测。书籍作为一种纸文化形态具有无穷无尽的表现力，让读者

---

[1] 即现在的起凸技术。

《书籍五感》艺术装置,2006年

闻香摩挲、聆听心会,享受"愉阅"的快感。经过书籍设计者、著作者、出版人和书籍工艺家的共同努力,终将在书籍文化的进程中"事亦因之曲成而不遗"——永葆纸文化的魅力,因为它提供了宁静致远、悠然自得、书香情致,体现了与人最为亲近的阅读语境之美。

● 视、触、听、嗅、味

完美的书籍形态具有调动读者视觉、触觉、嗅觉、听觉、味觉的功能。一册书在手,首先体会到的是书的质感,通过手的触摸,材料的硬挺、柔软、粗糙、细腻,都会唤起读者一种新鲜的观感;打开书的同时,纸的气息、油墨的气味,随着翻动的书页不断刺激着读者的嗅觉;厚厚的辞典发出的啪嗒啪嗒重重的声响，柔软的线装书传来好似积雪沙啦沙啦的清微之声，如同听到一首美妙的乐曲；随着眼视、手触、心读，犹如品尝一道菜肴，一本好的书也会触发读者的味觉，即品味书香意韵；而在整个阅读过程中，视觉是其中最直接、最重要的感受，通过文字、图像、色彩的尽情表演，领会书中语境。

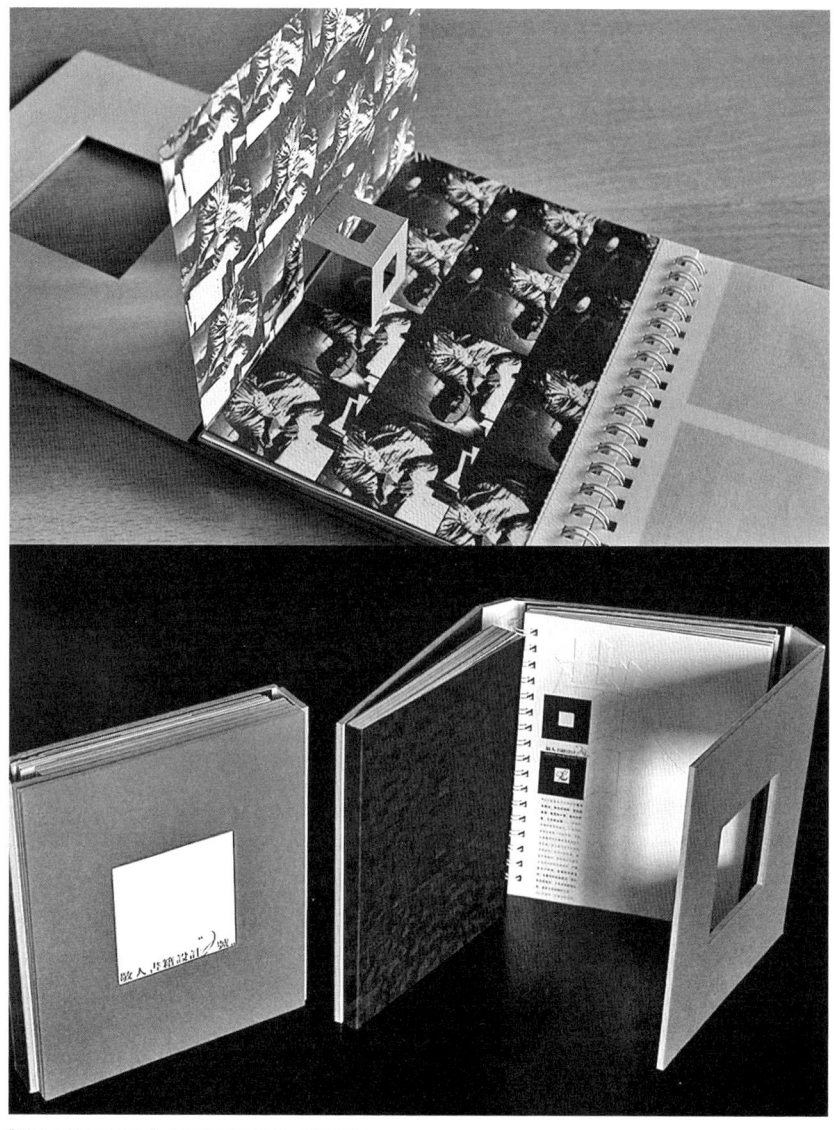

《敬人书籍设计2号》，电子工业出版社，2002年

二 | 书籍设计 3+1

134　美书　留住阅读

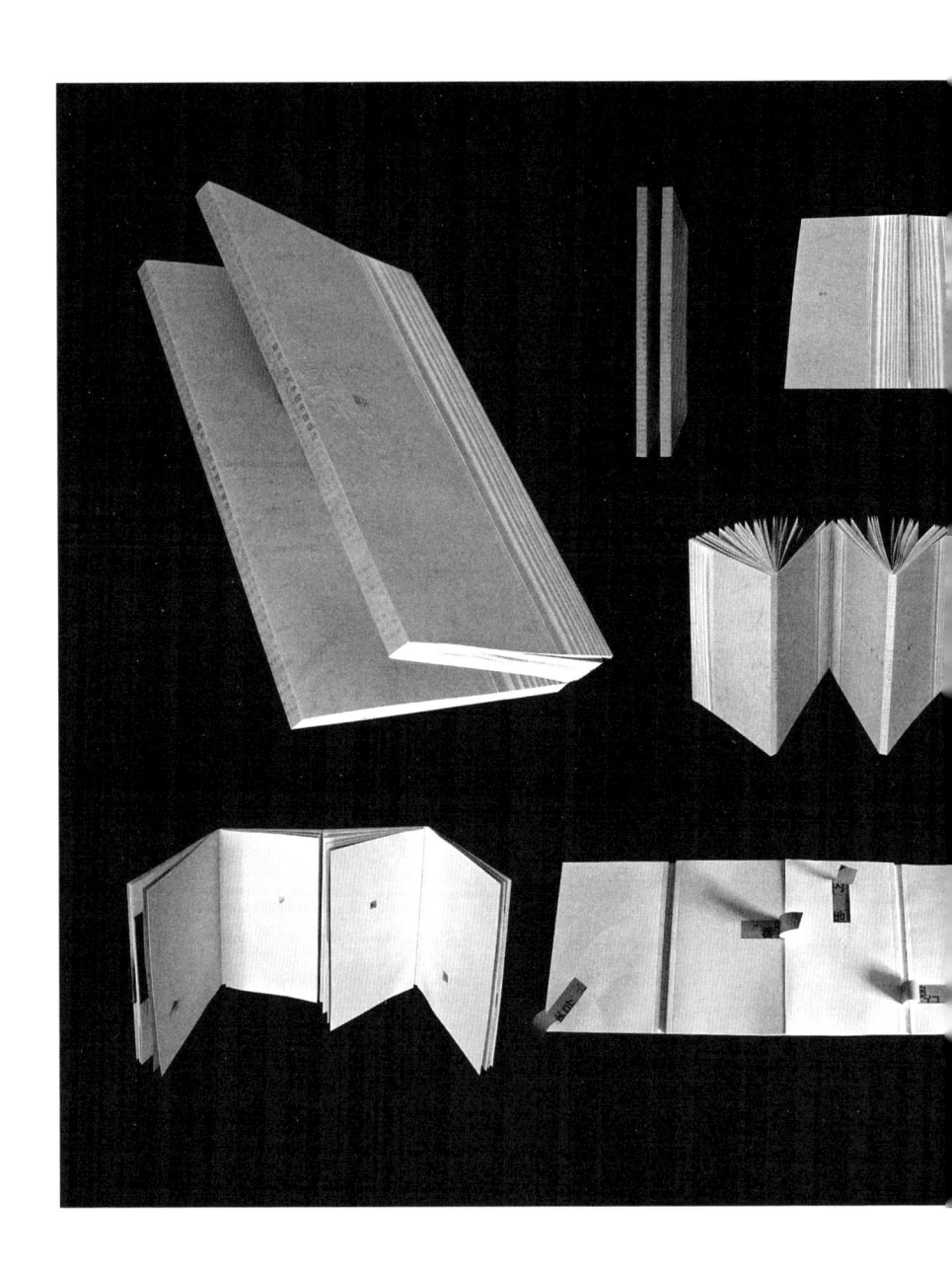

《翻开——当代中国书籍设计》，清华大学出版社，2002年

该书首次将全国（含港澳台地区）的书籍设计艺术家的作品汇聚一堂，展示不同文化背景下书籍设计语境的多元表现。书籍形态为读者创造不断翻开的概念，随着封面启开，二封的再启开，里侧并排四本独立的书，左翻右翻为中西文化背景下竖排与横排的阅读差别，层层启开封面上有意设置的书条，显现出本书"翻开"的地域主题，让读者能够欣赏全国（含港澳台地区）的设计风貌，也翻开了全国（含港澳台地区）设计家进行中华文化交流的新的一页。

4. 承道工巧——创造书籍的物化之美

书——展现纸文化形态魅力的《天工开物》有言:"天覆地载,物数号万,而事亦因之曲成而不遗,且人力也哉?"我国是造纸古国,在世界文明进程中有其无可替代的贡献。中国人造纸,用来书写、绘画。有了印刷,可广泛传播文化信息,还能施展能工巧匠们在纸面上创造平面艺术的才华,而传递文化主要的载体是由纸做成的书。文物收藏中,纸绢文物是数量最大的三宗文物之一(另二宗为陶瓷器和玉石器)。

考古发现,蔡伦之前,西汉就有了汉宣帝时期造的麻纸,证明我国早就有利用植物纤维造纸的历史。蔡伦在此基础上改良技术,促进了中国造纸业的发展。

纸的材料是植物纤维,其中有韧皮纤维如大麻、黄麻(草本)、桑、楮、藤(木本),茎秆纤维如稻草、麦秆、芦苇、竹类,种毛纤维有棉花等。古人用手工制作麻纸、皮纸、藤纸、竹纸、棉纸、宣纸。到了19世纪末,机器纸大批量生产,逐渐成为书业的主要用纸。

纸是信息传播的媒介,是视觉传递的平台。纸张给传递信息、传播文化、表现书画艺术、推动印刷等提供了发展的机会,是中华文明史进展重要的催生物。纸张与人们的生活、学习、劳动、生产休戚相关,已是人类生命中离不开的现实存在。纸张是近代书籍的基础材料,尽管有木板书、绢绵书等,但纸张仍是成本最低、携带阅读最为简便、印刷制作效果最佳的用材。

纸之美,美在体现自然的痕迹——它的纤维经纬,它的触感气味,它的自然色泽,它由印刷、书画透于纸背的表现力(触感性、挂墨性、耐磨性、平整性）。纸张的美为我们的生存空间增添无穷享受愉悦的气氛。尽管今天已处于电子数码时代，人们仍在尽情感受纸张魅力，这是大自然给予我们的恩惠，一种电子数码产品所无法替代的与大自然的亲近感。

纸张中的纤维经过搓揉、磨压，具有耐用结实的美感与实用功能。书籍用纸具有不可思议的文化韵味，纸张中凸凹起伏、深深的叠皱纹，带有不同的色泽，具有很强的张力，翻阅触摸时，有意想不到的享受弹拨乐器似的快感；纸张的魅力在于其内在的表现力，千丝万缕的植物茎根层层叠叠，压在不到毫米厚的平面之内，并透过光的穿越，展现既丰富又含而不露的微妙表情，也许文字和图像均可退居幕后，此时的纸张语言则是无声胜有声；纸张的魅力还体现在力与美的交融，珍藏几百年甚至上千年的古籍、古书画仍在散发着原作墨迹彩绘的光彩。

纸张美的本质是什么？是"亲近"之美，是我们与周边生活朝夕相处的亲近感，由纸张缀订而成的书籍既有纯艺术的观赏之美，更具有阅读过程中享受到的视、触、听、嗅、味五感交融之美。

中国纸张的独有特征是世界书籍艺术进程中重要的组成部分，至今，中国的纸书籍仍受到特别的青睐。人们翻阅着飘逸柔软、具有自然气息的书页纸，从中体味中华文明传承至今的血脉。

数字化时代体现了先进的生产力和科学技术发展水平，纸张书籍是否还有其存在的空间呢？数字化电脑读物自有其特殊的功能，传统书籍也有自身的特质，这里不做孰存孰亡的陈述。而书籍作为一种纸文化形态的魅力，终将在书籍文化的进程中"事亦因之曲成而不遗"——永葆纸文化的生命力，因为它体现了与人最为亲近的自然之美。

《忘忧清乐集》设计手稿

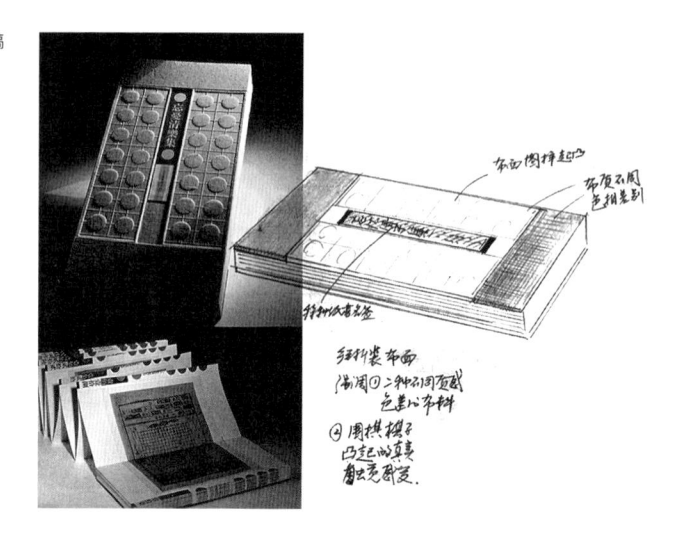

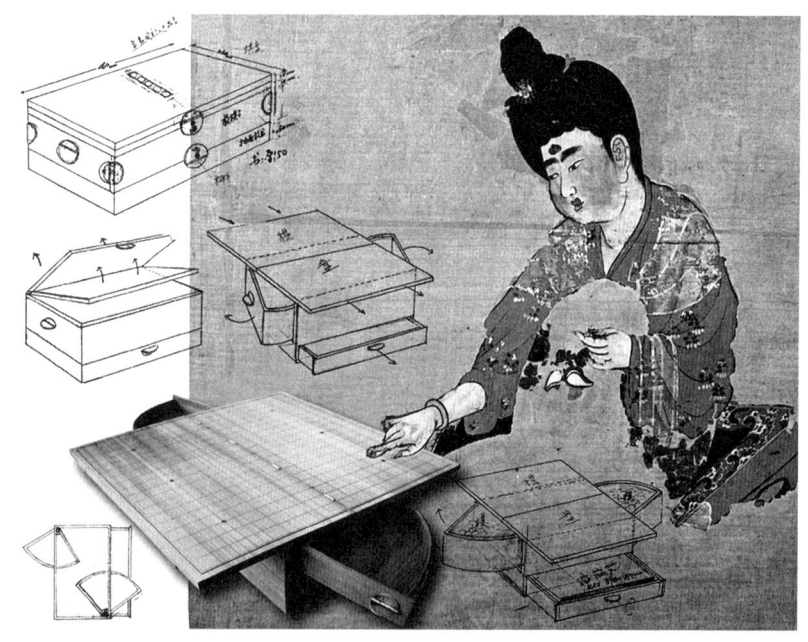

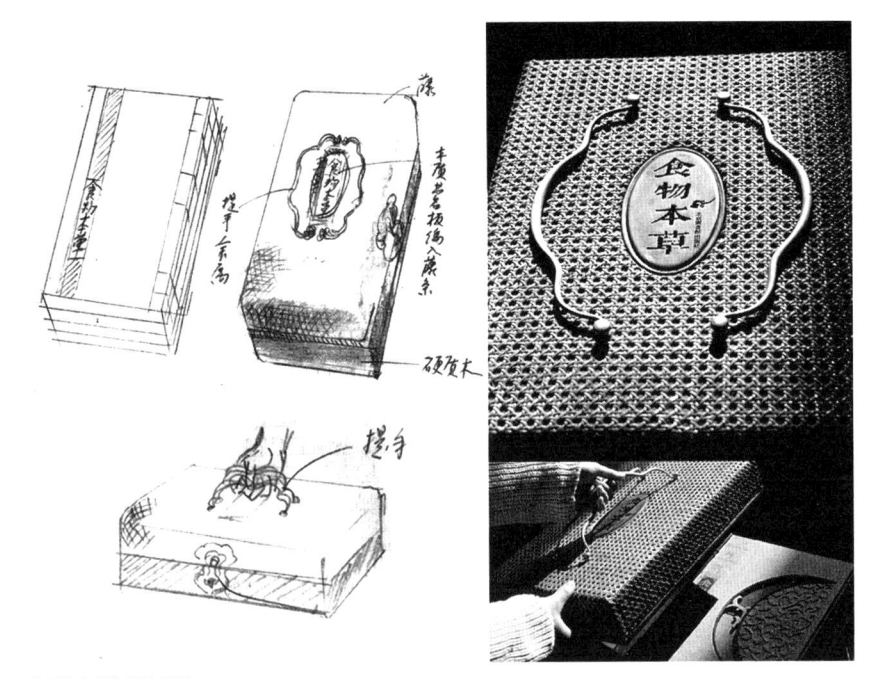

《食物本草》设计手稿

● **工艺塑造书籍"美"与"用"的和谐之美**

书籍是一个相对静止的载体,但它又是一个动态的传媒,当把书拿在手上翻阅时,书直接与读者接触,随之带来视、触、听、嗅、味等多方面的感受,此时随着眼视、手触、心读,领受信息内涵,品味个中意韵,书可以成为触动心灵的生命体。

中西方书籍漫长的发展史,给我们留下了许多优秀的装帧形式和制作工艺,如包背装、经折装、线装、毛装、函套等形式,从普通的木版拓印到石印、拱花等技术,一本本精美的图书呈现在我们面前。这些传统工艺都是

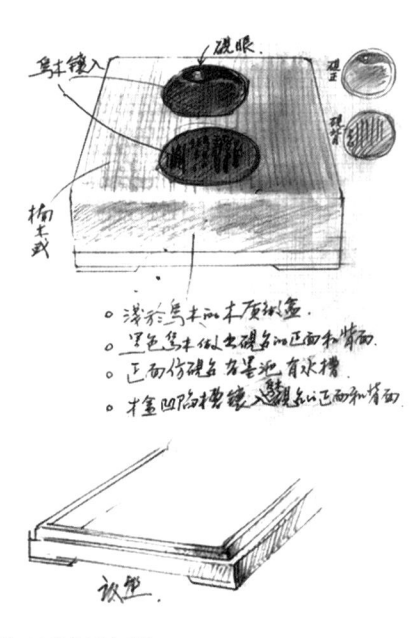

《沈氏砚林》设计手稿

汇集人类经验和智慧的结晶。欧洲中世纪的手抄本，19世纪的金属活字印刷本，中国宋、元、明的民坊、官坊的刻本，还有中国古代宫廷制作的精致的书籍艺术品，可谓集工艺之大成的杰作。

  自20世纪初中国书籍制作工艺引进西方科学技术至今，书籍制作的工艺手段可谓无奇不有，似乎只有想不到的效果，而没有完不成的工艺之说。除各种印刷手段外，像起凸、压凹、烫电化铝、烫漆片、过UV、覆膜、激光雕刻等工艺手段都各具特色，为书籍塑造着各具表现力的个性形象。另外，众多设计师应用各种工艺进行创新探索，如线装书多样的缝缀方式，书口呈现变化多端的印制图案效果……古人云："书之有装，亦如人之有衣，睹衣冠而知家风，识雅尚。"清人叶德辉在《书林余话》中也提出综合衡量书籍价值的标准："凡书之有等差，视其本、视其刻、视其装、视其缓急、视其有无。"书籍有着漂亮的外观总是件赏心悦目的事，但仅仅以漂亮为目的，表面的浮华之美无疑是缺乏生命力的。书籍毕竟和绘画不同，它的根本用途是供人阅读，是"用的艺术"，这就决定了书籍"美"的境界是"美"与"用"的和谐统一，是完美地展现书籍内容，力求工艺手段的单纯，是超越个人主义的真、善、美的世界。孙从添在《藏书纪要》中也强调："装订书籍，不在华美饰观，而要护帙有道，款式古雅，厚薄得宜，精致端正，方为第一。"

  这些古训都从不同角度论述了书籍外在美的重要性，也阐释了外在美与内在功能的关系。书籍的外观，传递着内容的信息，也透着设计者的精神境界与意念。工艺是书籍外在美的形成条件，借助各种工艺，美才得以实现。工艺还需遵循一定的秩序。材料的品性、工艺的程序、技术的操作、劳动的组织等，这些秩序法则是支撑工艺之美的力量。工艺不能以唯美为目的，更不是设计师个性的即兴宣泄，而是以用途美观相融合为目的来选择的。在书籍设计的创作过程中研究传统，适应现代化观念；追求美感和功能两者之间的完美和谐，这是书籍发展至今仍具生命力的最好例证。

日本著名工艺学家柳宗悦在《工艺文化》中谈到工艺之美时说："涩味是包含东方哲理的淳朴自然的境地。把十二分只表现出十分时，才是涩味的秘意所在，剩下的'二'分是含蓄。""余""厚""浓"之所以没有失去清幽之美的真谛，这也充分说明了书籍应具有浓浓的书卷气的含蓄之美。

5. 穿越书籍的三度空间——杉浦康平的设计语法

在杉浦老师的事务所学习，经常聆听他对书籍设计的独到见解，归纳以下几点，随时提醒自己。

封面　它既体现书中潜在的含义，又是内容结晶的聚集场所，其不是一张简单的经过化妆的脸，要使书中潜在的要素得到充分表现，杉浦先生强调封面应呈现一张"生动的面孔"。按照东方艺术的本质，其设计概念是将内容的诸要素分解组合、概括提炼，使之视觉化。封面就像内容的存储箱，书册内容的精髓表现于封面上。它将知识和智慧构造化，封面能浓缩包罗万象的物质世界，它也具有反映内在精神的可能性，它既是个体的群体化，又在群体中保持个性的凝视，整个三度空间中可容下宇宙。

视线流——连续、流动、渗透和诱导　设计的第一直觉要适应人的视觉习惯。一般人的视线是从左向右，如此，主要表现的内容画面、书名，放在左边位置，色彩由轻而重，或由重至轻产生一种流动感，这种流动感可以诱导读者循序渐进，这是一种自然的观察习惯。

当设计者在考虑书籍设计时，要进行整体的三度空间的全面思考，在封面、前环、内页、后环、封底，以及书脊中呈现主题的重复出现，画面的过渡、移动和积累，使封面蕴含一种气的流动，让人感受到时空的存在，这种主题的重复不是无变化的累加，而是有层次的演化再现，不仅深化主题也加深读者的印象，诱导读者的感受。

主题画面在三度空间中游动，主题介于勒口和封面，或跨越书脊与封底，甚至整本书的内文之间，主题的化进化出，使核心内容可谓力透全书，

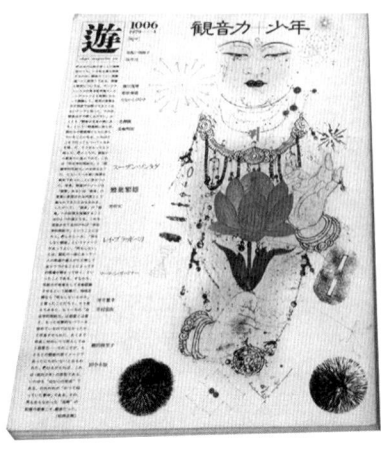

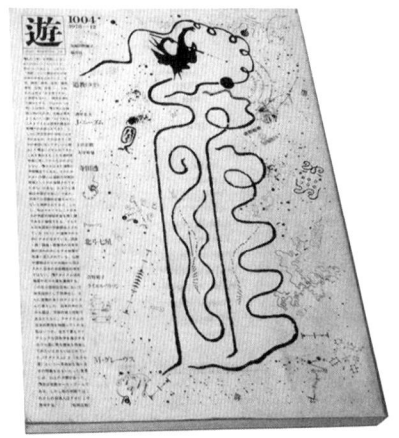

《游》，1985年，杉浦康平设计

使整个设计拥有一种可视性，它像音乐的主旋律贯穿渗透在整部作品之中，呈现戏剧化的变化。诸要素的复合使封面孕育万物的宇宙成为可能。而东方艺术的另一个特点表现为主题在时空中的连续性，贯穿戏剧性的变化，给静止的图像、文字注入生命力的表现和有情感的演化。戏剧性的连续表现手法赋予书以活力和生气。

明视距离——动感的阅读 应用明视距离是书籍设计必须掌握的设计规律。比如封面中从初号的大号字体到6磅、7磅的小号字，书名、作者名、引句、引文大大小小四五种文字共存于这个小小的天地之中，这些对比鲜明的文字群体使读者在不同的明视距离条件下感受文字的魅力。将不同明视距离的文字同置于一个封面之中，如书名在10米开外可见的大号字到非靠近纸面只有15厘米才能辨清的6号小磅同时运用，这样一来，眼睛远近距离的移动行为，使读者和书之间产生了一种动的关系，在看清字体的同时，纸的肌理开始显露出它的光彩,纸的本身反映着大自然的景观,同时它的气息和油墨的气味随着翻动的纸页,书的五感悠然扩展你的感受。读者和读物之间的交谈就开始了,适应纸的肌理,书籍的主题,经过复合的多层次明视距离的测试,选择书的文字存在的最适合的生态圈,使文字充分发挥其潜在的作用。

异化共存——发挥文字潜在的内力 文字具有相当巧妙的象征性,它的一点、一撇、一捺都蕴含着一种内力和深意,一个好的设计要使图像和文字处于相互和谐、相互融合的位置。

各类文字通过活性化的组合,聚集在页面上,再赋予色彩。读者一边翻阅一边朗读出声,会震撼读者的听觉,感染读者的情感,加深读者的理解。

时间和空间——体现书的时空递层化 所谓时间在设计中表现为繁与简,详与略,顺序的前后关系,随着视线的推移使时光产生流动,其作用于读者并诱导读者,跨越不同的时代,表现生命的延续,在方寸天地里成为可能。

所谓空间,是指书的三度空间,长、宽、高、正、反、左、右、天、地、文字的大小等要素的设计。当我们在阅读时,捧在手里的是实实在在的立体物,而我们的设计不能不考虑其空间的表达形式,封面、书脊、封底、天、地、切口,甚至于翻开后的勒口、环衬、扉页以及内文的相互协调、相互制约,它们的共存体现出书的时间和空间递层化,宇宙的包容量,这是设计中必须强调的一个重要原则。

在书籍设计中应用外来文字,其本身没有本质矛盾。在设计中,用中国汉字表意,用西洋文字表音,两者是对极的,却可以如同太极那样调和对立统一。任何因素都是运动的相互依存、相互影响,其相对性产生了力,这就是太极中的"玄",合理地应用多种文字做到一种异化共存的意境,不同的要素经过整理达到完善的组合,是设计的一个重要方面。

《井上有一》，1968，杉浦康平设计

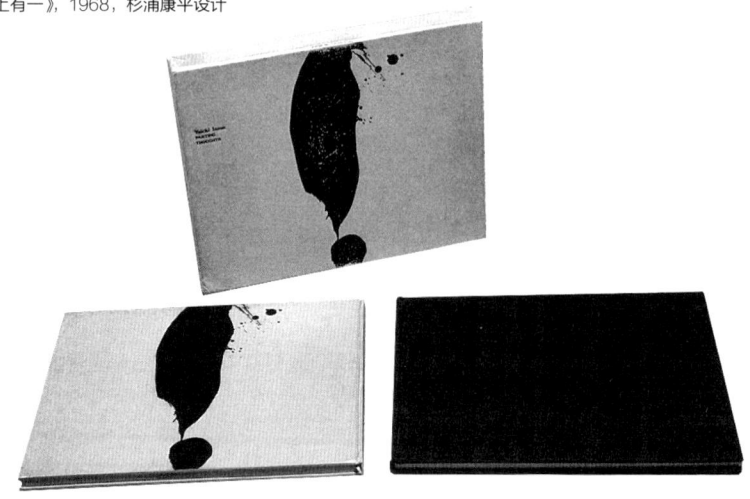

不可视的格子——美的构成　书籍设计以其深刻而内涵丰富的构思、带有哲理且变化莫测的东方艺术设计理念的魅力为人所折服，也会为其毫厘不差的精确度、严谨的版面布局、追求微毫不差的准确无误，为文字、图画创造的是一个理念化、规则化、构造化的生命圈。它不同于瑞士所构造的格子方式——单一纯粹的分割，介于东方的混沌和西洋设计的程序之间。规律中富有变化，静止中蕴有动感。不是死板的框框主义，而是柔软的变换自如的分割单位。不让读者直观上体察到格子的存在，却可以感觉规矩线，其体现了一种完善的布局和规律，这就是杉浦先生创造的不可视的格子——美的构成。

杉浦老师的书籍设计语法如醍醐灌顶，穿破国内装帧设计的装饰外壳，让我透视到从书封至内页层层叠叠中或故事或景致的生动，体验那种包含着森罗万象的大千世界的设计意涵。书籍设计并不止于平面，设计思维要有超越三度空间的意识，才能寻找到表现文本内涵的最佳叙述语法。

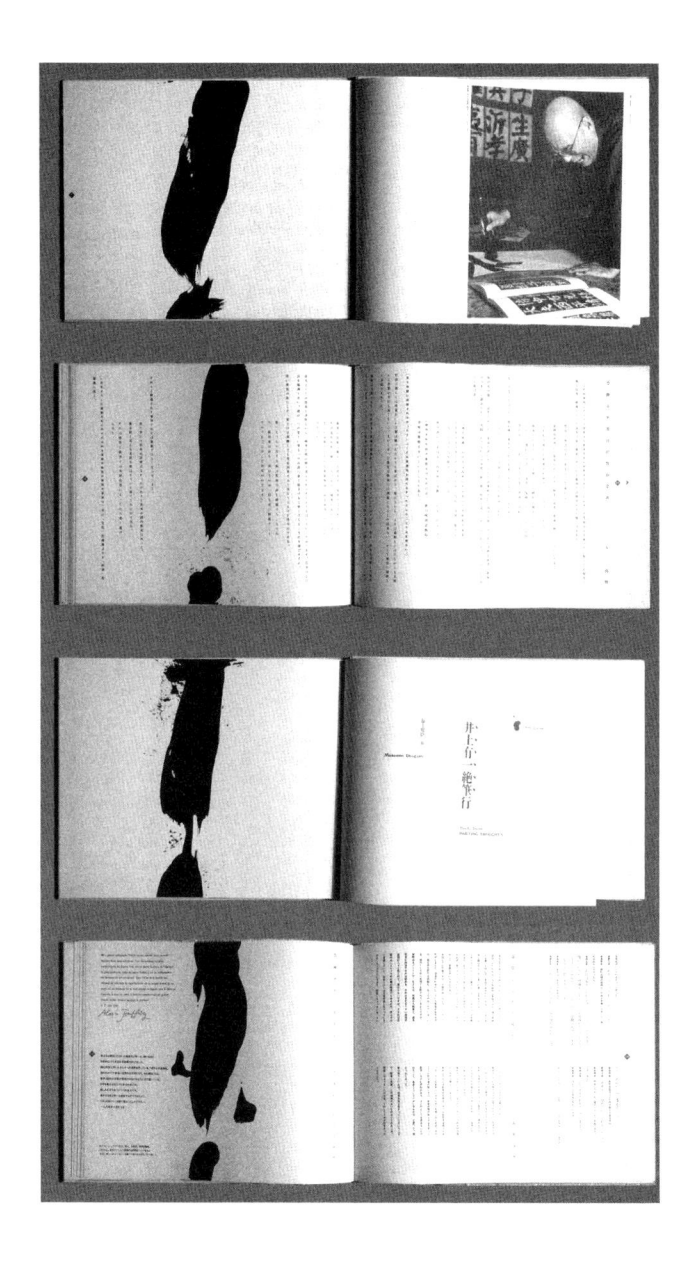

《井上有一》内文

《真知》，

杉浦康平，朝日出版社，1984年

杉浦康平版式设计强调严格的网格布局。网格为文字、图形创造一个理想化、规则化、构造化的生态圈，规则中富有变化，静态中蕴有动感，但不是死板的框框主义，而是变化自如的柔软的分割单位，创造一种不可视的格子——美的构成。全书无处不在地体现理性化的"杉浦编排设计学"。由内容引申出各种触类旁通的相关设计，使书籍的信息大幅度增加。他经常运用杂音、微尘的图像、记号等构成要素，展开一系列变化无穷的版式多样化设计，其作品成为世界各国设计师学习参考的摹本。

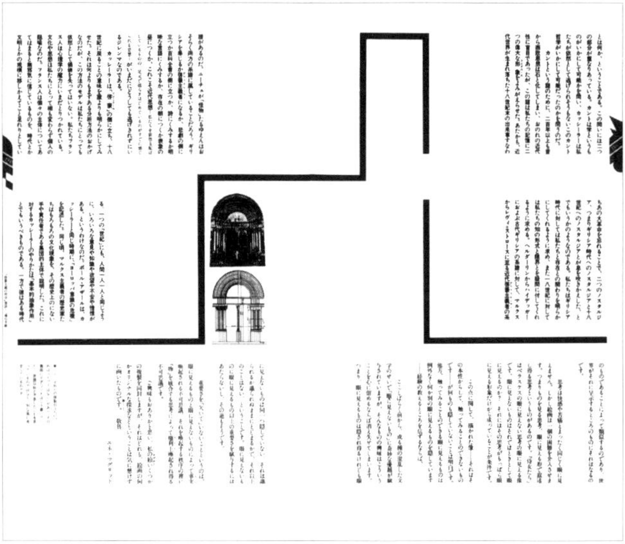

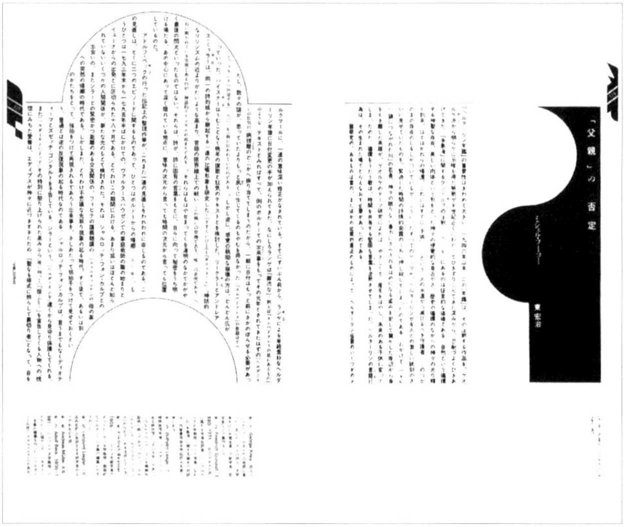

6. 创造书籍的阅读之美

编辑设计是书籍设计理念中最重要的部分，是对过去装帧者尚未涉及的、文本作者和责任编辑不可"进犯的领地"的一种"干预"。编辑设计鼓励设计者积极对文本阅读进行视觉化设计观念的导入，即与编著者、出版人、责任编辑、印艺者在策划选题过程中或选题落实后，开始探讨文本的阅读形态，即从视觉语言的角度提出该书内容架构和视觉辅助阅读系统，提升文本信息传达质量，以便于读者接收并乐于阅读的书籍拥有形神兼备的形态功能。这对书籍设计师提出了更高的要求，只懂得一点绘画本事和装饰手段是不够的，还需要除书籍视觉语言之外的新载体等跨界知识的弥补，学会像电影导演那样把握剧本的创构维度，摆脱只为书做美的装饰的意识束缚，完成向信息艺术设计师角色的转换。

而另一方面，编辑设计并不是替代文字编辑的职能，对于责任编辑来说同样不能满足文字审读的层次，更要了解当下和未来阅读载体特征和视觉化信息传达的特点，要提升艺术审美和其他传媒领域知识的解读，对传达信息的艺术形式多向吸收，并主动对责编的书提出创想性的建议和设想。为完成这一过程，设计者和文字编辑默契配合，促使视觉信息与文字信息珠联璧合，才能铸造出一本好书，谁也离不开谁。一个合格的编辑一定是一位优秀的制片人，书籍设计的共同创作者。著名书籍设计家速泰熙（南京艺大教授、原江苏文艺出版社美编室主任）认为"书籍设计是书的第二文化主体"，不无道理。

我们国家有许许多多优秀的编辑大家，鲁迅先生不仅亲力亲为，自己投入设计，还会依据内容去寻找与文本视觉表达风格相吻合的设计师；范用先生是位资深的编辑家，他对书籍设计有很高的艺术要求，著名设计家宁成春受他的熏陶与提携，造就了三联书店高雅、平实、质朴的书籍艺术风格。这样的好编辑还有很多。如果一位优秀的出版人对艺术设计有一定高度的要求，对设计就会有更大的包容度，设计师才可大胆地发挥自身才能。20世纪80、90年代的中国青年出版社就是一例。

编辑设计的过程是深刻理解文字，并注入书籍视觉阅读设计的概念，完成书籍设计的本质——阅读的目的。编辑设计应真正有利于文本传达，扩充文本信息的传递，真正提升文本的阅读价值。优秀的书籍设计师不仅会创作一帧优秀的封面，还会创造出人意表、耐人寻味、视觉独特的内容结构和具有节奏秩序阅读价值的图书来。"品"和"度"的把握是判断书籍设计师修炼的高低。

《北京跑酷》是一本非常优秀的书籍设计作品。著名书籍设计家陆智昌并不满足文图排列一般化的旅游书的做法，他注入书籍阅读语言的崭新表达，设定把视觉阅读概念贯通全书的编辑思路，组织香港、汕头的艺术学院的大学生，通过解构重组的插图和矢量化图表，将北京风光的地域、位置、物象进行逻辑化、清晰化、趣味化地编辑在全书的叙述之中，完全打破传统模式的旅游书千篇一律的编排方法，赢得读者的普遍欢迎和赞赏，在第二届中国政府装帧奖的评选中受到一致好评。这已不是装帧设计的概念，设计者也非书籍编著者的陪衬，而是该书的共同创作者，我们需要更多像这样有书籍设计意识和高素质的书籍设计家。

这样的好书最近10多年不断涌现。王序设计的《土地》、朱赢椿设计的《不裁》《蚁呓》、速泰熙设计的《吴为山雕塑绘画》、张红设计的《梦游手记》、何君设计的《书籍之美》、小马哥设计的《建筑体验和文学想象》、赵清设计的《莱比锡的选择》、叶超设计的《北京奥运地图》、王子源设计的《湘西南木雕》、姜嵩设计的《温婉》,以及周晨设计的《江苏老行当百业写真》……这样的例子举不胜举,证明今天许多设计师并不满足于过去"装帧"设计的工作层次和仅仅作为商品包装的装饰层次,自觉担当起提升文本信息视觉传达的新角色,书籍设计概念已成为他们做书的一种自觉意识。

我的书籍设计观念也是在从"装帧"向"书籍设计"转化的经历中慢慢体会,逐渐从模糊到清晰的学习、实践的过程,深切感受出版人、编辑对此有更高的企盼和愿望,设计师和他们的共同语言越多,创作激情就越发地被激励出来。多年来,我与许多出版社的社长、总编、编辑成为好朋友,因为在共同的理念下参与书籍设计的全过程。这里不存在谁听谁的问题,相互切磋,相互理解,为共同创造书之美而对书产生感情,双方都投入力量,并感染或传递给装帧工艺的制作者,大家共同完成一本完美阅读的书。如今一些出版社的社长、总编、编辑,以及著作者在发稿之前就来商讨,征求编辑设计思路,以利于作品出版结果的完美呈现。他们很尊重也认同一个书籍设计师的劳动价值。

编辑设计理念在《梅兰芳全传》《黑与白》《怀珠雅集》《灵韵天成》《蕴芳含香》《闲情雅质》《中国记忆》《怀袖雅物——苏州雅扇》《美丽的京剧》《翻开》《书戏》《敬人书籍设计2号》设计中均有运用,并获得较好的效果。这是需要出版人、编辑、印制人员与设计师相互配合来共同完成的系统工程,非单方面所能。今天有不少责任编辑只凭着在发稿单上写几句贫乏空洞的设计要求,交给设计人员,以为自己的责任就此为止。而另一类责任编辑光凭电子邮件与设计者联络，连和设计人员见面的工夫都不花。做书是文化行为，对书的理解、对著作者风格和自己对书的编辑索求是需要不断与做书人的任何一方积极沟通和交流的过程，这样才会取得做书的情感投入，并全身心投入做出一本好书。编辑把自己圈在办公室是做不好书的。同样，设计师也是如此，只会凭发稿单做着所谓吸引人眼球的同质化的封面，不去和著作者、编辑、印制者交流，深刻理解书稿内涵并注入情感，那么只能停留在为书做装饰的低层次，根本提不出书籍编辑设计的创想和建议来。

书籍设计要改变那种只停留在书籍的封面、版式层面的设计思维方式和手段。书籍设计与装帧的最大区别在于设计者是用视觉语言对文本信息进行结构性设计，使内容获得更好传达的创意点，甚至成为书籍文本的第二创作者。这在过去，对于出版社的美术编辑来说似乎是非分之想。但我们应该用时代需求的信息载体不断视觉化的传递特征，来提升自己设计工作的主动意识，拓展设计的职能范畴。书籍设计师要拥有这样的责任心和职业素质。

对于书籍设计中所包含的编辑设计、编排设计、装帧设计三个层次的运作，不可一视同仁。应根据不同的体裁、功能、成本、受众等因素来决定设计决策。对于如哲学、文学等以文字为主体的书，受时间或成本制约，出版社只提出做书衣的委托，达到装帧设计的层面就够了。比如为《辞海》做的设计，内文已十分成熟，只需在封面、用材等装帧上下功夫，所以在版权页上署名就用"装帧设计"；《中国出版通史》只要求做外在装帧，则写"封面设计"。有的虽有内文的版式设计但只是从审美阅读的层面进行文本的模板设计，由他人按格式填入文本图像，然后对封面纸张、印刷工艺提出要求，这也只属"装帧设计"的范畴。而对一本书稿全方面提出编辑设计的思路，对全书的视觉化阅读架构进行全方位的设计思想的介入，同时注入编排设计和装帧设计，如上列举的几本书的设计过程，那就是书籍设计的三个过程。

时代的发展、社会的需求使设计师能普遍拥有这种主动的编辑设计意识，针对不同的书籍体裁，在不违背主题内涵的前提下，从视觉信息传达的专业角度勇敢提出看法，并承担起相应的角色。

中国古代早就存在悠久的书籍设计艺术和丰厚的书卷文化。书籍设计也不是当下才提出的，在第五届全国书籍装帧大展评奖项目中就设有封面设计、版式设计、书籍整体设计、插图等分类奖项，其中"书籍整体设计"早已被大家认同，不过那时尚停留在平面艺术审美的层次上。书籍设计则介入了对文本信息的视觉传达的编辑设计理念，是为书籍的阅读提供更清晰、更有效、更美好的服务。书籍设计概念是"装帧设计"的延伸，提出书籍设计概念的真正目的就是要完善阅读。

中国的书籍艺术要进步，不仅要继承优秀的传统书卷文化，还要跟上时代步伐进行创造性的工作，拓展中国的书籍艺术。21世纪的数码时代改变了人们接收信息的习惯，如何让书籍这一传统纸媒能一代一代传承下去？我们当然要改变一成不变的设计思路，不能停留在为书做装潢打扮的工作层面。设计师与著作者、编辑一样要做一个有思想、有创想、有追求的书籍艺术的寻梦者和实干者，当代中国的书籍艺术一定会再度辉煌。

《北京跑酷》，陆智昌设计，
北京三联，2009年

著名书籍设计家陆智昌把视觉阅读概念贯通全书的编辑思路，组织香港、汕头的艺术学院的大学生，通过解构重组的插图和矢量化图表，将北京风光的地域、位置、物象进行逻辑化、清晰化、趣味化地编辑在全书的叙述之中，完全打破传统模式的旅游书千篇一律的编排方法，赢得读者的普遍欢迎和赞赏。设计者不是文本的美化者，而是该书的共同创作者。

《书戏——当代中国书籍设计家40人》，南方日报出版社，2007年

"戏"指一种表演艺术，由演员扮演各种角色，根据剧情陈述故事。这使我觉得书籍设计者好似一个演员在书籍视觉信息传达中担任某种角色，是演员，是编剧，或许还会承担导演的职责。书装与书戏即装帧与书籍设计，两者概念有很大的不同，后者给书籍设计师增加了更多的戏份和责任。"戏"还有另一层意思，戏乃玩耍也，凭着一种童趣和兴致盎然的好奇心去探索未知，捕捉新意。戏是一种心态，一种无所顾忌又永不满足的创作精神，一种积极努力、苦中作乐的工作姿态。此书展现了40位书籍设计家在书籍舞台上出演的一出出别具一格的书戏。

二 | 书籍设计 3+1

155

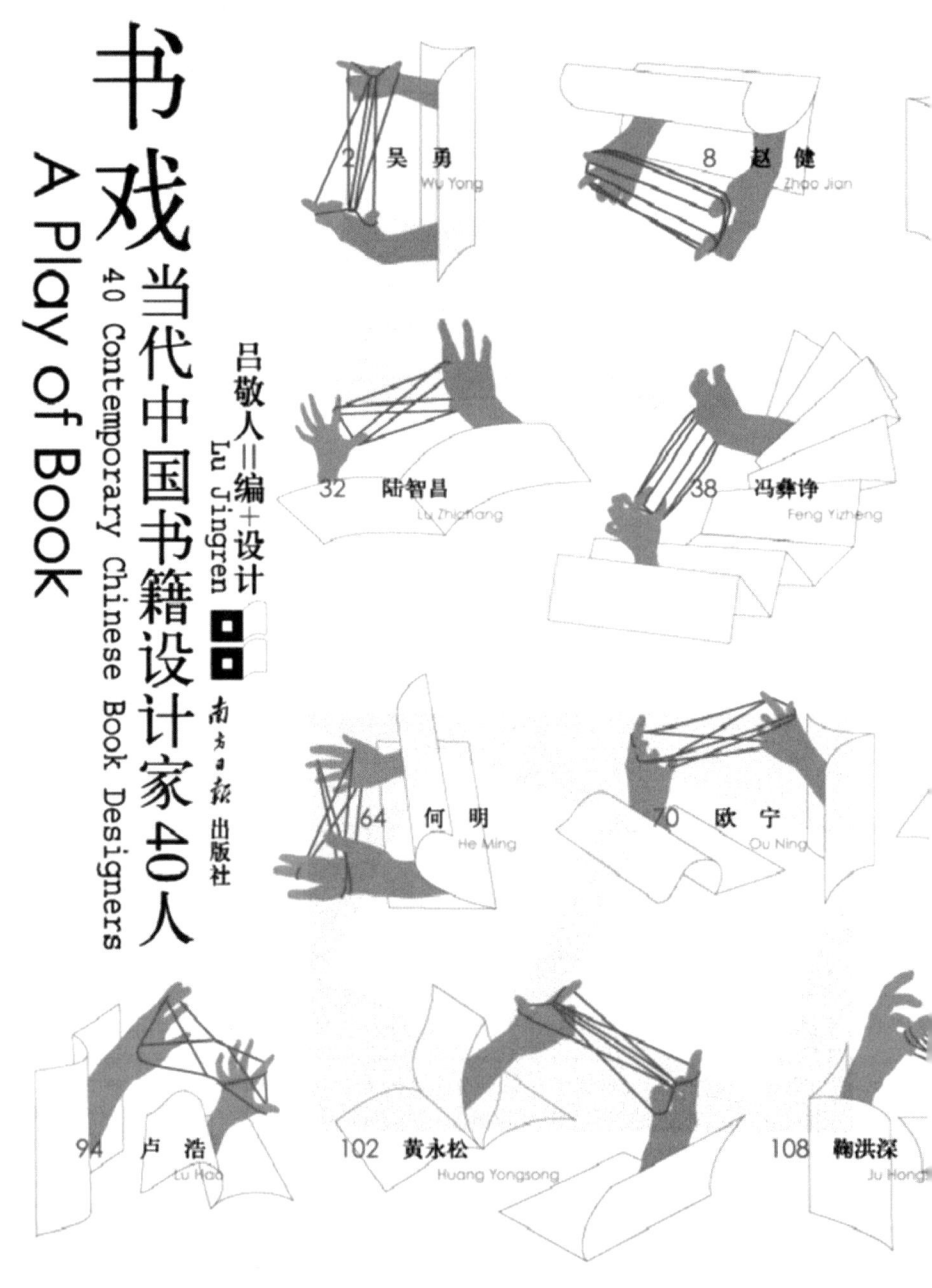

《书戏》海报

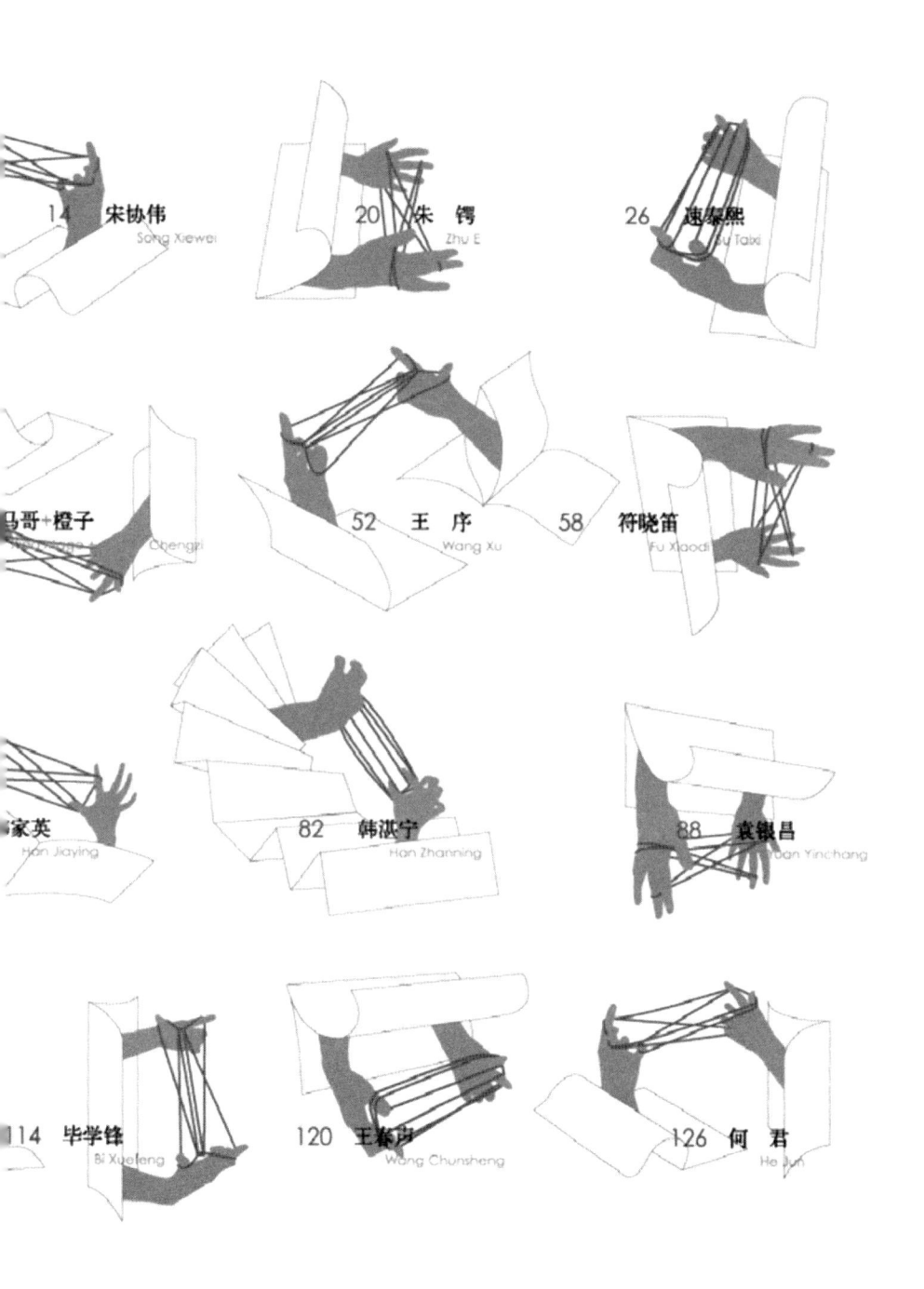

14　宋协伟　Song Xiewei

20　朱锷　Zhu E

26　速泰熙　Su Taixi

马哥+橙子　Ma Ge + Chengzi

52　王序　Wang Xu

58　符晓笛　Fu Xiaodi

家英　Han Jiaying

82　韩湛宁　Han Zhanning

88　袁银昌　Yuan Yinchang

114　毕学锋　Bi Xuefeng

120　王春声　Wang Chunsheng

126　何君　He Jun

二 | 书籍设计 3+1

7. 书籍设计是一项系统工程

　　一本书的出版并非一人所为，设计师是整个出版环节中的一种职能担当者。随着信息传媒越来越多元，纸本书不仅承担信息传递的功能，还呈现阅读审美和书籍载体物化的魅力。作为正规的出版物还有各种严格的规范要求，任何一环都是书籍整体质量保障的关键。从选题策划阶段开始，文本定位到进入设计阶段，策划编辑、著作者、责任编辑、总编辑、社长、设计师之间有多少回合的磋商和探讨；进入文本定位、设计创意、审定修正、三校三审，需要多方投入大量的互动运作；终审定稿后，正式发稿、统筹设计、成本核算、市场调查、印制经历、样本鉴定、出版宣传到成书发行，其中更多的责任担当人投入。一环扣一环，一本好书离不开每一位参与者，所以说出版环节中谁也离不开谁的精心付出。

　　我在《完成一本书的流程图》中强调的是书籍设计师主动承担这一出书过程中必须参与的时间线和每一空间点应该发挥的作用。要求打破以往等待书稿齐、清、定后总编室发出装帧单后再设计的惯例。如图表中所示，在文稿审核（甚至在选题策划）阶段，设计师就应该介入工作，及时以视觉信息传达的概念提出对该选题的建设性意见，对书籍作品面对读者的阅读形态提出大胆建议，当然不会去改变著者的文字。优秀的书籍设计师在此阶段已经就书籍形态结构、文本传达的表情、辅助文本传达的视觉语言有所思考，这些思考也会在沟通中对著者、责编产生影响，在出书定位方面有积极的参考意义。文本审定后设计师进入编辑设计、编排设计、装帧设计三阶段，各个阶段都有需要不断交流沟通的对象，这一过程是从创意到执行制作，不是盲目地一意孤行，而要随时与责编、出版、发行、纸业、印制相关人员切磋统筹。正式设计完成，社长签字发稿后进入印制阶段，这是设计师最为关注的环节，从制版分色（电子文件需做色彩管理）检查制版清样，核红后看正式印刷环节，关注纸张的色彩还原度、渗透度，把控装订质量等，任何细节不能放过，一点过失都会功亏一篑，影响全书的质量。设计师责任重大，其中所有的参与者对图书质量标准取得共识更为重要。

  图表中把关系者织成一个网，我希望设计师意识到自己应该承担的职责。相较于过去的装帧担当，这需要更多的时间和心力，这是时代出版的要求。当一本出版物最终得到著作者、出版人、编辑者、印制人和读者群的赞赏和喜爱，你的所有辛苦付出就都是值得的。

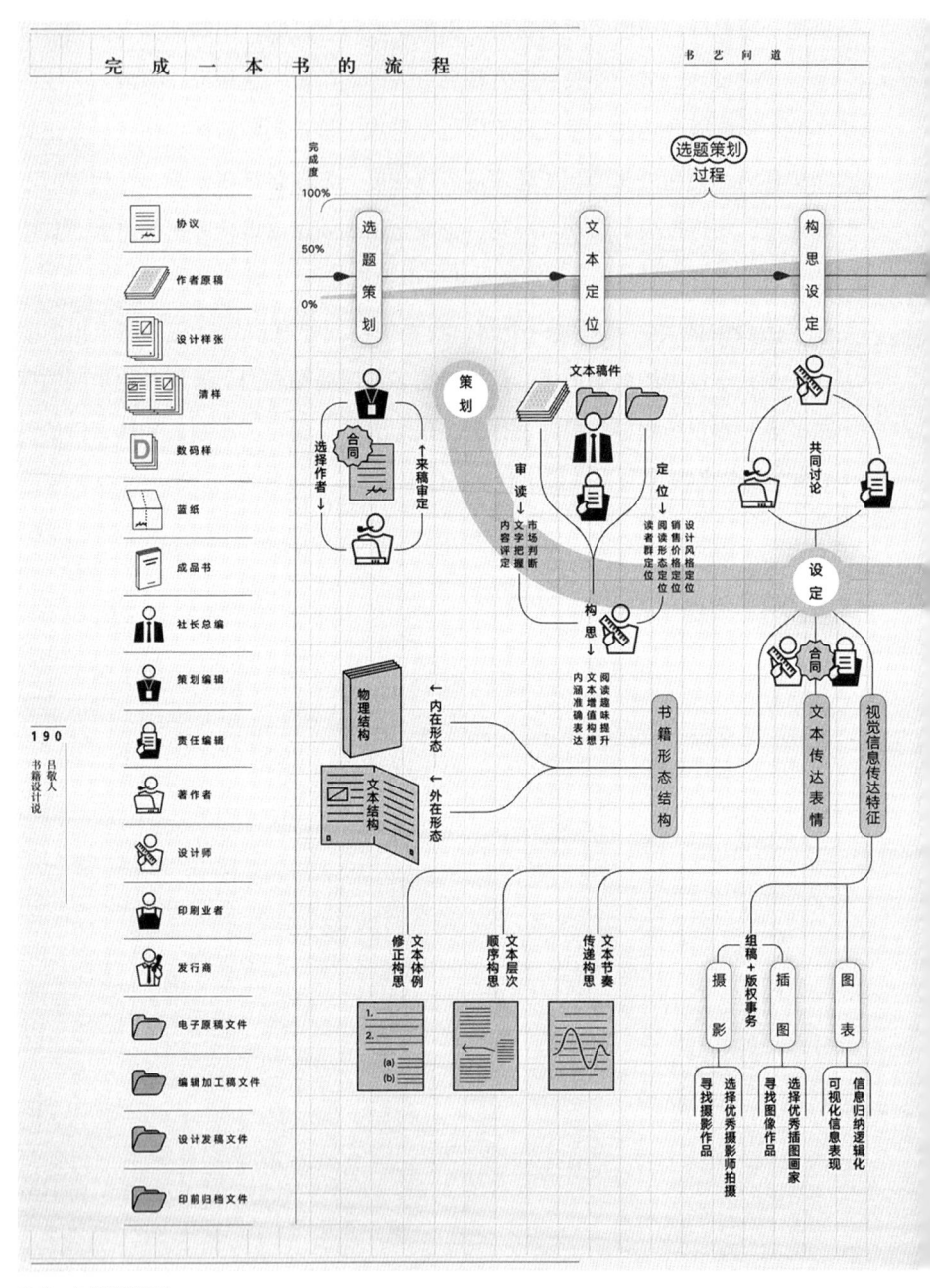

完成一本书的流程图

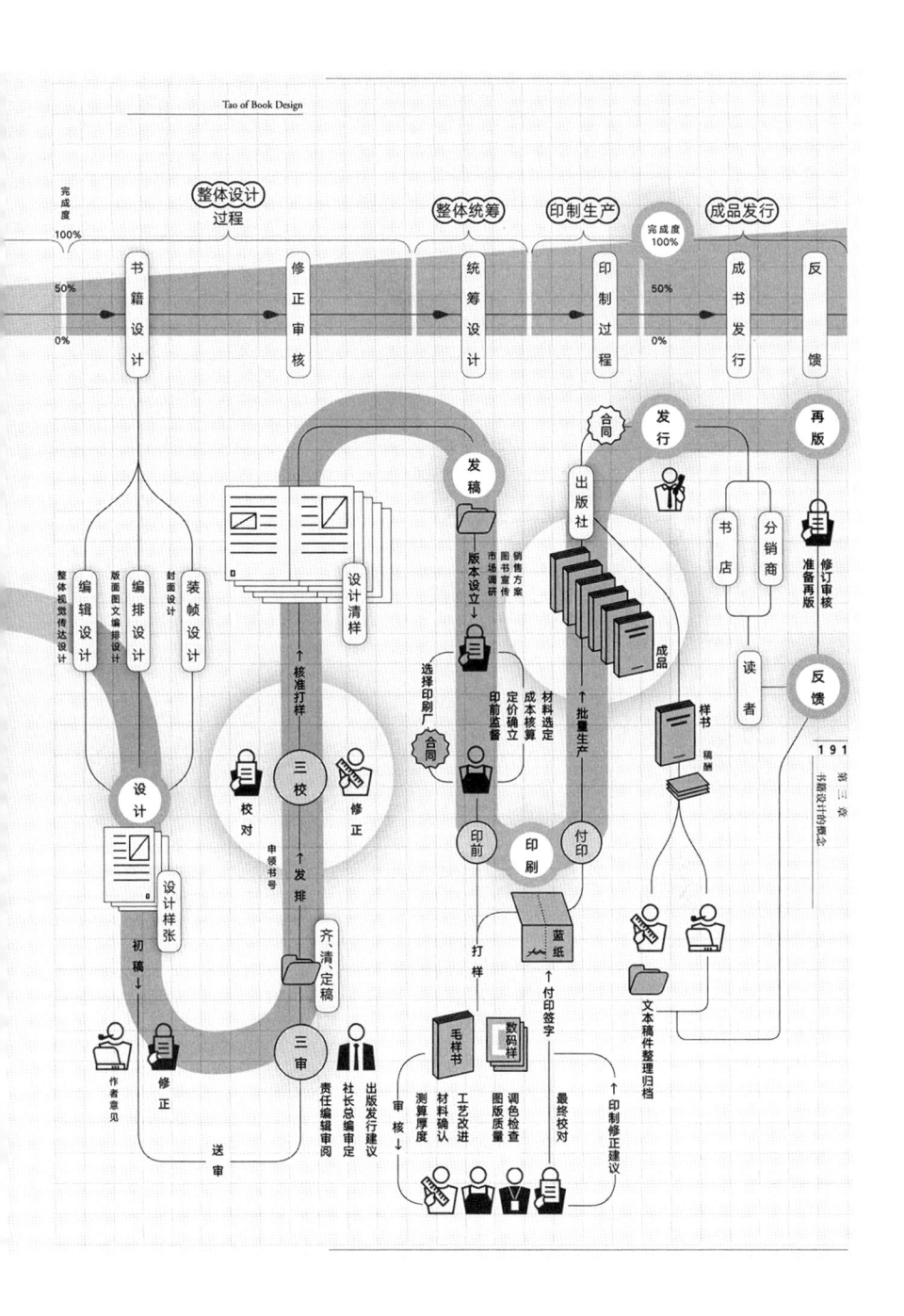

Tao of Book Design

二 | 书籍设计 3+1

三 信息视觉化与视觉信息化设计

"书籍设计3+1"的概念缺一不可，无论是纸面信息载体还是电子书均可应用这一规则。"3+1"中的1，指的是信息视觉化设计，在这里作为独立的一章阐述。信息视觉化设计是21世纪中国书籍设计中一个重要的新课题。设计者要学会应用逻辑语言对信息进行剖解、分析，并通过视觉符号和构成系统进行有效的信息传达，设计不能只停留在视觉美感这一表层。

1. 信息设计（Information Graphic Design）

　　作为书籍设计的重要一环，信息设计概念改变了二维的装帧设计思考，是书籍设计必须掌握的设计思维和设计语言，也是必须拥有的信息时空传达的编辑意识。

　　首先必须搞清楚什么是信息设计。维基百科词条是这样解释的："信息设计是指人们准备有效使用信息的一种技能与实践活动。针对复杂而且未结构化的数据，通过视觉化的表现可使其内容更清晰地传达给受众。"

　　信息设计源于平面设计，早在20世纪70年代伦敦五星设计顾问公司首次提出这个概念，以明确区分产品或其他设计门类，指出信息设计隶属于平面设计或者说是平面设计的同义词，且经常在平面设计课程中教授。此后，信息设计概念被引申到平面设计应有效展示信息而非仅仅停留在增加吸引力和艺术化表现层面，"信息设计"出现于当时多种学科的研究中。不少平面设计师也开始引入这个概念，1979年《信息设计杂志》（*Information Design Journal*）的出现是对设计的一种推动。在20世纪80年代，设计者的角色则扩展到需要承担起文本内容和语言表达的责任，更多的用户测试与研究手段已经不同于主流平面设计惯用的方式。

20世纪70年代，Edward Tufte与信息设计领域的先锋人物John Tukey共同研究，并不断发展着他的统计图像化课程。该课程的讲义于1982年衍展为他自己出版的关于信息设计的一部著作《视觉量化信息》（*The Visual Display of Quantitative Information*）。此书内容富于突破性，使非专业领域开始意识到表达信息的多种视点和可能性。信息设计概念也开始趋向于应用在原本被看作图表设计和信息量化设计的领域。在美国，信息设计师被称为"文案设计"（Document Design）；在科技交流层面，信息设计被看作是为细化受众需求而创建信息结构的行为。它的实施过程依不同的认知尺度有着不同的理解。

由此可见，信息设计在20世纪后半叶从研究到实践，被广泛应用到许多领域，各个国家的设计师都在积极参与，其理论也日臻成熟。我国在信息视觉化设计方面尚在开发之中，许多设计艺术院校没有开设这项课程，有的书籍设计师甚至还不知道"信息设计"这一概念。

书籍作为大众传播的媒体，即使在今天的信息时代，像E-mail这样的工具正发挥着强大的信息传播功能，书籍仍未失去自身的特质和魅力。但设计师如何采用新的传播思路和设计语言，让受众来选择书籍并乐意接受视觉化信息传达的全新感受，正是时代对设计师提出的要求。

书籍文本中拥有大量参数化的信息，比如一个历史进程、一种自然界的演变现象、政治人物的一生、触目惊心的大事件、未来世界格局的设想等无需再用数万字的陈述，信息视觉化设计可以用大量确凿的信息数字和有表现力的图像符号将一个个复杂的问题清晰化，生动有趣地揭示其中的相互联系，并达到认识上的超越。美国著名图表信息设计家乌尔曼说："我们正在将信息技术与信息建筑进行嫁接，我们超常的能力将数据信息储存并传达，使得这一梦想得以实现。"

确实，读者在确凿可信且又十分亲近的视觉信息面前，通过有趣的阅读过程可以达到一种需求满足和有说服力的理解。就像人们住进新建筑，找到最适合自己的房间。乌尔曼还说："成功的视觉交流信息设计将被定义为被铸造的成功建筑、被凝固的音乐，信息理解是一种能量。"

总结以上话题，广义地理解信息设计：人为地按照受众意图选择组织相关内容的过程；引申地理解信息设计：将与原本主题相关的主旨、概念、例证、引文、结论部分的内容——组织协调起来；具体地理解信息设计：逻辑化地发展主题、要点的强调、清晰的图说、线索的导引等，甚至是页面的设计、字体的选择、留白的使用等。相同的概念和技巧也同样应用于网页设计中，这种能附加更多参数化设置和功能的设计师也得到了"信息建筑师"的称号。

这里提到的参数概念十分重要。参数，即在一定范围内变化的数，是任何现象中的某一种变量数。宇宙自然的不断变化给世间万物造成瞬息万变的差异，人类在宇宙规律中演化诞生，任何一个差异又会衍生出另一个差异，参数制造差异，差异制造记忆。创意，即在秩序中寻找差异，任何设计都取决于变化，其程度来自度的把握，变化的依据来自表达的目的。参数化设计是书籍中一个隐形的秩序舞台，它有助于设计师在秩序中捕捉变化，在变化设计元素中发现规律。文字、图像、符号、色彩在纸张的翻阅中形成一个流动的空间结构；而彼此间的节奏、前后、长短、高低、明暗、虚实、粗细、冷暖或加强减弱、聚合分离、隐显淡出，在时间流动过程中建立书籍信息传递系统，为读者提供秩序阅读的通路。最显而易见的例子即目录的设计，优秀的书籍设计师是不会轻易放弃这个隐形的信息舞台的。

2. 信息图表设计（Diagram Collection Design）

先人创造出非语言的沟通形式，中国的象形文字、苏美尔人的楔形文字、埃及人的圣书体均来自传达信息的岩壁画的演化，图画和文字被高度整合。直至活字印刷术出现，工艺流程和技艺的不同使视觉图形与文字分离。在以后相当长的一段时期，资讯传播主要由文字担任主角。今天视觉化信息重新被各种载体所重视，其中信息图表设计成为世界各国设计领域关注的研究课题，并已经应用于实践。

（1）什么是视觉化图表

信息图表（Diagram Collection）可称为可视化交流法。其概念是将繁复、隐喻、含糊的信息通过资讯筛选、分类储存，与图像、文字、参数相结合，揭示、洞悉、解释、阐明其内在联系。这是一个思维领悟的认知过程，目的是设计成便于信息需求者认知、深刻理解、高效交流的信息图解化传达图表。信息图表帮助人们更好地通过特定文本内容的视觉元素系统、显著、鲜明、简单、直接、连贯和全面地转化字里行间的可视化元素，并建立关联——信息得到再一次呈现。

（2）信息图表设计的概念

视觉信息图表的设计需要将信息建立以归类与类别相互联系的思考方

式,归纳概括、联想促生、觉察关联以及在组织框架下探求平衡的能力,建立整个交流体系的基础。如果说词语和句子是语言交流体系的一部分,信息图表中的图像和图形表现就构成了视觉交流体系。信息图表设计通过标准化的符号系统,将深奥的研究定量信息和统计数据转换成概念创意,随之转换成图形描述,并演绎生动的社会剧集。信息图表是一个可读可视化的复合体系,由图像、文字和数字结合而成,使信息更高效地得以交流。

中国古代早有应用图表来解读信息的例子,如河图洛书、八卦图、星相图、人体穴位图等。而在欧洲,将视觉图表作为一种信息传达体系进行研究和实践也是比较早的。

1626年,克里斯托弗·沙纳尔出版了*Rosa Ursinasive Sol*,应用图表图形来阐述关于太阳的研究成果。他绘制了一系列图表用于解释太阳的运行轨道。

1786年,威廉·普莱费尔出版的*The Commercial and Political Atlas*一书中第一次出现了数据型图表,作者使用了大量的条形图和直方图来描述18世纪英国的经济状况。

1801年,*Statistical Breviary*杂志中第一次发表了关于面积图的介绍。

1861年,描述拿破仑东征失败的信息图表表明了开放性信息图表的出现。

1878年,西尔维斯特第一次提出了"图形"的概念,并绘制了一系列用于表达化学键及其数学特性的图表。

1936年,奥托·诺伊拉特介绍了一套系统的视觉信息标识,将其发展为信息传达的一种视觉语言。

20世纪30年代,随着伦敦的地铁系统变得越来越繁密,一位叫亨利·贝克(Henry Beck)的工程制图员,打破地图制作规范,摆脱实际空间的地理

《天问图》

概念，运用了垂直、水平，或呈45度角倾斜的彩色线条，构成各个车站之间的距离位置，给观者一个非常流畅、清晰、便于浏览的地铁运行车站明细图。这张地图已成为伦敦的一张名片。以后，许多国家的地铁导视图都将伦敦地铁图作为模板进行设计，足见它的影响力。可以说这是迄今为止最为成功的信息视觉图表之一。

  1972年举办的德国慕尼黑奥运会上，第一次引入了全面而系统的视觉标识，受到各国的一致好评，流传至今。慕尼黑奥运会中使用的奥运项目二级图标——"抽象小人"，成为以后各届奥运会必做的标识系统设计。

随着现代社会科技的快速发展，互联网使得信息传播的速度和影响大增，印刷品、电视、网络、E-mail、手机短信、社交博客等信息传播媒介越来越多。据一项调查显示：2002年新产生和储存的新知识有5EB。每EB约等于10亿GB——是美国国会图书馆藏书信息量的37000倍。正是由于受众在越来越冗繁的信息侵扰下变得越来越无所适从，清晰、准确的信息才显得尤为必要。将信息进行视觉化设计和具有视觉化信息特征的信息图表设计可以使庞杂的信息变得高效、易懂且有趣。

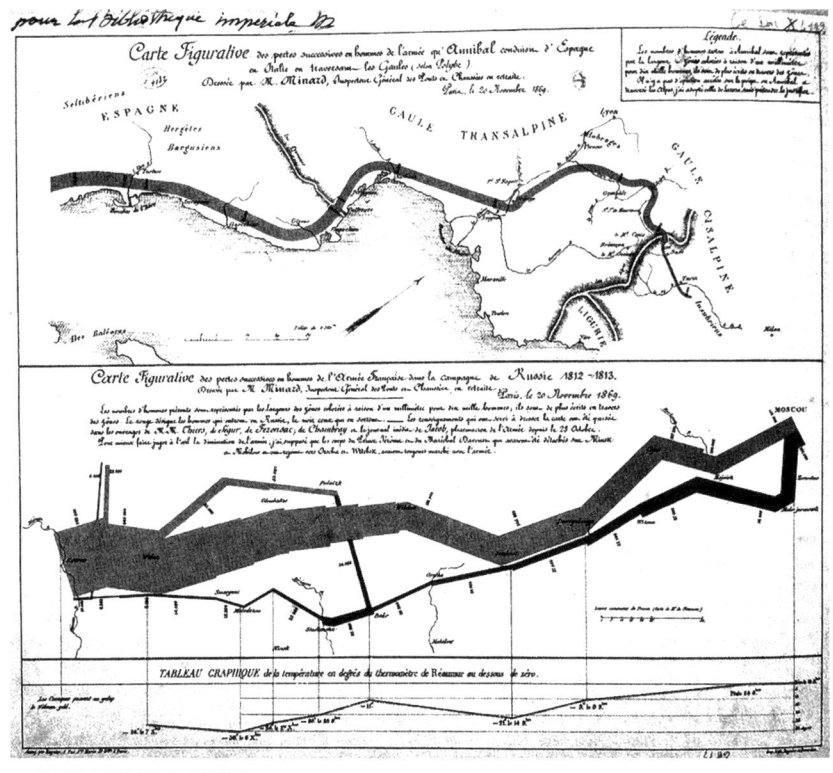

1812年破仑俄法战争兵力变化表

信息图表通常用于企业年度报表、产业发展报告、政府财政信息总结等涉及描述大容量数据关系的统计学报告，同时也广泛应用于新闻报道、书刊出版、交通导航、环境导示、气象预报、建筑工程、医学研究、地理勘察、软件开发、军事情报等，生活中我们会时时处处与它们相遇。

信息图表是信息参数化的设计过程，是一套以逻辑关系与几何关系为基础对信息参数进行分析、解构、重组而形成适合于信息参数合理构建与自我增值的信息组织模式。其中有数据组织模式、叙事组织模式、系统组织模式、空间组织模式、思维组织模式等。

数据组织模式，即一种描述数据信息之间数学关系的参数化方法。

叙事组织模式分别为时间轴图和流程图。时间轴图，以时间信息为基础参照对象，描述空间或事件性质变化；流程图，以事件参数为轴，描述整体事件在空间中的流动变化情况。

系统组织模式分为组织图、关联图、列表图。组织图，描述信息参数间整体与部分或上级与下级的从属关系；关联图，描述在某一种特定关系下信息参数之间的联系；列表图，由图表主题组成信息主体，罗列与其有从属或相关概念的信息。

空间组织模式描述真实空间点位的距离、高度、比例、面积、区域、形状等抽象的位置或形态关系，分别为物形图和地理图。物形图，按照真实物质的存在方式，对其结构、比例、肌理进行抽象化表现；地理图，将空间位置的距离、高度、面积、区域按照一定比例高度抽象化。

思维组织模式中的思维导图，描述人脑放射性思维的一种思维图形，是对人的心智思路的一种记录图。思维导图由英国学者东尼·博赞（Tony Buza）创立。他因在学习过程中遇到信息吸收、整理及记忆方面的困难，引发

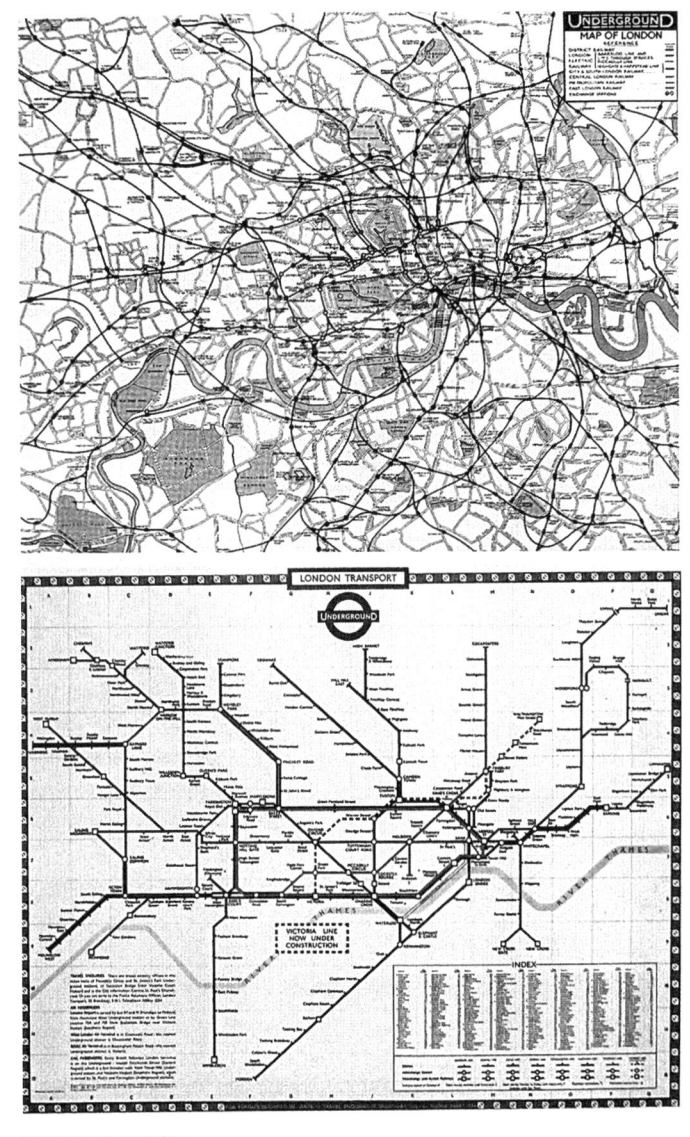

英国伦敦地铁图的变迁

了如何正确有效使用大脑的思考，于是探索出"思维导图"这种图形工具。

视觉化信息图表设计的表现形式是多种多样的，如表达差额关系的有点状图、线形图、栅栏图、面积图、极坐标图，表示比率关系的有饼图、柱体图，显示组织关系的有树状图、列表图等。更有极富想象力和表现力的艺术化信息图表形式。

（3）信息图表设计流程

① 确立类型：空间类、时间类、定量类或三者综合。
② 构成形式：合理运用图量、图状或时间轴等视觉元素表达一个连贯的信息整体。
③ 选择手法：使用与主体相吻合的表现方式，如平面静态、视屏动态、网络交互。

（4）信息图表的设计方法

① 组织信息：收集、梳理并组织信息是呈现提案设计的第一步。
② 明示主题：分析信息并明确表现主题对象是图表设计最基本的素质。
③ 建立语境：确立主题信息得以最佳传达的上下文语境，以表现定位。
④ 简化原则：简化一切会分散注意力的多余属性元素，直接明了地解读信息。
⑤ 展示因果：寻找、推理、分析信息本质，达到因果关系的解读。
⑥ 比较对照：信息判断来自视觉信息符号图形、线性点阵、色彩体量的

准确比照应用。

⑦ 多重维度：空间、时间、纬度、经度、量度等建立多维度的信息传达构架。

⑧ 戏剧化整合：避免惯用程式或数字堆砌以及简单的图像注释方法，学会将信息进行戏剧化整合，导演陈述一个连贯、生动、有趣故事的能力。

《拯救江豚的三大措施信息图表》，敬人设计工作室设计，2014年

3. 信息图表设计在书籍设计中的应用

　　书籍被阅读的过程中存在不可逆转的时间性，而这必然会成为长度不一的时间线，并且只有在逻辑的引导下，读者才能确定阅读的先后顺序并形成这一时间线。因此，这一时间线就是在逻辑结构下导致的陈述结果。我们将书籍设计中的逻辑解释为线性逻辑思维。

　　英语"Logic"不但有逻辑学所指的"逻辑"的含义，同时也可简单地解释为"推理方法"。词解"推理"则为通过一个或几个被认为是正确的陈述、声明或判断，达到另一真理的行为，"推理方法"自然就是为得到最后所追求的真理而采用的方法。这一逻辑可解释为：书籍设计师为了将读者的阅读过程引至书中所述结果所用的方法。

　　视觉化图表设计是21世纪中国书籍设计中十分重要的一个新课题（对于其他如公共导示、数码电子等信息载体也一样）。书籍设计者要学会组织逻辑语言和多样性媒介表达方式，并且有深层次地对信息进行剖解分析的能力。设计不只停留在视觉美感这一表层，设计应该是一种有深刻社会意义的文化活动。

　　被誉为信息设计的建筑师的杉浦康平先生在20世纪60年代就开始对不同学科中不可视数值、难以表现的时空概念通过超常想象的理性归纳、科学推理对数字内容与图像进行解释，以另一种视点剖析事物本质并透视出内在的整体关系，捕捉住事物脉动的轨迹，形成令人读来趣味盎然、印象深刻的视觉图表，从而形成具有个性的信息视觉化传达设计理念。他为平凡社大百科丛书设计的《日本时间地图》《世界四大料理图》《毕加索艺术地图》《毛泽东人生地图》令人叹为观止,他将最为深奥难懂的信息最大限度地视觉化、大众化,这是一种设计智慧。

信息图表设计对书籍设计师组织逻辑表达和多样性媒介语言的能力是一种很好的训练。在将庞杂的信息经过深入透彻的分解、梳理、整合,最终转化为富有想象力、饶有趣味的视觉系统的设计,设计师对信息进行深层次剖解的能力得到加强。依循内在的逻辑,构建起信息本身所独有的线性结构、起伏性结构,或是螺旋性结构,形成以文字、图像、色彩、符号等视觉形象为译码的时空推移,才能让受众体验到信息流动中的美妙变化。由此,设计便不止囿于满足表象的装饰,而转为从策划、分解、整理,到进行秩序化驾驭的创造性劳动。书籍设计在从宏观到微观、从理性到感性、从时间到空间、从连续到间断、从解体到融合的逻辑解析和思维过程中,也将还原成为一种具有深刻社会意义的文化活动,其设计范畴远远超过装帧的概念。

近年,国内的一些书籍设计师已开始将视觉化信息设计概念应用于书籍设计的创作过程中,如陆智昌设计的《北京跑酷》《84新潮》,杨林清设计的《达尔文进化论》,赵清设计的《地下铁》等。我有幸在日本得到杉浦康平老师亲自教授视觉图表设计课程,回国后,也尝试着将这一观念用到书籍设计中,如《裸奔》《中华舆图志》等。在这些作品中进行了信息分析、梳理、整合、重构的视觉化信息传达的实践与探索,指导研究生叶超完成的《北京奥运地图》还获得2009世界制图大会大赛金奖。我在清华美院也教授这一课程,引发同学们浓厚的兴趣,并应用到书籍设计作业中。多位研究生都把其作为研究课题,取得了很好的学习成果。

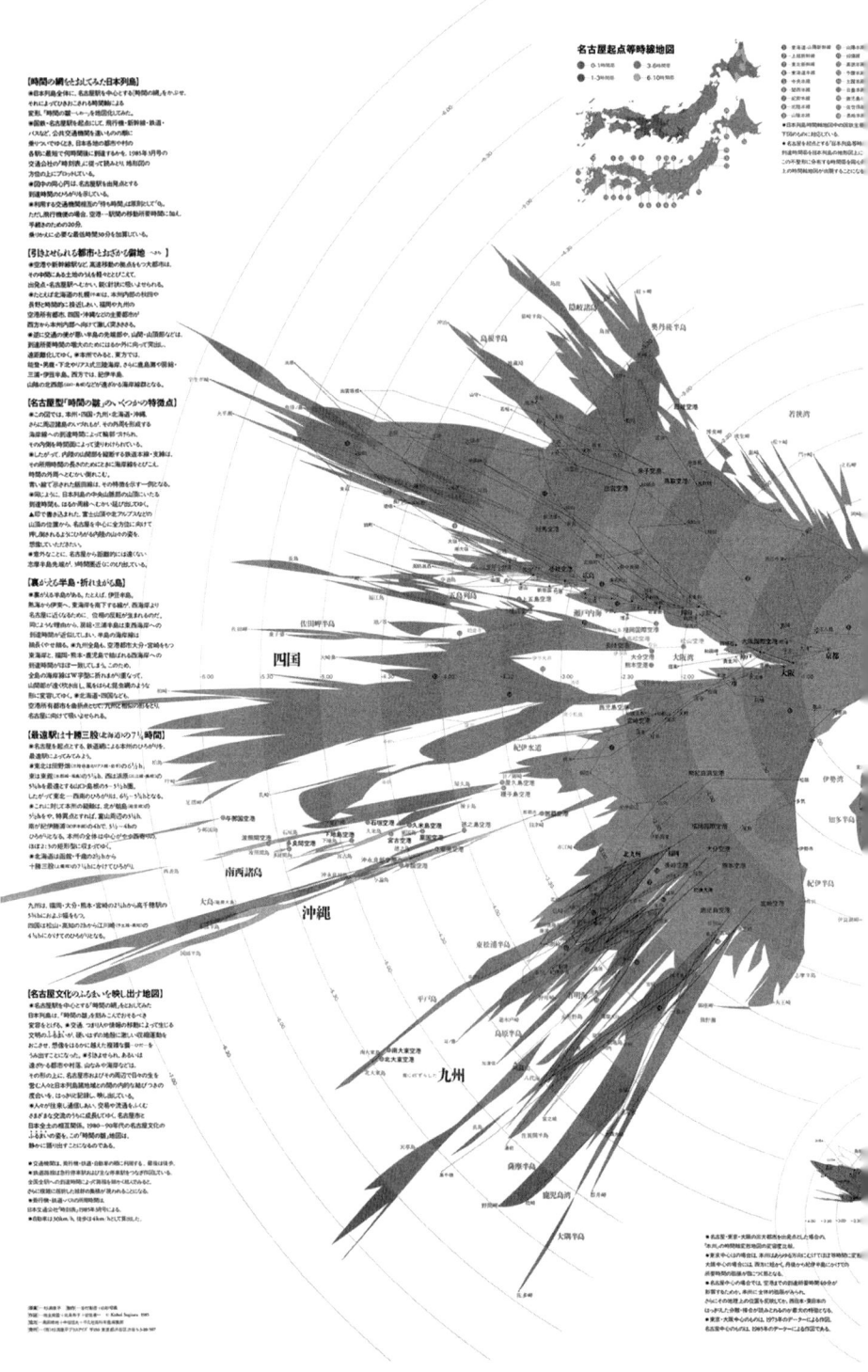

《日本时间地图》，1973年，杉浦康平设计

時間の描く日本

【名古屋市より各県主要都市への所要時間表】

设计的本义，是设计者分解、整理、策划，进行秩序化驾驭的创作行为，面对事物的本质从宏观到微观、从理性到感性、从时间到空间、从连续到间断、从解体到融合，是一个寻根溯源的逻辑解析过程，对繁复的文本数据进行梳理、概括，并进行视觉化、戏剧化的有趣传达，是将信息重构的过程，是信息更具公众化传播的设计创造。信息图表设计集合了图像、符号、数字、文字解读于一身，为读者在信息的海洋中提供了信息的饕餮盛宴。

信息视觉化与视觉化信息设计引领我们走进奇妙无比的诺亚方舟。

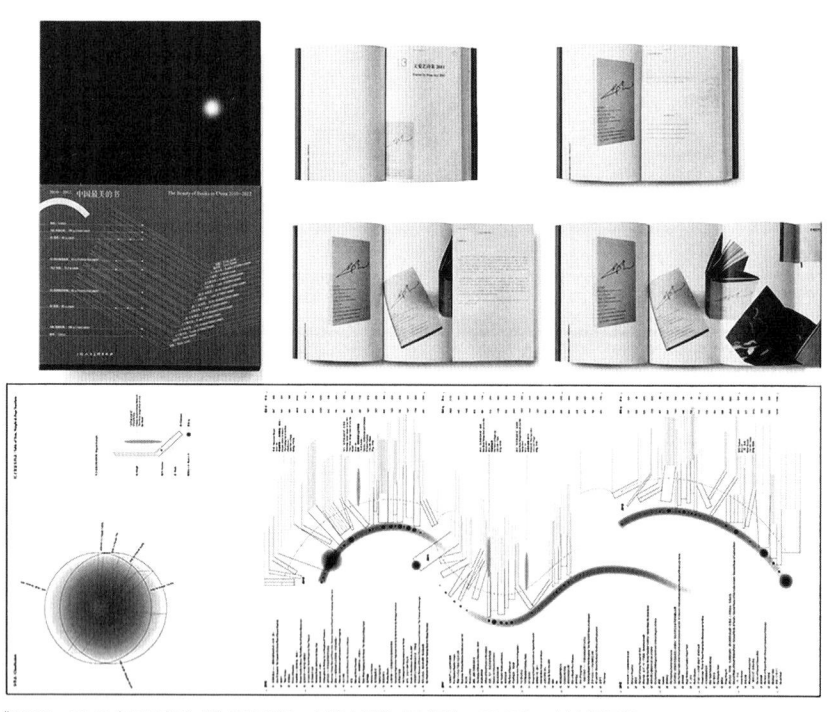

《2009—2012中国最美的书》图表设计，上海人民美术出版社，2013年，刘晓翔设计

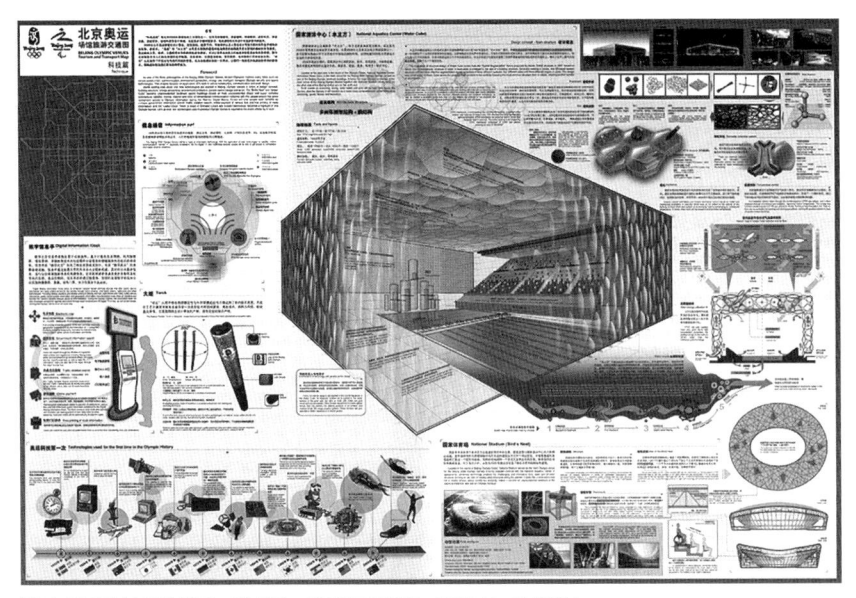

《北京奥运场馆交通旅游图／科技篇》，中国地图出版社，2008年，叶超设计

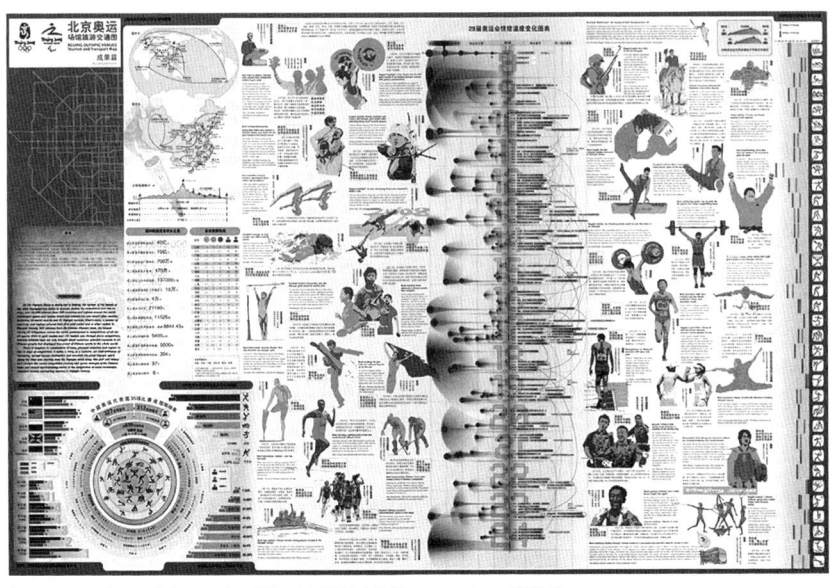

《北京奥运场馆交通旅游图／成果篇》，中国地图出版社，2008年，叶超设计

三 ｜ 信息视觉化与视觉信息化设计

181

《哥本哈根》[荷兰]尤斯特·古藤斯,[荷兰]迪米特里·让诺特编著+设计

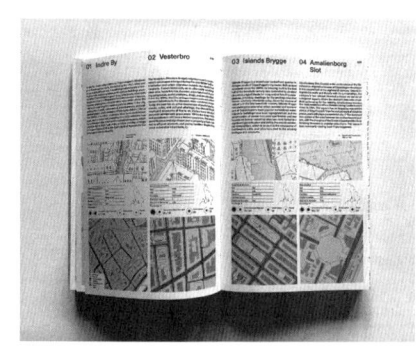

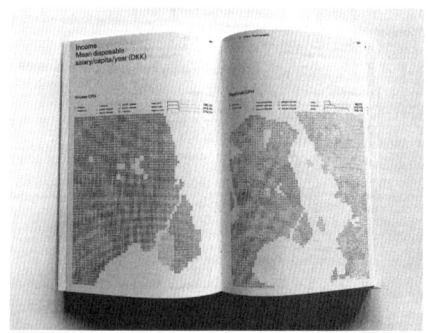

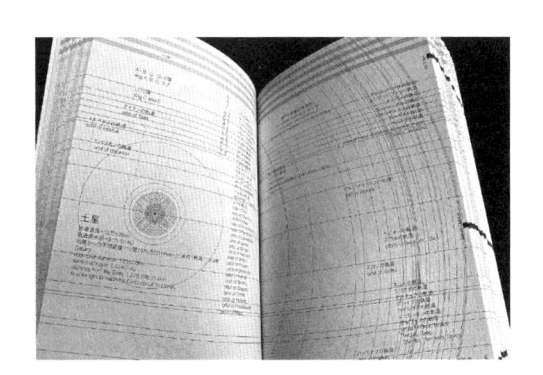

《一千亿分之一的太阳系》
［日本］牛若丸出版社，松田行正编著＋设计

4. 一双探究不可视世界的复眼——读《时间的折叠、空间的褶皱：杉浦康平的信息视觉化设计》

被誉为日本平面设计界的巨人、现代书籍设计实验的始创者和信息视觉传达设计的建筑师杉浦康平先生，以跨越时代的先驱精神，成为日本现代设计革新的担当者。他是文字学、信息学、曼荼罗学、亚洲图形学等诸多领域的研究学者。他以书籍设计为中心，不断地创造出充满独创性的、反映时代前瞻性的设计新语言。杉浦先生超越半个多世纪的创新历程是对随波逐流的否定，他在设计领域拥有不可动摇的批判精神，建构了书籍艺术独特的"一即多、多即一"的杉浦东方设计哲学和设计语法。以"时间地图"为代表的杉浦信息视觉化设计，涉足亚洲图像、知觉论、视觉传播论等研究。他创立杉浦"符号学体系"，不仅开拓了独创主题的书籍设计天地，还广泛应用于信息传媒及其他领域的设计观和方法论，并给予计算机信息交互设计以莫大的启迪。杉浦先生的学术思想影响了那个时代的日本乃至亚洲几代设计人。

（1）复眼之门——踏进令我懵懂眩晕的未知世界

32年前的1989年，我慕名走进门牌上写着"PLUS EYES"（复眼）的杉浦康平工作室拜师学艺，接触到国内尚未涉及的信息设计专业。面对杉浦先生的一件件信息设计作品，其宏大的信息容量，缜密的分析梳理，奇妙的思辨方法，多视角的叙事切入点，意想不到的视觉震撼力……坦白讲，真把只会画封面和插图的我给镇着了。这哪是仅有一点装帧能耐还沾沾自喜的我可以驾驭的？其中包含信息学、统计学、编辑学、图像学、传播学等一系列学科知识的综合应用，以及在汇集大量数据基础上演化出来的非凡想象力，每一张图表都在构建一个巨大的信息工程。杉浦先生看着满脸懵懂的我并没有放弃，从热心启蒙、耐心讲课、传授图形设计原理到开启书籍设计领域中可无限拓宽的信息视觉化设计天地的思路，令我醍醐灌顶、茅塞顿开。我慢慢认识到杉浦视觉信息设计具有不同于西方信息传达模式的独特性：一方面，他具有因学习建筑的经历而形成的对数据精度的极致追求和严谨的逻辑思辨能力；另一方面，他会从浩瀚的宇宙到日常生活中进行观察，将惊天大事与微尘末节梳理出可视与不可视势态脉动的轨迹，通过信息图表，在多维度的时间长河经纬线上阐明事态繁复生动的衍生之道。我曾很长一段时间不明白工作室名"PLUS EYES"的含义，此刻幡然醒悟——"复眼"即指昆虫的视觉器官，由无数六角形的小眼构成千万个繁密的多眼体。原来杉浦先生以此借喻观察、解析、探究宇宙万物、人间世象的多层次、多视角的设计初衷。记得杉浦先生曾说过，辨识事物有两种方法：一种是通过棱镜反光的投射，显现幻影丛生的虚拟抽象法；另一种是辨析事物，无比缜密数列有序的逻辑分类法。两者互补，缺一不可。世间万物在好奇心满满的杉浦"复眼"下将会呈现出怎样的风景呢？这正是我努力探寻独一无二的杉浦魔幻信息设计的动力所在。

回国后，我一边一知半解地把所学的杉浦信息设计理念和方法论在自己的书籍项目中进行创作实践，一边利用一切机会将其传递给更多的同行和学生，由此激起很多同道饶有兴趣地在信息视觉化设计领域一同探行不止。不过，国内关于信息设计方面的参考读物并不多，仅有的几册均来自欧美的译本，而且大多数是泛泛的图例欣赏，很少谈及思考过程和具体的构建方法。

遗憾的是，凭己粗浅的一点认知无法深入解开杉浦信息设计深奥的"谜"，所以一直以来等待杉浦先生关于信息设计方面论著的出版。终于久旱遇甘露，2015年收到杉浦先生寄来的刚出版的《时间地图——杉浦康平信息视觉化设计》，兴奋之余，立刻联系杉浦先生表达出版中文版的意愿，他欣然首肯，真是喜出望外。期间，为此书的编辑出版我多次赴日请教，每次都得到了杉浦先生的悉心指点，感激不尽。我30年来的期盼终于要实现了。

（2）杉浦图像学开辟现代设计分析逻辑的先河

自20世纪60年代之初，杉浦康平先生就信息学、符号学、语义学等概念和信息设计手法进行不断探索，并开始挑战信息可视化方面的实验。他以光的明暗绘制栅格、矩阵手法，把方阵数列作为基本语汇组成"自我增值样式"；他将工业设计和建筑思维与平面设计相结合的"程序设计"延展至《城市住宅》《立体看星星》中超越平面的三维图像制作法。70年代之后，着眼于更具生命力的"亚洲多主语世相"的研究，创作了一系列解构亚洲宇宙观的信息视觉化图表。他开辟了针对人类复合感觉的大千世界进行可视化处理的新领域，如通过嗅觉去撼动人类的知觉系统的"犬地图"、以n个主语偏向坐标捕捉饮食文化差异的"味觉地图"，还有多维度跨越阈值界限的印度叙事诗"罗摩衍那"亚洲神话地图、利根川的人文动态地图、犹如一条波澜壮阔历史长河般的"毛泽东革命人生地图"，他还关注日航飞机劫持事件、原子能利用和隐患……从365天的地球大气象到一个普通人的一天怎样度过，将宇宙浩瀚的时间流与不起眼的微小生活瞬间联结的信息可视化设计尝试。杉浦图表设计中，并不局限于X-Y-Z的笛卡尔坐标应用，有欧几里得几何学和拓扑学的计算，有考现学时空多轴化的表现方式，联结多维度线索的相互纠缠，产生"空间的展开""时间的波动""事件的交错""意识的差异"的叙事语法……通过信息的层层叠加、相互渗透，产生自由动态的信息结构，杉浦"多重共振""多而合一""多主语"信息视觉化设计体系日臻完善。

此处引用著名评论家多木浩二先生的一段论述，以利于对杉浦信息学的理解："'变形地图'关于时间和空间，处处都表现出人类对意识与无意识的分裂所产生的洞察。正是这样的洞察，形成了贯穿杉浦设计始终的认识论。杉浦图像学就是关于意义的操作体系。'时间地图'是时间性分布图形和空间性分布图形的操作。这些操作均以数字形式表现；但操作本身并非量值，不仅从属于客观事物，也从属于人和物相互作用的整体，是植根于整体化逻辑学而产生的行为。对于杉浦来说，操作的意义在于发现'结构'，它是人类在与世界的联系中不断形成和营造的。因为近年来现代设计的解体和停滞，除了竭力追求实际效果的直觉式方法，以及对边缘事物的偏爱，一边破坏现代的主题，一边重新将其主题化，甚至连改变设计结构的逻辑性作业都被弃之不用。到头来，只要看一眼茫然不知所措的现状，你就会对杉浦设计思想整体化及其千锤百炼的精致的符号学手法感到震惊，他不仅开辟了现代设计分析逻辑的先河，而且在不知不觉间让我们意识到现代设计结构的根基在哪里。"多木浩二先生还把杉浦"操作"视为一种"符号学体系"，并将其称为杉浦"设计思想"。

（3）"时间地图"——从不可视现象中发现"结构"

杉浦"时间地图"是对希腊天文学家托勒密（Ptolemaeus Claudius）制

《音乐艺术》，1961年

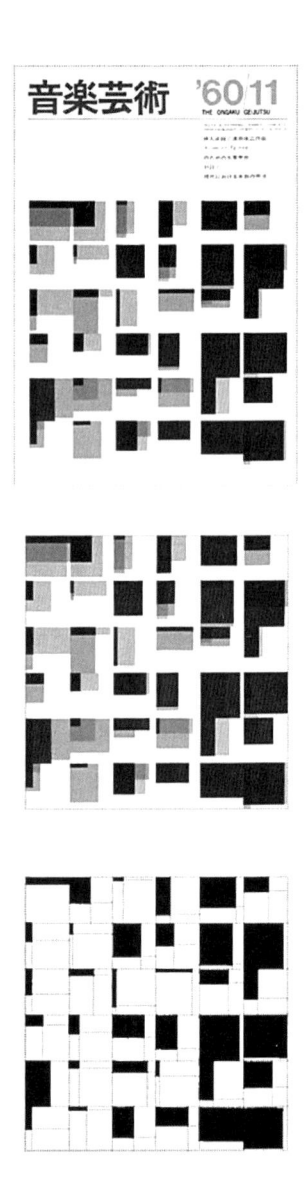

三 | 信息视觉化与视觉信息化设计

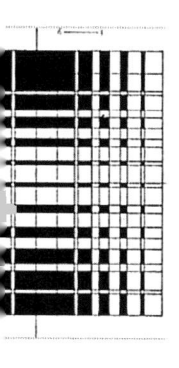

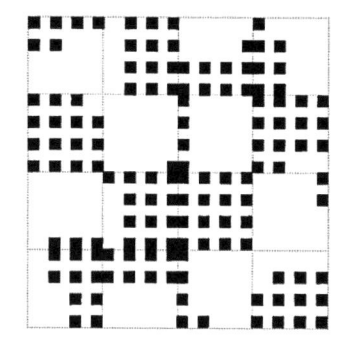

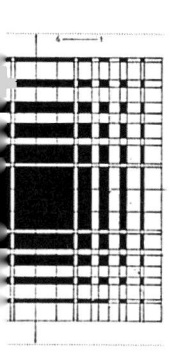

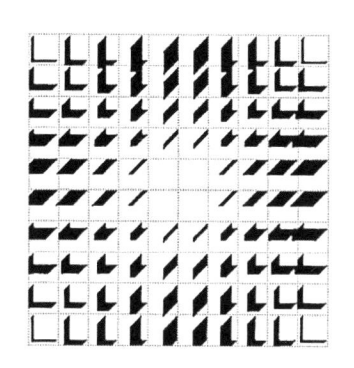

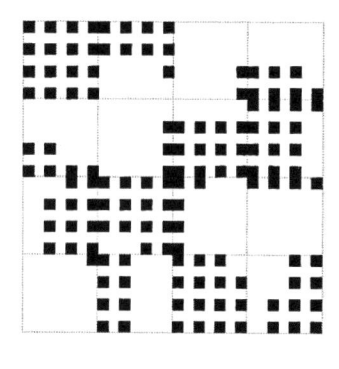

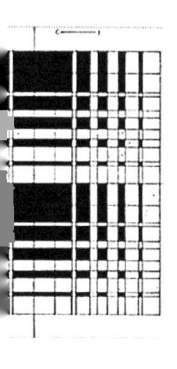

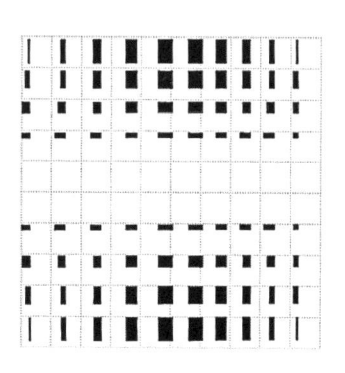

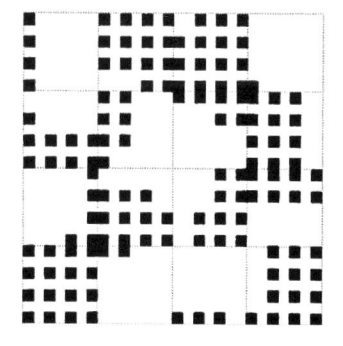

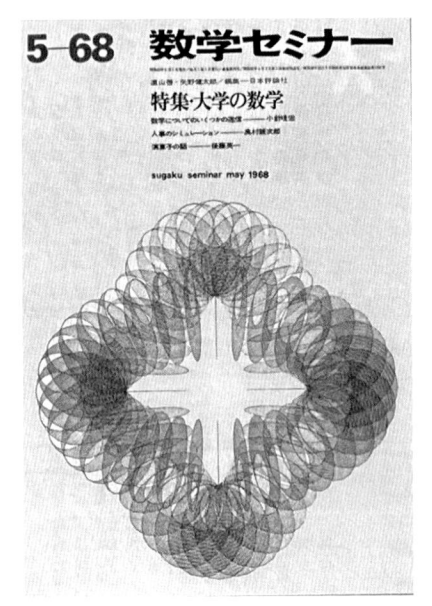

《数学研讨会》,1968年

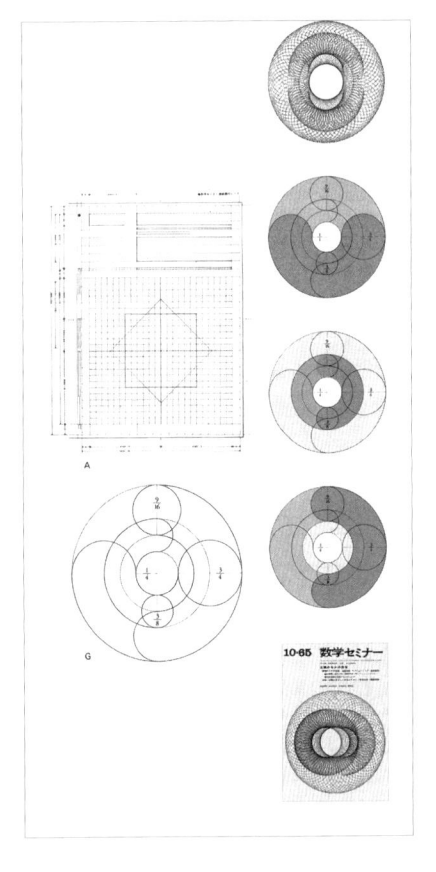

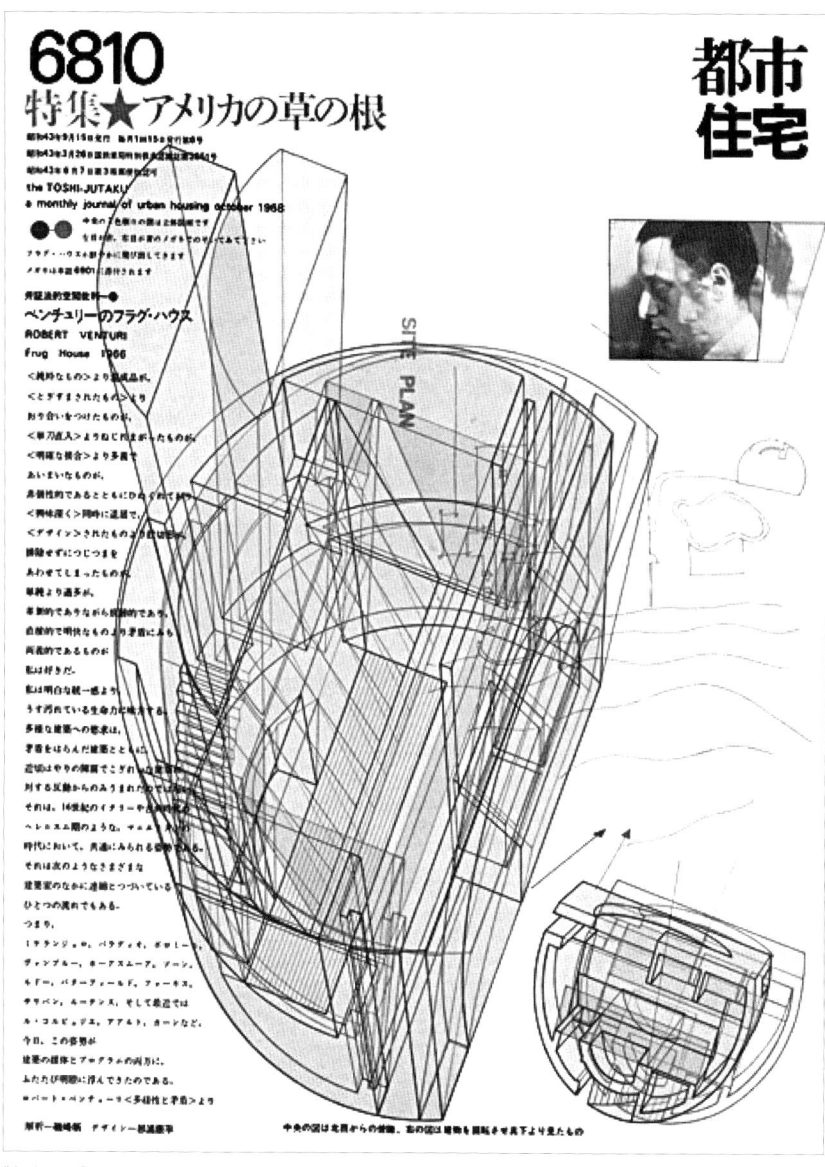

《都市住宅》，1968年

定的地图历史的颠覆。所谓"时间地图",是以时间为轴,将过去司空见惯的"空间地图"变形的一种尝试,是把"经过的时间"置换成"距离"的表现形式。杉浦先生把GPS环视下通过经纬度确立的距离和位置关系地图比喻为"不动的大地",但他发现实际上还有一种以个人所处位置为中心,由行为过程不同和非线性物理因素而导致时空差异的另一种"变形的大地",即"时间地图"。

1968年和1972年,他绘制了"以东京站为出发点"的时间轴变形地图。因山脉、河流、植被、建筑物等实际地形的变化,以及诸如交通网的驳接、运输工具的差异、曲折道路的转弯半径、行走速度、登山路的坡度和步行难易度、跨越海峡的轮渡所需时间等,还有人类行为和社会文明进程中不断产生的动态信息的移动,俯瞰型地图上很难了解A点至B点的准确时间。如果把时间轴作为主角,把空间维度和时间维度作为当然的要素融入进去,你会发现坚硬的地壳也发生剧烈的膨胀与收缩运动,时间置换成地图上的距离,国土轮廓线发生起伏、伸缩、溶蚀的巨变,由于速度的变化产生了"时间折叠"和"空间皱褶",出现在我们面前的是面目全非的"地形图"。这扭曲的程度实在超出想象,相信每一位初读者全然一头雾水,不知其所以然。

时间地图中杉浦先生以出发点、人(或物体)在空间的位置、移动和移动者的"速度"这三个要素,捕捉交通手段发达程度不同而造成地域的"时间距离"差异,构成地图网络起伏变异的像散落的网线袋的结构。书中杉浦先生做了极为形象的比喻:想象一下手帕或发网那样柔软的东西,抓住周边的一点拉向中心再将其拍扁的形状,就容易理解把空间轴转换成时间轴的畸形地图的诞生。他还以交通便捷程度重塑常规表面圆滑的地球仪,让欧美高度发达的地表向地心深深凹陷,而没有交通手段如北非的撒哈拉沙漠的地表

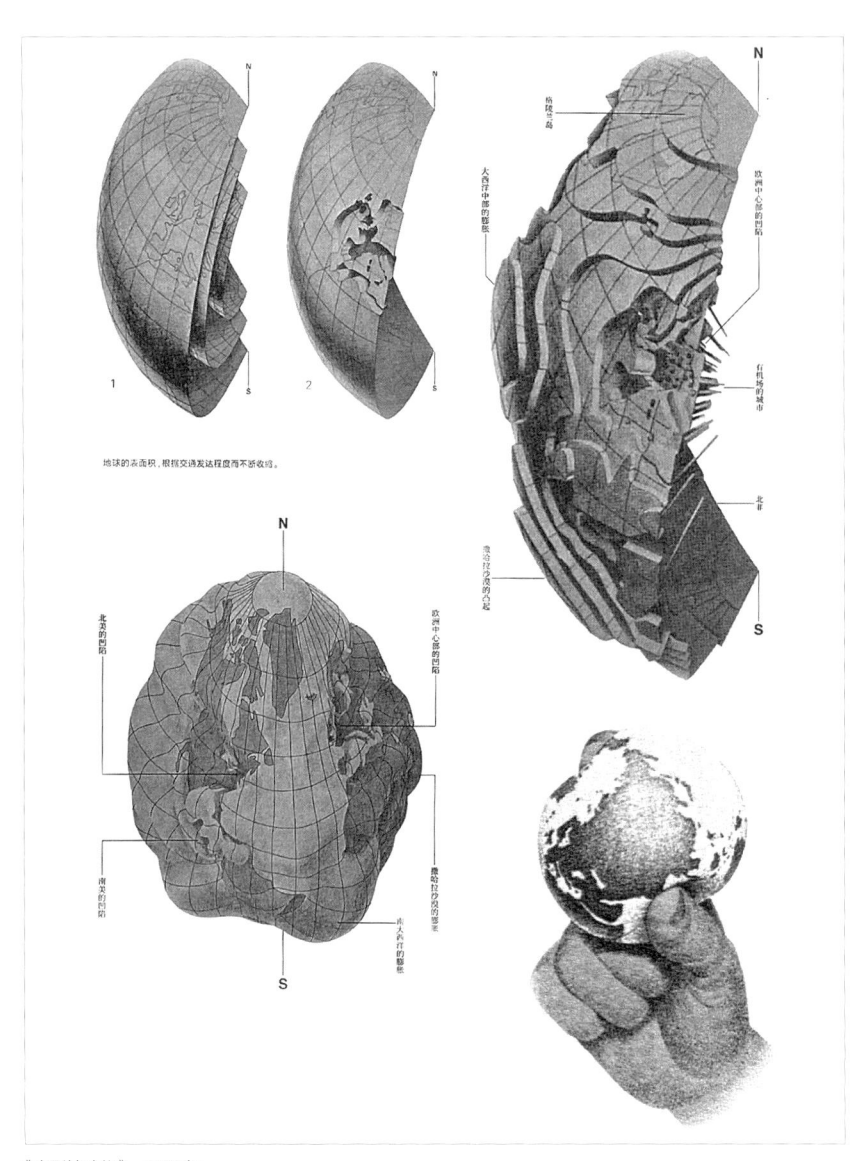

《变形地球仪》,1969年

三 | 信息视觉化与视觉信息化设计

【理解"时间的皱褶"——将"时间/距离地图"模型化(图1 C-III的放大图)】

时间轴变形地图。同心圆,即"等时间带",标示从中心城市出发,1小时、2小时……后可到达的地区

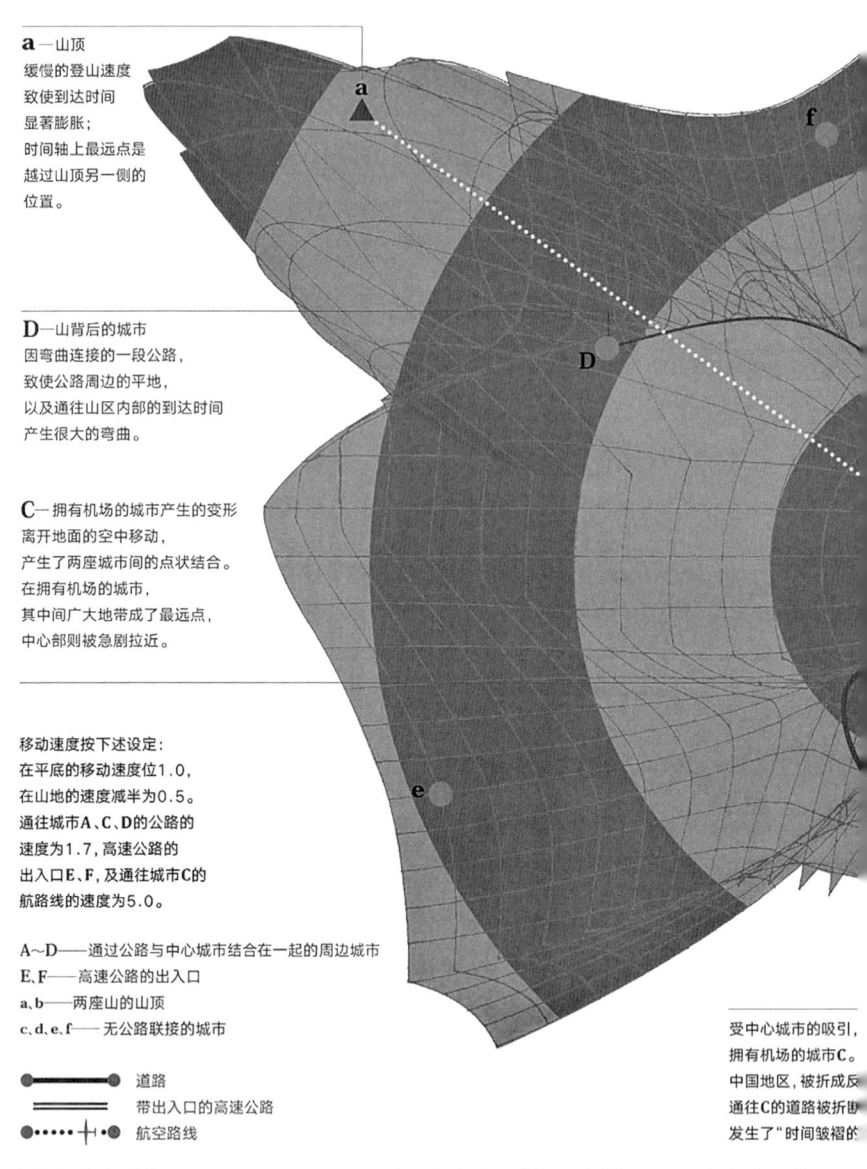

a—山顶
缓慢的登山速度
致使到达时间
显著膨胀;
时间轴上最远点是
越过山顶另一侧的
位置。

D—山背后的城市
因弯曲连接的一段公路,
致使公路周边的平地,
以及通往山区内部的到达时间
产生很大的弯曲。

C—拥有机场的城市产生的变形
离开地面的空中移动,
产生了两座城市间的点状结合。
在拥有机场的城市,
其中间广大地带成了最远点,
中心部则被急剧拉近。

移动速度按下述设定:
在平底的移动速度为1.0,
在山地的速度减半为0.5。
通往城市A、C、D的公路的
速度为1.7,高速公路的
出入口E、F,及通往城市C的
航路线的速度为5.0。

A~D——通过公路与中心城市结合在一起的周边城市
E、F——高速公路的出入口
a、b——两座山的山顶
c、d、e、f——无公路联接的城市

●━━━● 道路
═══════ 带出入口的高速公路
●·····╪·● 航空路线

受中心城市的吸引,
拥有机场的城市C。
中国地区,被折成反
通往C的道路被折起
发生了"时间皱褶"

[时间边界的可视化]『Inter Communication』No.10.1994(NTT出版)+《IDEA》(《アイデア》)324号.2007(诚文堂新光社)

《时间的皱褶》,1973年

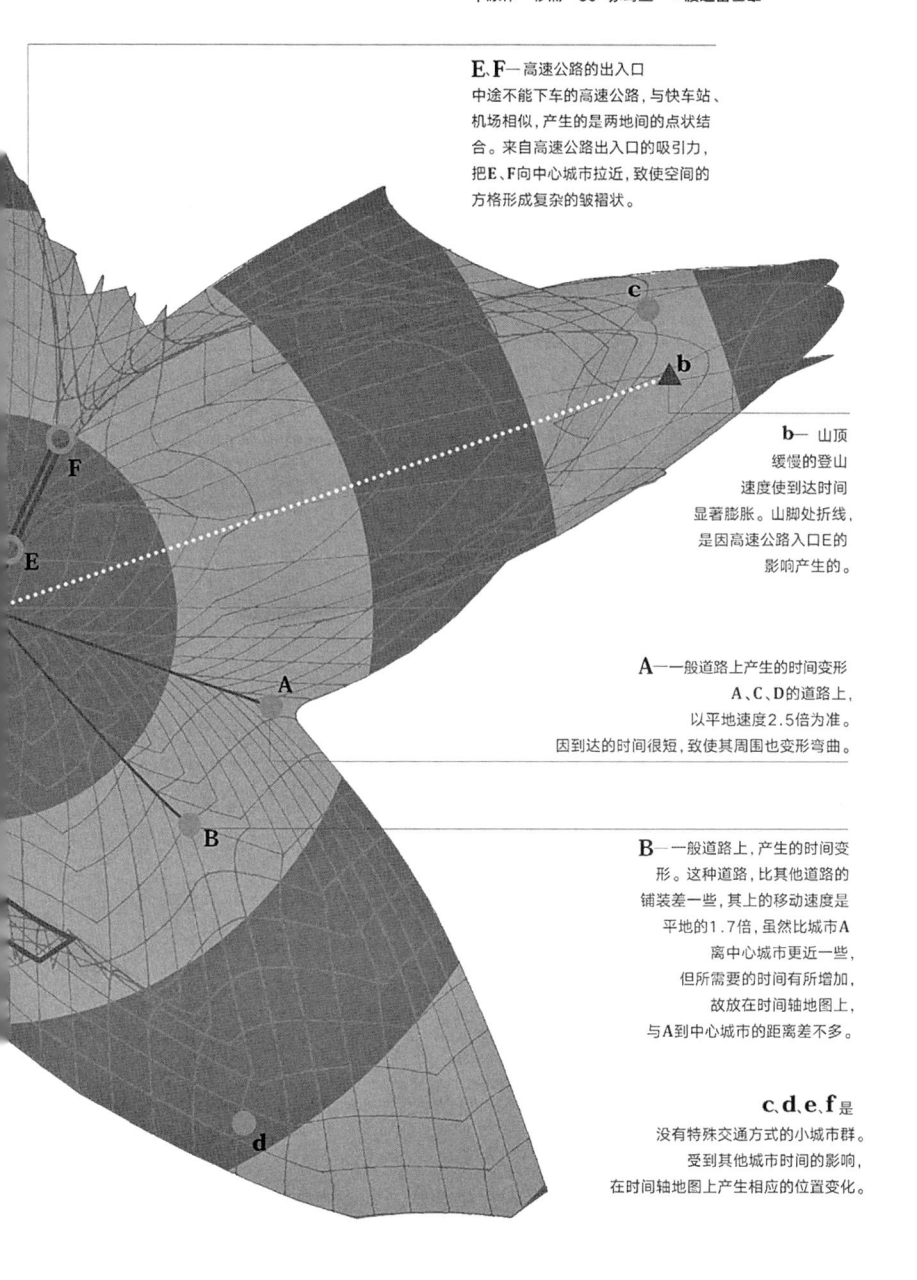

| 原作＝杉浦　Co=赤崎正一＋渡边富士雄

E、F—高速公路的出入口
中途不能下车的高速公路，与快车站、机场相似，产生的是两地间的点状结合。来自高速公路出入口的吸引力，把E、F向中心城市拉近，致使空间的方格形成复杂的皱褶状。

b— 山顶
缓慢的登山速度使到达时间显著膨胀。山脚处折线，是因高速公路入口的影响产生的。

A—一般道路上产生的时间变形
A、C、D的道路上，以平地速度2.5倍为准。因到达的时间很短，致使其周围也变形弯曲。

B—一般道路上，产生的时间变形。这种道路，比其他道路的铺装差一些，其上的移动速度是平地的1.7倍，虽然比城市A离中心城市更近一些，但所需要的时间有所增加，故放在时间轴地图上，与A到中心城市的距离差不多。

c、d、e、f是
没有特殊交通方式的小城市群。受到其他城市时间的影响，在时间轴地图上产生相应的位置变化。

向外膨胀，做成了犹如马铃薯那样凹凸不平的柔性地球仪的新"形态"。这让我对杉浦先生与传统空间地图的原理迥异的奇思异想充满好奇。"时间地图"的意义，并非只为个人行程所耗时间差异的寻找，在时间曲线中还可引发由大地面貌的变化带给人们经济、文化、生活动态剧变的深刻话题和城市规划的可行性设计。

著名建筑家白井宏昌先生是这样评价"时间地图"的："'时间地图'表现出了空间差异。在与杉浦先生谈话时才领会到，我们所认识的'空间'恐怕都是在流动的'时间'中凝固的东西。而'时间地图'，正是在这潭死水中掀起的微澜。杉浦先生在时间地图中要表述的意思，是不是让我们将目光转向那些在现代社会中被忽视的事物呢？他独到的眼光投向被大开发而遗弃的地区。把不可视的东西隐现出来的时间地图提醒我们这些从事'空间'设计的人反思：怎样正确取舍，一边构建空间，并借以对新的方法论进行探索。"

（4）杉浦"多主语信息设计"的东方特征

杉浦先生在德国乌尔姆大学任教期间认真汲取控制论创始人诺伯特·温纳（Norbert Wiener）关于统筹解决、科学与艺术信息处理分析的系统性思考和设计手法，以及维也纳学派、信息设计领域极其重要的人物奥托·诺伊拉特（Otto Neurath）的系统视觉信息标识理论等诸多关于信息设计的概念。他认为支撑西欧信息设计的根基是数据，再由数字生成客观精准而又冷峻的图像，但他希望在西方合理主义和功能主义的层面中再融入亚洲式的冥想宇宙观图式来表现，这样的识辨也许更宽泛、更灵动、更深刻、更富于联想。从欧洲回来后，他并非单一采取西欧的分析和累积计算的方式，而是将关注点

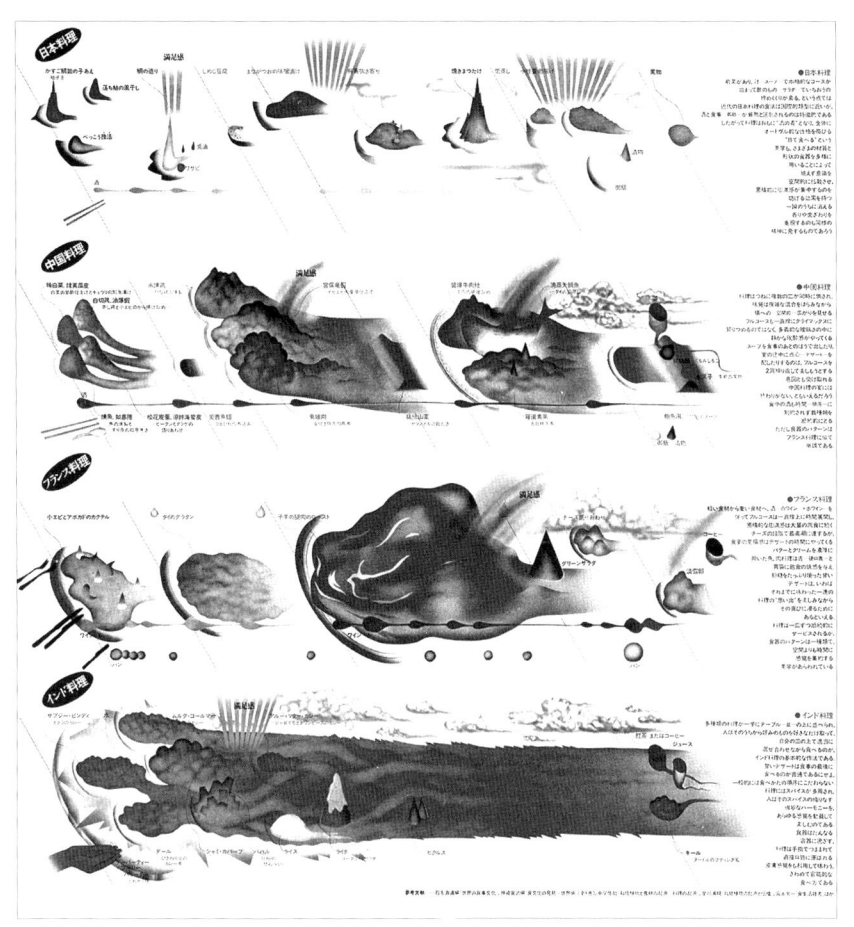

《世界味觉地图》，1972年

转向综合的、融合的和重叠的手法，杉浦先生将其称为"多主语的图像"设计语法。听取大自然的召唤，与传统文化交集，用东方人的混沌思维把"散光的世界像"传达给人们。

杉浦先生说："20世纪在70年代的印度之旅后，亚洲独有的身体观——把宇宙无限的广漠吞入体内的理念深深吸引了我。瑜伽和禅学虽与此相似，但其根本还是呼吸法，要在体内很小的空间里，吸纳宇宙微尘的总体。对这种变换自如的状态，我感到很惊诧。我试着在图像中表现出人的体内与宇宙交融自由往复的亚洲古有秘法。"不为固化的界限所禁锢，跨越阈值得以再生，他巧妙地引出一个充满情绪温度的喧闹世界，每个事物彼此重叠层累，盘根错节，互为扭结，划出一条东方独有的变化无穷、周而复始的边界线，一个森罗万象的多主语世界呼之欲出。

著名信息编辑学家松冈正刚先生指出："杉浦先生的设计，虽然体量并不很大，却能够在认知的范围构筑出大宇宙。他总是尝试以表现完整的生命维度的实验为主题做出一次又一次的尝试。他并不将设计效果交由结果来决定，与其说是对设计进行阐释，不如说要在此处架起一座桥梁，尽到与读者沟通和启发的责任……"他认为通过具有凝缩性和多重性的视觉传达使千千万万人都能理解，这正是杉浦独特设计的精髓之处。

（5）纸上"多媒体"信息传播的开拓者

杉浦康平先生指出，20世纪60年代计算机尚未普及，当时只能通过自己动手边计算边画线（自称手工一族）。可想而知操作工作量之巨大，令人咋舌。同时，如此不厌其烦地采集数据，其严谨苛刻的程度让许多参与者望而却步。1972年创刊的《百科年鉴》每期刊载信息图表，均由杉浦先生领衔。由此，杉浦信息学这颗种子开始在日本土壤上萌发。他运用数理专业，经由矢量信息的分层、增殖、重新分割、生成变化后，再将参与元素交错重叠，配以角色并图形化传达。可以说杉浦先生是纸上"多媒体"传播的最早开拓者。当今数码时代借助计算机技术，可轻而易举、无一遗漏地将数据用矩阵罗列成可视化图形，其精确度在那个年代实在望尘莫及。杉浦先生曾想过："假如使用现代的电子技术，自己的作品可以怎样展开呢？"有趣的是由一群年轻人成立的"Hclab"建筑生态数据工作室，抱着些许的不安和略带刺激的心情对"时间地图"进行了一次有趣的探索。在充分了解杉浦先生此前的作品及其制作原理的基础上，利用全新的数码计算机手段设定大量参数观测点，重新建构生成图形，诞生了更为精确的杉浦"时间地图"升级版。他们还从时间地图的垂直空间层面展开尝试，如设计建筑形态扭曲的CCTV中国中央电视台总部大楼的"时间地图"，新宿三井大厦的"时间地图"。以实际城市空间为对象，通过多视点测绘时间距离来评价城市整体构建系统，包括分析城市生活、居住、商圈、震灾、文化设施的配置，提供最佳参数的可能性方案。他们继承杉浦思想衣钵，另起别开生面的信息设计创想试验场。

不过杉浦先生提醒道：通过眼球的线性运动记忆而赋予手的动作描绘，相互重叠产生了富有生气的线条语言，唤起情感，催生思想，这是身体行为组合成生命记忆的复合体。他希望计算机技术与人类自身智能合二为一，共同创造具有多重性和有温度的造型。

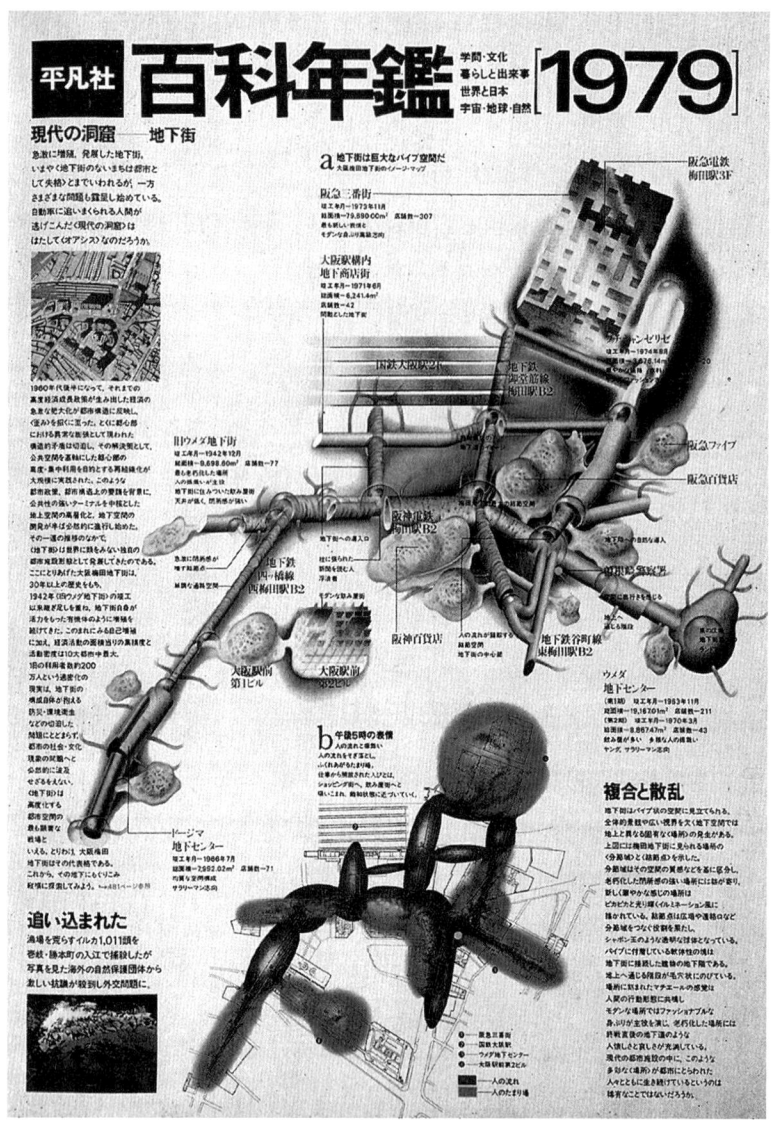

《平凡社百科年鉴：现代洞窟/地下街》，1979年

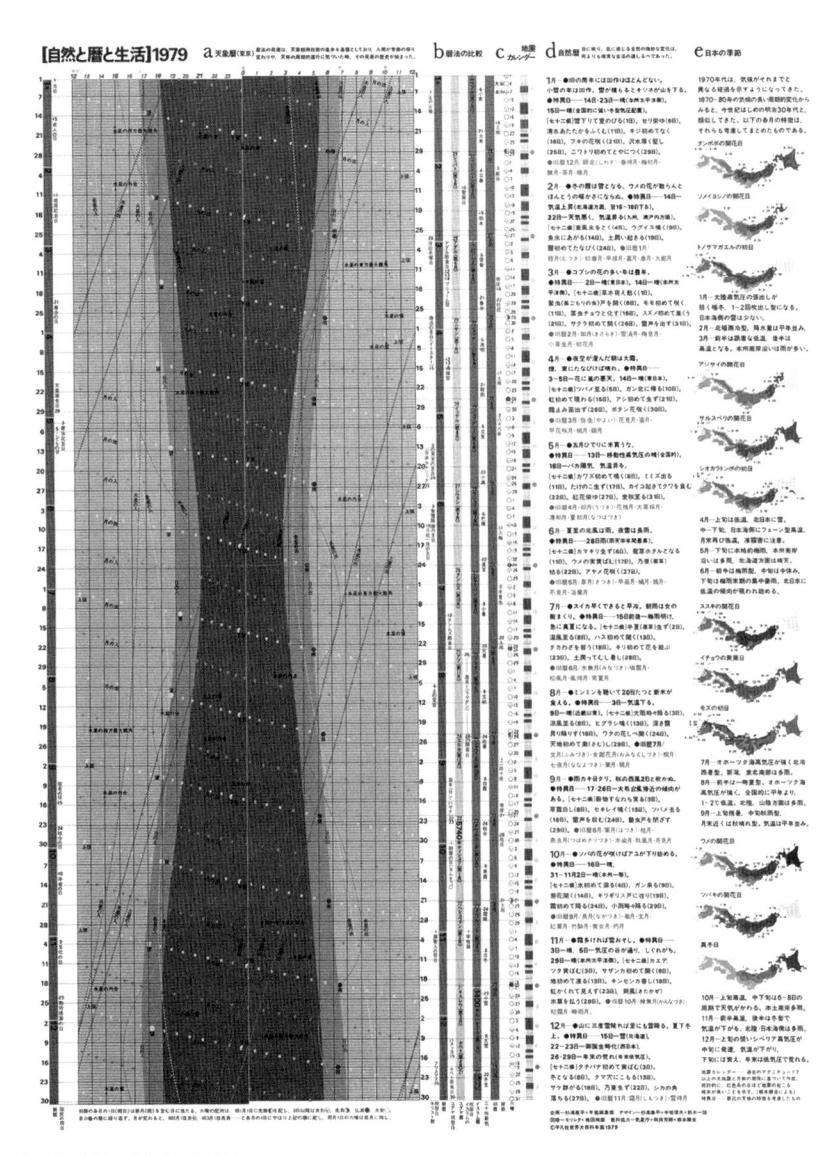

《自然・历法・生活》,1979年

（6）杉浦信息学在当代设计生态下的重要价值

  这是一本奇幻的、耐人寻味的，可能一时看不懂却又不断吸引你深探其究的书，无论是隐匿着数不尽的"时间皱纹、空间折痕"的《时间轴变形地图》、完全颠覆正常空间认知的《变形地球仪》，还是围绕复杂时间轴展开宏大史诗《日本神话的时空构造》《自然、历法和生活》《季节1年365天》《动态天气图东京140°》，借助三维眼镜去触摸宇宙星空的《立体看星星》……初看往往一头雾水，不知所措，但逐渐解读出视觉语言不可思议传达的魅力所在。我们还会接触到些许未曾了解的一些名词、新的概念："知觉论""考现学""语义理论""控制论""自我增殖样式""图形符号表记法""数论派""元操作""符号学体系""时间窗口""多重共振""主语偏向""反向模式""散光的世界像""多主语的图像""一即多、多即一"……

  相信学艺术出身的设计师要读懂杉浦信息学绝非一件易事。了解"未知"的欲望是"求知"的开始，它可为我们开启观察世界的一扇窗户。所以我觉得这是一本极为难得而珍贵的教科书，仅靠走马观花式地浏览作品是不够的，需要仔细阅读书中文章的要义。有杉浦先生的理念和方法论的阐述，与他人的交流对谈文字，有建筑家、评论家、编辑家、信息设计家、书籍设计家等各方人士的重要评论，还有组成信息图表部分里密集的注文……窥探杉浦"设计思想"的来龙去脉，了解杉浦信息"操作"全过程和每个话题涉及的视角，从采集、分析、重构的矢量信息至图形演化后的叙述语法，每一个细节都是一出戏，每一段文字都值得去慢慢品读。为实现杉浦先生信息设计要"让千千万万人读懂"的初衷，为了让更多读者能有效、准确地看清书

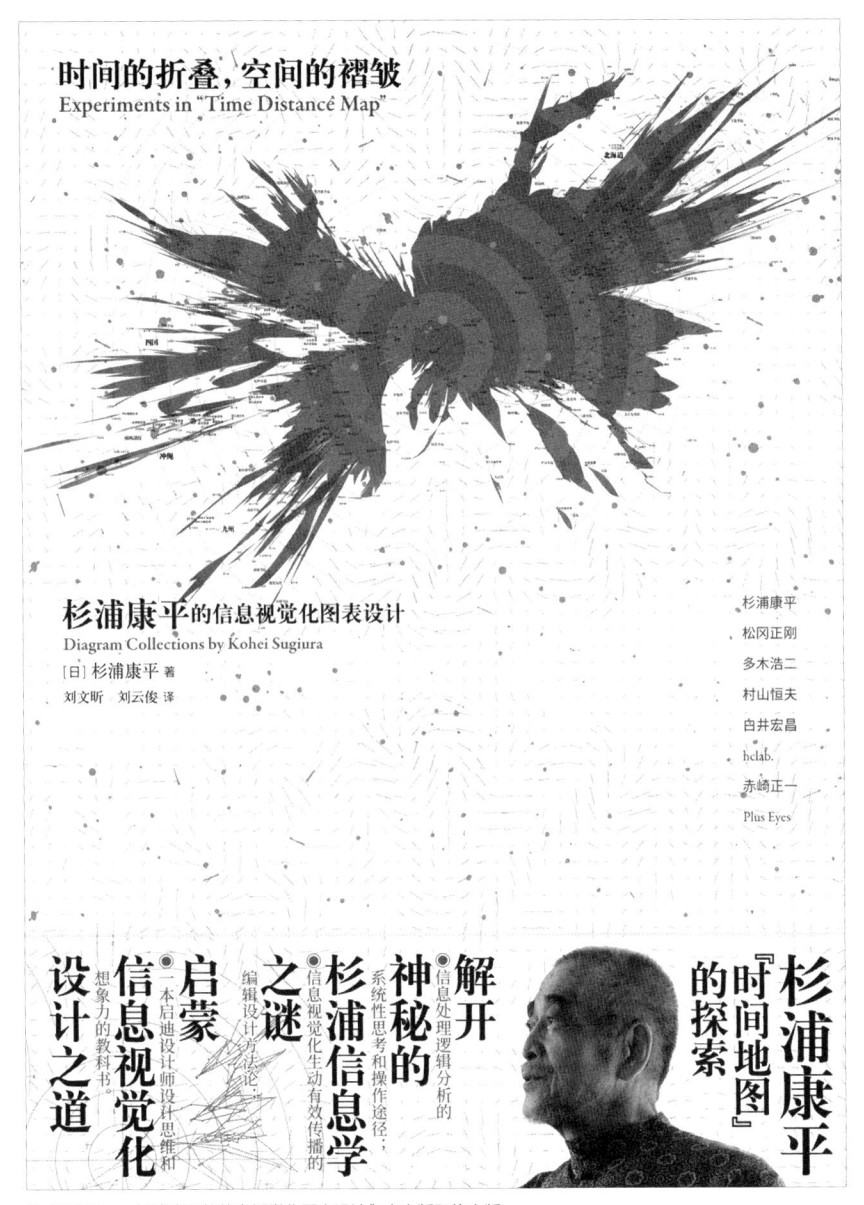

时间的折叠，空间的褶皱
Experiments in "Time Distance Map"

杉浦康平的信息视觉化图表设计
Diagram Collections by Kohei Sugiura

[日] 杉浦康平 著
刘文昕 刘云俊 译

杉浦康平
松冈正刚
多木浩二
村山恒夫
白井宏昌
hclab.
赤崎正一
Plus Eyes

杉浦康平『时间地图』的探索

解开神秘的杉浦信息学之谜
●信息处理逻辑分析的系统性思考和操作途径
●信息视觉化生动有效传播的编辑设计方法论

启蒙信息视觉化设计之道
●本启迪设计师设计思维和想象力的教科书

《时间地图——杉浦康平的信息视觉化图表设计》中文版即将出版

中内容，清晰、明了书中承载的图文信息面貌，我征得杉浦老师的同意，把书的开本放大，由16开的日文原版扩至8开。并且，尽可能将图表中巨量的数据和文字全部翻译成中文，同时特意在书中配置了放大镜和三维立体眼镜，便于深度查阅和理解，增添三度空间的阅读感受。

结语

　　90高龄的杉浦先生曾出版过大量学术专著和作品专集，而关于其信息设计理论的正式出版物尚属首次。尽管书中介绍的都是半个世纪以前的作品，但至今看来仍具有前瞻性和现实指导意义。说句实在话，至今许多信息视觉化设计作品尚未达到这个水平。《时间的折叠·空间的褶皱——杉浦康平信息视觉化设计》中的核心概念是当今信息时代一切跨界领域从业人员必须具有的专业素质，是超越一般设计界面的另一个重要解读。如建筑设计、城市规划设计、环境展陈设计、数码编程设计、多媒体信息传播、AI开发，当然包括书籍设计在内的所有平面与数码传媒载体设计师启动"复眼"的观察视角，开辟新的设计"逻辑思维与分析方法"，而对于国内设计教育课程的进一步更新提升，适应时代需求，肯定裨益多多……杉浦信息学在当今信息时代新设计生态下价值重大。

　　最后借用日本神户艺术工科大学视觉设计学科教授、信息设计家、曾在杉浦工作室担任助手21年的赤崎正一先生的一句话作为本文的结语："本书的意义与其说是回顾杉浦设计的40多年历程，不如说是为21世纪有志于从事设计师职业者明确提出一个今后在工作上努力的目标。"

5. 地图新解／非地图

　　MAP的原意是"地图"。"地图"这两字很有意思，"地"是指物理性的地缘或场所，"图"则为表明位置的视觉手段。据说20世纪初期由西方探险者发现的马绍尔群岛岛民创造的地图，由木棍和贝壳组成，乍看之下似乎不像一幅地图，但实际上已经具备了地图的基本要素和特有的功能。对于岛民的航海出行而言，对岛屿位置、风向、海流、波浪类型的详尽了解至关重要。小贝壳代表了分布在太平洋上各个小岛的位置，木棍描绘了岛屿周围海面的起伏运动和波浪类型。这就是岛民曾经使用过的马绍尔群岛航海地图。

　　地图也可意指气场，有着空间和精神的概念，包括地理与文化的关系。地图是以图画表明场所的一种信息载体形式，当然并不局限于物理地图，还有看不见的人文地图，这是当今信息传达的一种形式。

　　过去文化贫瘠的时候，人们看到白纸黑字就有幸福感，而今天纯文本已不能满足，因为信息视觉化的时代到了。信息视觉化源于三方面：一是事实概念，地图是科学性、客观性极强的证物；二是审美概念，对图形、视觉的美感需求越来越被关注；三是可读性概念，当今社会高速发展，人们需要快捷地获取信息，图恰恰比文字快捷，更具可读性。

　　20世纪30年代一位叫亨利·贝克（Henry Beck）的英国工程制图员，打破地图制作规范，摆脱实际空间的地理概念，应用了垂直、水平、或呈45度角倾斜的彩色线条，构成伦敦地铁各个车站之间的距离位置，给乘客一个清晰查阅地铁运行的明细信息。这张地图已成为伦敦市的一张名片，并影响世界至今。伦敦地铁图打破物理地形的具体场景，以抽象图形和逻辑思维相结

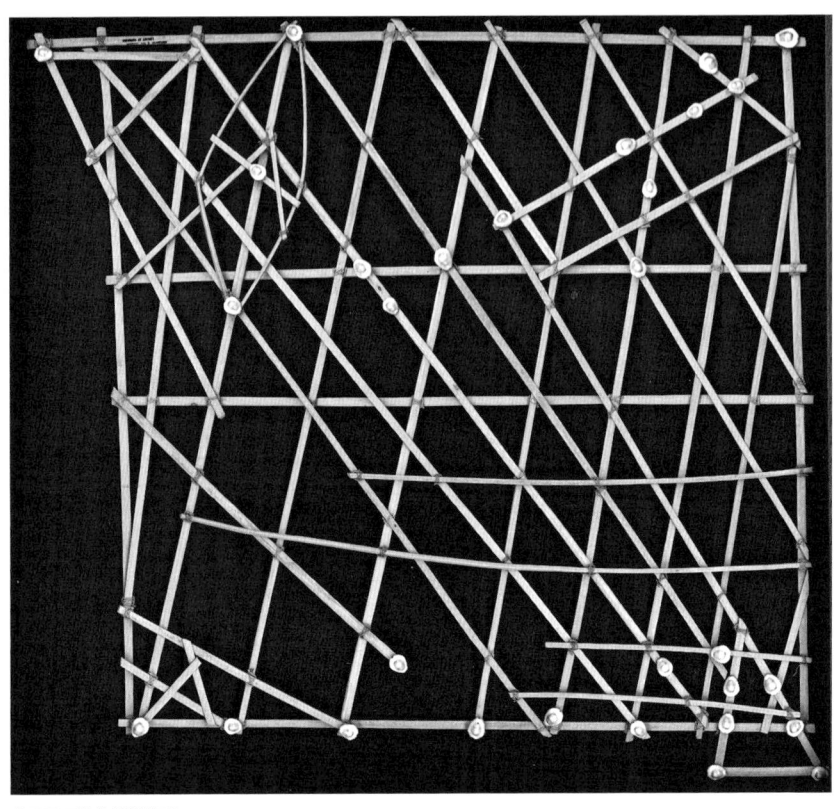

世界最原始的视觉地图
太平洋岛屿原始部落制作的海道图,马绍尔群岛。用柳条、贝壳编缀的海道图,以确定位置、辨别方向。

合，做出世界上第一幅抽象定位又便于识别的地铁道路运行图，这是信息地图界具有革命性的创举。设计的本质就是解决问题，这一广而告之的信息视觉化设计惠于大众，对当下的地图设计师来说是一种必要的回望和新的设计思维选项。

2008年我和我的研究生叶超为北京奥组委完成5幅奥运交通地图，我们不是简单用老手法复制地图，而是把地铁浮出地面，让地铁站与周边环境相对照，更便于识别、更实用。另外，我们进行了大量数据调查和视觉化梳理，创作了北京奥运地图绿色篇、科技篇、人文篇、场馆篇、交通篇和成果篇信息地图。该作品获得2010年世界地图大会城市类地图金奖。

我在清华美院教授关于视觉化信息表达这门课，讲解把一切信息进行视觉化表达的方法论，如何将数据信息视觉化，把看不见的东西视觉化。视觉化信息设计学科中有一个概念我特别感兴趣，即"非地图"。"非地图的地图"能摆脱固有的地图观念，特别重要。杉浦康平先生被称为信息设计的建筑师，他20世纪60、70年代开始研究设计信息地图，不仅仅做地理区域的地图，还做不可视信息的可视化地图，如味觉地图、时间地图、人生地图、把空间与时间视觉化的信息地图等。所有在平面上把信息逻辑化、秩序化、视觉化地综合呈现和表达，都可以称为信息地图。今天，人们需要来自方方面面的信息，像政治事件、重大新闻、经济趋势、人类文明、工作流程等都可以用图表形式表达。

新媒体的出现，改变了人们的阅读习惯。现在很多信息都不需阅读文字，而是视觉化地接纳。因此，地图也可以成为信息视觉化的载体。在今天的信息时代，要将信息视觉化设计课题深化下去，必须寻求专家、学校、社会的力量跨界发挥。这是社会认知问题，而地图是信息视觉化最好的途径，而且快速、高效、充满视觉美感。

从传统纸质传媒到电子传媒，随着传媒的升级及多元化，媒体形式从平面到三维，再到交互，随着技术的进步，载体也一步步在完善。作为我们出版人来讲，新媒体出版和传统纸质书的出版不要对立，创意产业以动漫为代表，但不能因为提倡新媒体，唯把动漫当作创新。传统传媒的书是创新动能的基石，动漫是创新手段之一，其离不开文化积淀、信息汇集、编辑分析、创意整合的能力。所有的创作活动离不开出版物的阅读和知识的积累。地图虽是平面载体，但平面不一定是平面的信息表达，要拥有新的编辑意识和多向位的逻辑观。看地图恰恰能培养从局部到整体、从感性到理性的思维能力和创想潜能。

最近在世界最美书展上看到波兰出版的一本《世界地图》，从新的视角打通了全世界的人文、地域、文化、地理区隔带来相关植物、动物、人类生活特征的种种变化等，生动、轻松、诙谐、可爱，打破了过去呆板地做地图的固定模式，相信孩子们一定喜欢这样的地图。再比如韩国的《世界城市地铁图系列》，把所有城市已有的地铁图做了改头换面，用特有的艺术表达方式重新阐述，地图不仅完成定位查阅的功能，还成了一种艺术审美产品，延展了地图的原有价值。我国的地图设计要更国际化，跟上时代的步伐，提升中国地图在这一领域的水准。

从信息视觉化的角度，地图文化不仅从地图本身着眼，生活中处处会与地图相遇。在地图文化创意中，城市的地图形象系统、地图信息系统、地图传播系统是关注的重点。例如，一座城市的每个街区的导向信息，各做各的，五花八门，系统不同，造成人们检索、查阅的困惑。要把城市地图信息系统建立起来，人们随时会用地图，地图文化就容易普及，并给人们带来实

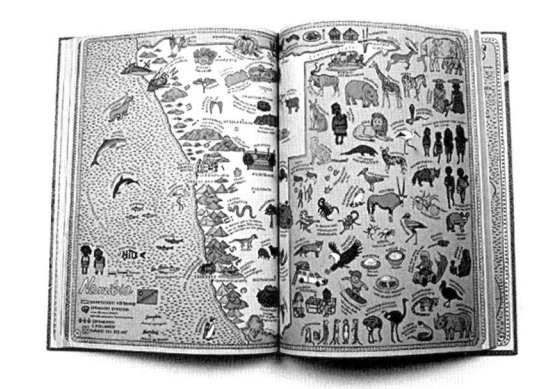

世界地图绘本　波兰

　　惠和方便。

　　任何企业都有其自身的文化特点，如莱比锡图书馆有德国最权威的书籍历史博物馆；日本凸版印刷会社，大楼的地下几层是印刷博物馆，成为国民和青少年的科学文化教育基地。我们从小到大用着地图，但对地图文化并不了解，对自古以来的东方地图学在世界地图史中的位置更是一无所知。尽管大家自小学了地理，但只是肤浅层面而没有文化性、知识性的了解。地图文化将可以举办各种活动，从小学到大学到社会，让更多人参与，可以为地图文化教育提供一个好的场所。地图界有严谨做学问的态度，有科学性和权威性的职业标准，从科技、军事、国家、外交角度，要求特别严谨，但并不妨碍其他不了解地图的艺术界、设计界、IT业进行跨界合作，改变地图冷峻严肃的形象，让其充满活力。地图针对不同受众，变换着多样性形式语法和地图语言，让地图带有温度，带有情感。这是今天地图人需要考虑的面向大

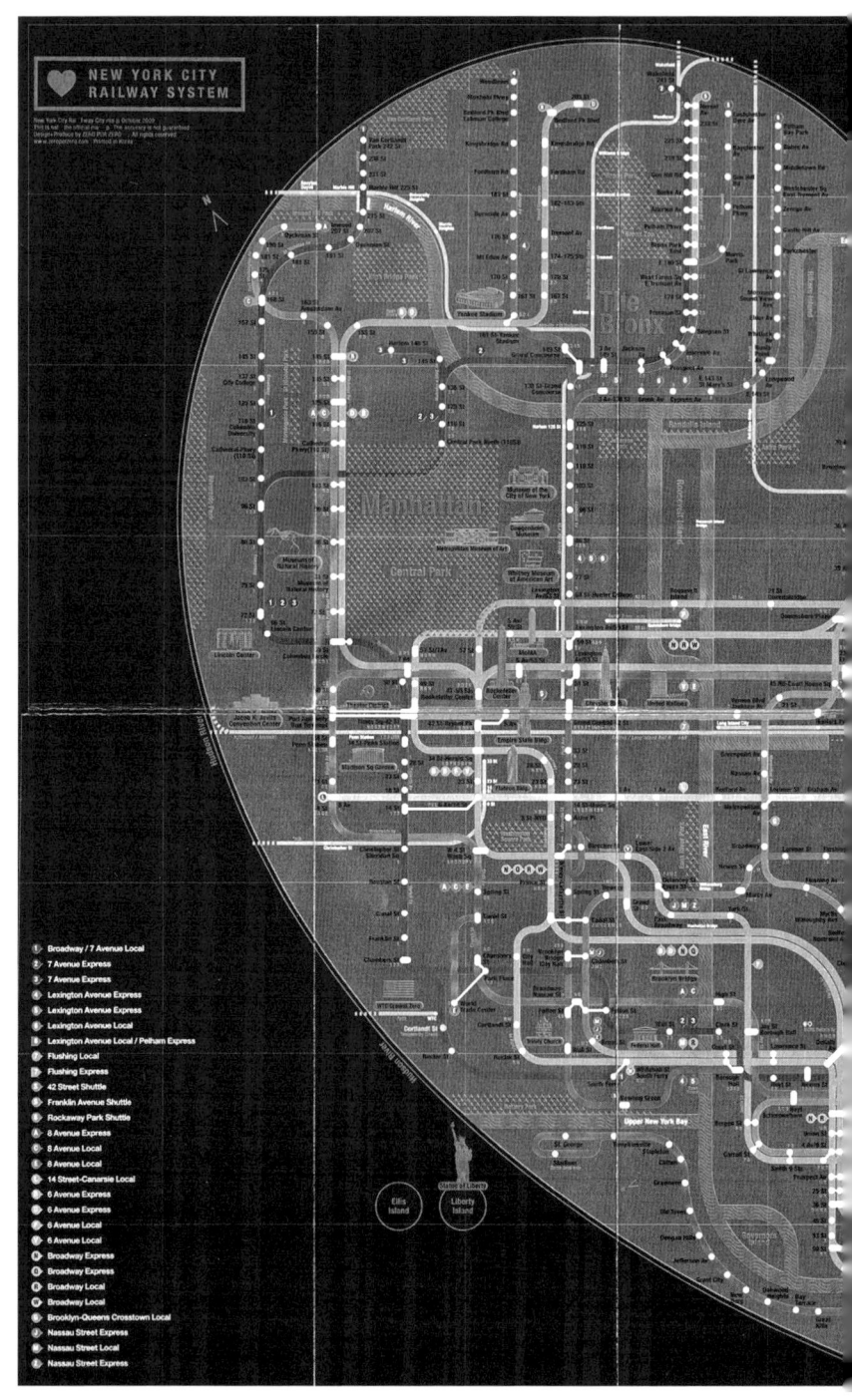

世界城市地铁地图系列 / 纽约　韩国　2015年

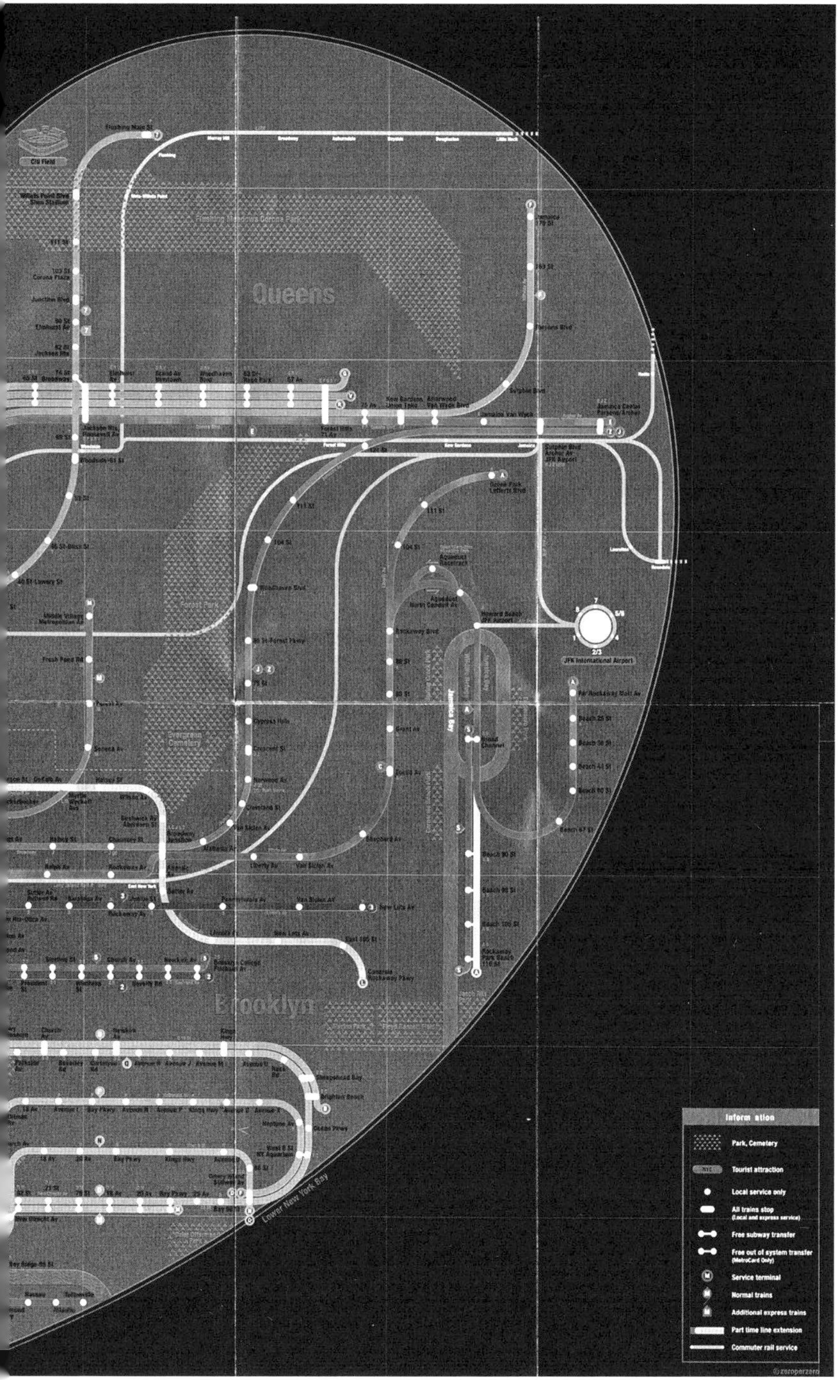
Queens
Brooklyn
Citi Field
Flushing Main St
Jamaica 179 St
Parsons Blvd
Sutphin Blvd
Jamaica Center Parsons/Archer
Forest Hills 71 Av
Woodhaven Blvd
Ozone Park Lefferts Blvd
Aqueduct Racetrack
Howard Beach JFK Airport
JFK International Airport
Far Rockaway Mott Av
Broad Channel
Beach 67 St
Beach 90 St
Beach 98 St
Beach 105 St
Rockaway Park Beach 116 St
New Lots Av
Canarsie Rockaway Pkwy
Sheepshead Bay
Brighton Beach
Ocean Pkwy
Neptune Av
West 8 St NY Aquarium
Coney Island Stillwell Av
Bay Ridge-95 St
Lower New York Bay
Information
Park, Cemetery
Tourist attraction
Local service only
All trains stop
(Local and express service)
Free subway transfer
Free out of system transfer
(MetroCard Only)
Service terminal
Normal trains
Additional express trains
Part time line extension
Commuter rail service
© zeroperzero

众、面向未来的课题。

虚拟化的电子时代给人们获取信息带来方便和快捷的优点，但过于依赖它可能让人懒于思考，比如过去查找地图、寻方位，认准地名出处，寻觅文化渊源，找差别，留住记忆。现在人们依靠GPS寻路，两点一线，不关心周遭的事物人文，反倒成了一个个路盲，没有电子引导则寸步难行。而地图是依照客观存在的一种知性的文化记忆，我们不可能忽略地图勘测的重要结果给人类、国家、社会，乃至每一个个体存在的实实在在的认同感。

地图的价值毋庸置疑，从专业角度，反映地图本质的学问不能变，但做地图的概念语法和表现方式可以变化，如同一个文本可以讲出不同的生动故事。宏观与微观、具象与抽象、精确与想象，既是矛盾体又是同一体，两者既对立又统一。地图本身应该是具象描述，而古人以抽象的绘画形式达到地理位置的认知和意象艺术的表现，功能性与艺术性的最佳融合。

就地图产品而言，复制是一种传承形式，固然重要。而另外一个概念是再设计，最重要的是对地图文化中的变量、数据进行严密的收集、采编、组织、深化、再造的理念和手法展示另样的地图设计。以"非地图"为结果、编辑设计为联结、信息再设计为概念，体现新产品开发的核心——创新。"非地图"的概念，不是颠覆地图，而是要超越地理性、地域性惯性思维，展示多元主题的地图开发，显现其艺术性、可读性、趣味性、探索性，也许是地图人迎接一种"新地图"的重生吧。

四 设计是一种交流——书籍设计教学思考

书籍设计教育，就装饰美学来说，以往前辈打造的字体、图案、平面构成、色彩构成课程很重要，但在当今时代这些知识还不够，仅靠视觉漂亮的装帧已不能适应读者的需求，还要考虑信息传播的有效性、逻辑性和独创性，以书籍内容的叙事结构、字体阅读识别、图文构成语言、五感物质特征等突破二次元的设计介入，书籍图文内在的编辑水平和全方位内外的把控能力尤为重要。

书籍设计因为数码载体的挑战，其设计观念正面临全面更新，并催生了深入研究现代书籍设计理念的时代。清华美院在书籍设计专业方面有较长的教学历程，老师们非常重视纸面载体视觉信息传达设计的规则研究，设立专业课程教授应具备的文化与设计素质和艺术审美品位，以适应当今信息传播载体多元化的社会需求。

课程由课堂授课、国际交流教学、社会实践和堂内Workshop作业等教学方法组成，着重进行书籍视觉信息设计控制方面的教学。引导同学搜集相关信息，通过理性分析探究信息本质并掌握编辑设计概念的意识。教授运用纸质载体把握设计信息的时空关系，以达到通过阅读让信息与读者沟通的方法论。

书籍设计教学不只是让同学们掌握外在形态的装帧和形式创新，更重视学生发现和把控信息源转化为书籍语言和语法的实施过程，懂得维系好阅读与被阅读，即主体与客体关系，最终使作品具有内在的力量，并在读者心里产生亲和力，以达到书籍至美的语境。

由一张一张纸折叠装订而成的书，已不仅仅是空间的概念，还包含着时间的矢量关系和陈述信息的过程。能够力透纸背的设计已不局限于纸的表面，还要思考纸的背后，能看到书的深处，甚至再延续到一面接着一面信息传递的戏剧化时空之中，平面的书页变成了具有深刻表现力的立体舞台。同学们通过学习能够明白书籍设计是沟通的艺术，首先阅读他人（文本、社会、生活）感动自己，然后才能进行设计，并打动读者。

书是物化的载体，教学注重动手能力的培养，也为创意的实现提供了保障。让天天摆弄键盘的手去亲抚来自大自然的介质，探究其材美、工巧的奥秘和新意，发现生活中的美感是设计创意的源泉，"现场主义"精神是触发和积蓄创意的动力。

什么是设计？结果是何种载体并不重要。设计是一种交流，是信息沟通整合的编辑过程。我们认为书籍设计课程的教学理念也适用于其他信息载体的设计，其中具有很多相互关联的规律，当学生将所学应用时，能有足够的底气去面对各种挑战。

1. 概念书之教学概念

国内大多数艺术院校平面设计专业均开设书籍设计课程，在教学过程中要求学生掌握书籍设计常规知识，我的课程是给清华美院的本科三四年级和研究生教授书籍设计。教学以书的审美与阅读功能为出发点的同时，打破泛泛为市场出版物做书籍装帧观念的局限，从文本信息转达到阅读功能，从书籍形态叙事到书之五感的体验，启示创造耳目一新的书籍新概念。尤其在当今电子载体兴盛之际，保留书籍艺术的魅力、展示纸面载体独特的生命力，新概念的书籍设计教学对于时代的需求至关重要。

（1）规范、非局限

"概念是反映对象本质属性的思维方式。"（《辞海》）概念产生于一般规律并以崭新的思维和表现形态体现对象的本质内涵。概念书即指充分体现内涵，但与众不同、令人耳目一新、独具个性特征的新形态书籍。

中国大多数出版物的功能，仅局限于文本信息转达和教育，强调规范、中规中矩、不得越雷池半步，书籍内涵的表现和书籍翻阅形态均流于一般化。在中国出版业内，概念往往被视为异端，一种固化的阅读范式和八股式的设计理论曲解了创造书籍新概念的积极意义。此外，受成本、利益和受众审美习惯等诸多原因的制约，令好的设计往往止步于创意阶段，无法与受众见面。

出版业当下流行一种随流跟风的倾向，这只是一种廉价的复制，而惰性者总对创新者进行马后炮式的无端指责。我们应该意识到创造新概念并非局限于为普通大众审美和需求服务，而是要在两者之间找到一个切入点，懂得为社会大众服务的责任，附会是一种服务，创造更是一种服务的道理。

（2）书、时间与空间

书，非固态的本子。承载信息的纸张呈现的是透明的状态，一张张纸应被视为与前页具有不同透明度的差异感，包含着时间与空间的矢量关系和陈述信息的过程，并去感知那些似乎看不到的东西。书，非书。它只是传递信息的舞台，设计是将信息进行美的编织，将平面语言空间化、立体化、行为化，让读者感受到故事始终的时间与空间的被阅读载体。书不是一个单个的个体，也不是一个平面，书籍设计涉及多个领域的交叉应用，具有跨界知识的多重性和互动性，要像一个导演面对一部剧本后所展开的思考和全方位的工作一样。

（3）敏感与责任是设计师的重要素质

鼓励创意，不要低估学生的敏感性，保护他们的好奇心和对自己创意的新鲜度。跟风照搬已有的陈式只是一种廉价的复制，更是一种倒退。发现社会问题、寻找切入问题的个人观点，这是设计师的责任。在概念与责任之间找到一个平衡点也是设计者的重要素质。对于未来的书籍形态，有必要关注信息传播和书籍艺术的互动转换，强调概念的创造更为重要，哪怕是一星一点的火花。

（4）设计是一种态度，而非一种职业

启发学生尝试应用不曾拥有的知识与思维方式，而不是照搬书本或个人偏好的视觉积累。新鲜的事物触动了学生的神经，设计灵感的来源寻常而广阔，因为生活在这里，观察变得更加细腻。发现是一种行为，也是一个过程，在这个过程中，得到的不仅仅是结果，更重要的是学会了一种设计方式，这种方式可以指导我们做任何设计。

什么是设计，结果是何种载体并不重要。设计是对人类、对国家、对文化、对价值、对生活的一种表达与沟通。一本心仪的好书是一种可以与数码技术相媲美的感官满足，以达到诗意的享受。概念书之概念就是要鼓励学生们从个人体验中得到灵感，既有海阔天空的想象力，又有严谨的逻辑思维能力，不能单凭"美术＋设计"一条腿走路，概念应是真正发自内心的非常个性的杰作。设计是一种态度，而非一种职业。

（5）书籍设计概念应用无止境

在中国出版业，概念书尚处于起步阶段，除成本原因和受众审美习惯外，业内固化的设计模式和八股式的设计理论也曲解了创造书籍新概念的积极意义。在教学过程中，我要求学生在尊重中国传统书籍文化的同时，还要对广泛的艺术门类触类旁通，吸纳世界各民族的优秀文化元素和理念。以书籍设计的概念为出发点，掌握书籍设计语言、语法和方法论，从传媒的多角度思考，在跨界的领域发挥想象力，激发每一位同学最宝贵的原创力及为社会大众服务的意识，而非书籍载体本身。对于书籍设计中"编辑设计"概念，理解其设计法则同样可应用于其他信息载体（包括数码载体）这一认知。

设计教育应让学生意识到书籍设计新概念在未来所发挥的作用是广泛而无止境的。

相信我培养出来的学生未必是书籍设计师，更可能是信息设计师、项目策划师、程序设计师、空间设计师、展陈设计师、媒体编辑、影片剪辑，甚至是导演……

2. 编辑设计：同一文本演绎不同故事

编辑设计是书籍设计的重点，并区别于以往的装帧教学概念。关键在于训练学生对文本的独立思考意识，并综合自身积淀的知识和对其他艺术形态的吸纳，将独到的书籍语言和语法融入既不违背文本却又让文本产生别开生面传达的编辑设计的创想，设计同一文本却有全新感受的书籍。设计师不仅是书商业装帧的美化者，也是文本传达的第二作者，书籍阅读的第二文化主体。这一理念始终贯穿书籍设计教学。

被称为"读书人的《圣经》"的《查令十字街84号》，在20世纪80年代出版以后流传全世界，还被拍成了电影。故事讲的是一位美国女作家海伦和英国一家旧书店的职员弗朗克之间的通信。一边女作家写出欲购书单，一边旧书店职员千方百计为她找书，鸿雁传书，建立起20年的友情，感人至深。里面提到了文集、辞书、诗集、出版本、限定本、烫金本、自然的印度纸、抚摸柔软的羊皮封面、镶金边的书扣、前位书主在书页中留下的读书笔记，让我们走入令人神往、浮想联翩的美妙书卷。教学中让学生先看电影，再读原版书，感受每位爱书人和理解书的魅力所在，体会女作家海伦信中所言："直接在书上题签，不光对我而言，对未来的书主都增添了无可估算的价值。我喜欢扉页上的题签，页边写满注记的旧书。我爱极了那种与心有灵犀的前人冥冥共读，时而戚戚于胸，时而被耳提面命的感觉。"著名作家福楼拜说："我爱书的气味、书的形状、书的标题。我爱手抄本，手抄本里陈旧无法识别的日期、手抄本里怪异的哥特体书写字，还有手抄本插图旁的繁复烫金镶边，我爱的是落满灰尘的书页——我喜欢嗅出那甜美而温柔的香。"

要求学生由文本再到电影载体的形式重新演绎成让你静下来品味爱书人富有诗意交往的故事。100位导演也许可以为观众提供100部不同风格的戏剧，你就是其中之一。

Workshop作业：以《查令十字街84号》为文本，通过对电影的观赏与对原著的阅读，分析解读后重新编写全书内容体例及信息构架。拍摄图像资料或配制插图，确立全新的编辑设计思路，寻找该书的最佳视觉传达语言和书籍结构，担当一次导演，完成一册全新版本的《查令十字街84号》的书籍作品。

● 要求

1. 发挥编辑设计的功能，延展版面表现力，根据文体、题材、剧情或角色个性设定书的阅读传达结构，编织别有趣味的书戏。

2. 抓住视觉信息传播的特点，通过图文信息的解构重组，叙述层次节奏的把握，完成文本再造过程。

3. 探讨应用纸质媒介的方法论，学习西式古典锁线订缀装帧方法。通过阅读让信息与读者互动，达到愉悦沟通的目的。

● 目的

本课程的学习让同学们理解书籍设计不止步于外在装帧，设计者也是文本传达和阅读结果的参与者，理解书籍阅读与设计的关系是解决信息有效、有益、有趣传达的根本目的，对于书籍设计中"编辑设计"概念有更深的理解。在整个过程中学习解决信息的有效、有益、有趣传达的方法论，对书

苏晓丹《查令十字街84号》编辑设计作业

籍物化的纸面表现有一个新的认识，理解书籍设计新概念法同样可以应用于其他信息载体（包括数码载体）这一认知。不同的领域都可视为一个不同的"世界"，其间是休戚相关、密不可分的。各类跨界知识的交互渗透，必然改变该领域的知识扩充，并会延展创意的广度与深度。

　　苏晓丹的作业《查令十字街84号》是进行编辑设计概念和手工制作技术的学习实践，在对文本时代特征和书卷语境充分理解的基础上，重新设定了全书的传达架构和阅读风格。内页应用松节油反印法创造出遥远年代的书页纸，并进行了符合欧美语境的文字编排。装帧应用准确的手工羊皮精装书手段：黑皮烫金封面，可触摸自然卷曲的泛黄书边，书脊上精美的弯曲凸起，闻到散发着时代留存的古籍气味，翻阅全书体味书籍五感的阅读感受。该设计让你感受内外兼具的优雅古典书卷魅力。艺术感觉是灵感萌发的温床，是创作活动重要的必不可少的一步。而设计则相对来说更侧重于理性（逻辑学、编辑学、心理学……）过程去体现有条理的秩序之美，还要应用人体工

何珏琦《查令十字街84号》编辑设计作业

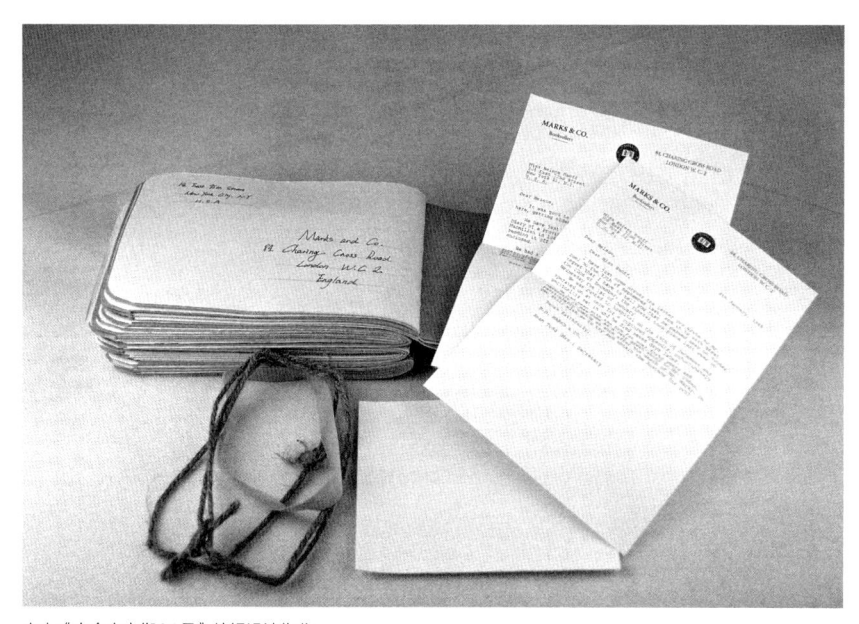

李申《查令十字街84号》编辑设计作业

学（建筑学、结构学、材料学、印艺学……）概念去完善和补充，这是一个十分完美的作业。

何珏琦通过分析解读原著，将著作者叙述的年代中全世界发生的重大事件梳理出一条清晰的历史线贯穿全书，突出了每个事件的时代背景，如英皇加冕、甲壳虫乐队、美国反越战等，巨大的信息量注入重新编辑的内容体例及信息叙事框架和厚度，为文本增添了色彩。以编辑设计为主导的思路寻找到该书的最佳视觉传达语言和语法，读者得到了额外的收获，设计为原书增添了阅读的价值。

3. 信息视觉化设计

  自然的不断变化给世间万物造成瞬息万变的差异，任何一个差异又会衍生出另一个差异。参数制造差异，差异制造记忆。参数化设计是书籍中一个隐形的秩序舞台，它有助于设计师在秩序中捕捉变化，在变化设计元素中发现规律。文字、图像、符号、色彩在纸张的翻阅中形成一个流动的空间结构，而彼此间的节奏、前后、长短、高低、明暗、虚实、粗细、冷暖或加强减弱、聚合分离、隐显淡出等，在时间流动过程中建立书籍信息传递系统，为读者提供秩序阅读的通路。周遭的一切都存在信息元素，通过阅读过程和分析理解获得的信息注入你的看法，将数据转化为图形，完成一幅信息图表设计。

● **选择主题**

一个地点、一件物品、一宗事件、一位朋友、一个小生命……

找到你的兴趣点，空间加时间地思考，用一张图表将构想呈现出来。

● **深入调研**

环境？建筑？特质？颜色？气味？声音？动静？过程？家人？同学？老师？邻里？或者没有人？寻找不同之处，还有数据、矢量关系……找到你的"看法"。

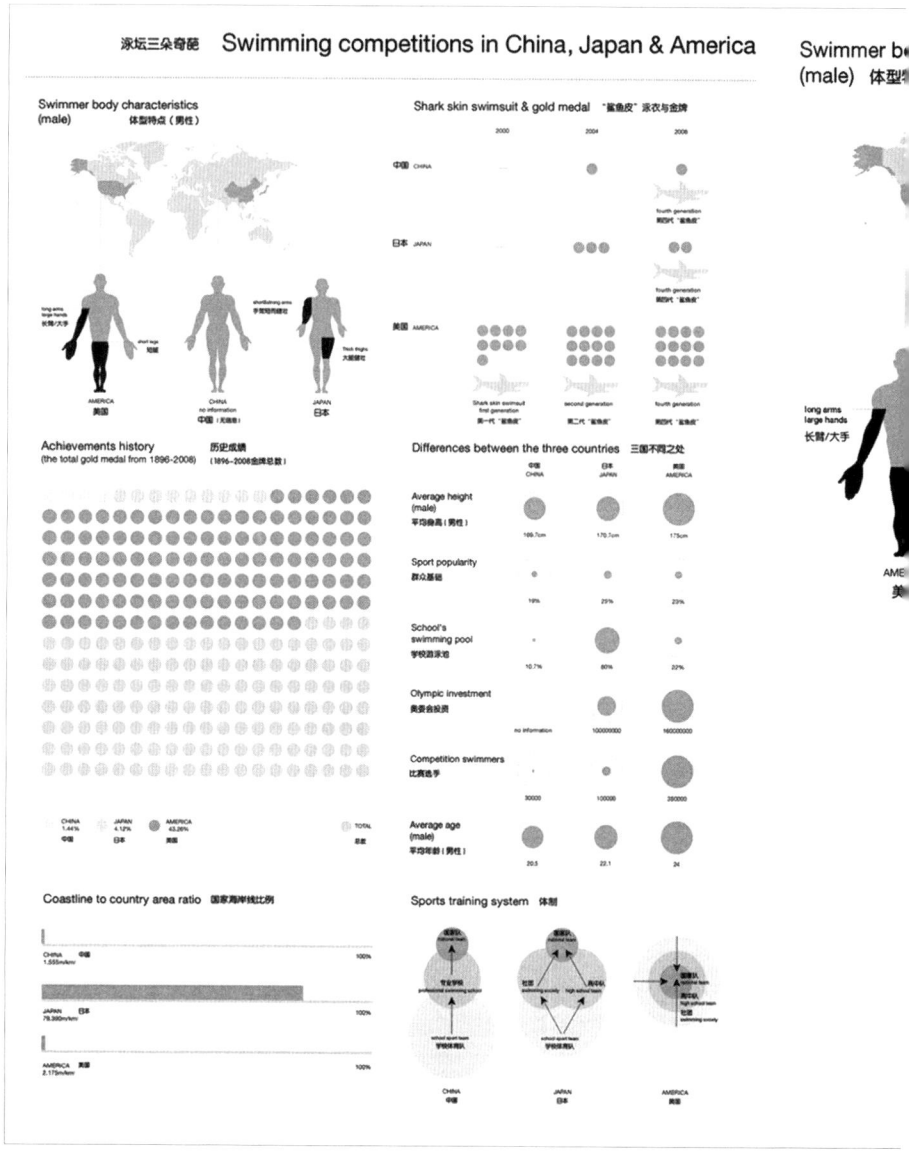

《中日美游泳运动员人体结构对比》，清华美院信息设计作业

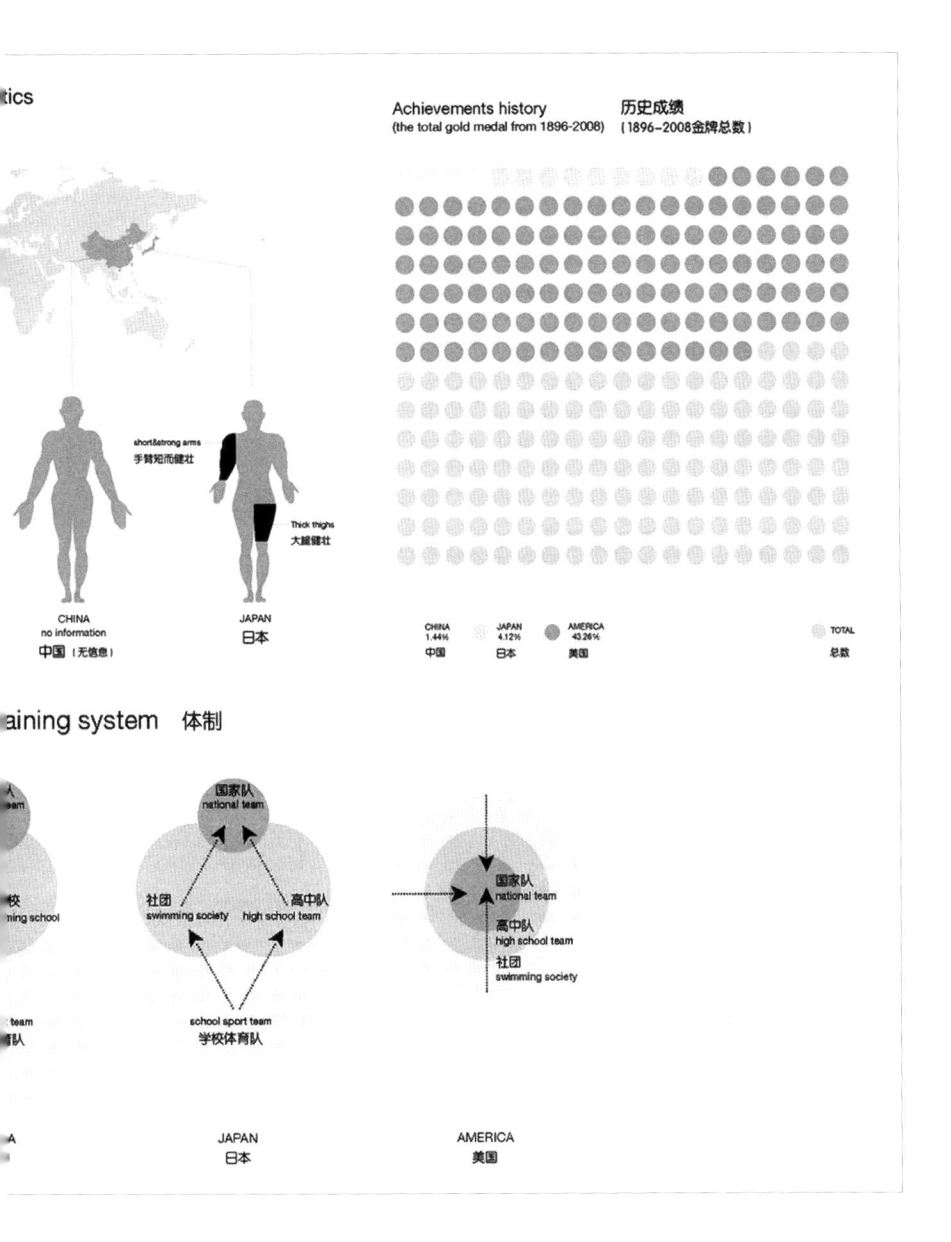

Achievements history 历史成绩
(the total gold medal from 1896-2008) （1896-2008金牌总数）

short&strong arms
手臂短而健壮

Thick thighs
大腿健壮

CHINA
no information
中国（无信息）

JAPAN
日本

CHINA
1.44%
中国

JAPAN
4.12%
日本

AMERICA
43.26%
美国

TOTAL
总数

training system 体制

社团
swimming society

国家队
national team

高中队
high school team

school sport team
学校体育队

国家队
national team

高中队
high school team

社团
swimming society

JAPAN
日本

AMERICA
美国

四 | 设计是一种交流——书籍设计教学思考　　　　227

● **信息视觉化图表设计**

尽可能多地搜集文图资料，从中找到一种特殊的"语法"和逻辑关系，用合适的、有趣的表达方式，将你的发现转化为一张信息图表。观察的角度可以来自个人，也可以自创一个虚构的角色。一切由你决定，检验自己的洞察力和分析能力。

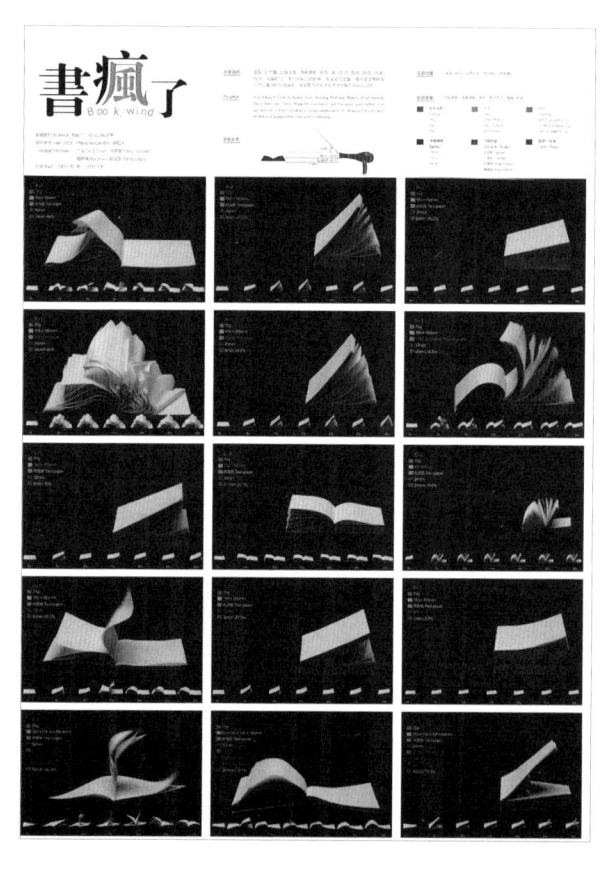

《书疯了》，清华美院信息设计作业，丁辰、冯均茜、夏辉嶙、杨立国

"书疯了"是一个十分有趣的寻找矢量关系的信息设计实验。以纸张克重、开本大小、书籍厚薄、纸质差别、书籍形态等不同变量的书为测试体，通过吹风机在风速、风量、距离、位置、时间定量吹送下鉴定不同受风体——书的体态变化差异，呈现出纸张物化性能和个性表情的视觉化信息表达，为书籍设计赋类赋纸的设计找到不同数值的依据。信息图表以动态视频和平面设计呈现。

美书　留住阅读

4. "现场主义"设计教育

随着信息化时代的到来，书籍设计[1]受到数码媒体的挑战，设计观念迎来了全面更新的机会，并且产生了深入研究现代设计理念的动力。设计教学也应在传统课程基础上对传授方法进行一番深入的探索实验。

教学以理论授课与实验创作工作坊（Workshop）相结合，既在校内课堂进行，也可走出校门、走向社会；既运用桌面数码，也进行实际现场动手，目的是让学生广开思路，更新设计思维和方法。工作坊具有启发性、灵动性、趣味性等多种教学特征，还有开发智能、激活创作意识、提升设计理念、丰富专业语言和开拓国际艺术视野等作用，是正规设计教育体系外的一个很好的补充，使学生在艺术学习和设计素质方面多了一个新的视点，以满足多元化信息传播载体设计人才的社会需求。

工作坊的设计教学要使同学们懂得做设计的前提是动手，动手能力为创意的实现提供了保障，发现生活中的美感是创意的源泉，"现场主义"精神是触发和积累创意的动力。

每一次课程中灌注的新鲜设计观念均可与已有的视觉语言积累互换，迸发出人意料的创意点，为学生们提供了新的视觉经验和实验性创作的机会，并学会包括纸面载体之外的跨界视觉信息设计规律，得到必须具有的文化品位及艺术素质培养。

---

[1] 传统信息载体。

（1）中文字体设计的教与学——清华大学美术学院和香港理工大学设计学院的交流教学课程

传说古时候人们对仓颉造出来的文字十分崇敬，惜字如金，凡用过的一个个文字完成了它的使命后被拿到"惜字亭"焚化，文字变作一只只蝴蝶飞往天宇，回到仓颉的身边，向他诉说芸芸众生感恩文字的动人故事。自仓颉造字至今，不管是天灾人祸，还是战争动乱，汉字像一根看不见的魔线把各个朝代连接在一起，传承至今。

仓颉造字一画开天，文字之先，由此一生二，二生三，三生万物。从象形文字开始，祖先运用指事、象形、形声、会意、转注、假借六法创造了上万个惊天地、泣鬼神、令人着迷的方块字。中国人自古崇尚美，书写中自然将文字当作美的符号，并把文字当作精神的寄托，更孕育滋养着中华文明的衍生。鲁迅曾以"意美以感心，音美以感耳，形美以感目"来评赞汉字之美。

为此，清华大学美术学院和香港理工大学设计学院开展了交流教学课程。

中国人使用的汉字是世界上仅存的象形文字之一。丰富的字体使汉字有多元的面貌，呈现在我们生活的每一个角落，并拥有了众多的审美价值。数码载体的快速发展使学生自小习惯于用键盘敲击文字，而疏于书写，学校更忽略了中国文字的美学教育，学生很难理解汉字艺术得益于以象形会意为基础的方块文字和书写文字所使用的富有弹性与变化的毛笔之独特表现力，而使汉字产生顿挫之功与飞动之势的气韵之美。课程中让同学们用自制的大"毛笔"在大地上进行书写。通过在地上挥毫水书，感受文字书写笔画的连贯脉动，这种韵律节奏流淌进内心和身体的每一个部分，体验人与文字进行对话的过程，领悟出神入化的汉字书写法和汉字"神文气动"的美韵和造

《中文字体设计的教与学》,廖洁连、吕敬人编著,
华中科技大学出版社,2010年

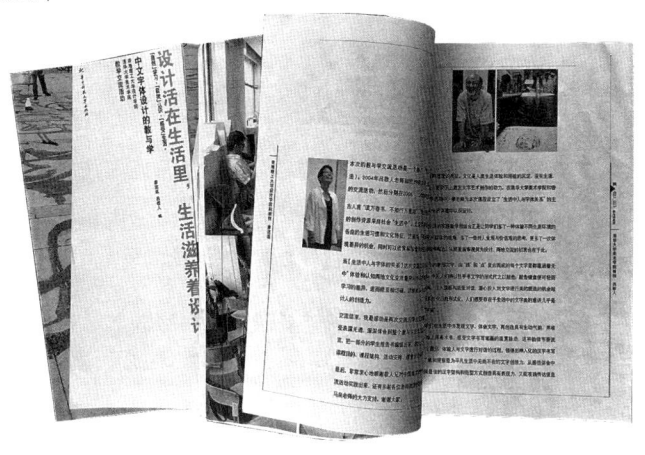

《中文字体设计的教与学》内页

四 | 设计是一种交流——书籍设计教学思考

型。课程过程中还进行其他与文字相关的Workshop项目。

设计反映生活，是时代文化某种程度的表征。本次课程设立了"生活中人与字体关系"的主题，要求每个学生从生活体验中认识设计。同学们在生活中发现文字，体会文字，再创造具有生动气韵并准确表达内涵的文字。每一组同学走街串巷，了解和观察平凡生活中无处不在的文字创想力，从感性体会中激发重塑文字的欲望。选择最佳的汉字架构和造型方式创造既有表现力，又能准确传达信息主体的新汉字。

正是传统的课堂传授教学与接触生活的实践教学相结合让同学们多了一种体验不同生活环境的机会，多了一个观察社会、了解庶民群体的视角，多了一些对人生观与价值观的思考，更多了一次体会超越思维形态屏障的沟通和精神陶冶，从而重新审视何为设计。两地交流的初衷也在于此。

经历了多少个通宵达旦的努力，同学们有感而发、注入情感的文字应运而生，欣喜中含着泪花，疲惫里透出满足，不同文化背景的两地同学通过交流对设计概念重新产生一种理解和悟彻。

清华美院的一位同学在回顾中说："通过交流教学，我发现我们获得了许多以前不曾拥有的知识与思维方式，设计灵感的来源寻常而广阔，而不是书本和个人偏好的视觉积累。"

另一位同学说："新鲜的事物触发了你的神经，观察变得更加细致，你似乎感觉到了'生活在这里'。发现是一种行为，也是一种过程，在这个过程中，得到的不仅仅是结果，更重要的是学会了一种设计方式，这种方式可以指导我们做任何设计。"

香港理工大学设计学院的几位同学这样说："汇集功课内容的过程中产生不少有趣的化学作用，对国家、对文化、对价值、对设计、对生活……设计之本在于表达与沟通，空有美术天分而缺乏文字逻辑思维，只会造成'一条腿走路'的不健康设计气候。""……从个人体验中得到灵感，是真正发自内心的非常个性的杰作，而不是单单从书本上或根据什么学说而得到的，从生活中领略、设计。这个课程正是提供了这样的机会。"

这是一次非常有意义的学习课程，也是具有实验性的教学经历。

（2）从无意识的书写到有序的图文编辑设计

生活中有许多无意识的行为，一时的激情，一种冲动，都可能机缘巧合地隐含着视觉创意生成的机会。比如让每位同学聆听两段不同的音乐，根据自己对音乐气氛和节奏的理解，用不同的工具在全开纸上进行描绘。将听觉音符转换成可视的点、线、面，即由声音换位成视觉图形，你会发现原来声音是可以被阅读的。然后，依据页面图形与空间特征注入恰如其分的文本或诗句，一本本意味不同的"声音书"就诞生了。

书写由人体的动作传导，阳刚阴柔，顿挫游润，轻重缓急，尤其是中国水墨在大宣纸上的干湿润化，极尽情感的宣泄，让相由心生的痕迹留于纸面。作业要求将意想不到的"水墨作品"进行多层折叠成帖，由平面的二次元转化多层界面重叠的载体，再进行编辑构成有序的可阅读的书籍，无意识状态下的涂鸦（事先可以有所构思）通过逻辑转换成有章有节的叙事结构，不能不说偶然发现也是一种创造，这种对信息的二次编辑的驾驭能力在实际设计行为中十分重要。要求：a.用自己擅长的绘画和书写方式通过水和墨的把控呈现出来；b.虽然极尽无意识的涂抹，仍需事先向预设的结果发展；c.将书页折叠后呈现的无序状态重新编排插页、套页或其他形式使叙述通

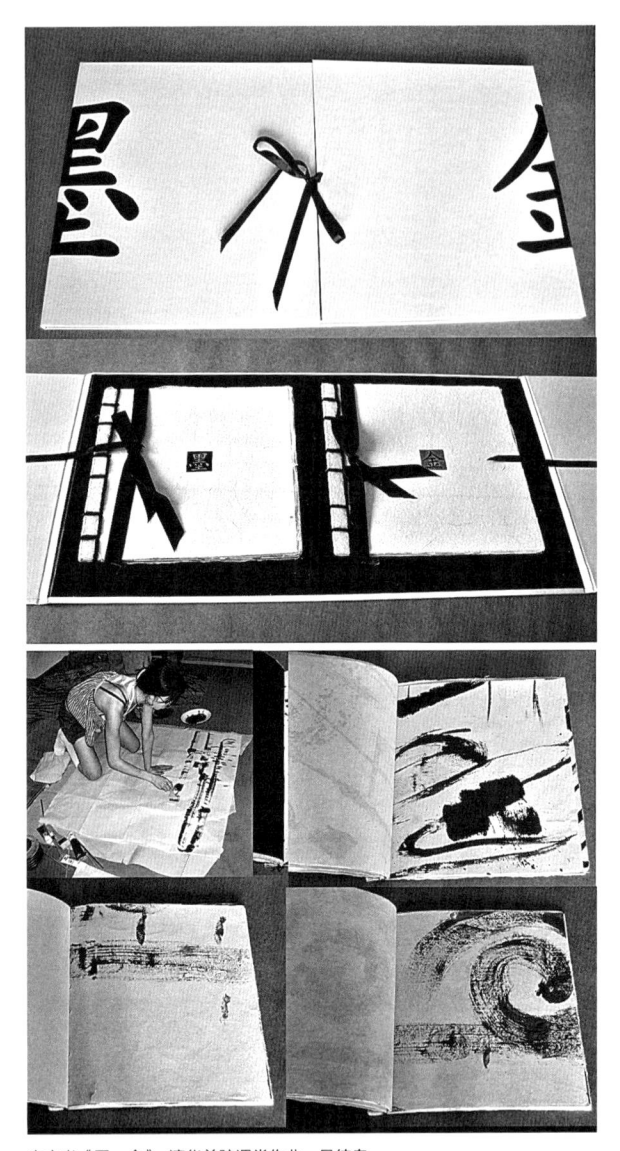

声音书《墨·金》，清华美院课堂作业，吕纯泉

顺；d. 装帧也是内容的一部分，配置相应的封面、环衬及合理的装订方式，做一本完整的书籍设计。

（3）装帧——空间与时间的折叠艺术

在实际的印刷工艺中，折页规则设计是非常重要的一步，一般版式教学中只是教授二维平面概念的单双面设计。其实书页的正式印刷排列是打破单双页相依的普遍规则，不同的折页方式有不同的排列规律。通过Workshop的折页训练，了解印刷工艺中对折、滚折、翻折、风琴折等折法为阅读带来空间和时间的联想。这是一种原有文本从形态到内容，从阅读方式到信息传达特质的物化设计训练。东西方千百年形成的书籍物性造型特征和独特互动翻阅形态依然在延续着书籍的生命，因有文本的纸页靠折叠装订成书，东方和西方的装帧异曲同工，以"艺术×工学 = 设计^2"理念为指导，体现出"书之为器"纸张五感的存在感。要求学生亲自动手，体验书籍物化过程中每一阶段的工艺，深化对书籍装帧设计的工学理解，了解严谨的工艺策划、精益求精的品质要求，是作品得以完美呈现的必要依托。必须掌握书籍成品实施的全方位知识。学习结果：a. 了解中式和西式书籍制作异曲同工的工艺过程；b. 学习相关纸张特有的折叠时空的塑造技巧；c. 初步掌握相关装帧工具的应对，提高动手能力；d. 通过独立完成一本书的装帧全过程，让自己未来的设计能更"随心所欲"，并对书籍设计与物化的纸面书籍有一个新的认识。理解书籍阅读与设计的关系是解决信息有效、有益、有趣传达的根本目的。

美书　留住阅读

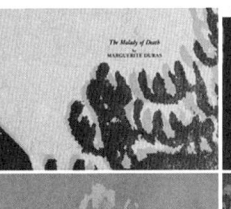

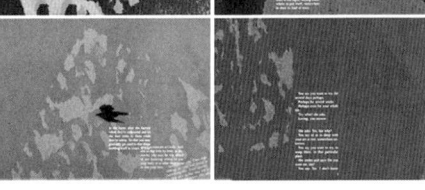

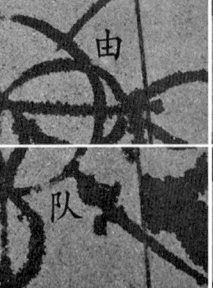

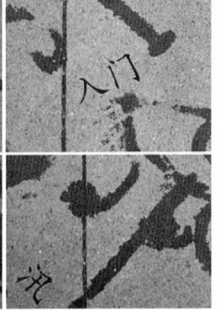

在德国奥芬巴赫设计学院教学，2012年

5. 社会化设计教育的实验性探索——"敬人书籍设计研究班"

（1）敬人书籍设计研究班

敬人书籍设计研究班由享誉世界的国外书籍设计艺术家和中国当代优秀的设计家、出版人、编辑共同授课，致力于当代中国书籍设计艺术的专业理论研究和创作的教学实践项目，关注国际信息载体发展潮流，成为该领域新设计论的探索者与实施者。研究班通过授课、学术讲座、Workshop、研讨互动、手工书体验、国外考察等多种教学方式，开拓书籍设计视野，更新专业设计理念，丰富设计语言与语法，提升实际创作能力，探索新的设计教学方法，重新认知书籍未来多媒体时代的价值功能和发展方向。

2013年1月14日，"敬人书籍设计研究班"第一期在北京"敬人纸语"举办，学员由来自全国各地以及新加坡的艺术院校的老师、出版社美编（设计师）、社会自由设计师、设计公司总监、撰稿人、编辑、印制业技术人员等组成。研究班每期邀请国内外的优秀设计师就书籍设计的观念更新和设计方法论进行教学和实践，并对书籍设计"专业再教育"进行了社会化设计教育的实验性探索。每年1月、7月（为方便老师参加，特设定在大学寒暑假期间）开课两期，至今已举办了13期，共有552名学员参加了学习。研究班受到书籍设计界和出版业以及全国诸多专业院校的广泛欢迎和好评，培养了许多优秀的设计师，他们在设计实践中获得国内外各类大奖，包括莱比锡"世界最美的书""中国最美的书"在内的国内外各类赛事大奖。

研究概念：艺术×工学＝设计[2]

（2）课程主旨

电子载体改变了纸面书作为传递信息的唯一途径，然而千百年形成的书籍信息编制结构、物性造型特征和独特的时空阅读形态，尽管数码技术使出浑身解数进行仿效，仍无法回归"书之为器"自然之妙有的存在感。未来，书籍将在更广泛的领域释放其独特的能量，使更多的设计工作者抱着极大的热情，发挥无穷的创意，让受众享受书籍和纸文化的魅力。面对挑战，从事设计、教学、出版、印艺工作的人士随着技术的变化更新需要调整和提高自己的学识和能力。

（3）授课主题的多向性研究

"页面的力量""电影与书籍设计""局限与界线""书筑——文本诗意栖息的空间""信息矢量化——可视化信息设计""逻辑与诗意""作为导演的设计师""构建纸空间""阅读与被阅读""作为物化的书""文字的角色""设计的温度""一书一电影""交互式数字出版""网格——构建阅读的秩序""书籍形态语言的控制""观察、态度与视角""设计·介入""解读1949年以来的大陆书籍设计""艺术家书籍与市场书"……

（4）课程重点

① 书籍设计（Book Design）

认知装帧、编排设计、编辑设计到信息视觉化设计3+1的书籍整体设计概念的必要性，装帧与书籍设计是反射时代阅读的一面镜子。

② 编辑设计（Editorial Design）

学习文本信息传播控制的逻辑思维和解构重组的方法论，设计师要拥有导演职能的意识，从而完成文本再造过程，达到阅读与被阅读的最佳关系。

③ 网格设计（Grids System Design）

网格系统是逻辑思维在书籍设计里的应用，核心是建立秩序与数值的倍率关系。通过网格的设定和计算，设计对文本进行塑形，使编排从有序规制中获得无限的自由。

④ 信息视觉化设计（Information Graphic Design）

掌握信息视觉化传递的设计思维和视觉信息图表设计的信息整合和表现方法，有利于书籍信息的系统化传播，并可应用于一切传播媒体。

⑤ 手工装帧（Book-Binding）

探讨纸质媒介特征，回归手工装帧的手段，认知书籍阅读与物化设计的关系，工艺细节保障设计的完美呈现，展示出物化书籍五感之美。

（每期课堂授课二周共14天，授课外教2—3名，国内老师10—15名，讲座10—15个，师生比例1∶4，每期完成5个以上Workshop作业。）

⑥ 国外考察赴韩国坡州Bookcity（一座涵盖数百家出版社、设计学校、活字工房、书籍艺术博物馆、印刷厂、书籍物流的读书文化城市）游学交流。

（5）教学成果

了解书籍设计概念，提升编辑设计意识，掌握视觉化信息设计方法论。

① 吸收国内外不同的教学理念和教学方法，对中国设计教育有一个全新认识。

② 掌握从设计到纸张组合物化的手工书的全过程，得到体验信息再造和实际操作能力的训练。

③ 研究班学员来自全国各地，建立与设计界、出版界、设计教育界及相关行业间同行的联系，促进交流与互动。

④ 研究班的境外学习，参与国际交流活动，比较中外异同点，开拓艺术视野。

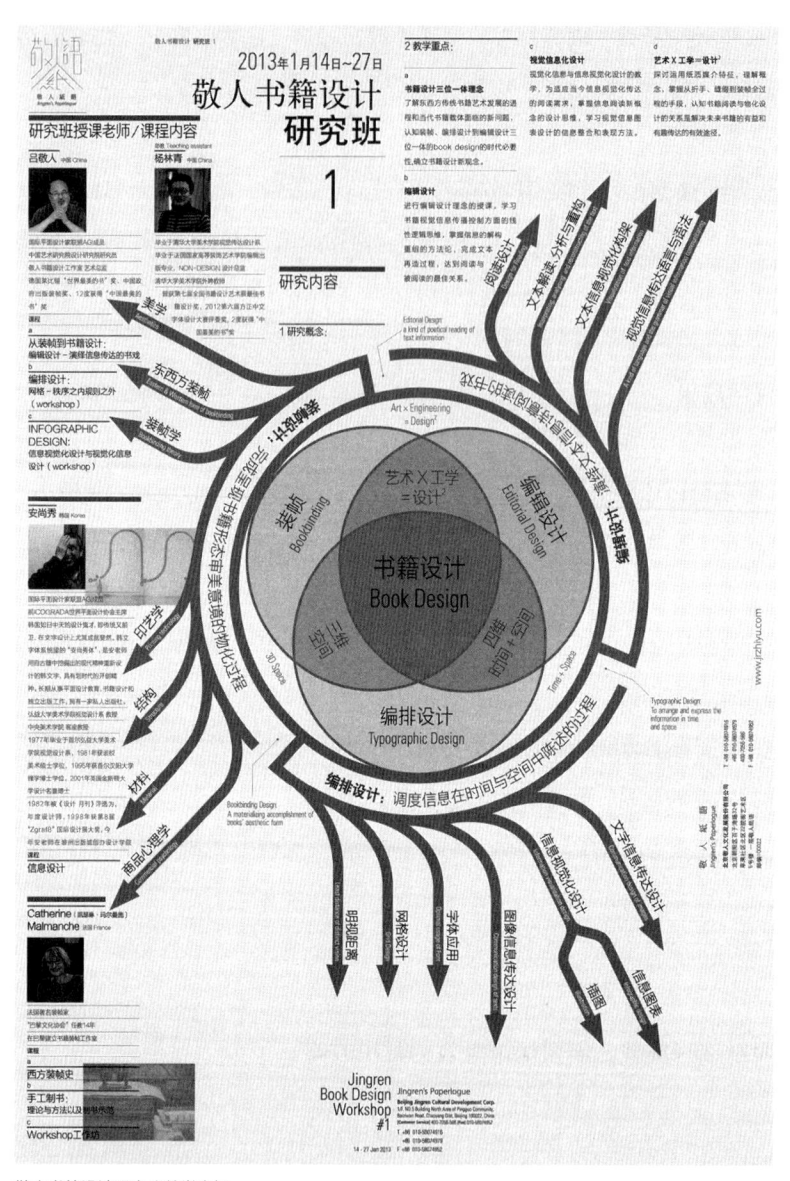

敬人书籍设计研究班教学主旨

6. 对当下设计教育的看法

（1）目前设计教育中存在的诸多挑战

① 最大的挑战是不能鼓励独立思考和创造性思维，只满足于老师的"准确"答案，或"优秀"学生的标准，抹杀了学生的奇思异想和个性发展，要加强学生思辨能力的训练。

② 传授单一的理论和具体技巧手段较多，脱离现实生活、脱离社会、脱离深入周遭环境去解决问题的教学方法，使同学找不到寻找和发现问题的视角或切入点，毕业后仍处于茫然状态。

③ 缺乏哲学、社会学、历史学、逻辑学、统计学、编辑学、数学等理性教学课程，仅有美学课程会使学生凭感性看问题、思考限于浅薄，阻碍学生的潜质深化发挥。

④ 疏于实践，学生动手能力较差。课堂教学大多是纸上谈兵，缺乏物化呈现的技术手段训练，院系不愿配置专职技术人员，购置的大量机器徒为摆设，学生好的构想无法实现（这在平面设计课程中比较突出）。

⑤ 不重视外语教育，设计学具有国际性和时代性，应加强与外界交流。语言是最好的学习工具，学生熟练掌握一门或两门外语，必有好处。

（2）面对这些挑战，需要探讨有效的解决方案

① 增加中华传统传承课程的设置，丰富东方文化艺术的表现力，构建区

别于外来文化的独特性，塑造有生气的东方视觉文化魅力。

② 除规定完成的教学课程外，尽量开展课程以外提升修养和兴趣点的学习体验。鼓励加入其他学科的兴趣组合，甚至工科；参加各种读书会、讨论会、论坛；加入戏剧、电影、文学、音乐等创作活动，通过触类旁通的姊妹艺术影响本学科的学习联想和创造力。

③ 走出教室，短暂离开手机、电脑的使用，鼓励民间采风、海外游学、体察民情、接触自然等。可培养观察能力、自立能力、沟通能力、辨析能力、统筹能力、抗压能力等各种设计专业不可或缺的素质和修为，更重要的是对社会、对人、对事物有更深刻多元的理解，避免狭隘或偏激的判断。

④ 教育不是生产标准化铸件，要具备宽阔的胸怀，广收博取，善于取舍，成就学业；同时要有良好的素质、扎实的专业能力、丰富的情感和个性，进入社会有能量发挥，并不同于一般。

（3）培养"不绝对依赖电脑"的设计教育

不容置疑，"电脑的创造力"和"人工智能时代的教育"是时代进步的成果，今天哪个领域都离不开电脑，使用已是常态，所以要发挥它的优势。比如疫情防控期间线上教学成为必要手段。当然其不是唯一，或者说未来会对其进行反思，究其利弊进行探讨以取得人机平衡。

当下电子产品盛行，过分依赖造成学生或设计师长时间困于虚拟空间，脱离现实的体验，操作程序烂熟而思考空洞化，毕竟创意靠人的延续不断的后备知识去注入新鲜电力。还要认识到设计的本质是与人交流，并解决人们需要解决的问题，所以"直面"很重要。比如教学，我不喜欢线上授课，无法直面学生而得到当面的反应,及时解决他们的疑问或需求。人是有感情的动物,师生之间、学生之间相互沟通,情绪交流,争论切磋,是学习必要的环境和条件,可以达到所谓的心领神会,达到实际的教学成果。设计属人文艺术科学,与理工科不同,融入社会、体验生活、了解人心、感受人间百态是设计学习必走之路,创造力由此萌生,而非冰冷的电脑。

五　书艺对谈

1. 当代书籍形态学与吕氏风格　张晓凌＆吕敬人

对谈人：张晓凌＆吕敬人
对谈时间：2000年

张晓凌：和传统文化一样，中国书籍形态方面的设计与制作是有着很体面的历史的。"甲骨装""简策""卷轴装""经折装（旋风叶）""蝴蝶装""包背装""线装"等，不仅构成了瑰丽多姿的书籍形态创造史，而且在某种意义上，它们也是中华文明的一个象征。可以说，在这方面，我们的遗产非常丰富。但近几十年来，书装业的形势却不容乐观，为旧的观念、体制所围，长期徘徊、滞留在"封面设计"的业态上，踯躅不前，远远落后于欧、美、日的水准。出于对这一现状的不满，吕敬人及同仁们以拓荒式的勇气，在做出理性反省的同时，开始了书籍形态学方面的革命，把传统的书籍装帧推向了书籍形态价值建构的高度。积累数年，已有大成。客观地说，吕敬人及同仁们十几年的书籍形态创造，已构成传统与现代书装业之间的一个分水岭。在这其中，吕敬人以其独到的设计理念，蕴藉深厚的人文含义，性格鲜明的视觉样式成为书装界影响很大的一位书籍设计家，由此而形成的"吕氏风格"也成为书装界的一道独特人文景观。

观念变革是书籍形态设计变革的先导。吕敬人认为，书籍形态设计的突破取决于对传统狭隘装帧观念的突破。现代书籍形态的创造必须解决两个观念性前提：首先，"书籍形态的塑造，并非书籍装帧家的专利，它是出版者、编辑、设计家、印刷装订者共同完成的系统工程"；其次，书籍形态是包含"造形"和"神态"的二重构造。前者是书的物性构造,它以美观、方便、实用的意义构成书籍直观的静止之美;后者是书的理性构造,它以丰富易懂的信息、科学合理的构成、不可思议的创意、有条理的层次、起伏跌宕的旋律、充分互补的图文、创造潜意识的启示和各类要素的充分利用,构成了书籍内容活性化的流动之美。"造形"和"神态"的完美结合,则共同创造出形神兼备的、具有生命力和保存价值的书籍。不言而喻,这种言简意赅的认识对中国书装界是具有启示性意义的。它不仅要求书籍设计家站在系统论的高度切入书籍形态的创造,从而注重书籍的内在与外在、宏观与微观、文字与图像、设计与工艺流程等一系列问题,更重要的是,它解决了书籍形态学存在和发展的基本理念:书籍形态形神共存的二重构造。尤其是书的"理性构造"概念的提出,可以说极大地提升了书籍形态设计的文化含量,充分扩展了书籍形态设计的空间。书籍形态的设计由此从单向性转向多向性,书籍的功能也由此发生革命性的转化:由单向性知识传递的平面结构转向知识的横向、纵向、多向位的漫反射式的多元传播结构,读者将从书中获得超越书本的知识容量值,感受到书中的点、线、面构成的智慧之网。在吕敬人看来,到达书的理性构造有两条路:一是以感性创造过程为基础的艺术之路,二是以信息积累、整体构成和工艺技术为内容的工学之路。吕敬人认为后者更为重要,"书籍设计者单凭感性的艺术感觉还不够,还要相应地运用人体工学概念去完善、补充"。工学分为三个方面:首先是原著触发的想象力和设计思维,它构成读物的启示点。在此基础上,把文字、图像、色彩、素材进行创造性复合,以理性的把握创制出具有全新风格特征的书籍形态。最后,进入工艺流程,实现书籍形态设计的整体构想。准确地说,"工学"是书籍形态理性构造的具体实践系统,将这一环节纳入整个书籍形态的创造体系中，充分说明了吕敬人书籍形态学的系统性和完整性。

如果说，上述观念构成了吕敬人书籍形态设计的思想基础的话，那么，他在长期设计实践中完整地把这一思想转化成性格鲜明的作品，则构成了书装界独树一帜的"吕氏风格"。具体地讲，吕氏风格有以下几个突出的特征：

整体性。在每次的设计构思中，吕敬人总是在原著信息诱发的基础上，理性地把文字、图像、色彩、素材等要素纳入整体结构加以配置和运用。即使是一个装饰性符号、一个页码号或图序号也不例外。这样，各要素在整体结构中焕发出了比单体符号更强的表现力，并以此构成视觉形态的连续性，诱导读者以连续流畅的视觉流动性进入阅读状态。卷帙浩繁的《中国民间美术全集》即这种设计的典型例子。全书14卷均采用统一的书函底纹、封面格式、环衬纸材、分章隔页、版心横线和提示符号，而每个分卷则以分编色标、分卷图像、专色标记和内页彩底显示出共性中的个性、整体中的变化，从而使各卷既保持了横向的连续性，同时又具有纵向的连续性，造成了全书视线的有序流动。

秩序之美。在书籍形态的设计中，所谓秩序之美，指的不仅是各表现性要素共居于一个形态结构中，更是这个结构具有美的表现力。纷乱无序的文字、图像等在和谐共生中能产生出超越知识信息的美感，这便是秩序之美。和绘画的感性美不同，这种美是经过精心设计的和谐的秩序所产生的美。吕敬人把这种美的境界看成书籍形态设计的至高境界。《中国现代陶瓷艺术》是吕敬人在这方面追求的一个代表作。盒函书脊将陶艺家高振宇的青瓷瓶切割成五等份，以取得检索方便和趣味化的设计效果。包封以返璞归真的素质白纸为基调，在简洁的视觉图像之外，保留较大的空白。书脊、内封均冠以封面陶瓷器皿的归纳图形，形成本书各卷的识别记号。此记号也渗透于文内、扉页、文字页、隔页、版权页中。全书的设计疏密有致，繁简得当，表现出浓厚的和谐之美。

隐喻性。通过象征性图式、符号、色彩等来暗喻原著的人文信息，并以此形成书籍形态难以言表的意味和气氛，构成吕敬人设计的一个重要特点。在《赤彤丹朱》《家》等书籍的设计上，这一点表现得极为充分。《赤彤丹朱》的封面上没有具体图像，而是以略带拙味的老宋书体文字巧妙排布成窗形，字间的空当用银灰色衬出一轮红日，显得遥远而凄艳，加上满覆着的朱红色，有力地暗喻出红色年代的人文氛围。"爱！憎恶！悲哀！希望！"是吕敬人设计《家》时所采用的情感与观念基调。风雨剥蚀的大门，伫立在门前的主人公和长长的背影、孤独的灯笼以及淡灰色调上的朱红和金色，如泣如诉地转述出对"家"的心声。

本土性。吕敬人的书籍形态设计非常强调民族性和传统特色，但他不是简单地搬弄传统要素，而是创造性地再现它们，使之有效地转化为现代人的表现性符号，也因此具有了浓郁的非欧美日的本土性色彩。《朱熹榜书千字文》是他近来的得意之作，在构思这一书籍的形态时，吕敬人认为朱熹的大字遒丽洒脱，以原尺寸复制既要保持原汁原味，又要创造一种令人耳目一新的形态。在内文设计中，他以文武线为框架将传统格式加以强化，注入大小、粗细不同的文字符号，以及粗细截然不同的线条。上下的粗线稳定了狂散的墨迹，左右的细线与奔放的书法字形成对比，在夸张与内敛、动与静中取得平衡和谐。封面的设计则以中国书法的基本笔画点、撇、捺作为上、中、下三册书的基本符号特征，既统一格式又具个性。封函将1000个字反雕在桐木板上，仿宋代印刷的木雕版。全函以皮带串联，如意木扣合，构成了造型别致的书籍形态。

《家》,讲谈社,1990年

《中国当代陶瓷艺术》,江西美术出版社,1998年

五 | 书艺对谈

《马克思手稿影真》，北京图书馆出版社，1999年

趣味性。趣味性指的是在书籍形态整体结构和秩序之美中表现出来的艺术气质和品格。吕敬人有着较好的艺术修养和绘画才能，因此他能自如地表现设计的趣味性。他认为，具有趣味性的作品更能吸引读者，引起阅读欲望。在《马克思手稿影真》一书的设计中，吕敬人通过纸张、木板、牛皮、金属以及印刷雕刻等工艺演绎出一种全新的书籍形态。尤其在封面不同质感的木板和皮面上雕出细腻的文字和图像，更是别出心裁、趣味盎然。《西域考古图记》的封面用残缺的文物图像磨切嵌贴，并压烫斯坦因探险西域的地形线路图。函套本加附敦煌曼陀罗阳刻木雕板；木匣本则用西方文具柜卷帘形式，门帘雕曼陀罗图像。整个形态富有浓厚的艺术情趣，有力地激起人们对西域文明的神往和关注。

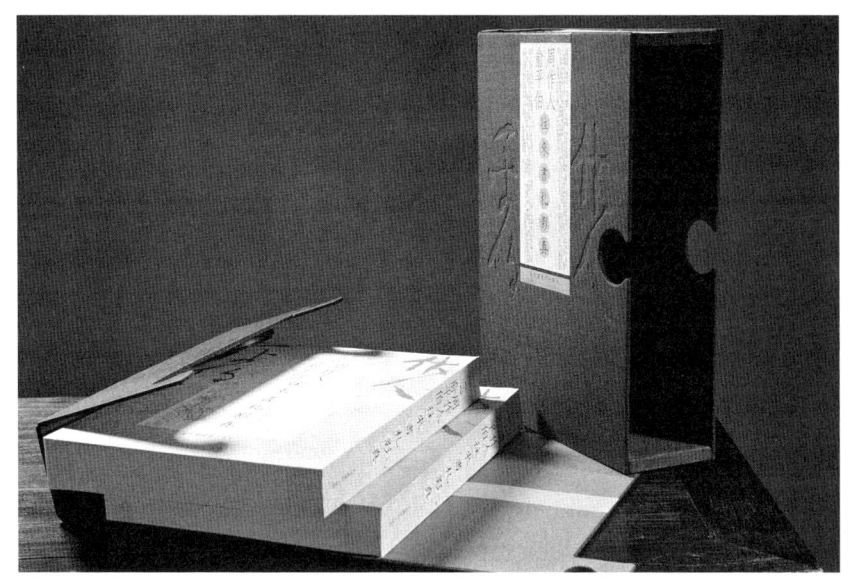

《周作人俞平伯往来书札影真》，北京图书馆出版社，1999年

　　实验性。在借鉴传统和当代设计成果的基础上，大胆地创造各种新的视觉样式，采用各类材质，运用各种手法，从而显示出前所未有的实验性，也是吕敬人设计的一个显著追求。可以说，几乎在所有的书籍形态设计中，吕敬人都会或多或少地进行某种实验，这使他的书籍形态设计一直保持着创新特征。

　　工艺之美。吕敬人对工艺流程和技术的要求之严也是人所共知的。他强调设计家"必须了解和把握书籍制作的工艺流程，现代高科技、高工艺是创造书籍新形态的重要保证"。因此，在吕敬人那里，工艺流程不仅构成其工学实践的一个重要环节，而且也构成书籍形态之美的一个方面。很显然，高工艺、高科技在这里已升华到审美层次，成为书籍形态创造中的一种具有特殊表现力的语言，它可以有效地延伸和扩展设计者的艺术构思、形态创造以及审美趣味。

吕敬人以特有的设计理念和实践为中国现代书籍形态设计开创了一条新路子。这一实践的意义究竟是什么，是值得我们思考的。放眼世界书装界，可以清楚地看到这样一个现象：日本以本土化的、东方式的设计理念、造型体系和高技术工艺，和欧美诸强形成三足鼎立之势。在日本留学数年，并得到日本书籍设计大师杉浦康平谆谆教导的吕敬人深知这一现象的启示性价值：只有植根于本土文化土壤，利用本土文化资源，并汲取西方现代设计意识与方法，才能构建出中国现代书籍形态设计的理念与实践体系，而这既是中国书籍设计的必由之路，也是希望所在。吕敬人正以独特的"吕氏风格"去实现这一理想，我们将欣喜地看到他的成功。

● 张

你对中国当代书装业的整体状况有什么评价？中国与发达国家书装业的差距表现在什么地方？

● 吕

改革开放40年，中国出版业的发展速度要比中华人民共和国成立后的30年快了很多倍。尤其近10年的变化更为突出，其中一个体现就是书籍装帧的变化。显而易见，所谓的提高已不仅是手段的电脑化，印制技术和用纸质量的提高，更重要的是，书籍设计者和出版社对装帧的重视以及观念的改变，书的内容和装帧等值越来越被认可。书籍的流通打破过去出版社的计划经济管理体制，进入市场经济的运作方式，各出版社为了出好书，也为了促进销售，开始注意到"货卖一张皮"的增值作用了。一方面，一些出版社领导认识到装帧的重要作用，于是开始注入物力，强化装帧行业人员的使用、培养；另一方面，装帧设计人员在打开的封闭已久的窗户面前，被丰富多彩的世界书装业的状况所触动。每两年举办的北京世界图书博览会犹如注入一股股书籍设计的清风，使设计师们从世界各国优秀的书籍文化艺术中汲取许多从未涉及的营养。不能否认，中国书装业的显著变化是与打开国门、解放思想、改变观念分不开的，时隔9年的第四届全国书籍装帧艺术展和4年后举办的第五届全国书籍装帧艺术展中的作品就是一个很好的证明。我觉得中国的书装业还在往好的势头发展，但也必须意识到与国外同行的差距，不满足才能有所前进。至于差距，我认为有以下三个方面：1.意识；2.体制；3.价值。

第一，所谓意识滞后，并非指我国设计人员设计能力的落后，中央和各省市有一大批非常优秀的老、中、青装帧设计家。这里指的是对书籍装帧的认识需要进一步深入。过去，装帧一本书只打扮一张表皮，俗话说给书做嫁衣，而真正的装帧应该是信息的再设计。可以说书的原稿只是一道菜的原始材料，如何做到味道可口又可观，即色、香、味俱全，则要看厨师的操作了。同样，一首名曲由不同的指挥家来指挥会产生迥然不同的感染力。一本书经过由表及里的全面的设计，内容本身所具有的传达功能会升华出一种内容的表现力，这才是设计的目的所在。眼下的问题在于，这种书籍整体的设计意识、信息再设计的概念，还不是十分普及。解决这个问题的关键不仅仅是让设计师本人更新自己的设计意识，更重要的是出版社的领导和编辑要有这种意识。因此，差距主要表现在编辑思想不新，缺乏想象力，以及未能科学、合理和注入艺术观念这些方面。因此，装帧这一词应由"书籍设计"来替代，即Book Design更为合适。信息设计和设计信息虽只是两个词的位置错位，但其实质意义上是有区别的。1996年我和三联书店的宁成春、社科出版社的朱虹共同举办了书籍设计展，并出版了一本自己编辑设计制作的《书籍设计四人说》，阐明我们对书籍设计观念的新认识，以期得到同仁们的共鸣。

第二方面是所谓的体制问题。我不是出版社的负责人，不敢妄为评论，但估计许多出版社的领导已逐渐意识到过去的体制不适应现在书籍出版发展的状况。首先，用机关管理体制来管设计行业就存在诸多问题；其次，如何发挥设计师的才华和能力，如何促进其竞争和发展，以及优胜劣汰的问题，大锅灶里做不出好的精品菜；而更重要的问题则是编辑到底应怎样全方位把握一本书并承担应负的责任，以及和效率相对应的赏罚。出版社体制的改革是否有利于中国书籍的发展，国外的经验也许可以提供一定的参考。

第三方面的价值问题是老生常谈。设计家的设计报酬与绘画相比偏低，设计作品不含版税，再版不付稿酬等成为不应该是问题的问题，它很现实地摆在设计师面前。艺术价值、劳动价值得不到较公正的承认，这就使一些书籍设计师改行做画家或投向收益好些的其他领域的设计。这显然不利于装帧队伍的发展，甚至直接影响中国出版水平的提高和持续发展。

● 张

你在日本留学、生活数年，深受杉浦康平先生的影响。你认为自己从日本书装业和导师那里主要学到了什么？这对中国书装界有哪些方面的借鉴价值？

● 吕

我在日本得到导师杉浦先生的亲自授教，后来又去欧洲考察，受益匪浅，没有这段经历，我不会有今天的这种认识。但学习不是照搬，也不能仅仅满足于模仿设计手段和形式。我体会最深刻的是：学习是一种理性的汲取，有益于自己的思维方式。杉浦先生把西欧的设计表现手法融进东方哲理和美学思维之中，他赋予设计一种全新的东方文化精神和理念。他强调书籍设计绝非止于表面的装饰，而意在创造内容的新形式和新的生命。

他经常教导我：书籍不是静止不动的物体，而是运动、排斥、流动、膨胀、充满活力的容器，是充满丰饶力的母胎。从封面到环衬、扉页、目录、序言到内文，再到封底、勒口、腰带，从平面到立体，均充溢着时间、空间的延伸和戏剧性变化，运动不息，生命不止。这些教诲一直深深刻在我的脑海里，影响着我对待书籍的设计。

当然艺术是一种心灵的表述，是自我精神的体现，我在杉浦先生那儿得到更多的是世界观、价值观的熏陶。做人要自律、自强、尽责、尽心、尽力。其实做书也和做人一样，作品也会体现作者本人的精神追求。这些年来，我也一直在各地出版系统、大专院校、新闻出版署的培训中心介绍这些体会。为将国外优秀的文化艺术介绍到中国，我举办过各种学术讲座，翻译出版了设计家、画家作品集，并组织学术交流访问活动，以促进中国和外国专业人员的相互了解，为国内输送更多的信息，以开阔国内书装界视野。如翻译出版《菊地信义的装帧艺术》，编著出版《日本当代插图》《杉浦康平的设计世界》，编辑出版德国《托马斯·拜乐作品集》，引进杉浦康平的论著《造型的诞生》，组织举办"日本漫画讲座""大尼克纸张艺术讲座""菊地信义书籍艺术讲座""杉浦康平书籍的生命讲座"，组织中国西藏现代美术访日展等。现正在组织编辑出版《想象力博物馆》一书。我想这些如能对书装界有些好处的话，那将令我非常欣慰。

● 张

请描述一下你的书装艺术风格，并谈谈你在书装上的艺术及价值追求。

● 吕

风格我还谈不上，虽转眼已是50岁的人了。人过半百，世界观、思考问题的方式已经差不多固定了。但在艺术创作方面，我仍觉得自己是个年轻人，仍在不断像海绵那样去吸收方方面面的营养。由于自己知识面的局限，更觉干这一行不易。我面对着学者、作家的著作，真没半点可自满自足的。因此，每次面对设计我都会竭尽全力去理解和学习。那些失败的、不成功的设计，肯定是自己某一方面知识匮缺所致。当然，这种学习和表达的过程是令我满足的，干这一行的好处就是可以得到无数次学习的机会。以此为基础，我在设计过程中一直在寻找传统与现代之间尚未出现过的一种既能传达书籍内容，又能表现自我的设计语言。将司空见惯的文字融入耳目一新的情感和理性化的秩序之中；从外表到内文，从天头到地脚，从视觉到触觉感受，360度全方位进行设计意识的渗透，始终追求"秩序之美"的设计理念；并能赋予读者一种文字、形色之外的享受和满足，表现出书籍艺术的实用功能和审美享受之间的和谐，是我做书的一种价值追求吧。

● 张

你如何看清一本书的内容与书装之间的关系？你在设计实践中如何处理它们之间的关系？书装能否完全脱离内容而存在？换句话说，书装有没有完全独立的审美与文化价值？

● 吕

这个问题是同行们经常谈的话题，绘画创作与书籍设计确实有很大的不同。前者侧重表现自我，后者则是从属于内容的再创作。我曾写过一篇短文，题目是《混沌与秩序》，提到画家与设计家不同的创作方式。设计师面对一本书稿，需要确立从属于内容的设计定位。然而装帧虽受制于书的内容，但绝非仅仅是狭义的文字图说，或是简单的外表包装。设计家应从书中挖掘深刻含义，寻觅主体旋律，铺垫节奏起伏，用知性设置表达全书内涵的各类设计要素，把握准确的设计语言——有规矩格式的制定、严谨的文字排列、准确的图像选择、到位的色彩配置、个性化的纸张运用、毫厘不差的制作工艺。这近乎在演出一部静态的戏剧。

同一部书稿，由不同风格的设计师来运作的话，其结果和感染力是肯定有很大区别的。书装设计受制于内容，不能摆脱内容的核心，这是共性。但另一方面，从经过设计的内容所产生的理性结构中可以引申出更深层、更广泛的含义来，为读者提供想象力畅游的空间，这就是书籍设计的个性。换句话说，设计家要重新设计信息，或者说对书注入"质变"的意识，用设计语言进行书籍功能与美学相融合的再创造。我想书籍设计的探索，在于准确把握书籍功能与美学的关系，眼视、手触、心读的书籍和仅有外观的书籍形态还是有本质区别的。读者在一本新颖独特的书籍面前，深深感受内容的传达，还可长时间品味内容以外的个中意韵，甚至在阅读的过程中将书籍作为把玩、收藏的艺术品来欣赏。这就是你所提出的书籍设计具有独立的审美价值和文化价值的基础。

● 张

你有哪些代表作？请谈谈这方面的构思。

● 吕

谈到代表作，当然指在某一时期自认为做得得意的作品或得奖的作品。但过一段时间，对以往的作品显露的种种缺陷和问题就感到不安和不满足。因此，有时看看没有什么代表作可讲，只能做一设计思路的介绍，仅此而已。

14卷本《中国民间美术全集》、手迹本《子夜》《黑与白》《朱熹榜书千字文》、50卷本《中国现代美术全集》《周作人俞平伯书信手札影真》、100卷本《中国文化通史》等算是自己比较喜欢的作品吧。书籍设计并非仅仅为书营构一幅漂亮的"脸"。每一个设计行为都是书籍构成的外在和内在、整体与局部、文字传达与图像传播以及工艺兑现的一系列探索过程。因此我的工作最重要的是理解书的内涵并从中寻找较为准确而又具想象力的设计语言，重新演出一部耳目一新的、流动的、活性化的"剧"来。

我对书籍设计抱有浓厚的兴趣，其一，我可以阅读许多有价值的书，从中获得各种新的、有意思的、广博的知识和信息，这是设计者想象力的一种储存方式。其二，书籍的文化形态给设计者一种守静、儒雅的创作心态。我喜欢整个设计过程的这种氛围。《礼记》说道："天地不交而万物不兴，天地交而万物通。"静是相对的，动是绝对的。设计者应以动的视点去回顾过去的传统，展望现代和未来，不拘泥于过去的模式，发挥自己的想象力。我的设计行为已注意到：当前的书籍特征已从单向性文字传达向多媒体多向性传达方式发展。要立体地编织知识的网络，要使书籍信息量大、新鲜感强，应以自身的智慧和想象力，创造出"天地交而万物通"的具有活力的设计。

● 张

当代书装主要受西方和日本影响，你认为中国当代书装有无必要构建自己本土的艺术风格和文化价值？如有必要，那么，中国书装怎样才能处理好"世界化""全球化"与"民族化"之间的关系？估计需要多长时间，中国书装业的整体风格才能在世界书装业中占一席之地？

● 吕

其实，中国近代的书籍装帧受外来影响仅近百年的时间。20世纪30年代，鲁迅将日本的书装和欧洲的插图介绍到中国，还有老一辈设计家如陶元庆、钱君匋等先生，也做过这样的工作。但中国的传统书籍装帧有更久远的历史，有丰硕的成果，其书籍形态之丰富，设计理念之完善，装帧手法之多样，在世界书业中占有非常重要的地位，我深为中国的书籍艺术感到自豪。我曾访问过许多东西方的书籍设计家，在他们的创作理念储存库中都存放着被奉为瑰宝的中国悠久书籍文化的理念。然而，由于历史的原因，中国优秀的书籍艺术文化被渐渐淡化，人们习惯了千篇一律、千人一面的书籍形态。当我们还在自我满足、故步自封之时，面向世界的窗户突然打开，面对如此千姿百态、丰富多彩的国外书籍，我们开始是冲动，像海绵般地汲取、模仿，而后又开始冷静下来，反思过去走过的路。如今一部分设计家开始重塑新形态的书籍，以此改变人们的阅读习惯、阅读行为方式。这种重塑书籍形态的做法意在"破坏"书籍固有模式和纯铅字传递形式的束缚，创导主观能动有想象力的设计。其意义已超越书籍构造物自身（或者说内容本身），目的在于启发读者在阅读书籍中寻找并且得到自由的感受，由此萌发出想象力的智慧源。设计师完成传统书卷美和现代书籍相融合的创作过程，正是书籍形态变革的价值所在。

所谓越是民族的越是世界的这一说法有一定道理，但有其局限性。当今的世界已不是相互隔绝的绝缘体，文化、艺术、科技的互补是一个国家前进中的特征。所谓世界化，就是要汲取他人的长处弥补自己的不足。能者为师，并不是贬低自己，这是一种中国的文化精神。敦煌艺术融合印度佛教文化和伊斯兰视觉元素才显出它的辉煌。书籍艺术也是如此。但学习不是囫囵吞枣地仿造，书籍最直接反映本民族的文化精神所在。中国的书籍不能脱离中国人的审美意识和欣赏习惯，在创作过程中要挖掘和发现这种本民族最精彩的潜在渊源要素，继而创造最具个性的作品。民族化、传统化这些词汇应当带有时代概念。近20年的中国书籍设计的进步已开始在世界上显露出中华书籍艺术的魅力。

● 张

你现在的业务主要在国内，有无开拓海外业务的设想？如有，你如何看待这一市场份额？

● 吕

我现在的业务主要是在国内，由于地域差别，尤其是书籍文化，涉及大量文化背景和文化信息，编辑校对、稿件传递都有一定的交流障碍。这与纯商业包装或做一幅广告不同。我的文化的根是中国，深植于大地的根如果没有养分滋养，自身就无法生存，尤其是以文化为基础的书籍更离不开本土文化的充填。将来可能会与汉字文化相关的国家和地区进行合作，从事有关东方文化艺术书籍的编辑、设计，出版一些有创意、有文化价值的书籍。我还没有在世界书籍设计业中占有一席之地的想法。先把自己国家的书做好，做好了，人家自然会认可你。做不好，一心想往国外靠，也没有这个必要。

● 张

中国的书装传统源远流长。目前书装界对传统的研究、继承、开拓还远远不够，你怎样看待这一问题？

● 吕

我在前面谈到，中国的书籍艺术，有着悠久的历史而且占有举世瞩目的重要位置，这一艺术宝库真是取之不尽、用之不竭。目前我还远远没有认识她，有学不完的东西等待我们去发现、借鉴、继承，但关键是如何去学习、去继承。

是照本宣科地仿效复制，还是"承其魂，拓其体"是问题所在。中国漫长的数千年历史中，古人将书进行整体的精心设计，完善构成，从简策、卷轴、经折装、蝴蝶装到包背装、线装本，书籍成为一件完美的艺术品。现代的书籍又汲取西方的书籍形式，印刷装订技术的现代化增添了书籍设计的表达语言。无论是古人还是今人，在书籍创造过程中研究传统，适应现代理念，追求美感和功能两者之间完美的和谐，是书籍存在至今具有生命力的最好证明。

但我认为传统是发展的，不是静止的。古人为我们今人传递传统，今人则为后人创造"传统"。当我们至今还满足于近百年来一成不变的书籍形态时，是否应该意识到当今信息万变的传媒时代的到来，使我们所生活的经济文化环境发生了巨大的变化，"铅字文化"作为传统传播手段独霸一方的现状已受到视像等传播手段的冲击。保持书卷文化的生命力，是需要出版者、著作者、设计者、印刷工作者、读者来共同深入探讨和研究的课题。一个当代人物的著作，还在用蓝布面的古式线装书形式，明明一本关于中国传统文化的书却是羊皮精装烫金，书口还烫上金箔，像圣经一般，值得我们去反思。

● 张

成为一个成功的书籍设计家的条件是什么？

● 吕

要做一个成功的书籍设计师首先要喜欢自己的工作，真正有兴趣从事书籍设计这个工作，要有区别装帧的书籍设计概念的整体意识，这是前提；然后是知性，即有丰富的知识积累和艺术涵养；再则就是悟性，可以说是一种灵性，要有想象力；最后是甘于吃苦、甘于寂寞。做书是件苦差事，接一本书，要去读，去研究，找资料，再梳理、引申，去一遍又一遍地寻找设计要素，再进行计算、制作、校对、找材料、监印制作，等等。

有的过程是反复的无效劳动，有时是失算的伤感，有时则是双方理解差距的烦恼，反反复复，一次又一次，一本接一本，周而复始。然而一个满意的设计，得到作者、读者认可，这比任何一种享受都要舒服。一本设计较满意的书，可以翻看半天，什么烦心的事此时全忘了。因此我觉得这是一种苦中作乐的工作，要想靠书籍设计挣钱，没门，只有改变设计方向。严格地讲，优秀的设计师应该有广泛的兴趣，如文学、音乐、戏剧、社会科学、自然科学，等等。设计水平的高低、作品的优劣，其实是由设计师本人的知识厚薄所左右的。表面的形式和先进的手段可为自己遮一部分丑，但挡不住众多读者、专家和历史对设计作品品位的评判。再则是书的整体运作能力。书籍设计师要有导演的能力，掌握情感和理智的统一，并能对文字、图像、色彩、工艺进行整体的把握，最后得到读者的认可，才能算做成一本书。最后，就是责任感。书籍不同于绘画，后者可以尽情地表达自己，错与对是自己的事。书籍是面对大众的媒体，书上有一个错别字就是误人子弟了，更不用说有碍读者阅读，失去书的功能作用了。片面强调书籍设计的展示功能，忽略书要给读者带来信息和愉悦，这不是做书的目的。

总之，要成功需要付出、摸索，我正走在这个过程之中。

2. 敬业以诚，敬学以新　韩湛宁＆吕敬人

对谈人：韩湛宁＆吕敬人

对谈时间：2013年

从"装帧"到"书籍设计"的设计思想

● 韩

吕老师您好！您是中国书籍设计的主要代表和推动者之一，深深影响了当代的书籍设计发展，特别是您提出"从装帧到书籍设计"的概念，为出版与书籍设计领域带来巨大的变革。请问您是如何提出"书籍设计"概念的？

● 吕

你说的影响我根本谈不上，中国书籍设计的进步更非我个人所为。如果说有变化，还是许多志同道合者一起努力的结果。1996年我和宁成春、朱红等人编著的《书籍设计四人说》提出"书籍设计"的概念，至今已经十五六年了。我们并非为颠覆装帧，因其仍是书籍设计不可或缺的组成部分，而是对装帧工作范畴的延展。装帧一词应用已久，尽管过去出的《辞源》《辞海》里没有"装帧"词条的明确解释，2010年版的《辞海》中对装帧是这样解读的："装帧指书画、书刊的装潢设计。"概念的模糊不清，造成设计者职能不明。更由于社会、经济、观念等所限，在实际操作中装帧往往只停留于封面或简单的版式设计范围，即所谓的书装、书衣设计。从装帧到书籍设

《书籍设计四人展》,三联书店,1996年

《书籍设计四人说》,中国青年出版社,1996年

计，在设计意识方面需要有一个跨越。书籍设计要求设计师一开始就介入文本的编辑思路，即以文本为基础进行视觉化信息传达设计，构建令读者更乐意接纳的诗意阅读的信息载体。书籍设计是一个信息再造的过程，设计者需要拥有广阔的知识，当然也将承担更多的责任。对于书籍设计的概念，业内也有不同的看法，但实践中得到了很好的检验。这一概念得到很多同行的赞同，认为这是一种进步。

从"装帧"到"书籍设计"不是一个名词的简单更改，由于工作门槛的提高，设计师自身修养的培养就显得更为重要。书籍设计是将建筑、文学、音乐、电影以及戏剧等多种跨界知识的应用汇聚于纸面载体的综合表达。

因此，书籍设计并不只是为书做嫁衣的工作，是参与文本信息传达的一个角色，或许是将出版人、编辑者、设计师、印制工艺集于一身的"导演"，其工作体量远远大于装帧。中国书籍水平要赶超世界先进水平，讲空话，唱高调，躺在过去的成绩里自我陶醉不行。中国设计师要给自己提出更高的目标，大家往这个方向努力，希望中国的书籍无论从外表到内部展现都能在世界先进书籍文化艺术领域中有一席之地。

● 韩

在"书籍设计"这个概念下，我知道您又提出了具体的"装帧""编排设计"和"编辑设计"三个层次。您如何看待从"装帧"到"编排设计"再到"编辑设计"三者的关系呢？

● 吕

可以把书籍设计分为三个层次：第一个是装帧，即功能保护、商品宣传和书籍审美，以及物化工艺手段应用；第二个是编排设计，又称为二维设计，将文本、图像、空间、色彩在一个二维平面上进行完美的协调经营，让每一页呈现舒适的美感和流畅的阅读性。国外有专门的编排设计家，称为Typography Designer，创造文字、塑造文字、编排文字、应用文字，传达文本、编织图像、制造阅读节奏和优化信息传达空间；第三个就是Editorial Design，即编辑设计。编辑设计不是文字编辑的专利，它是指整个文本传递体系的视觉化塑造。作为一个编辑设计者应该运用视觉语言的优势去弥补文本的形象表达之不足，超越文本表现却不违背文本，这在过去做装帧时是不可想象的，会被戴上越俎代庖的帽子，因为这是编辑的专属领地。好的书籍设计亦能成为文本的第二主体，增加文本以外的附加值。实际操作是先由编辑设计始，再进入编排设计阶段，最后是装帧收尾，由编辑设计起始往前推进，但这三个层次又是相互渗透、互为交替、循序渐进的过程。

● 韩

编辑设计就是您所说的设计师作为编剧、导演参与书籍制作的方式吗？整体设计与编辑设计是一个概念吗？

● 吕

是的，编辑设计是导演性质的工作，设计师是把握文本视觉传递的最终掌控者。书籍中的文字、图像、色彩、空间等视觉元素均是书籍舞台中的一个角色，随着它们点、线、面的趣味性跳动变化，赋予各视觉元素以和谐的秩序，注入生命力的表现和有情感的演化，使封面、书脊、封底、天头、地脚、切口，如京剧生、旦、净、丑的做、念、唱、打发挥各自的功能，所有的设计元素都可以起到不同的作用。书籍设计也可以产生音乐的节奏感，设计师就是一个角色、一个导演、一个编剧或者是一个演员。过去评奖曾设有"整体设计"的奖项，但只是相对于"封面奖"而言。编辑设计是书籍设计理念中最重要的部分，而书籍设计中的核心是设计者对文本进行编辑设计思想的导入，是以视觉语言的角度提出该书内容构架思路和建立辅助阅读的视觉系统的编导过程。简单讲其设计成为文本以外不可欠缺的一部分，从而提升文本信息的传达质量，使内涵更为丰富，让读者更乐于阅读，甚至增添价值而被珍藏。

编辑设计是对过去装帧者尚未涉入的，文本作者和责任编辑不可"进犯的领地"的一种"干预"。编辑设计鼓励设计者积极对文本的阅读进行视觉化设计观念的导入，即与编著者、出版人、责任编辑、印艺者在策划选题过程中或选题落实后，开始探讨文本的阅读形态，即以视觉语言的角度提出该书内容架构和视觉辅助阅读系统，并决策提升文本信息传达质量，以便于读者接受并乐于阅读的书籍形神兼备的形态功能的方法和措施。这对书籍设计师提出一个更高的要求，只懂得一点绘画本事和装饰手段是不够的，还需要明白除书籍视觉语言之外的新载体等跨界知识的弥补，学会像电影导演那样把握剧本的创构维度，摆脱只为书做美的装饰的意识束缚，完成向信息艺术设计师角色的转换。

● 韩

一本好书，无论是什么门类的读物，都应该让读者在获得书本知识的同时得到更多的体验，从内容到形式，从阅读到体验，从感受到联想，以达到您所说的"书籍不仅要给予读者一个接受和汲取知识的过程，并应得到自身智慧想象和延展的机会"。那么这应该如何把握呢？具体到整体设计中，设计师该如何把握文本和书籍设计之间的关系呢？

● 吕

必须把握当代书籍形态的特征，要提高书籍形态的认可性，即读者易于发现的主体传达：可视性，为读者一目了然的视觉要素；可读性，让读者便于阅读、检索等结构性设定；要掌握信息传达的整体演化，就是全书的节奏层次，剧情化的时间延展性；掌握信息的单纯化，传达给读者的正确感受——主体旋律；掌握信息的感观传达，还有书的视、听、触、闻、味五感。总之，当代书籍形态设计的共同之处将是用感性和理性的思维方法构筑成完美周密的、使读者为之动心的系统工程。拿一本我设计的书作例：2006年，中国轻工业出版社委托我做一套介绍绿茶、乌龙茶、红茶的生活休闲类的《灵韵天成》。出版社的定位是时下流行的实用型、快餐式的畅销书。我读了文本，觉得书的最终形态不应该是纯商品书籍，应该让全书透出中国茶文化中的诗情画意，这也是对中国传统文化的一种尊重。这一编辑设计思路经过与作者取得共识，与出版社就文化与市场、成本与书籍价值进行了反反复复的探讨，这一方案最终得到了出版人认可。于是全书完全颠覆了原先的出书思想，重新设定了叙事结构，增添书稿中没有的视觉元素，采用优雅、淡泊的东方的书籍设计语言和有节奏的诠释方式。其中绿茶、乌龙茶二册用传统装帧形式，使用趋于自然特性的薄纸做成内文筒子页，对折页内侧印上茶叶局部，通过油墨在纸张里的渗透性，隐约飘逸于竖排的文字中，阅读中似乎闻出茶香的感受。这一设计完全改变了著作者和编辑的预想，书籍设计能让读者体会到文本以外的设计用心，并根据自身的经验在眼视、手翻、心

《灵韵天成》，中国轻工业出版社，2007年

读过程中产生联想和信息的延展。通过这一超越了装帧工作的职能，设计者可能成为第二作者，当然是幕后的。

● 韩

书籍设计与阅读的关系呢？或者阅读与被阅读？

● 吕

对于一个设计者在一张纸上进行平面设计时，纸张呈现的是不透明的状态；而对于一位能感受到纸张深意的书籍设计者来说，这张纸就被视为与前页具有不同透明度的差异感，这种差异感必然会影响书籍设计的思维，并去感知那些看不到的东西。由一张一张纸折叠装订而成的书，已不仅仅是空间的概念，其包含着矢量关系和陈述信息的时间过程。能够力透纸背的设计师已不局限于纸的表面，还思考到纸的背后，能看到书戏舞台的深处，甚至再延续到一面接着一面信息传递的戏剧化时空之中，平面的书页变成了具有内在表现力的立体舞台。

编辑设计的过程是深刻理解文字，并注入书籍视觉阅读设计的概念，完成书籍设计的本质——阅读的目的。

编辑设计应真正有利于文本传达，扩充文本信息的传递，真正提升文本的阅读价值。优秀的书籍设计师不仅会创作一帧优秀的封面，还会创造出人意表、耐人寻味、视觉独特的内容结构和具有节奏秩序、阅读价值的图书来，"品"和"度"的把握是判断书籍设计师修炼高低的标准。设计师在为读者提供阅读设计的同时，自己则是在被阅读。维系书之生命就是维系好阅读与被阅读，即主体与客体的关系。要懂得以人为本，以读者为上帝的设计理念，最终会使作品具有"内在的力量"，并在读者心里产生亲和力，以达到书籍至美的语境。

关于书籍五感

● 韩

我们在吉林的一次讲座的海报用了一个人形"五感"的概念，特别形象，这也是您一直倡导书籍设计要做到"五感"的整体传递。"书籍五感"是杉浦康平先生提出的吧？您又是怎样发扬的呢？

● 吕

是的。杉浦老师把书籍五感提高到了一个非常重要的位置，他曾经说"书籍五感应该是设计思考的起始"，也就是说一个设计师如果连书的五感意识都没有，那么他无法完成一本真正意义上的书籍设计。书籍传递多种感知。首先是视感，书籍本身就是视觉阅读物，有文字要读，有图像要看，有色彩要品，视感是不言而喻的。其次是听感，却有很多值得我们去回味的地方，主要是物化书的本身，比如轻重、翻阅过程中的声音等。听感还不仅仅是物质感受，真正的聆听是读出书中的声音——作者的心灵。读者对书的嗅感其实特别敏感，比如不同材质制成的纸张散发的自然气息。还有，我们去一家新书店或到一家旧书店，屋里的两种气味是完全不一样的。电影《查令街84号》形容一家英国旧书店"令人想起狄更斯时代，一股橡树木书架发出的潮湿的味道和那些古老书籍所散发出来的气息"。美国一位作家形容书籍"让你感受到一种带有灰尘的美感""一种甜美和温柔的香"。书香除了纸张与印材本身的味道，更重要的是与书籍生存相关的各种气息。触感是人类寻找对象所具有的非常敏锐的一种器官感受。触碰对心灵有一种震撼作用，柔滑的、枯涩的、温馨的、冰冷的，触感非常直接，它带有各种性格。来自自然的材质感和设计者所赋予不同纸张设计的书籍所承载信息的表情都可以传递一种触觉感受。最后就是品——味感。品味是抽象的体验，它绝不是"口舌的味道"，而是一种心里的品位，审美和精神的品评。一本好书一定是在书籍其他四感的基础上升华到让心灵得到陶冶的"品味"的五感雅境。

● 韩

在许多次的书籍设计论坛中，您提出的"留住温和的回声"打动了很多人。这是不是您想通过书籍设计，来传递对书籍这个载体本身的情感？

● 吕

书籍不是一个收纳文字图像的生硬的容器，人通过心灵阅读，通过五感去领受书籍内涵的传递。杉浦老师说："书籍是影响周边环境的生命体。"环境指的是一个气场，就是所有接触到这本书的人和物所产生的磁场。比如书架上的书是怎样的视觉感受，捧在手中的书又是如何的亲密接触，书就是一个活生生的生命物。书籍五感——品味纸文化的魅力，纸张来自大自然的恩赐，通过纸张的呈递，通过五感的编织，所承载的文字能形成一个打动人心灵的，好似恋人般的感觉，是一种温馨的传达。因此，我说"留住温和的回声"——相对于冷冰冰的电子载体，真的不愿意看着书籍文化留给我们的历经千年的阅读习惯走向消失。书籍不仅仅是一个视觉的媒体，同时是一个物化的立方体，它能实实在在地被触摸到。因此，书不是一个虚拟的梦幻世界。看书，需要我们亲自去翻阅，学会如何物化这样一个奇妙的书籍艺术世界是非常重要的。

我和北京雅昌集团合作创建了"人敬人书籍艺术工坊"，我经常在工坊和大家一起商量如何来做书，带同学到工坊去实践，去亲身体验，亲身感受中国悠久的书卷文化和书籍制作的工艺过程，这些都给我带来了无穷的乐趣。

记得德国一位著名设计师说过："书籍设计是将工学、设计、艺术融合到一起的过程，因此每一个环节都不能独立地割裂开来。我们有意模糊书籍形态、印刷工艺、信息构成和媒体划分的概念，当我们从头到尾去看书籍的时候，无疑最重要的部分是idea，就是一种精神之物质的创造。作为物化的书籍，我们应该创造出刻画时代的印迹美，给现在以至将来的书籍爱好者带来快乐，并且永远地流传下去。而在新鲜的外表下，无形又不可见的是我们身藏其中的传统，我们为这个世界增添一些美好的东西。"

求学过程

● **韩**

有幸跟随被誉为"世界平面设计界的巨人"杉浦康平老师学习，是多么珍贵和幸福的经历呀！您多次和我说过，杉浦老师让您领悟到了很多，更教会了您如何做人、做事和对待工作，以及对书籍艺术的专注与热爱。我也亲身感受过他的教诲，在2006年深圳"杉浦康平杂志设计半个世纪"展览期间，他和我说，希望我要热爱东方文化乃至亚洲文化，特别指出中国文化和印度文化是亚洲文化的两个面，希望我可以学习一点印度的文化，这样才可以表达和推动东方文化。

● 吕

　　这是一段永远铭记在心的经历，也是一种陶冶与修炼。学习的过程，除了教授作为设计师需要掌握的设计理念和方法论以外，更多地去探求触类旁通的其他艺术专业门类。他指出书籍设计不仅仅是一种技巧，是知识的积累，更多的是独立思维，是对一个事物和信息充分判断后的逻辑思考，而不只是简单地做装帧而已。他希望我能够更多地关注和热爱中华文化并应用到设计实践中去，对未来中国的书籍艺术发展做出一份努力。这些教诲对我以后的设计和教学都产生了巨大的影响。在向杉浦先生学习的过程中明白"书籍设计不是简单的装帧"，一本书的完成要付出如此多的精力和时间，我对此有了新的深切体悟。他让我明白所谓书的设计均是设计者与著作者、出版人、编辑、插画家、字体专家、印制者不断讨论、切磋、沟通、修正而产生的整体规划过程。尤其是杉浦先生对文本的解读，都有他独到的见解，更是以自己的视点与著作者探讨；再以编辑设计的思路构建全书的结构；以视觉信息传达的特殊性去弥补文字的不足；以读者的立场去完善文本传达的有效性；以书籍艺术性的审美追求，着重于细节处理和工艺环节的控制；以理性的逻辑思维和感性的艺术创造力将书籍的所有参与者整合起来，并发挥各自的能量，汇集大家的智慧和一丝不苟的态度来做一本至臻至美的书。他像在做导演的工作。一本做了8年的《立体看星星》、汇集著作者与设计者合作智慧的《全宇宙志》，文本与设计，你中有我、我中有你。我在国内从未体验过这样的做书经历，书籍设计师的这种专业性令我惊讶，也更引发我竭尽全力去关注，并参与一些书籍设计的全过程。

　　反思自己，感慨书籍设计者的职业素质和设计能力绝非会画几张画、能写几个字就能胜任的，也感受到做出好看的封面或画出有艺术性的插图并不

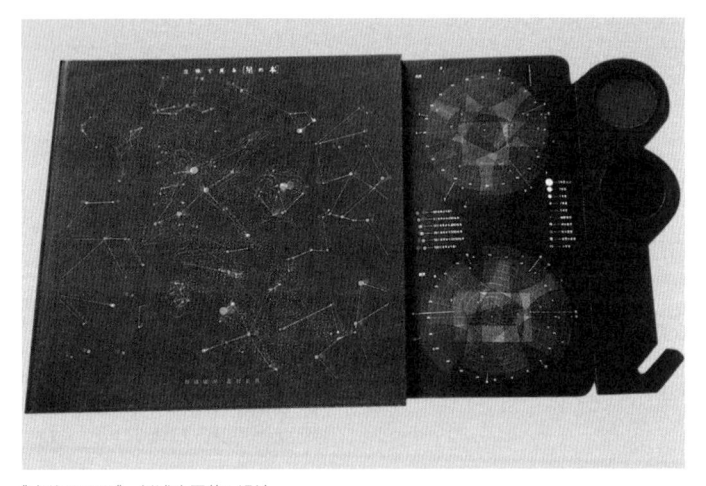

《立体看星星》,杉浦康平著+设计

《全宇宙志》,杉浦康平设计

是书籍设计的全部，这里有一个很关键的认识问题，就是要意识到以往装帧观念的局限性，重新界定设计师做书的目的性和责任范围，认识书籍的装帧设计、编排设计和编辑设计三位一体的设计观念的重要突破。设计者的知识铺垫、视野拓展、理念支撑是那么重要。杉浦先生让我开始明白：作为书籍设计师除了提高自身的专业素养外，还要努力涉足其他艺术门类，如目能所见的空间表现的造型艺术（建筑、雕塑、绘画）、耳能所闻的时间表现的音调艺术（音乐、诗歌），同时感受在空间与时间中表现的拟态艺术（舞蹈、戏剧、电影）。他引领我走进书籍设计之门。

我的人生之路上幸遇两位恩师，一位是中国插图、连环画泰斗，美术教育家贺友直；一位是东方视觉文化的研究学者，平面设计大师杉浦康平。这是我这辈子的福运。

● 韩

回国之后您是怎样开始新的书籍设计道路的呢？那时的国内书籍设计状况是怎样的呢？我记得1996年您召集举办的"书籍设计四人展"以及出版的《书籍设计四人说》产生了巨大的轰动效应。那应该是您回来之后的一个重大的事件吧！

● 吕

是的，面对某些高谈阔论且老生常谈的学术风气，希望不与时俱进又缺乏生气的设计观念有所改变。于是在1996年我和宁成春、朱虹等人一起做了一个"书籍设计四人展"，并出版了一本书，提出了"书籍设计"观念。这不是我们的发明，我们试图以书籍设计这样的新观念，改变人们对书籍装帧的固有看法，抛砖引玉，激活沉闷的设计批评。当时这样的展览是不多的。展览得到三联书店领导、著名出版人董秀玉先生的支持，还出版了在那个年代尚属前卫的探索性《书籍设计四人说》，展览受到不小的关注。由于提出了书籍设计的新话题，引发大家的讨论和争议。令人欣慰的是不仅得到设计界，还有出版界和海外同行们的理解，更多志同道合者慢慢地聚集在了一起，不为老观念所束缚，从理论到实践，热烈探讨书籍设计的未来，营造了前所未有的学术氛围。

● 韩

"书籍设计四人展"开创了一个书籍设计的新时代。我当时还在山西，刚开始做书籍设计，记得王春声先生从北京回来送了我一本《书籍设计四人说》，那种冲击是具有震撼力量的。可以说，影响了我后来的书籍设计观念。之后您开始了对中国书籍设计事业的推动工作吧？除了"全国书籍设计展"之外，您也参与和推动了"中国最美的书""翻开"等许多书籍设计活动，以及您举办的"中国书籍设计家40人邀请展"等。能具体谈谈吗？

● 吕

我喜欢实实在在地做事，最看不起那类放空炮、说大话、不干实事的行为。自20世纪70年代入行以来，历届的全国书籍艺术展组织工作我都会积极参与，只要前辈招呼，马上参加义务劳动，我觉得是理所当然的事，从未考虑过索取报酬或获取得奖的权利，心里坦荡，做事也愉快。除了体力活，也在努力推动中国书籍设计观念的更新，比如"书籍设计四人展""国际书籍设计家全国巡回展""当代中国书籍设计家邀请展"。每到一地举办学术论坛，把年轻设计家的魅力及时展现给广大读者和专业工作者，获得了热烈的反响。另外，还组织展事把中国设计推向世界，已先后在欧洲、日本、韩国、新加坡，以及中国港台地区举办当代书籍设计展。在德国国家图书馆举行了首次"中国当代书籍设计艺术展"，西方设计界能如此集中欣赏到当代中国书籍设计家的艺术作品还是第一次。

改革开放以来，面对国外优秀的设计理念和作品，心中不甘落后，中国一定要进步，这是我参与举办了多种赛事的原动力。其中最为重要的是历史最悠久的"全国书籍艺术大展"。我从第六届开始参与全国书籍艺术大展主持工作，还策划了北京首届"国际书籍设计家论坛"，这些展览和学术活动掀起了一个又一个书籍艺术设计的高潮。同时，我还受邀参与上海新闻出版局从2003年开始举办的"中国最美的书"的评选工作。这个评比在国内外引起了很大的关注，通过评选"中国最美的书"，每年中国的书籍设计均有"世界最美的书"奖项获得。我因让世界了解中国书籍艺术，为中国争光，也提升了中国设计师的自信心而感到由衷地高兴。

访谈之吕氏代表作

● 韩

关于您的作品，您认为自己的设计风格或者个性是什么？

● 吕

我尚未形成自己的风格，也不认同所谓的"吕氏风格"，因为我不明白如何才能形成风格。我想"风格"就是一种自然流露吧。对"风格"只能是一个粗浅的认识：书籍艺术和其他门类的艺术一样，个性就是生命，多元思考是诸多风格形成的前提，坚持个性才能体现风格。"风格"的境界，是一个艺术上不太安分，又永不满足的设计追求。为此，对每本书的设计抱着一种新鲜的态度，希望不重复自己。维系个性的发挥对于设计师来说是十分重要的。我的设计个性，喜欢内敛而不张扬的表现手法，大概是温、良、恭、俭、让的东方文化价值追求吧。另外，是坚持书籍设计由里到外的整体概念的实现并非局限于装帧，不希望只为书做封面。也许这也能算作风格？

● 韩

我非常喜欢您设计的《梅兰芳全传》，我觉得代表了您的"编辑设计"思想。请谈谈您做这本书的思路吧！

● 吕

《梅兰芳全传》是2002年设计的，当时文编给我的只是一本35万字的纯文稿，无任何图像资料。梅兰芳是个视觉表演艺术家，他的生活舞台和戏剧舞台形象是那么的丰富，我认为这本书充满了信息视觉化传递的可能性。征得梅兰芳家属的同意后，我征集了上百张展示大师一生方方面面的图片，进行分门别类，根据文本重新编辑全书的叙事结构穿插于行文之中，呈现最佳的信息补充和阅读的节奏秩序，传递出大师一生信息时空陈述的轨迹，并为读者创造联想记忆的机会。我认为书不仅仅是平面的载体，更是承载信息的三维六面体，每一面都应该承载信息。于是我将书口做了一个特别的设计，读者在翻阅书籍时，左翻是穿戏服的梅兰芳舞台形象，右翻是着便装的梅兰芳生活形象，书口呈现出他生命中的两个舞台。书可以成为一个在翻阅过程中有生命记忆的东西，因为通过翻阅，梅兰芳一生的视觉形象深切地印入读者脑海里。此时的设计已经不是简单的装帧了，设计师成了文本的编导者，书籍设计使原文本增添了阅读价值，其中编辑设计的概念发挥了至关重要的作用。书的成本会提高一点，但读者喜欢，销售得更好，初版后马上就再版了。书籍设计师在书稿面前既要忘记自我，又要在书中主动担当一个重要的角色，这就是书籍设计的功能展现。

● 韩

您把这本书真正想说的东西视觉化了。不仅是这本书，其他的您设计的很多书，提供了视觉化和情感化的设计理念，如您获得"世界最美的书"奖的《中国记忆》，我个人也非常喜欢。您怎么评价自己这个作品呢？是否代表了您的书籍设计思想的实现呢？

● 吕

2008年为配合北京奥运会设计的《中国记忆》一书荣获2009年莱比锡"世界最美的书"奖，我想首先应归功于书自身的内涵与分量，将中国5000年文化积淀的艺术精粹汇集于一身的图文魅力；其次，这本书在编辑设计过程中得到了各方面专家、编辑、出版人的配合和支持，精心地拍摄并撰写文本，还有非常专业的印装品质。在编辑设计中我提出许多附加信息的要求，如每一历史阶段的年谱，增加每件文物的史实感，当然给学者增添了不少额外的麻烦。但由于与编著者、出版人、编辑、印制者之间经历了一个非常好的互动互补的创作过程，《中国记忆》各级信息都得到诗意地阅读。设计得益于书籍设计系统工程新概念的呈现。

《中国记忆》以构筑浏览中国千年文化印象的博览"画廊"作为设计构想,将体现主题内涵的视觉元素由表及里贯穿整体书籍设计过程。设计核心定位是体现东方文化价值,将中国传统审美中道教的飘逸之美、儒家的沉郁之美、禅宗的空灵之美融合在一起,让儒、释、道三位一体的东方精神渗透于全书的信息传达结构和阅读语境之中。书中的章节划分、辑页内容的构成、画页文字归类划定、传统包背装于M折拉页的阅读设计、书页纸张触摸的质感设定、封面锁线形态和腰封动静图像翻阅呈现等,这一设计过程都是书籍设计理念的有序体现。

我翻阅过许多"世界最美的书",看点就在不限于外在的装帧,而是深入到内涵的编辑设计,不同一般的设计总是充满阅读的诱惑力,而不是仅靠一件漂亮的外衣。我作为北京奥运会赠送各国元首的国礼书的设计者还是挺自豪的。

● 韩

我认为,设计其实就是把精神的东西物化、视觉化,让观者从视觉来感受这个精神。《中国记忆》这个精神传递就非常完美,把中国文化的美与精神内涵完美融合,其中的具体设计思路应该是如何视觉化传递这个精神吧?

● 吕

对,这也是让我最头疼的。我的设计思路是将中国文化精神最具典型代表意义的天、地、水、火、雷、山、风、泽进行视觉化图形构成,以体现东方的本真之美。

书名字体选择从雄浑、遒劲、敦厚的《朱熹榜书千字文》中抽取"中国记忆"四个字进行组合重构。版面设计以文本为基础，编织好内容传达的逻辑秩序和视觉结构规则，把握好艺术表现和阅读功能的关系。中国文化不仅有博大恢宏的一面，还有高幽雅静、宁静致远的特征。

● 韩

这本书的形式与印制也是非常独特的，第一印象非常中国，但是又不是特别传统，其中又有现代精神的微妙注入，呈现了非常完美的书卷气质。这个具体的设计是怎样的呢？

● 吕

《中国记忆》的形制采用中国特有的传统书籍形态，即使用柔软的书面纸和筒子页包背装结构，形成中国式阅读语境。每一部分的隔页选用36克字典纸反印与该年代相呼应的视觉图形，烘托该部分的历史年代。随着翻阅，若隐若现的纸背印刷图形与正面文字形成对照，若静若动，引发超越时空的联想。薄纸隔页与正文内页的纸质形成对比，具有鲜明的触感体验。为了完整呈现图像画面全景，跨页执行M折法，以纸张宽度长短结合的结构设计使中心部分书页离开订口，让单双页充分展开，增加了信息表达的完整性和阅读的互动性。单页形式的排列，则强调文字与图像的主次关系和余白的节奏处理，为书籍陈述的层次感和有序性进行充分的编辑设计。图像精美准确的印刷还原，增添了该书的欣赏性和学术价值，封面强调稳重、含蓄、简练，由此形成全书整体设计理念的全方位导入。该书区别于此类图书惯用的西式精装硬封装帧方式，而以普通的简装本形式面对读者，亲切，不高高在上。

《中国记忆》设计要做到代表国家身份的大度，既体现中国传统书卷语

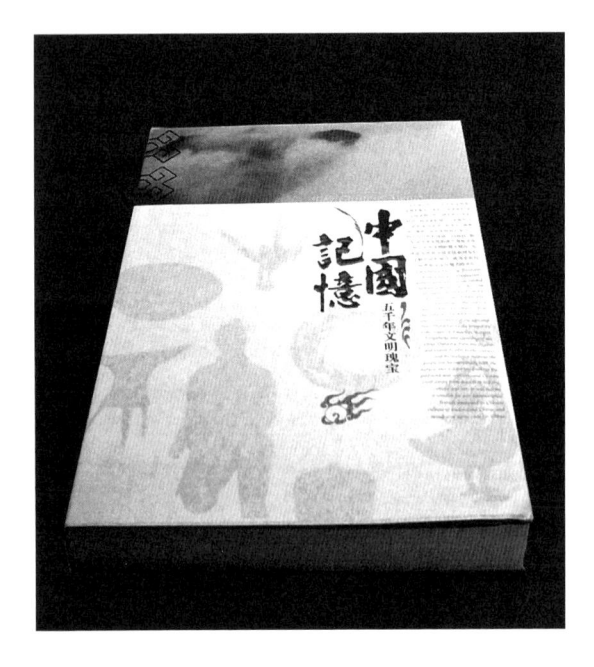

《中国记忆》，文物出版社，2008年

言的典雅气质，又具21世纪的时代气息，让读者在翻阅品赏中回味森罗万象的中华文化意境，通过阅读留住中国记忆。

● 韩

您的其他代表作品呢？我记得您以前谈过有几本是您不同时期的代表性作品，如早期的《生与死》、20世纪90年代的《中国民间美术全集》和21世纪初的《书戏》等，以及很多令我印象深刻的作品，如《黑与白》《周作人余平伯往来书札影真》《子夜》《马克思手稿影真》《朱熹榜书千字文》《翻开》《赵氏孤儿》《食物本草》《贺友直画三百六十行》《怀珠雅集》等。您能为我们介绍其中一两本的设计情况吗？

● 吕

《生与死》设计于20世纪80年代，那时还是铅字凸版印刷时代，全部手工绘制，连书名也需要自己写。印刷限定用三色，只准印封面（封底空白，可省锌版费用和油墨），设计要动脑筋想方设法由两色叠压产生第三色，甚至第四色，这需要不断试验。当时我经常骑自行车到工厂与工人一起调油墨，很过瘾，并学到许多补色的知识，也积累了不少经验。此书获得第三届"全国书籍装帧艺术展览"银奖（1986年），是我刚入行后获得的第一个奖，受到当时著名的设计家王卓倩老师的勉励，至今难忘。

《中国民间美术全集》设计于20世纪90年代初，那时已经是平版印刷时代（胶印）了，可以四色印刷，充分还原图像，与学者、编辑、印刷单位共同商榷互动，实现了编辑设计、网格系统、编排设计等许多设计探索。尽管纸张、工艺都很平常，但对印制有严格要求，边缘线离切口5mm，在当时是大胆的实验，与工厂"争"得面红耳赤，终于赢得对方同意，如今也成为佳话。1995年此书获得第四届"全国书籍装帧艺术展览"书籍整体设计金奖。

如何看待出版与书籍设计业

● 韩

谢谢吕老师，使我受益匪浅。在当下的书籍设计现象中，我们可以看到市场上大量过度设计的东西，如不切实际的豪华，或名不副实的虚假夸张，形式与内容的本末倒置等。您怎么看？整体行业会有这样的倾向吗？

《生与死》,中国青年出版社,1985年

《子夜》,中国青年出版社,1996年

● 吕

这个问题是指当今设计界中存在的过度设计的弊端,即所谓超越文本主题不着边际的化妆修饰。那种牵强附会的花哨设计,外强内虚的外在浮夸包装,我觉得时下确实存在,不宜提倡。但这并不代表今天书籍设计的主流。事实上,随着书籍市场体制的导入,出版社已不再为了获奖而去做大而全的花架子工程(尽管现在还有),越来越多有品位的出版人更重视书籍本身的内在价值,而非靠漂亮的一张外皮来取悦读者,或一副唬人的包装来虚张声势。

● 韩

面对过度设计,现在有人提出"没有设计才是设计"的观点,我也不认同。您是怎么看的呢?您认为书籍设计的度在哪里?什么样的设计才是适合的呢?

● 吕

有人说,没有设计的设计才是设计,这一说法没有错,因为"空"是艺术的一种境界,但就不同的内容只用这一个标准则稍显偏颇了。没有设计的书何需要设计,我们说的好设计是不留下刻意痕迹的设计。一本设计好的书,让读者在流畅、有趣的阅读中感受到设计的美感和文本语境的充分表达,并为读者创造回味联想的可能,无论是繁复的设计,还是概括抽象的设计均可做到这一点,只要符合文本主题即可。有的设计表面上没有过多的"笔墨",也没有滥竽充数的照片插图,但其精心的编排秩序、灵动的空白运用、合理的字体字号、舒适的行距段式的设定,仍可显现内在的饱满和设计师的追求与功力。

我曾为一个出版社设计一本学术类图书，根据文本属性，精心设计，以简约大方的版面交给对方，却被认为是在偷工减料，组稿方觉得不加上一些装饰成分就亏待了这份稿酬的付出，真让人啼笑皆非。出版人这种心态也是导致当今出版物越来越花哨、干扰阅读的原因之一。另一种情况是设计师对内容无深层次的挖掘，创意枯竭，视觉语言干瘪，反以简约至上为借口，同样不能提供给读者满意的作品。任何设计均要有个"度"，并与表现对象的内涵相吻合，不管是繁复还是简约、具象思维还是抽象设计。

● 韩

您认为什么是书籍设计师应具备的素质？

● 吕

设计是一种思维活动，一个不喜思考的设计师是做不出有深度的作品的。杉浦先生曾对我有这样的教诲，作为一名书籍设计师应具备三个条件：一谓好奇心，是一种强烈的求知欲；二谓要有较强的理解力，即有较丰厚的知识积累，善于分解、梳理、消化、提炼并能应用到设计中去；三谓跳跃性的思维，即异他性及出人意表的思考与创意。要做到这三点是很不容易的，对我来说还远远没有达到。

● 韩

谢谢吕老师美妙的解读，使我受益匪浅。我们现在谈另外的话题。您知道随着科技的快速发展，电子阅读得到巨大的提升，对传统书刊带来了不小的冲击。甚至有人断言，电子书必将取代传统书籍，传统书籍离消亡的时间不远了。您怎么看待电子载体的发展对书籍设计的影响？书籍设计的未来会是怎样的？

● 吕

E-book的诞生是一件好事，电子载体有很多的优点，容量大，好检索，可以减少纸张的使用，节省能源。我认为电子载体为传统纸面书籍生命的传承创造了更好的条件。因为很多的阅读可以通过电子载体完成，真正留给读者的书是那些能让人感受到纸张本真的书，使之成为一个永恒的生命。从书籍来讲，它的美感来自书籍五感所带来的体验，只要地球这个物质世界还存在，这种魅力是不会消失的。不同的是未来的受众会分流，喜爱纸面书籍的读者会购买并珍藏它。

● 韩

您认为书籍的未来是怎样的？也作为我们访谈的结束语吧。

● 吕

我相信书籍的生命消失不了，面对不同阅读感知度的电子载体，书籍文化留给我们的历经千年的阅读习惯不会轻易消失。出版人、著作者、书籍设计师的观念应与时俱进，努力创作更多读来有趣、受之有益、出人意表的书籍。真正留给读者的书是那些能让人感受到书籍生命的珍宝，能够代代相传。那是多么温和美好的一个时代！

3."天圆地方"——让文字的传统语法在今天发扬光大
杉浦康平&吕敬人

对谈人：吕敬人&杉浦康平

对谈时间：2006年

吕敬人出生于上海。"文革"期间有上山下乡的经历，期间他的优秀艺术才能得到涵养的积蓄。他有很好的书画功底，文章也见长。1989年进了一家出版社，立志从事书籍设计艺术。曾通过讲谈社的交流项目访日研修后在我的事务所潜心钻研书籍设计。回国后与长足发展的中国出版界齐头并进，积极汲取中国传统书籍艺术精华和工艺技术之长，设计出一批批精美的书籍。他充满东方温情的设计和别具说服力的论证，对中国年轻一代设计师产生了很大的影响。他在组织举办2004年"中国书籍设计艺术展"和"北京国际书籍设计家论坛"中发挥了核心的作用。

——杉浦康平

汉字发挥着非凡的结合力

● 杉浦

吕先生是1989年来到日本，在我的事务所学习的吧。在那之前，你一直对美术锲而不舍，后来又立志要学习新的书籍设计理念，来到了日本。看到吕先生如饥似渴、孜孜以求的学习热情，引发我对亚洲人重新有一个深入的思考。

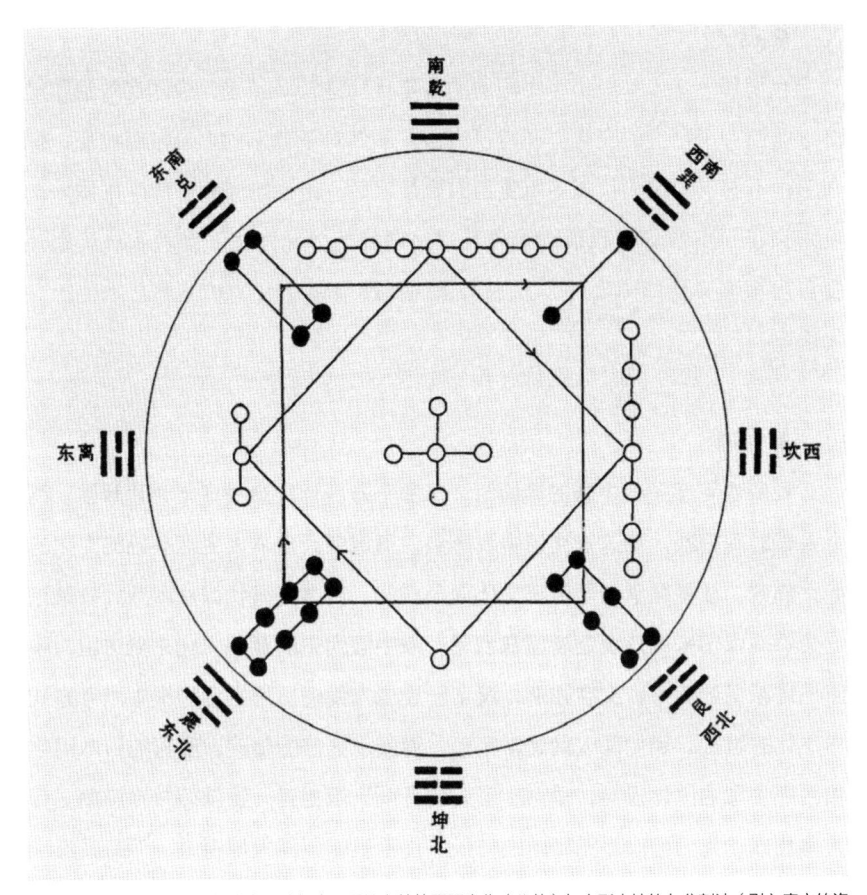

基于圆相和方形的八卦文与洛书图的组合。天地自然的阴阳变化（八卦）与方形大地的九分割法（引入魔方的洛书）揭示"天圆地方"之深远的造化。

● 吕

我们那一代人都经历了中国的动荡年代。这50多年来，中国在政治和经济方面都有了巨大的变化。在自己内心，虽然对于艺术的追求没有改变，但在那种不安定的政治状态下所受到的痛苦记忆，无论如何都会残存在体内。后来到了日本学习，我最大的收获就是遇到了杉浦先生，您教我认识到热爱自己祖国文化的重要性，并一再强调要珍惜和学习中华书籍艺术传统文化遗产。

● 杉浦

我每次问起关于中国的事情时，你都千方百计地查找资料为我解答。两个人长时间笔谈。从这些交谈中我感到，奠定今天日本人生活基础的文化的绝大部分，都是继承中国传统文化而形成的。日本诸岛状似从欧亚大陆最东端突然间弹出来的几块红薯摆在那里，以中国为主的亚洲文化来到这里，不断地堆积沉淀下来。文字亦然，汉字已经成为我们日常生活的根本思考方式与文化的基础。我们两人就经常笔谈，克服了语言的障碍。我写的日本汉字和吕先生写的简体汉字，虽然字形有所不同，但相互一看就能共享意象。今天有翻译，我们可以毫无顾虑地交谈，我希望能更深入地探讨一下有关汉字的话题。首先想问的是关于汉字的象形性。汉字是由"线"与"点"复合而成的，仅仅盯着一个个汉字看，就会激发人的想象力。我想这是因为汉字既是物象又是物象某种程度的抽象化和象征化。这种象形性形成汉字的一个特色。作为创造并在日常生活中使用汉字的中国人，从使用汉字进行书籍设计的角度，吕先生是怎样看汉字的象形性的呢？

● 吕

汉字始于雕刻在龟甲或动物骨骼上的"甲骨文",然后是铸刻在青铜器上的"金文",随后是篆书、隶书、楷书、行书等,在漫长的历史过程中不断地衍变。尽管,现在人们在日常生活中每天都看到汉字,但是对字体却视而不见。在中国,有一些艺术家、书法家、篆刻家致力于字体的研究,但只是很个别的例子,更多的人——譬如即使是出版社的有些编辑——也不关注字体的美感以及蕴藏其中的意义。

汉字的每个文字中蕴含着无穷的趣味。所谓汉字的象形性,就是指汉字在反映事物形态的同时,也反映了它的意义以及声音。将某个文字与其他文字组合,便会带来不同的意思、不同的发音和不同的感觉,那可以说是一个宇宙吧。进而将这些文字构成词组与另一词组结合起来,便成了诗句。把这些单行诗句再组合成诗的话,将可以达到其他文字所无法表现的意境。

● 杉浦

汉字发挥着说不清的非凡的结合力。举一个现代的例子可能有些唐突,超现实主义诗人洛特·雷阿蒙(Comte de Lautréamont)曾使用"如同缝纫机与洋伞在手术台上相遇般美丽"(长篇散文诗《马尔多罗之歌》)这样的表现手法,这语句是异质的事物间出乎意料的相遇或超越逻辑的拼接。还有杜尚,他把躺倒的马桶搬进美术馆名之曰《泉》,从而改变了艺术概念。我认为杜尚的意图在于从西方现代的理论、逻辑向不同维度的跳跃。在偏旁结合、头脚叠加的汉字构造上,有与此类似"意义"的铺陈,有意外性、发现性和创造性。听了你刚才一席话,我忽然产生了这样的联想。比如"鬱"这个烦琐的字吧,它有一个简直像现代绘画、抽象画的字形,几个字拼接各自的意义，欲穷尽郁闷、心烦这些"鬱"的本质。而在手机短信、互联网上也能发现同样的集群，即时下流行的一种称为"emoticon"的表情文字的字符，是以横排文字与符号组合成图形，尝试突破文字的传达。这些表情文字的符号元素再紧凑一点的话，与汉字的字形就很接近了。在遍布全球的电脑空间也孕育着类似汉字的复合性和多重性，以期打破字母排列的单调。

"鬱"是木、缶、冖、鬯、彡的合成字。将装有香草的酒器"鬯"，用缶和"冖"（盖）捂住，酒发酵，变成用于请神祭礼的酒"鬱"。从"密闭发酵"引申郁闷、心烦等词义。据白川静《字统》。

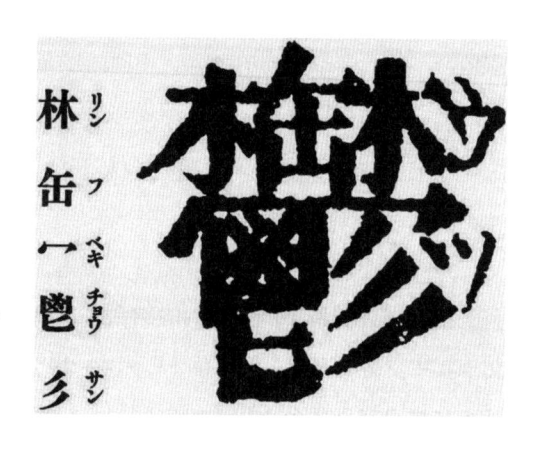

在电子邮件、手机短信中出现的emoticon，意为情感（emotion）+符号（icon）。现在，在年轻人中不断地花样翻新。

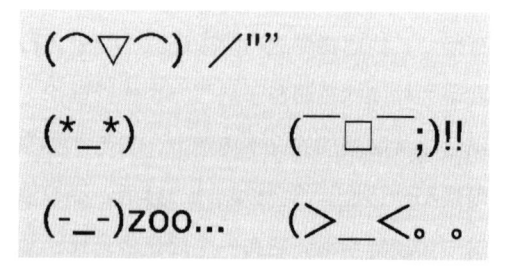

文字的组合产生文章，产生诗篇

● 吕

汉字是中国人祖先的智慧结晶。汉字的造型与中国人的生活有着极其密切的关系。比如"招财进宝""黄金万两"等组合文字，就会使用在人们的日常生活中。在更深的层面上，佛教与道教的相互交流中也会有各种符号（少林寺的石刻碑《混元三教九流图赞》中将佛教、道教、儒教融合在一起形成三位一体的符号）的交换、引用，并会不断有新的汉字产生。

从字的组合中产生出新的文字、新的诗。如图那样以汉字字素的构成拼合，形成具有丰富含义的新文字；另以汉字的字素、字形进行文字游戏般的回环排列的"回文诗"；拆散文字偏旁的"离合诗"，如"成处合成愁？离人心上秋"（宋·吴文英《唐多令》）；还有文字结构颠三倒四的"神智诗"，运用汉字的独特形态形成汉文化中各种诗体形态。正因为有了这样的文字形态，才在汉字文化圈中产生了如五言、七律等根据一定的规则而形成的具有韵律感的诗歌形态。

● 杉浦

很有道理，确实如此。我在来北京的飞机上读了一本关于《说文解字》的书。《说文解字》是西汉许慎所著，以中国最早的汉字研究典籍或辞书闻名遐迩。许慎在书中说，"文"像纹样一样记述事物，"字"是将这样产生的纹样像繁育后代一样大量繁衍的结果。这是极具象征性的、有趣的解释。换言之，"文"相当于是象形文字及指事文字（象征性地表示动作与状态的文字），"字"相当于形声文字、会意文字。他以"文"与"字"二字说明了汉字的基本构成法以及意思的创造法。

结体字"黄金万两"

结体字"道通天地有形外"

徐冰创造的英文字母模拟书法体

● 吕

"文"是从原始的象形文字中产生出来的,这可能并不代表文字创造的意识的诞生,或许仅仅是作为一个标记、记号而存留下来的。这个标记被人们共同使用、记忆,即成了文字。

● 杉浦

有一种风俗是在死者或新生儿胸口、额头上打上"×"号避邪。"文"大概原本就是用来避邪的记号吧。而支撑着我们今天的文明、文化的语言,就用这个"文",耐人寻味。

"文"的甲骨文。在死者胸口文上"×"或"心"字形,意思令死者超脱

● 吕

《说文解字》中提到，是传说时代的帝王伏羲创造了汉字。某天，伏羲折了一根树枝，在地面上轻轻画了一条线。这个一生出了二，二又变成了三，三则形成了万物。一分开了天与地、阴与阳、日与月，是诞生万物的最初的一画。因此，这一画成为中国文字概念的基本，同时也创造了阴、阳的概念。俗语说，"一画开天，文字之先"。

内含对称性与阴阳原理

● 杉浦

关于汉字我一直有个疑问，记字的时候字形越单纯越容易记忆。然而，中国的文字一开始字形就很复杂。比如"鱼"这个汉字。一般来讲，只要在带尾巴的鱼的轮廓上画上眼睛，就知道是鱼了。事实上很多古字也是这样的。可是汉字却在轮廓里画上类似"×"印记的骨头、添上尾鳍，使其复杂化。"鱼"在汉语里念"yú"吧？这么复杂的字形，必须边写轮廓边念"鱼"，写骨头再念"鱼、鱼、鱼"地非得发音五六次才行。（笑）也就是说，在古代书写汉字的行为可能不带声音的。

● 吕

有这种可能性吧，不过得找专家请教。

● 杉浦

不是文字在搭载声音，而是将文字形态所蕴含的生命力牢牢地记录下来，

殷代"饕餮纹"青铜器

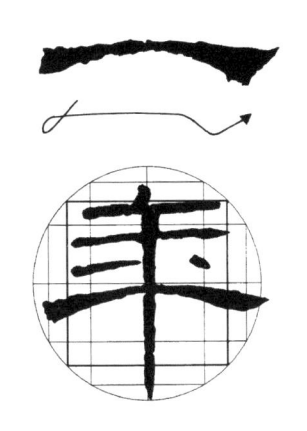

隶书中"一"画动态书写中的"一波三折"

也就是使可视与不可视的物质两者都能包含进来。再举一个例子，古代中国（殷代）有一种别具匠心的称为"饕餮纹"的青铜器装饰图案。"饕餮"的意思就是"贪婪，贪吃"。这个装饰的概念非常特别。这里刻着左右一对的灵兽，本来单面就可以完成的纹样特意反转过来，将两侧连接成一个造型。纹样是复合而成的，而且仔细看这个纹样，居然还加进去好几种动物，在它的脸上能看见龙、凤，甚至老虎。这是一种超常感觉的装饰，与汉字的复合性有相通之处。

● 吕

这样的造型，与中国人的思维方式有关。在中国，人们很重视对称性。不过，在甲骨文时代大概还没有对称的概念，发展到篆书，开始重视文字的对称性、平衡性、协调性，装饰性也提高了。但是，到了隶书，却朝着摒弃对称性的方向发展了。这个时期所追求的是对比性、主次疏密，以及均衡中的非均衡性，是对比中的非对比，即经过平衡与对称阶段之后的不平衡与不对称。在非对比的同时，整体却极具调和性。写隶书时"一波三折"，一个波浪中有三个起伏，笔画充满了波势之美，就是体现这个概念的一种表达。随着时代的变迁，文字渐渐从向人们传达意义的功能中分离出来，成为艺术家的一种表现空间。文字的造型也超出了方形的界限。

● 杉浦

吕先生这么一说，我又想到几个耐人寻味的问题。我认为甲骨文时代已经有了某种对称性。比如右手、左手以"和"单纯的对称形成文字。还有刚才提到的饕餮纹周围填满了雷纹。"电"的字形中巧妙地融入电光旋涡状滚动的形态。阴阳对称的涡流已经存在于文字之中。中国人对于人类身体所具备的旋涡状的左右对称性，已然给予了充分的关注。还有，在形成自然的根本原理中，一定有无法相容的两个要素，一阳一阴。正如吕先生刚才解释的那样，一产生了二，由此产生了各种动态，产生了涡流吧。我认为汉字对这种阴阳原理反应敏感，并且绝妙地表现了它的动态。

简化字走过的路

● 吕

汉字是先民通过构形取象的方式创造的。在取象时，时而精细，时而粗略，因此，繁简对比早在古代就存在于造字之中。我们的祖先确实是把阴阳的思想融入汉字里面，留给了我们。可是在今天我们应用的文字中，一部分汉字已经被简化了。在简体字中，有不是原意的调整，但也有些字随意而为之，汉字形声兼备的特点消失掉了。简体化的确使汉字变得更便于记忆和学习。但是，汉字是音意文字，字体的结构与其声符、意符相关；其字形、字音、字义中具有深刻的文化含义，有些字简化后破坏了汉字的文化以及汉字所具有的内涵。举一个简单的例子。"爱"，应属于"心"部。简化后的"爱"属于"爪部"，没了心，还说得上爱吗？由于简体字带来的误会，也闹出不少笑话。"髮"与"發"的读音都是"fā"，简化后被统一成了一个"发"字。"發"是起始的意思，如发生、发展、出发。而"髮"属"彡"部，现简化字中"理发"取谐音。没有"彡"，有何理的必要呢（笑）？

● 杉浦

这是因为头发还会长出来，生发啊。按照中国的阴阳轮回思想，"髮"毛没了，便转化为出发（"發"）（笑）。

● 吕

还有，"穀"和"谷"也是同样。发音都是"gǔ"，在简体字中都被统一成了"谷"。"谷"字意为二山之间，故以山谷一词容易理解，但"穀"字为稻粒，简化后全部统一为"谷"，而繁体字中这两个字的象形会意是截然分开的，若"山穀"简写成了"山谷"的话，这样两个字的意思就混淆了。简体字还是会丧失象形的意义，同时也失去了传统文字所创造的独立性的自由。由于文字的这种变化，也已经体会不到古代中国人传统的创造力了。

● 杉浦

日本的新字体中，也有同样的例子。"器"字的旧字体写作"器"，中央

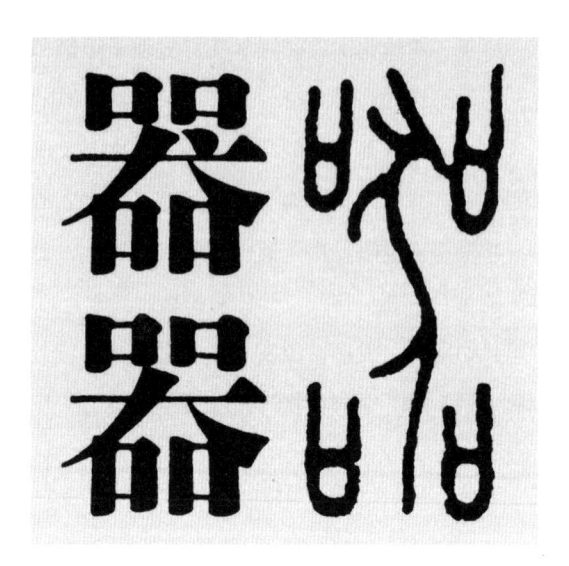

"器"的甲骨文和日文新旧字的差别

放"犬",是作为牺牲奉祀神的;置于四角"口"的形状是奉祀于神前的祭具,其中央放置作为牺牲的犬,也就是说中心部分是请神的场地。可是,去掉了这一点就没有了犬,为祭祀做的重要准备变得无影无踪了。简化使文字丧失了本来的意义,对于这一点你是怎么看的?

● 吕

我曾经从一位书法家那里听到过一段很有趣的故事。这位先生的父亲曾是中国著名的文化学者,在"国家文字改革委员会"工作过。1949年后,对于文字改革曾有过两种不同的对立意见。一种是推行文字普及的意见。当时的中国因为有很多文盲,为中华人民共和国的复兴,有必要解决文字普及的问题。他们为此就如何简化文字,适宜于大众掌握进行了调查。另一种就是为了加快扫盲速度，有人建议将中国汉字拉丁化。用26个拉丁字母注音，完全舍去汉字造型。

● 杉浦

应该是1951年左右的事吧。我们也震惊了。

● 吕

当时，那些主张拉丁化的人经常引用某位文化名人的话"不消灭汉字，中国将要灭亡"；与之相对立的语言文字学者们，则说"汉字不灭，中国不亡"。当时的争论各持己见，也不无道理，现在看来十分有趣，但在当时是非常尖锐的观念冲突。汉字的简化，并非中华人民共和国成立后才开始的。在古代已经有过多次尝试。"国家文字改革委员会"的人经过考证，权衡利弊，针对如何实现简化进行了广泛的研究，在1956年发表了"汉字简化方案"。那时的简化方法是有一定合理性的。

但是，在其后几次发布的简体字中，有很多不合理的东西。特别是"文革"期间，有相当多的汉字被废除了，并显露出不少弊端和混乱。因此，1986年废止了第二套方案。

述说神话的文字，具有故事的文字

● 杉浦

对于我们日本人来说，与汉字最初相遇是汉字传入日本的六、七世纪。因为没有体验过此前（汉字）在中国超过2000年的历史，所以某个字是如何形成的几乎没有人知道。然而，近年来随着对甲骨文等研究的深入，渐渐认识到"原来这个字有如此深奥的含义"。我在几年前读到一位潜心研究甲骨文的日本学者白川静先生的文字研究论述时，恍然大悟。从此汉字变成了精彩的、有着诱人故事的文字，"述说神话的文字"。人类使用的文字形态，发展成两大趋势。一是尽可能以最快速度记录声音的方法，字母即为其例；二是激发沉睡于人类内心世界想象力的文字形态，我发现那就是汉字。

● 吕

在中国，也没有依照汉字的字源来好好进行教育。特别是"文革"期间，因为一些政治上的原因，人们对于传统古老的文化采取了否定的态度。然而在那之后的开放，又使人们的目光一齐转向了西方。近些年来，随着经济状况的好转，人们终于平静下来，能够回过头重新看待自己国家的文化了。在学者中，研究汉字的人也在不断增加。中央美院的吕胜中老师，汇集了有关汉字的图像资料，出版了一本《意匠文字》。当我看到在民间竟沉睡着如此具有想象力的美丽文字，也同样是恍然大悟。关于活字字体也是一样，政府曾经也投入力量。

1961年1月出了一套"书宋体611"，1964年国家投入资金，为《人民日报》出了一套"报宋641"，其结构源自日本的"秀英体"，并在北京、上海成立研究所，做出宋体字长牟。20世纪60年代专为《辞海》做了一套"宋体1"字库，但汉字异体字多，印刷字体结构复杂，规范不易。"文革"后，字体的研究也处于停顿的状态。在中国，20世纪70年代后半期上海成立了日本的森泽（Morisawa）排字事务所，那时广泛使用的是修改后的明朝体。此后，从台湾、香港地区也有一些字体引进过来。80、90年代中国基本上采用

吕胜中编著的《意匠文字》，中国青年出版社，2000年，王序设计

这些字体，继而，又补充了中国自己特有的一些字体。不过最近，一些热衷于文字以及认识到文字重要性的有识之士，开始了开发中国自己的字体的工作。

表现突出的是"北大方正"，他们投入大量财力、物力，汇集了一批优秀的人才在那里进行着"中国文字再生"的开发，现已初见成果。其中两款"方正兰亭""方正博雅"字体均有所突破和创新，这是在中国创造的最初的"数码字体"（Digital Font）。

● 杉浦

以前你给过我这个字体的样本。方正的字体曾经在东京国际图书博览会上展出过。

一波三折与天圆地方，汉字的构成原理

● 杉浦

我想再请教一下你刚才谈到的"一波三折"，这是中国独特的造字法吧。比如"山"这个汉字，一般要表现山的话，写一个"∧"或"⊥"已经足够了，可是汉字却写成"山"，这是三座山顶毗连的形状。再看"水"字，是三条起伏的线。《易经》也说"一生二，二生三"。之所以称为"三折"，是否因为"三"对于中国人来说很重要呢？另一点是一看到这三折，让人很自然地联想到律动、音响。这也是对韵律、声响敏感的中国人特有的感觉方式吗？请谈一下蕴含于三折深层的美学。

● 吕

"三"在汉字里确实是举足轻重的文字。《说文》中有"三，天地人之道也，从三数"一说，其涵盖了宇宙万物的数字。"三"，本义上讲是二加一，但又具有多数之意，如"举一反三""三思而后行""三推天问"，象征深思熟虑的思维方式。还有传统伦理"三纲五常"是必念的圣贤之道，故称为"明三之理"。中国传统美学中也经常有审美三过程之说，庄子美学把自然无为的"道"视为大美，审美境界要经过"听之以身，听之以心，听之以气"三过程，后来又归纳为"应目、会心、畅神"三阶段。书法中的"一波三折"我想除造型以外，是否还寓意着变化、气动、韵律，以及"天、地、人"合一的古人宇宙观。

汉字的构成以"天圆地方"为基本的格式。古人认为天是圆的，大地是方形的；大地是不动的，天是旋转的，也就是天动说。方形的大地表示文字的造

型，中间的圆则表示文字的灵魂，这里包含四季的基本概念。文字在方形的大地上律动着，因此，汉字的造字总是变化着的。在汉字中也有阴阳原理在起着作用。一看到汉字您就会知道，字的左半部略小，右半部略大，这是因为左半部是阴，右半部是阳。这样左右两侧形成了势，由此产生了律动，绘画中所谓"气韵生动"，书法也是一样的道理。"气"代表阳刚之美，"韵"代表阴柔之美，"气韵"代表两种极致的美的统一，这正表现了阴与阳的关系。

● 杉浦

原来如此，左右结构时，右边部分偏大。

● 吕

比如"硬"这个汉字，左边的"石"很小，右边的"更"就很大。从审美角度看，其体现出对比和谐之美，在不匀称之中达到均衡的最佳造型。

● 杉浦

对比的不均衡很重要。天圆地方，音响和律动，对比的不均衡，就是说汉字具有超越几何学分割法的独到的构成原理。象征"天圆地方"宇宙观的灵兽就是龟。龟甲不是含腹背两部分吗，因此它被看成象征"天圆地方"的灵兽。背部甲壳代表天，腹部甲壳代表地。古代中国有过用龟甲来占卜吉凶的"龟卜"。据说这种"龟卜"用的是腹部甲壳而不是背部甲壳。在龟甲上打洞，用火熏烤，以它的裂纹来判断吉凶。占卜的内容被刻在龟甲上，这就是甲骨文的诞生。如此说来，在象征方形大地的腹部龟甲上刻字，与文字造型为方形是互相对应的。

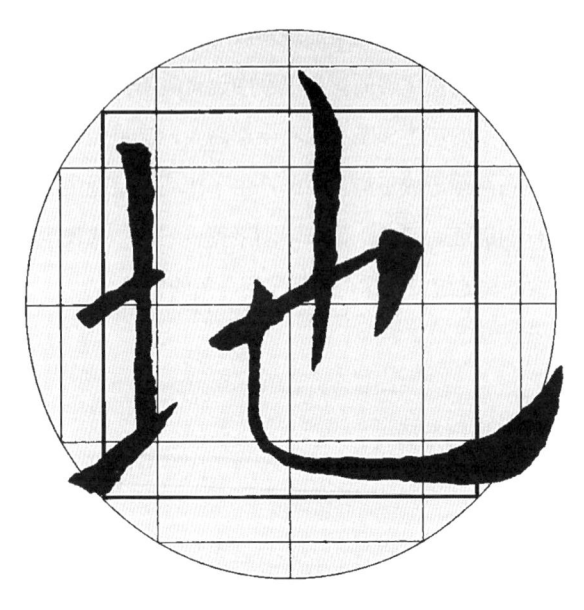

对应"天圆地方"宇宙结构的汉字造型

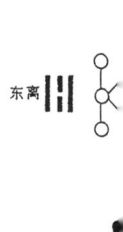

美书 留住阅读

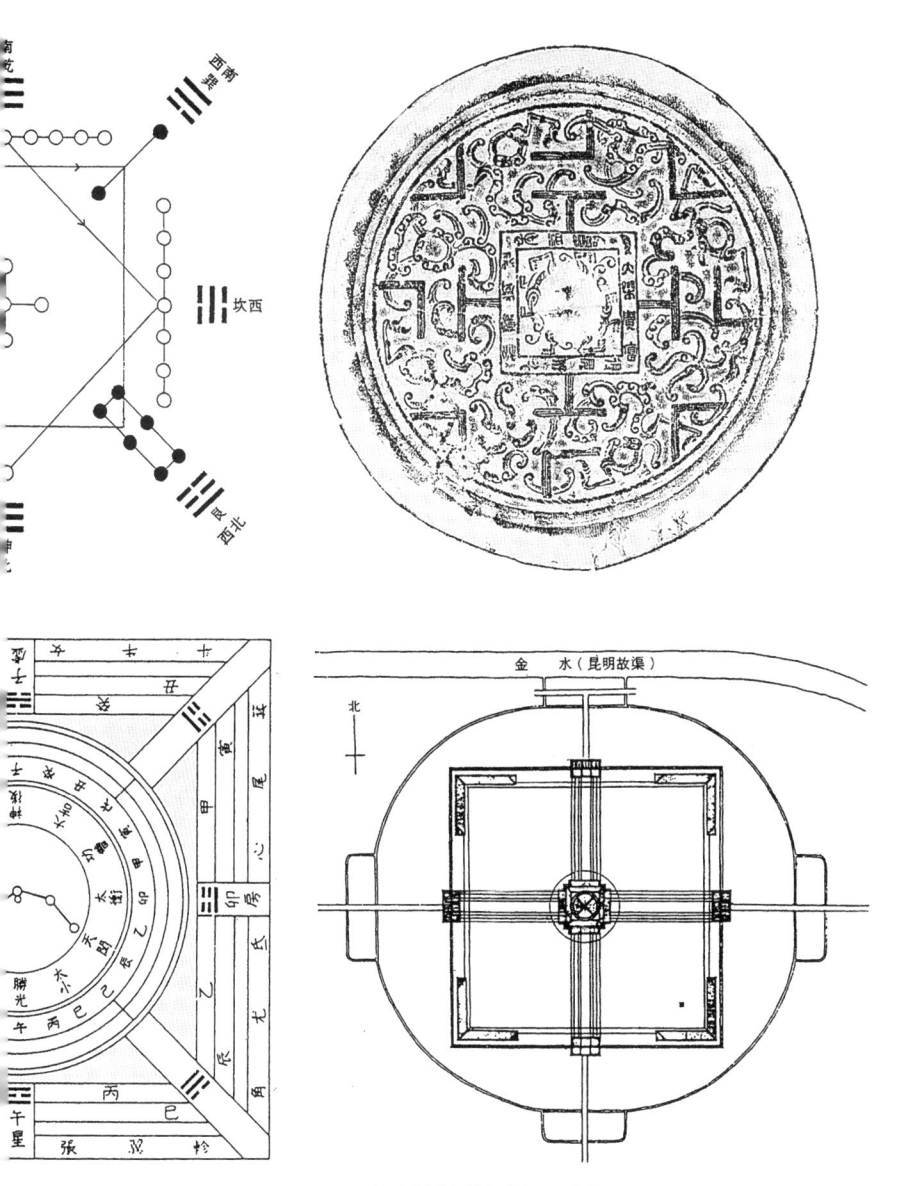

"天圆地方"的各种造型：洛书八卦图、汉代铜镜、西汉式盘、东汉明堂

● 吕

是啊，背部是气场，因此汉字是方形文字。而无论汉字如何变化，还是会固定在一个气场里面的。在中国文化观念的系统中，"方"是一个极具理想色彩的范畴，是一种空间形式，是先民对空间时间概念的表征，地方天圆，天地定位，蕴含了阴阳气动和谐之意。还有一种说法，即中国的汉字不是方形而是圆形的说法，很有意思。曾经有人制作了"八卦格"，大地仍然是方形的。在这个方形物的中间，八卦格的外框象征地，地为方；连接四边的中心点形成45°的内四边正方形，内正方形以外的四个角为天。也就是说，50%的天与50%的地，这样就形成了极为调和的比例。这样去掉四角的话，就得到了八卦。八卦里有东西南北中，因此说东西南北中全部包含在八卦之内。中国的这种汉字书写方式，一种是四方，一种是八位，然后是九宫、十二度。所有的文字都拱向中宫，这是汉字结字构成的模式。以"亚"字为例，"亚"是指甲壳，也就是龟的腹部。东西南北中，然后它的四角是四个足，它们支撑着一个圆形的天。图形内有九个部分，这可能与中国传统中的一个说法"天下为九州"相关。五行包括了东、南、西、北、中，它们各表示一个方位，"方"是具空间的"四方"，也就是位于中央方形四面的四个方形，这样，组成了一个"亚"字。

● 杉浦

龟以四个足撑着天。

● 吕

文字是写在这个"亚"字中央的，能控制好的话，这是一个非常有安定感的字。就是这样的一种说法。

● 杉浦

上面你谈到的主要字体是楷书和行书吧。现在我们所见的文字多是活字字体，而一变成活字，方形的四角部分反而变得更重要了吧？日本有一位我所尊敬的、研究中国文学的学者中野美代子，她完成了《西游记》的全译，并对其中与道教、炼金术相关的象征性进行了研究，是位有独创性的学者。中野先生在尝试对汉字进行独特的读解。三个字一组的汉字群，每个字中间部分被抹去，但是细看仍能认出孙悟空、西游记、猪八戒。由此可见，汉字是靠四角成形的。反之去掉四角剩下的字就成了这个样子。有可读的字，也有完全无法辨认的字。因此，汉字的中间部分作用不大，这引起了中野先生的关注。另一个例子是中国电报系统的"四角号码"检字法。这种电报发送方法是对汉字四角的形状配以0到9的号码，每个文字转换为四位数编码。因此，文字的四角可以成为汉字的依据。

● 吕

我认为汉字是方形文字，而圆是文字的灵魂，这也许是非常重要的一点。这与人的精神是一样的。一般的动作可能是直线的，而精神的运动则必然是成圆形旋转的。没有这个"圆"指挥的话，动作就变得不灵活了。

● 杉浦

甲骨文应该是用利器刻在甲壳和骨头上的吧？所以它的字形向四方溢出，非常锐利。而随着书体向金文、篆字、隶书、楷书转变，逐渐收敛成方形。

刻有甲骨文的龟卜

装饰有龟蛇合体的玄武神还原于大地方形的"亚"字石碑

但是到了草书，由于加入了人体和手腕的运动，文字再次呈现出圆相。汉字的根基、文字构成法的根基确实是方形，而汉字深入到人们的生活中时就变得既能方又能圆了。造型能做到圆融无碍，这正体现了汉字的精深、意趣和它的伟大啊，而奠定其基础的正是"天圆地方"宏伟的宇宙观。这一点给人留下深刻的印象。

星辰运动决定竖排与横排

● 杉浦

中国从1949年以后，书籍文字基本由传统的竖排改成横排，只剩下一小部分报刊仍然使用竖排。

● 吕

横排化的变动，可以追溯到新文化运动时期。当时，为了推翻清代封建王朝，反思中国的传统文化，引进了西方近代的民主主义和科学思想。横排这种西方的书刊排版模式也被吸收过来，追求新的潮流。因此，从革命运动起始，小学里的教科书已开始变成横排了。

我认为，汉字是方形的，同时从"天圆地方"和阴阳的概念或者汉字的结构来看，也是适合于竖排的。就是说，无论从文字结构的左右均衡，或是从文字的多少来考虑，竖排比横排更具韵律感。

关于竖排与横排，有这样的传说：古代有三位人物创造了文字，最年长的是梵，创造了印度的文字；其次是卢，创造了胡文；最年轻的是仓颉，创造了汉字。梵是从左到右，卢是从右到左，都是横排；只有仓颉是主张由上

长有四只眼睛的仓颉,据说张开四目便"见鸟兽蹄之迹,知分理之可相别异也,故造书契"(汉·许慎《说文解字》)

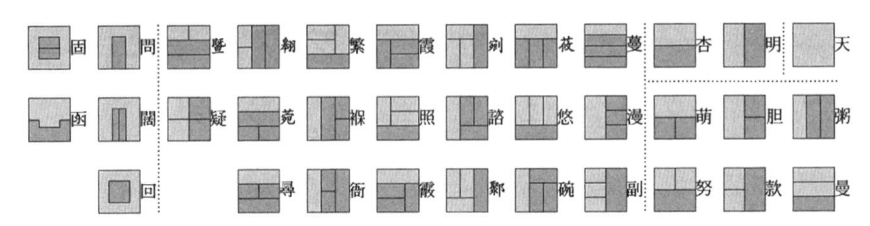

汉字造型34种构成法

而下书写的,即"昔造书者之主凡三人:长名曰梵,其书右行;次曰卢,其书左行;少者仓颉,其书下行"之说。

我想,原因与他们各自所居住的地域有关。梵居于天竺,卢在另一方,他们以所看到北斗星的移动方向来决定从左到右、从右到左;而仓颉则居住于中原(中心),看到的星星是由上而下移动的,因此汉文便成了竖排。这只是一种传说。

● 杉浦

我还是头一次听说,真有意思。由上而下的问题,也与甲骨文有关吧。

说起来为什么用龟甲来占卜，是因为老天会根据甲壳的裂纹告诉你未来如何，即甲骨文记录的是上天的声音。文字诞生的根本就有天地意识，这样看恐怕更自然吧。有人认为人的眼睑是上下开合的，因此竖排易于阅读。然而也有截然相反的说法。从眼部结构看，眼球是由六块肌肉环绕、转动的。为了左右的横向阅读，只需移动眼球左右的两块肌肉；而为了上下移动，眼球却需要动用全部六块肌肉。总之，从肌肉疲劳度来说，纵向运动，眼球是一件很辛苦的工作。

文字问题和汉字的历史是既艰深又意趣无穷的题目。今后也希望不断思考，继续学习。

还请你多多指教。

方形与圆形，古籍的造型

● 吕

中国的书籍与我们刚才谈到的汉字的性质有着深厚的关联。中国的书籍，从古代经过数千年的时间一步一步地发展到现代，在书籍的形态、装订、纸张等各个方面，都充分地反映出我们祖先的智慧。汉字犹如拥有神明般的力量引导着我们向前。

● 杉浦

书籍是从记录文字开始的，随着时代流转，文字量日益增多，从一行增加到数十行，甚至数百行。如何将这些文字收于一册之内，就成为书籍设计的基本。从刚才谈到的"天圆地方"的思想可以认为，将汉字的方形安顿到方形的书中是顺理成章的。我第一次到北京是1976年。当时在王府井的新华书店前，看到了令人惊讶的一幕。书店前面聚集了很多人，我好奇地凑过去，一看，人们正在交换图书，就是把自己读完的书交到想看的其他人手上，而那些书多数不是方形的。人们竞相传阅，结果书已变成"圆"的了。因为书页又薄又软，书角被完全磨秃了。我受到了强烈的冲击。那时我感慨颇深，"原来书读得太狠了也会变圆"，同时更重新认识了"书，本是方形"的。

然而再一想，让方形在人的意识中扎根并不简单。为什么呢？譬如想划分我和你所在的地方，最简单的方法就是用手从中心等距离地画线，这就成了圆形。表示人的存在时也在纸上画圈，表示人的标志不用方形。最简单的符号就是圆，即人的认识和人的存在极其单纯地被表现为圆。它要变成方形，如你刚才所说，就需要东西南北的方位概念。不过从太阳的运行看，它先从东方升起，在天空的最高点为正南，然后再西落。它在天体上描画了一个立体的圆形轨迹，要把它意识成方形空间还需要一点观念上的飞跃啊。所以欲抵达大地是方形的认识，需要观念来一个极大的飞跃。然而，正是这个方形的产生使汉字排版亦竖亦横，产生了圆融无碍、自由舒卷的关系。一方面，从古代书籍的角度看，中国最古老的书是竹简或木简，在削成筷子状的竹片或木片上记录文字，用线串起来就像竹箅子一样连在一起，变成方形的书，还可以收拢成卷轴装。就是说，它既是方形书又融入了圆形结构。

● 吕

书籍的原始雏形是在龟甲上开孔然后用绳子系起来的"连龟板"。之后是竹简，再后来战国初期出现的是卷轴装，又称为"一轴书"。但是，卷轴装必须全部展开才能阅读到最后的部分，非常不方便。

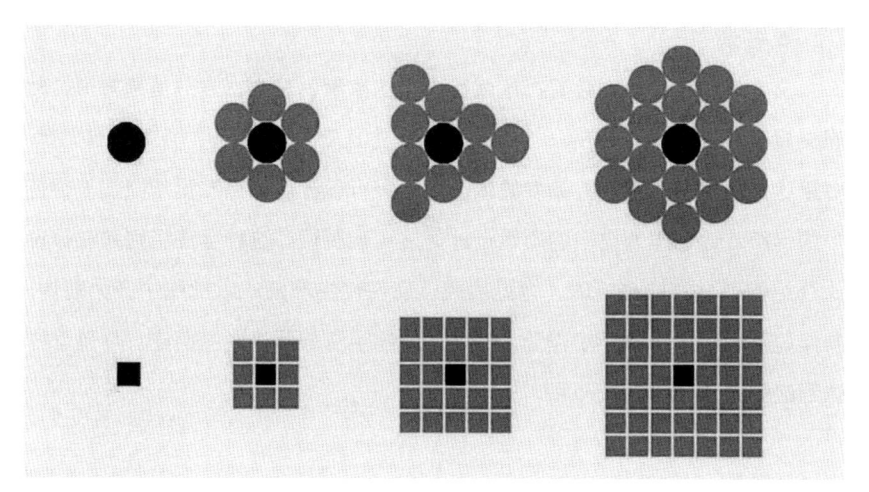

圆与方的增值区别

  在5世纪，南北朝、隋唐时期，佛学盛行，高僧将贝多罗（Pattra）本——贝叶经本从印度传到中国，是在植物的叶子上书写文字。但是对于中国人来说，这种形式对于由上而下的文字书写方式来说极不方便。此后，创造了中国独有的经折装。人们对于圆的认识很容易，但是对于方的认识却经历了颇为漫长的过程。如果将圆置于正中，圆周内放入同样大小的圆就变成书写"三"那样。圆的三次元，是在一个圆圈里可以生出3个圆，并能照此类推无限扩展，可继续作12、18、24个同样的圆。然而，方形却不同，数量是会不一样的。称它为格子，是由于正中有一个格子的话，周围的格子数量会扩展为16、24、32个。因此，圆的和谐性不及方形，同时方形的折叠空间也比圆形有更高的效率。于是，制作正方形那样的书，能够把事物毫无浪费地收纳其中。而细长形、长方形的容量最大，可以带来无尽的形状变化。在这里面，文字呼吸生息、居住着。

● 杉浦

文字呼吸生息、居住着，这就是文字的家啊。总之，方形虽是方形，然而又是重合着天圆地方的一个宇宙。吕先生正在尝试利用中国文化的文字、书籍这些凝聚了天圆地方诸多要素的媒介进行设计。你是在重新梳理丰饶的中国传统，让它作为自己的书籍设计语法再现辉煌。这种手法特别是在你设计介绍传统文物的书籍时，尤见功效。现代化生产方式以批量生产为前提，制作过程中尽量排除手工作业。然而，你的手法却属于逆流而动。你是怎样达到这样的想法和手法的呢？

让中国的传统为现代的书籍制作所用

● 吕

现代中国所制作的，基本上是西方样式的书籍。我接受的书籍装帧教育也是如此。形成以传统的方法创作书籍的想法，是因为有三次契机。首先是前面已说过的，去了日本学习。在这之前，我的眼睛只盯着以西方为首的外国东西。但是，杉浦先生的事务所却与日本的现代社会不一样，充满着东方的氛围。我曾经询问，"先生您是怎样去学习的呢？"先生的回答是，"我的很多的想象都是从中国的书籍得到灵感的"。我生于中国这片土地，却对自己国家的优秀文化视而不见，感到十分惭愧。因此，回到北京以后，用心看了大量中国传统书籍和古籍装帧方面的东西。1993年，我设计了全14卷的《中国民间美术全集》。我在日本学习时，杉浦先生传授东西方设计的纯化与复合理念。东方设计中将众多的元素看作宇宙的微尘，重叠再现，任何一粒微尘都是具有生命的符号，经过不断组合形成传达本质而又包罗万象的设计原理。我在《中国民间美术全集》中摒弃了国内惯用的、以往受苏联设计影响的所谓概括抽象手法，将中国传统的复合思维和多元表现在此书中，达到耳目一新的效果。之后我做了名为《子夜》（1996年）的书，作者茅盾是现代中国的著名作家。我的构想是将茅盾的手稿用传统的装帧形式来设计，带帙的书可以从函套中拉出，这是模仿古代科举考试时运载行李的样子。我们可以看到扁担前后挂着竹藤编织而成的盛放着书卷的箱匣，行李由书童挑着的图像。在制作这本书的过程中，更深切地感到中国书籍文化具有多样化表现的可能。

● 杉浦

一般的书是书脊朝外放在书架上，而这本书却要横卧，在地脚切口处饰以金属件。这是遵循了中国传统的将几册书横着叠放的书籍形式吗？传统的书籍是卧式摆放，并在切口侧标示各自的书名。

● 吕

正是这样。不把书名写在书脊而是写在书根上，古代书籍由于装订方式和纸张材料的特质，书是无法竖起来放的，故朝着读者的一面就是书根部分。

● 杉浦

"书根"，根的说法有意思，既看得见根，又能拉出来的形状。

● 吕

20世纪70、80年代乃至90年代初，由于经济上的限制，只能使用普通机

《朱熹榜书千字文》，中国青年出版社，1998年

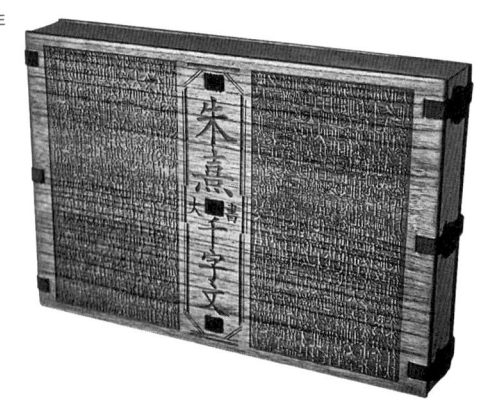

械制造的纸张。我正在思考希望能应用表现与西方纸张性格完全不同的东方纸文化时，遇到了第二个机会——为中国国家文物局局长的著作《陟高集》做设计。当时，局长给我介绍了"清代宫廷包装艺术展览"，我知道后非常兴奋，马上跑去展览会。展品包括了书籍装帧。这个超乎寻常的、充满古人丰富想象力和精湛工艺水平的展览，使我对古代优秀的传统书籍艺术、装帧艺术有了新的认识。自此，我一直希望能把传统的中国书籍文化传达给今天的读者。看了这个展览后，我对宋体字和活版印刷更增添了兴趣。宋体是中国书籍文字传达的基本字体。以此，我设计了《朱熹榜书千字文》（1998年）。朱熹是南宋的理学家，被尊称为朱子。他所写的千字文在安徽省留存有拓本。

● 杉浦

采用了木板的这个封面，看上去就像木版印刷的版本，是用激光雕刻的吗？

《茶经》《酒经》，
国家图书馆出版社，2001年

● 吕

是的。我把1000个字反刻在封面和封底上，是对中国古代木版印刷的演绎，此书发行了1998册，封面连封底一共有3996枚，近400万个字。若用手工刻大概10年也刻不完，所以只好用激光雕刻。

● 杉浦

这种夹板是传统形式吗？

● 吕

是的。这叫作夹板装，从梵夹装演变过来的，但在传统形态基础上也有所创新。我想，中国的文字印刷、书籍特征是否可以用这样的形式来表现呢？这本书出版以后反响很大。第三次冲击是浏览了中国国家图书馆地下书库中珍藏的古籍善本。在那里真正令我眼界大开。与此相比，今天书店里陈列的书籍实在单调得可怜。

● 杉浦

你得以真正地触摸了中国的传统啊。我曾在1976年参观过这个特别书库。不愧是书的宝藏。

● 吕

这时，我应国家图书馆馆长之邀，负责设计《赵氏孤儿》一书。这是被西方人称为东方"哈姆雷特"的元代戏剧脚本，大约18世纪时法国人把它带回西方并搬上舞台。我被委托制作复制本，作为中国总理访问法国时的国礼。在此之前中国的国礼基本上是景泰蓝之类的工艺品，而此次书籍则担负文化交流的角色。这本书从设计到印刷只用了几个星期，时间太仓促，做得不是很理想。封面一侧是法文版，一侧是中文版。因为有竖排、横排之分，两侧都是开始，故没有封面、封底之别。

● 杉浦

这是汉字与字母，中国传统的木板与欧洲的皮革"合二为一"的装帧，将它送给法国总统，对方一定惊喜不已吧。

● 吕

听说法国总统非常高兴。中国优秀的传统书籍也可以成为中外文化交流的大使。由此，以中国文化部、财政部为核心组成工作班子，将国家图书馆的珍藏精品进行复制的"中华善本再造工程"，我参与了最初的书籍设计工作。

参与"中华善本再造工程"

● 吕

进行这项工作期间,我有机会踏足国家图书馆。每次我都能从传统的书籍中获得能量和营养,产生巨大的创作欲望。与此同时,更感到自身的知识不足而努力地学习。我也因此了解到,过去的人们是在制作书籍的过程中不断地在书籍形态和设计观念上一步一个脚印地逐渐进步不断完善的。

● 杉浦

请再说明一下。

● 吕

因为古人是动感地创作着书籍。书籍的装帧、装订方法、文字编排等,随着时代而不断变化,绝不会停留于一处。老子有句话"反者道之动",静是相对的,动是永远无止境的,任何事物都在动中产生变化,前进。我想,传统是从古代流传下来的具有生命力的宝藏。为了我们的下一代,一定要珍重传统。因此,汲取过去传统的养分,结合当代的审美观并应用现代的技术,创作出让年轻人接受,使更多读者喜爱的书籍。这个"中华善本再造工程"除了限量的豪华版以外,有的也制作了定价低的、能在书店买得到的平装本。虽然有些书规定不能多印,但是这个"工程"深受中国出版界和读者的欢迎,还以这些书为题召开了专题讨论会。对于中国传统书籍的再造,有些专家也有不同看法,没多久原来善本再造的设计概念被终止了。一时,不管是哪个朝代的古籍,一律做成蓝色封皮的线装本,中国传统书籍装帧演进的痕迹也弱化了。但是我前期设计的15多种书籍已经出版了，很多出版社看到后很喜欢，纷纷委托我运用传统的概念来创作全新的书籍形态，我为这些出版社又做了不少种书。

● 杉浦

你经手制作的这些书，每本背后都有一长串故事啊。

● 吕

因为这些书，年轻人开始关注古老传统的书籍艺术。最显著的是设计学院的学生们，他们都惊讶于中国书籍艺术的美妙之处，研究传统书籍的人也开始多起来了。为此我感到欣慰，并为自己能从事中国的书籍设计工作而感到幸福。

● 杉浦

为下一代播下想象力的种子，这一粒种子在你的努力下萌芽了。看最近中国的书籍设计，感觉出现了一系列题材和设计有趣的书籍，摆在书店里的图书总体展示着在书籍设计语法上兼收并蓄、生机勃勃的姿态。这种活力预示着春天的到来，一粒种子发芽，并含苞欲放，我感到下一代接上了班。将汉字这一文字体系一脉相承，发明了纸张，创造出轻柔线装本的中国书籍文化正在迎来又一个春天。对于今后中国书籍文化的发展，包括汉字的未来，我愿意给予大力支持。吕先生和年轻一代人的努力，为书籍文化的未来带来了希望。今天我们谈了很多话题，非常感谢。

为"中华善本再造工程"设计的部分图书

4.《书·筑》——历史的"场" 方晓风＆吕敬人

对谈人：方晓风＆吕敬人

对谈时间：2012年

关于"书·筑"

书籍与建筑有着密切的渊源关系。"书是语言的建筑""建筑是空间的语言"，书与建筑都对人类历史产生了深远的影响，与人类的生活方式也密切相关。通信、数码技术的发展对图书和建筑的意义产生了巨大的冲击。

为此，日本著名建筑家桢文彦和韩国著名出版家李起雄两位先生发起了中国、日本、韩国"三国建筑师和书籍设计师的对话"活动，并举办名为"书·筑"的展览，出版每国4组的12本对谈集。

关于"场"

中、日、韩三国在历史长河中时而交流、时而对立，相互影响深远，也有着使用汉字、筷子、用酱油调味等共同的传统。"场"之论坛的构想，旨在从西洋文化中提取出现代主义，并将其融于本土文化后以各自的方式回应这三个国家——作为理性和感性共存的汉字文明圈，在明确自身所处位置的同时，作为面向现在与未来发布共同文化信息的平台而发挥作用。

Locus（场）一词是"位置"与"当地"的组合，在拉丁语中是"场所"的意思。历史学家阿诺德·托因比曾说过，文明的命运取决于"挑战"和"回应"。

关于历史的"场"

《历史的"场"》以传统建筑和传统书籍为原点，建筑理论家方晓风和书籍设计家吕敬人通过对这两种艺术形式的历史发展进程和特点进行探讨，进而展开15个话题，围绕中、日、韩三国进行比较。透穿封面、封底的两个阶梯形态，意在体现"栖身于建筑中的信息"通过介质在不同空间中交汇、融合。版面设计上，文字从书页的平面进入书的六面体中，使得双向阶梯连接起两位作者对"场"的构想。

话题1．"场"之"三国"：名相近，实各异

● 吕

应邀参加这次由日本著名建筑家槇文彦和韩国著名出版家李起雄两位先生发起的中国、日本、韩国"三国建筑家和书籍设计家的对话"活动，并举办名为"书·筑"的展览，出版每国4组的12本对谈集，刚接到这个邀请觉得有点意外，一时脑子里一片空白。这话题从何谈起？我是做书人，对于书籍是信息栖息的空间有所理解，设计师应为读者创造"诗意阅读"文本的机会并注入时间与空间的信息陈述结构与语法。这些领悟来自就读于东京艺术大

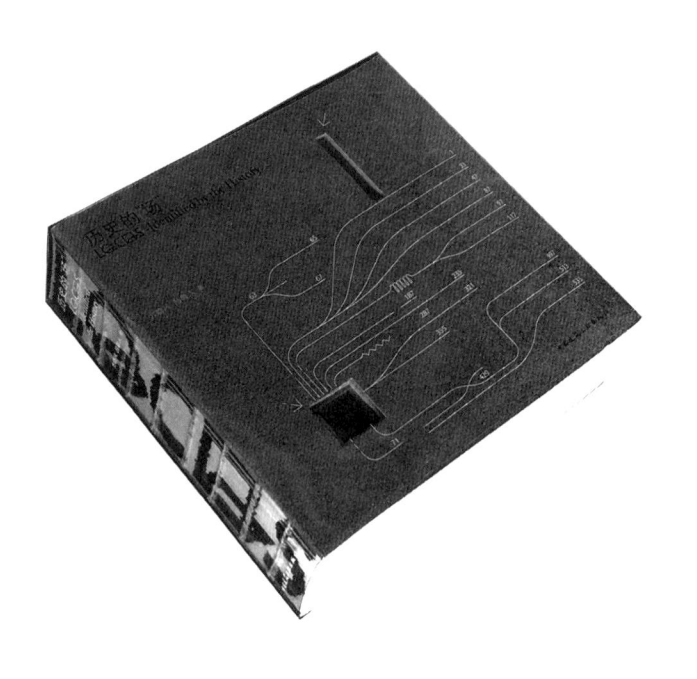

《历史的"场"》,中国建筑工业出版社,2016年
《历史的"场"》以传统建筑和传统书籍为原点,建筑师和书籍师通过对这两种艺术形式的历史发展进程和特点进行探讨,进而展开15个话题,围绕中、日、韩三国进行比较。透穿封面、封底的两个阶梯形态,意在体现"栖身于建筑中的信息"通过介质在不同空间中交汇、融合。版面设计上,文字从书页的平面进入书的六面体中,使得双向阶梯连接起两位作者对"场"的构想。

五 | 书艺对谈

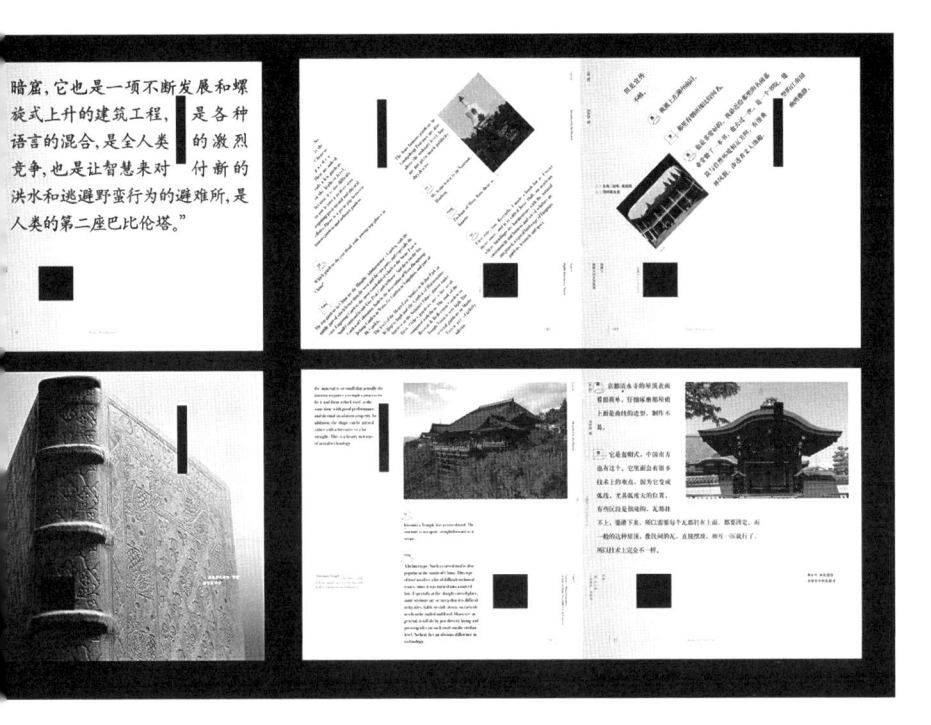

学建筑系而成就于书籍艺术的日本书籍设计师，亚洲图形、曼陀罗[1]研究学者杉浦康平先生。但笔者对于建筑艺术本身实在是门外汉，这次活动倒是一个向建筑家讨教的好机会。

书籍与建筑有着密切的渊源关系。

法国文豪雨果曾说："人类有两种书籍，两种记事簿，即泥水工程和印刷术，一种是石头的《圣经》，一种是纸的《圣经》。"

从洪荒时代到公元15世纪，建筑艺术一直是人类的大型书籍。建筑艺术开始于象形符号的石头堆积，把传说写成符号刻在石碑上，这是人们最早开始做"书"。要记载的符号越来越多，越来越繁杂，埋在土里的石碑已容不下这些传说，于是这些传说通过建筑展示出来，从此建筑艺术同人类的思想一同发展起来。最好的建筑也成了一本最好的书，传颂于后世。15世纪之前西方建筑艺术都是人类文明进程的主要记录手段，一些重要的文学戏剧作品也通过建筑这一载体而诞生，如《伊利亚特》[2]《创世记》[3]等。而15世纪印刷术的发明改变了人类思想的表现方式，石头文字被谷腾堡的铅字所替代，思想文化比任何时候更容易传播。世界自从有了印刷品，铸成了直至21世纪的今天仍然伟大的精神建筑。

雨果对书有过这样一段生动的比喻："为这一建筑，人类至今仍不倦地为之劳动。这座建筑是层楼重叠的，到处可以看到从楼梯栏杆那里通往内部

---

[1] 曼陀罗，梵文词语，原意为圆形。在佛教和印度教中，这些中心对称的曼陀罗图形具有重要的精神性和仪式感。

[2] 《伊利亚特》是由古希腊诗人荷马创作的叙事史诗，与《奥德赛》同为现存最古老的西方文学经典。

[3] 《创世记》是《希伯来圣经》和基督教《旧约》的第一卷书，记述了"万物的起源"。

那些错综复杂的科学暗窟，它也是一项不断发展和螺旋式上升的建筑工程，是各种语言的混合，是全人类的激烈竞争，也是让智慧来对付新的洪水和逃避野蛮行为的避难所，是人类的第二座巴比伦塔。"

这是一位西方大文豪对于建筑与书之关系的很有趣又很有说服力的见解。尽管东方的建筑大部分为实木结构，但也有许多建筑石刻、志碑等流传，供后人研究传承。东方西方有相互影响的文明历史，而亚洲的中、日、韩三国既有一脉相通的文化基因，又有各自鲜明的民族个性和文化特征。您是专注研究建筑理论的学者，也是专攻东方园林的建筑设计家，我作为门外汉，很想了解中、日、韩三国在建筑艺术方面有哪些同与不同？

● 方

这三国建筑的样式看上去很相像，拍张照片看上去也很像，但是它们反映的空间实质是不一样的，甚至可以说有很大差异。中、日、韩三国中，日、韩的某些方面会更接近一些，当然也是有区别的。因此从日、韩的建筑看得出来，有自己原生的文化在里面。我们去韩国看它的书院建筑，非常有意思。韩国的书院建筑往往跟村落毗邻，在山里面。有意思的地方在于空间序列的展开完全不一样，当然也有门，门是小小的，一进去，马上就看见一个特别大的、完全开放的建筑，四周围是没有墙的一个大空间。然后人怎么进入这个空间呢？是从这个建筑下面钻上去的，因此这个建筑本身又成为第二道入口，不是从建筑里面穿过去的，是从下面穿过去的。

● 吕

你指的下面是什么？

韩屋建筑船桥庄

● 方

就是从房子下面。因为依山而建,就有高差,所以建筑下面就挖出一个通道来。走上去,是它的一个院落,围绕这个院落展开的可能是一些生活空间。教学就在这么一个大房子里展开。而这个教学环境完全都是面对着山,面对着自然,是四周通透的这么一个环境。我们也有书院的这种环境,因为东方文化都讲自然,但是我们跟自然的关系,实际上没有达到这种完全开放的程度,我觉得很有意思。

像这种从建筑下面穿过去的方式,在中国文化里就不被认为是好的方式——太简陋了,我们是不能忍受的——但是在他们那里没有问题。这种方式反而营造了一种人是很谦卑的感觉,别有一番意味。

京都东寺树皮屋顶

● 吕

这与日本茶室的入口一样，很有意思。

● 方

我们如果从"场"的角度讲，中国文化在这方面是一种虚张声势的"场"。我们讲排场，实际是这个意思，我们是通过物质环境的巨大尺度来提升人的价值。因此到现在也是这样，我们实际上是内心真的不够强大，必须借助外在的、物质的这种大的尺度，或者说一种大的空间塑造来支援，并且我们崇拜这种东西。中国人这种崇尚所谓"最"大的心态是特别明显的。有时候讲得激烈一点，我们从来没有追求过最好，我们只知道最大、最高，是

故宫屋檐

数字上的这种"最",往往不是品质上的"最"。这方面我觉得是有问题的。不同文化都有它的"最",但是"最"的点是不一样的,就像中国人去韩国的景福宫[1]。

● 吕

是啊,好几次带同学去韩国,他们对景福宫有些不以为意,说和我们的故宫能比吗?这种心态和角度有问题。

---

[1] 景福宫是李氏王朝五大宫殿中的主殿,位于韩国首尔。

● 方

他们首先从规模上否定它，实际上失去了更好地了解其价值的机会。因此像桂离宫这样的空间，少有中国人去参观，但欧美人还有日本人去看得非常多。桂离宫呈现出来的价值就是，拿草或者很细小的树枝去做屋顶，还有一种松树皮层叠的屋顶做法。很多中国人初次去看这个建筑的时候不理解，以为是一种很廉价的建筑。实际这是最高级的一种建筑屋顶的形式，因为这个很复杂，也最费工——那么小的树皮，一片一片叠成很厚的屋顶，要收集这么多树皮，并且因为这个材料很小，所以内部实际上需要复杂的工艺把它固定起来，形成厚厚的屋顶。同时，又有很好的性能，具有非常好的保温效果。另外，它的造型上可以灵活塑造，弯一点、直一点都可以。因此从工艺上来讲，这是非常奢侈的一种行为。

● 吕

京都清水寺[1]的屋顶表面看很简单，仔细琢磨那屋檐上面是曲线的造型，细密的树皮层叠严密，制作极为不易。

● 方

它是盔帽式，中国南方也有这个。它里面会有很多技术上的难点，因为它变成弧线，尤其弧度大的位置。有些区段是很陡的，瓦都挂不上，要滑下来，所以需要每片瓦都钉在上面，都要固定。而一般的这种屋顶，像民间的瓦，直接摆放，相互一压就行了，因此技术上完全不一样。

---

[1] 清水寺是京都最古老的寺院，主要供奉千手观音。

话题2."场"的价值指向

● 方

我们都会讲"场",但实际上,同样的一个词,指向的东西是不一样的。"场"是由什么指引的?我们如果从物质的条件上来看,"场"是一个物理的构成,就是空间。但是"场"显然不仅仅是这么个东西。"场"在我们的潜意识里面,一定是有精神上的指向。中国也一直有,甚至民间有"气场"这种说法,但是这个精神指向也不是虚的。这个精神指向是有具体内容的,我想它的具体内容实际就是指这些不同的价值观。中、日、韩三国看上去很接近,但是背后的价值观实际上仍有差异。当然有一些共同的地方,但是也有大不同之处。从日本的屋顶建造,可以看得出来他们的追求。我们最高等级的是琉璃瓦,非常绚烂,是色彩上的一种辉煌。我们的皇宫建筑是色彩对比最强烈的组合——红、蓝、黄——实际就是三原色。檐下是青绿为主,上面是黄,身子是红。红、黄、蓝三原色,实际是很现代的一个东西,很张扬的色调。日本最高等级的实际上是黑色调。它在华丽的东西上面用金,黑底子镶嵌金或者铜。跟中国真的很不同,黑和金是最极端的对比。我们强调的是色彩上的绚烂,而日本的用色虽然是最极致的对比,但是如果用中国人的眼光去看,它又是相对单调的。因此日本整个文化有一种对枯寂美的追求,就跟枯山水的意思是一样的——它把所有多余的东西都去掉了,非常之静美。

中国文化,我们如果讲"场"的话,这个"场"是喧闹的,一个喧闹的场;日本的"场"是一个静寂的场。体现在园艺上也很不一样,日本的园艺很早就特别注重对树的修剪,修得很整齐。我们在盆景里面有这个做法,但是我们在许多大尺度的自然园林里面,对树的修剪有控制,就是我们对树有控制,但绝对不会把它塑造成那么整齐的形象。中国有一篇很有名的文章叫《病梅馆记》[1]，就是讲人怎么来塑造这些花木。后来有当代艺术家还专门做了个展览。看以前的树谱，就是加工这些树的画谱，就跟缠小脚的方法是一样的。

● 吕

我很赞同您对"场"的阐述。这也是这次"书·筑"展的主要话题。中国传统中对"场"也有实与虚之说。"实场"表明一种存在感，静态的三度空间。"虚场"是讲流动的空间，既是时间概念，也包含精神追求。中国的"场"往往表达丰硕完满的期盼，故形式体现热烈、喧闹、张扬，正如您说色彩上追求辉煌；但中国传统中还有更为重要的阴阳轮转，这是永恒不变的时间的周而复始，也是道家的核心。拥有了这种"二而不二"的思维方式，就不会只图恢宏而忘了平常。这种优秀的文化精神中国应该很好地保留下去。而日本把中国的"禅"文化吸收过去，经过长期的消化理解，并融入日本的风水特征和民族性格，才形成独有的称为"wabisabi"（侘寂）的文化审美标准——追求一种时间自然流逝的沉寂之美、残缺之美，一种内外表里极致对立统一的追求。中国传统的盆景艺术就有这种"寸方生万千"的意味。中国盆景艺术中用植物造吉祥文字，妙趣横生。

---

[1] 《病梅馆记》，龚自珍所作的杂文，内容以梅喻人、批评时政。

话题3. 价值观的"场"

● 方

中国的审美是非常有意思的,园林里面我们有一句很有名的话,叫作"虽由人作,宛自天开"。但是这句话展开的解释或者理解,实际是很困难的,很多人对这句话的理解往往并不全面。这个"宛自天开"是形容它看上去是一种自然的状态,但是实际上是人为雕琢的结果。中国人并不欣赏纯自然的美。像对沙漠的审美,那都是近代以后的事,虽然有诗句"大漠孤烟直,长河落日圆",但表达的是一种悲凉的心态,根本不是一种欣赏,传统上我们不欣赏这个东西。因此现代人去沙漠旅游,觉得是一个挺时髦的事,以前没有人会这样。中国人喜欢那种丰美、舒适的东西。我们对生存环境的这种安全意识,是超越其他任何东西的。我们希望在一个受保护的环境里面,然后占有很多物质来加强这种安全感。我觉得从这个角度来看,内心是不强大的,因为特别依赖于环境。古代的时候,讲这种"天人合一",它的前提是敬畏,源自人对自然的恐惧。尤其在农业社会,是靠天吃饭,今年天气好,你就收成好,天气不好,你颗粒无收。像陕北,如果你去过陕北的话,就有那种感觉。就是说你可能三年都没收成,但是下一场雨,只要下一场雨,你就可以吃三年、五年。

● 吕

电影《黄土地》[1]里面人们祈求上苍下雨的那个场面是挺有这种感受的。

---

[1] 《黄土地》,拍摄于1984年,陈凯歌导演的作品。

● 方

但是在一个传统的社会构架里面，一定是有几方面的力量来制衡的。因此，中国一方面拜物的东西非常强，另一方面我们有原来的所谓"清流"，一个社会一定有一股"清流"。这股"清流"就是知识分子里面好发议论的所谓"公知"。它适当地平衡掉一点不好的东西。

● 吕

是抵消与社会不容的东西。

话题4．交流的"场"

● 方

从文化传播的路径上讲，中国文化历史悠久。中国与古代朝鲜陆地接壤，容易传播。日本离朝鲜更近，一方面受到朝鲜的影响，一方面大规模地派出遣唐使到中国来有意识地学习。在那个历史阶段，这是很了不起的事。与被动的文化交流相比，这种主动的、大规模的和自上而下的文化交流，在其他国家的文明史上并不多见。所以日本的个性，在某些方面，跟中国恰成对比。日本民族是一个危机感特别深重的民族，他们一直谈危机感。但是他们克服危机的方式跟我们不太一样，也可能这里面有地理的因素。他们是通过修炼自己，往往更注重内心的东西，反观自身的这种行为更强。

在一位美国学者撰写的《菊与刀》[1]里面有一段比喻，他拿西方人跟东方人做比较，说西方孩子如果跟父母吵架不和，就跑到自己房间，把门一关，自己躲起来；但是日本人，如果小孩跟父母吵架，他只要把眼睛闭上就行了，就是你怎么讲，他不管你了。他把他的心关上，因此他是在控制自己。

● 吕

这种个性和它的建筑有什么关系？

● 方

建筑方面，中国跟日本其实有相似的地方，实际上日本也是讲围合、内向的空间。日本国土面积并没有传说的那么紧张，它的人口跟国土的比例还可以。实际上，中国的一些大城市人口集中度更高一些。

● 吕

最典型的，上海的弄堂房子，那才真叫"火柴盒子"。

● 方

我们的土地也特别紧张。但是，由于社会的阶层差异太大、太不平均，因此像园林这种东西在中国是很奢侈的，中国就把园林发展成一支很独特的艺术。但是在日本，私园没那么多，日本的园林大量是与寺庙结合的，由此

---

[1] 《菊与刀》是美国人类学家鲁思·本尼迪克在第二次世界大战后期所做的关于日本文化模式的研究报告，颇具影响力。

人们才能参观到。这说明什么呢？说明作为寺庙一部分的私园相对具有公共性。然而，日本可游的园林不多，相比中国园林这是一个大的区别。

话题5. 游走与静观

● 吕

什么叫可游？

● 方

就是可以走起来。可游的，不能说没有，但是没那么发达。日本强调可观，它的观往往是静观。后来日本园林很快在现代主义兴起之后，被西方人学过去，因为它是用一种比较有效率的方式去解决问题的。我们在办公楼里面，或者一些公共空间，弄一小块可观的园子，马上氛围就改变了，有点四两拨千斤的感觉。但是中国把"可游"放在"可观"的前面，我们一定要走起来，再小的园子也要走一圈，走两步的。在南方，由于用地也很小，我们就在这个可游上面动了很多脑筋。我们想什么办法呢，两条路径是丰富可游性的，一个是做山洞，做山洞之后，就有明有暗，两条游线，地盘尽管小，但丰富性就出来了；另外是视点的高差变化，上去一看，就有视觉感受的变化。我们还做楼房，南方的园林里面经常会有楼出现。

● 吕

小桥流水，亭台楼阁，移步异境，是动的概念。

东寺，日本京都

别有洞天的苏州藕园

● 方

楼的话，是在两个标高上面去展开，它的丰富性就增加了。日本这方面做得相对要弱一点，它很少有这种，都取之于内。日本的内是一种相对枯寂、干净的，是比较空的。而中国的内，是通过一个外在元素的塑造，追求丰富性。中国人对丰富性的追求太特别了，几乎是全世界最极致的一种，跟印度还不一样。印度是繁与密，热带的那种感觉。有时候它这种密的构成原则是简单的。

中国的审美是挺微妙复杂的。表面上繁复，它的构成原则可能是简单的；而真正的丰富性是结构上的丰富，不是表面、表象上的繁复。举个例子，在中国园林里种树，树的种类几乎不重复，每棵树都是不一样的树种。这和西方完全不一样。当然在日本也有相似的情况，但是日本会把树种得很少，单独去观赏这一两棵树。中国也有这样的做法，更多的是要营造出一种山林气象。山林气象要追求一种繁密的效果。这个里面，实际上技巧要求很高，如果树种都不一样，很容易种杂了，焦点不清晰了，太粗放，也不符合我们的审美。因此，我们就非常讲究树种搭配，在每棵都不一样的条件下，还要营造出一种能符合画意的情景。实际上是有秩序的，但这个秩序不是一个简单的规则，而是一种更高级的组合方式和均衡。

● 吕

追求均衡和谐的氛围。

话题6. 高度人文化的自然

● 方

英国人的园林里面有一支叫作自然风致园,与中国园林区别很大。它那个感觉就真的是自然了,其实也是人工做的,但是让你觉得是那种"野"的自然,好像人工没怎么弄过。中国人的自然,实际上是精心修饰出来的,并不是一个"野"的状态而是很"文"的。我们的自然是跟诗、画关联在一起的,是高度"人文化"之后的自然。中国园林,尤其在今天来讲,不好理解的一个原因是并没有读懂它。其中文学性有时候过于强了,若没有一定积累和修养就不能理解。我举个例子,拙政园[1]的"荷风四面亭"对面有一个小亭子,它建在一个小山上,叫作"雪香云蔚之亭"。这个名字好多人是看不懂的。比如这个"云蔚"是什么意思,大多数人就不知道,是因为它的文学性过强。

● 吕

"雪"是有两种理解:一个是自然下雪,一个是把雪点比喻成花。反过来也可以互借。

● 方

"雪"实际上就是梅花,雪而有香,白而有香,就是梅花。"云蔚"也是指梅花,实际这两个词是同义复合。"蔚"就是浓、多的意思,"云""蔚"放

---

[1] 拙政园,江南园林的代表,苏州园林中面积最大的古典山水园林。

在一起双重强调。想象一下冬末早春的时候，满山梅树，花开一片，雪香云蔚。如果没有一定的文学修养，可能无法理解。中国园林的命名有时候虽然不是这个季节，但是看了这个名字之后，就会有一种想象空间。

● 吕

中国园林很大的一个特点，除了看自然景观以外，其实就是人文景观——所谓文人墨客题写的条幅、匾额等，品读起来特别有味道、耐琢磨。

● 方

它在提醒你怎么去欣赏这个景，我们是讲主题的。中国造园，景致里面的主题性特别强，西方这方面就相对弱。我们的一个景，就像"雪香云蔚"一样，是要让你体味的。它对面这个厅堂叫作"远香堂"，在"远香堂"看荷花，香远清逸，远香就是这个意思。这个名字，你如果不是夏天去，也能想象这种意境。从另外一方面讲，对游客来说变成了"猜谜语"。你来了之后，谜面是这个，你得知道它的谜底是什么。

● 吕

从另外的角度想，也有某种含蓄性，让你捉摸不透。

● 方

我们可以理解为一种设计高度投入、高度精致的东西，因为其他文化在园林设计上，可能就没那么去规定它，约束它。东方梁柱体系的结构，实际与现代建筑的框架体系是同样原理的，只是材料不一样——你用钢筋混凝土，他用木头，所以空间大小上有点区别。中国和日本在这点上比较像，但日本建筑的内部空间划分比我们发达，有点接近西方的建筑了。我去二条城[1]参观的时候，印象很深，进去后顺着走的时候，一下子很难判断这个房子多大，反观中国建筑的单体结构往往比较清晰。日本建筑的单体空间比较大，分割上也比较自由，因为是梁柱体系，只要在两根柱子之间一封就封上了。它有很轻的装修，所以内部空间会很不一样。但是中国建筑的内部空间发达程度就相对要弱，尤其是民居，基本上都是单一进深的，达到6米、8米进深，那就算不错了，就是这种规格。

● 吕

现代都市建筑使生存空间被压缩到极限，传统的居住概念已经消失。人如鸽子一样被圈养在"笼子"中。

● 方

日本在近代发展中比较注重效率，但是有一些人，他们有一种文化自觉，他们在不断尝试。像安藤忠雄，他设计的住吉的长屋，就是要塑造一个内向空间。其实这个院落模式，某种程度上讲跟中国传统的院落模式非常相似。但又有他新的思想在里面，更强调人与自然的接触机会。因此他设计的线路，若用餐必须露天走一段，一旦下雨，需要打把伞。他要让你感知外面环境的变化，对住户来说好像有点强迫、有点过分。

---

[1] 二条城是幕府将军在京都的行辕。

● 吕

确实匠心独运。

● 方

是的，因为这个，一个住户在里面住了30年都没搬走。他这个房子面积其实很小，全加起来60多平方米，就这么小。起初邀请安藤进行设计的时候他还是个年轻人吧？因此很多名作，实际上不光是建筑师造就的，也是业主造就的。

吕

书籍设计也一样，有读者造就的成分。

● 方

道理是一样的。他有这种理解，有这种价值观，这个住户也能坚持下去，并且没有再私搭乱建，绝对保持原貌。要在中国，早就私搭乱建了，一看不行，在院子里再封上一点，又多一间屋子出来。因此，说日本人有这种内心的约束能力。中国的社会实际上和园林很像，园林里每棵树都不一样，我们这个社会每个人也不一样，并不统一。好的时候，很微妙地达成一种整体和谐，也很有力度，丰富多彩、多姿多样。但是不好的时候，水平不高的时候，就相当混乱。中国园林也是这样，有很多园林，但最高水平的园林的确就那么几座。要建成一种比较完美的状态，需要设计者付出很大的心力。几大名园和一般的园林之间的落差非常大。

● 吕

你认为中国哪几处名园能够排在前几位?

● 方

苏州拙政园,东西两块建的时间不一样,差异较大,东部尤其差,中部最好。留园很好,最精彩的是五峰山房边上,石林小院这一圈,那是水平最高的。还有艺圃也是非常好的,是文徵明的后代建的。无锡寄畅园、扬州个园、何园的一部分,也很出色。北京北海的静心斋水平非常高,然后是颐和园里面的谐趣园,这个几乎是最高水平的。还有,同里的退思园水平也极高。木渎也有几个园子,水准略微差一些。岭南四大名园也不错,但是宣传不够。

● 吕

我祖上在湖州南浔。

● 方

那里的烟雨楼比较闻名。

● 吕

也是悠游之境。我最近给那里的名园藏书楼嘉业堂做了一本书,也去过几次,是一个书院。建筑与自然环境相互关照,有很典型的江南园林风貌,渗透着文人谐趣,幽然雅静。

话题 7. 时间的"场"和"场"的动力

● 吕

方老师谈了对于中国建筑，尤其是东方园林的感触。建筑本身体现了东北亚内部以及东西方的文化差异，真是受益匪浅。我没有方老师从理论到实践那么深入地研究过建筑，不如让我从建筑的角度来谈谈书，或者从书的角度来谈谈我对建筑的看法。这次主题是"场"，"场"有空间的概念。空间在日本有另一称法叫作"间"。在日本人的感觉中，"间"就是两个物体之间所达成的空间。我们称为"空隙"，日本称为"间"；也有些人称两种声音停顿当中的间隙，专业一点叫音乐休止，他们称为"间"。因此，"间"的概念，我自己理解，不是静止的，而是第三者去感受的现象或过程。这让我马上就想到，做书也具有同样的道理。如果说书是一个房间、是一座建筑的话，那么书就是信息居住的空间。做书，往往讲所谓的装帧设计，无非解决外在的阅读关系，构成、对比、均衡、空白的利用，等等。这只是从二维的角度来看问题，是平面设计范畴。但今天谈到的是建筑的问题，建筑是三维空间，它并没有局限在平面的视觉概念上，而是在实实在在、让人去体验和经历的空间与时间。书也具同样一个概念，那书的设计立足点到底是什么？让信息（文本）通过平面构成、文字设定、图像制作、色彩配置、审美语言等设计手段而得到合理安居的场所，但这并非设计的终极目标。书籍设计是让读者在页面空间与翻阅时间流动过程中得到阅读享受的运筹。

书籍是让信息得以诗意栖息的建筑，更是流连于舒适阅读时空的"场"。我在跟杉浦老师学习的过程中，他给我感受的是：书籍设计不仅仅完成信息构成的平面传达，而且教会你像导演那样把握阅读的时间、空间、节奏控制，学会文字、语句、图像、空白……游走于层层叠叠的纸页中的构成语言，学会引导读者进入书之"五感"[1]阅读途径的语法，或者可称为编辑设计的理念。作为一名建筑师来说，接受客户做建筑设计项目，目的和结果无非有两种：一种是表面工程，有些客户只要你解决一个规模建筑，大面积，炫眼即可；而另一种是真正解决人舒适居住的，或重在功能和文化审美相结合的场所，都要为大家营造一个受用的空间。当然，前后两个空间与成本有关，但立足点是不一样的。我不知道方老师是怎么去想的，作为一名建筑师，你也做过许多项目，你的观点是什么？

● 方

我觉得这个问题挺大。吕老师讲的过程中，我也一直在听。其实书和建筑有一个很相关的地方，就是时间性。书看上去也是静态的，但是实际上它在翻动，它的很多美妙的感受在于翻动的过程中，因此，书也是有时间性的。这个时间性非常重要。有人讲"建筑是凝固的音乐"，其实这个比喻不恰当，过于强调"凝固"这个概念了。实际上建筑是有律动的。这种律动就体现在人与建筑的互动中。建筑不是一座雕塑，不是一幅画，你可以在一个瞬间看清这座雕塑或这幅画作，但建筑不能。我目前自己在做设计或者教学中，经常对学生讲一个概念（当然不是一个很通用的概念，但是觉得还挺有用的）。我如果做景观设计的话，做一个花园、园林的话，就特别强调"景观动力"。

和吕老师刚才讲的杉浦老师的意思，我觉得有相似的地方。就是说，好的空间设计会指引你在里面活动，你顺着它走很自然、很正常，它有很多种手段来

---

[1] 五感，即触、视、嗅、味、听。

控制着你。我们知道，在视觉传达里，有一大块任务就是做导视系统[1]。

导视系统用在很多公共空间里面。我并不是说导视系统是不必要的，但是好的设计对导视系统的依赖会比较弱。因为你进入这个空间之后，很自然地就会被引导、被分流，按照人流的走向找到你想要去做的事情。其实书也有这个意思。有时候虽然这本书还没看过，但是想看的内容在哪里，或者怎么去找到想看的内容，它会有一个比较明晰的方法，翻阅就很容易去找到它。空间设计也是这样，好的空间设计，它实际上是指引你在空间里走。像我们说中国的空间园林，在这一块就特别明显，你认为是很自由自在地在里面走，实际上是设计师控制了结构，只不过并没有这种感觉而已。就是说设计对人的这种控制，它当然是出于善意，不是那种恶意的控制，它不易被人察觉，但是它会规定你的行为。我觉得这个也是跟"场"有关的一个概念。

"场"是一个听上去很虚的概念，包括我们有时候讲"趋势"、讲"氛围"。讲这种词汇的时候，它很虚；但实际上又是很具体的，因为它的确会影响到你真实的感受。在建筑里面，像这种真实的感受，它控制你的方式、方法非常多。比如通过光，人有趋光性，明亮的地方自然就吸引你往那个地方走，所以有方向控制。有时候用不着通过地上画一条线的方式来完成，而是通过空间光的分布，就已经可以有规划。贝聿铭在苏州博物馆里面做得非常好，公共部分都设计有天光，展厅相对是暗的，因此，人在公共部分活动的时候很自然，但是实际上是按照他的路线在走，而且也不容易迷失。他把庭院放在中间，庭院本身也是亮的，就是产生光的一个场所。类似的案例不少，有时候通过材质、色彩，就可以实现这种指引。

---

[1] 导视系统，是结合环境与人之间的关系的信息界面系统。

● 吕

你刚才讲得很有意思，中国的园林设计看似是无规则的自然形态，其实设计师精心为游者设定了行走的空间。我去过苏州博物馆，光是一种柔性的结构，既虚又实。这和前面说的编辑设计有相通之处。我之所以对这个话题感兴趣，是因为今天的出版界还没很好地去研究这个问题，以往的工作分工泾渭分明——编辑看文稿，设计师做书衣，出版部管纸张印制——虽然近20多年有些变化，但仍有大部分出版人固守旧规，甚至认为信息是不可设计的，设计师不可以碰文本传达的结构，这是一块属于著作者、编辑、出版人而他人不可涉猎的禁地，他们认为设计师有什么资格动我的白纸黑字。其实文本不会变，但同样的文本设置在不同的"场"中，传达的效果，乃至结果都可能是不同的。我注意到你刚才说的"景观动力"一词，我换一换，叫作"阅读动力"，要搞清什么是善意的阅读设计。

业内有些人对书籍设计只做比较静止的解释，解读为装饰审美、构成审美，或者是形而上学地空谈书卷之美。刚才你谈到建筑和书籍设计中利用空间、时间概念确实是共通的，是一个相对静止与相对流动的问题。我们往往在做书的设计时，比如先要定版本尺寸，然后定版式，包括版心大小、题头、页眉、页码、栏数、行间距，等等。我觉得只是一个基础的设定，所谓的定规矩。但是更重要的，如你刚才说的，设计是一个引导读者逐渐深入文本阅读过程的创造。日本建筑家矶崎新有篇文章，我特别有感受，题目叫作《间隙与间的共性》，大致意思是说：现代美术馆并不是说有白墙，做好隔断，铺就地板就大功告成，重要的是对空间的运筹。他下面讲得特别好：美术馆建筑是营造使艺术家们想在哪里挂画、设置艺术品的空间，而并不单纯是墙的运用，是自然造成的空白，是自然光、人工光的调节，是房间的比例关系，等等。总之，不仅仅是开放空间、墙壁、地板，而是空间本身。这就是唤起艺术家创作的意愿，并能够使创作进一步拓展的空间，就是说，怎么能够为艺术家们在挂上自己的画以后，得到最完美的体现。

书也是这样，到最后谁是创作者？书的文本作者固然是，但我觉得编辑、设计师、印艺者，甚至于读者也是创作者。也就是说我们怎么能够给读者创造一个理想的、让人愉悦接受的，并且能感到满足的信息翻阅空间。以这样的观念来看，书籍设计不仅仅是版面设计，更不是封面设计，而是引

苏州博物馆，美籍华裔建筑家贝聿铭设计

导读者诗意阅读的编辑设计,设计是将信息完美传达的再创造的过程。这方面我有一些体会,最近设计了一本《剪纸的故事》。征得著作者的同意,《剪纸的故事》不是按部就班地将原文本结构做一个简单的章节分割,而是根据内容重新设计阅读通道,重构文本传达系统,为读者创造了愉悦地接收信息的可能性。比如文本构成的戏剧化演绎方式;图文的自由撒落和有序的编排;中英文阅读的叙事比重关系;根据信息角色重新设定色彩;为物化阅读感受而采用不同质感的纸材;印刷油墨在多种异样纸张上的反射率和透明度的应用;将作者的创作方式导入书籍页面中由外向内的剪入半页形态;用反映民间艺术的五彩线来缝缀;甚至把印厂裁下来的纸屑装入书套中,残留下作者创作的痕迹,等等。《剪纸的故事》是设计师信息再造的过程,既尊重文本内涵的准确表达,同时打破装帧设计的固有观念,信息在空白中穿越,也在翻阅的过程中得以流动。刚才你说的"动力说",其实就是赋予读者"阅读动力"。这是一种善意的阅读设计,其结果为文本增添了自身价值。此书的设计获得2012年度莱比锡"世界最美的书"银奖,作者、客户(出版社)、使用者(读者)满意,这应该是善意设计的初衷。

回到刚才提到的矶崎新的设计概念,书也是存放信息的空间本体,使原作有进一步拓展的空间,并得到最完美的体现,这不是设计师的职责吗?我想,"场"不只是空间,还有时间的体验。书在翻阅的过程中,光对纸张的半透明所造成的空灵感和联想感,以及在阅读过程中人为的动作、姿态的参与,形成了一个进入"居所"的气氛,在"屋子"里自由走动的乐趣。不是说我给你一个空间,画地为牢,而是让你游走于页面之中影响你的情绪与心境。我特别同意你的观点,我们其实不是给一个限定行动的屋子,而是给你一个流动的、诱导的,可以让你产生继续发挥的受用空间。书,其实也是一

《剪纸的故事》,人民美术出版社,2010年

《剪纸的故事》内页

五 | 书艺对谈

样的道理，无非就是你用建筑的元素，我用书籍的语言。

● 方

书的元素里面，有些东西更微妙。我以前不是特别有体会，后来由于做杂志的原因，这方面才有更深的体会。书一定会有一些空白，当然以前留空白，可能是因为要裁切，因此要留天、留地。现在我觉得，有很多空白实际上也是阅读过程中的一种提示，有时候它的空白留在那里，你反而就愿意去多想一想。它给你有意识地制造一种停顿，而不是一味地去读这些字、去读这些东西。因此，这个空白的意味很有意思。的确，可能每个人的感受并不完全一致，有的人觉得留空白太多了是浪费纸，这是另外一回事。但是就我个人的感触而言，我觉得这里面很有意思。包括鲁迅，他特别强调书上留空白，他是那种老的文人习惯，因为他们一定要写批注，写自己的感受，读书读到哪了，有眉批，注记一下。其实这种观念，我觉得是非常好的。

它也是一个时间性的体现，有一定的空间留出来，是让读者来完成。比如，清华大学图书馆里发现了一批梁思成捐的书。那批书原来没太做整理，后来一整理发现全有批注，这太好了。这批书的价值就不一样了，拥有特别的价值了，包含了一个大学者的理解。这些书的时间性又不一样了。因此，很多这种时间性的东西，我觉得有时候在设计的教学里，没得到应有的强调，被忽视掉了。但是这些东西实际上是非常美的，包括现在的电脑程序里，也会设计相应功能，PPT也有备注，网页有时候也可以有书签。现在我自己的感受，电子的这些东西都不能代替原来的东西，它没有那种纪实感，没有那种完全与人之间的互动。纸质书，你看着好像是个死东西，但是有时候发现，它又是互动性最好的一个载体，从这一点讲，它的互动性确实比其他载体要好得多。现在这个话题也有困境了，因为现在年轻人越来越不用传统方式阅读，越来越欣赏电子阅读，但是实际上是不太一样的。因为我以前看书，自己也会做一些眉批，虽然做学生的时候，并没写下什么高深的话在书页上，但是我这个眉批也有价值。价值在哪里呢？它反映我当时对书中内容的一种接受程度。隔了若干年回去再看，就觉得很有意思，并且我也很清楚，对于好多事，当时我还没想明白，那时我就是这么理解的。现在我再看时，又觉得我多想了一层。因此，"间"这个概念其实很好。但是这个概念的确有点日本味，跟中国人的理解还有点不太一样。日本特别强调的是虚的那一部分，就是在两个过程之间，原来你可能是忽略的东西，你甚至认为这个是最不重要的东西，就好像看一部舞台剧，幕间的休息，幕与幕之间的转场，都在创造着空间。这些空间并不存在于我们真实的生活中，但是戏剧舞台却通过它们有效地调动着观众的想象。有很多设计师恰恰是很好地重新演绎了这些空间，使某些看似不重要的东西重新显露价值。

话题8. "场"的反馈

● 吕

你刚才说到日本强调两者之间的"虚"的部分，是可想象的一种发挥，或者是留有余地的联想。中国传统书卷文化中也同样强调"虚"的语境，比如古籍的装帧，在书封和扉页之间有五六面，甚至于十多面的空白页，上面只字没有，古人称为"脏页"。顾名思义与翻阅防脏有关，因担心手上的尘染污伤到印有文字的正文页，故特意设置多页白纸让你净手。表面上看这是非常务实的手段，仔细想想这无字的虚页，包含着对文字、先人的智慧的一种尊重与敬畏的提示，翻阅过程中是精神修炼的过程，虚实之间却可以感受到好多的想象空间。

我想，进日本茶道室前的净手和家居的设立，不仅仅是功能之举，也有"虚"的精神层面的启示吧。遗憾的是，我们许多好的传统没有很好地保留下来。今天的商业文化造成利益优先，过于强调物质回报，出版物的留白空间越挤越少，字越来越小，书越便宜越好，稍留点空白，会被斥为"卖白纸"。因此你会发现，近百年来，书的面貌和过去不一样了。比如古书页一直留有充分的空白天地，因为古书的著者是创作者，读者留眉批的可能是第二个创作者，以此类推，书成为一个可发展的信息载体。"过程"——这是何等宝贵的智慧积累。

很遗憾，现在我们的书都是买卖的商品，成本是首要问题。我们心中早已没有"间"这个概念。

我们现在的这种出版印刷观念，严格来讲，很西化。为什么？这里面有原因，16世纪以前西方人在印刷这一块很弱，他们一直是手抄书，在羊皮上面的，还不是纸上书写。字写得很工整，图画得非常漂亮，非常精美。他们的书是当作艺术品来呈现的，所以形成西方人对书的看法。而中国印刷起步很早，我们一开始就没有把书当成艺术品，而是将它作为交流的工具，中国以前刻书并不挣钱。今天好多人批评出版社靠考试书挣钱，还有一种观点认为考试书市场过度繁荣，对国家的文化是一种损伤，听上去也有道理。但实际上古代也是考试书最挣钱，因为有科举。以前没有出版控制，大量的文人自费刻书，为我们流传下来很多书。文人出书刻板，有的也卖一点，量不大，主要是送人。因此，书在以前，就是文人唱和的一个手段。所以这个过程，是非常有意思的。人们追求反馈的心是一样的，所以我们现在喜欢看博客下面的评论，你发一条微博，就等着人家转发多少，评论是什么样。这种心理是一样的，但是手段、方式全变了。

我们现在再看到书的时候，过于强调书的工具性，而没有从审美的角度去理会，书的审美不是形式审美，而是过程审美。有意思的是，中国古代的画也是这样。一张画画完了，有的是画家自己写，有的收藏人会题款；这张画送给一个什么人，此人拿到画之后也会写，并且有的会一张一张接续下去。我记得吴冠中批评过这个，他觉得中国画上面写题跋[1]，有时候反而把画面给破坏了。单从画面的角度讲，他这个批评有道理；但是从文化的角度讲，这里面反映出一种很微妙的唱和关系、一种互动。

所以中国的诗人特别喜欢"和"，唱和，并且你会发现这种对话是超越时空的，就是你可以和唐代人对话，然后你的这段话留下来，可能几百年以后再和他人对话。这种感觉现代人越来越不理解了，过于相信新载体的那种直接的手段。而实际上，看似简陋的传统载体，却对这个审美所展开的细节有着宽广、丰富的想象，这种感受非常微妙，现在不多了。鲁迅特别讲究书，比如强调书不裁毛边，自己裁。他是传统文人，文化修养摆在这个地方，有一种审美期待。书拿来之后，读者一定要参与一下，缺乏了这个过程，就不是一个真正爱书的人。

● 吕

你谈了我原来经常想的问题，如果书纯粹是单向的授受关系的话，就像你说的，西方人过去做书的目的是宗教传播，往往带有某种强制性。中国书

---

[1] 题跋，写在书籍、碑帖、字画等前面的文字叫作题，写在后面的叫作跋，总称为题跋。

卷文化由于开发得比较早，纸张发明也好，雕版印刷也好，使书成为简便、有效、广泛的传播手段，所以中国古籍是普及文化的最早载体。你刚才说书籍给予人们的一种授受关系不是那么严厉的、等级森严的，相反倒是普通庶民能够得到的一种东西。正是我们一开始提到的法国文学家雨果所说的西方谷腾堡印刷术的发明打破了神权的文化垄断。我们的印刷术要比西方早得多，而且不光是宗教经本和官刻，民间各种刻坊也是流派繁多。整个社会自上而下通过书传递文化，足见印刷对社会发展所起到的巨大推动作用。随着书籍功能与审美的演变，中国书籍的形制也呈现丰富的变化与演进，比如说简册、卷轴、龙鳞装，均因翻阅不方便，而被经折、蝴蝶、包背装所替代，直到比较成熟的线装成为古籍中最常见的书籍形态。中国的装帧也是与时俱进地延展过来。

"五四运动"以后，西方先进的印刷技术传入中国，书的形态也随之变化，应该说是一种进步。机器化大生产使书的传播更加快速，然而也带来了书籍形态、印刷方法、装帧形式，以及竖排变横排等长期的西式单一化。而设计意识上的西化是可怕的，"四书五经"居然做成书口烫金箔的羊皮面装帧。东方书卷中函、帙、箱、屉、盒的丰富形式，几乎从普通读者眼前消失，而滞后的装帧观念把西方传来的形制固态化，弱化了东方书籍设计艺术中的传承动力，只求表面的书衣打扮，不能顾及东方传统书籍设计仍可在当代发挥它的光和热。然而，实际工作中恰恰是这种观念造成种种矛盾与困惑，这也是我这些年努力去改变这种现状的动力。

我们说的继承不是原封不动地照搬、复制。我看了你在杭州西湖做的雷峰新塔的设计，很受启发。你的设计立意很明确，一是保护文化遗产要尊重传统意境，二是保护不等于维持现状。我关注到你意图协调雷峰塔与保俶塔在西湖中的景观气场，尤其考虑到风水中对称流动的空间，兼顾夕照（时间）、湖面（空间）、山体（固态）、街市（流体）诸多元素，将自然与人工的中国传统审美和时代建筑理念结合起来。这在底座结构设计和现代建材语言中得到很好的呈现，既尊重外观的传统景观，又满足了时代的需求。多年以前，我们学院的高中羽老师在看了我的作品集后，专门给我写信给予鼓励，其中有这样两句话："不摹古却饱浸东方品位，不拟洋又焕发时代精神。"这句话成了我做这项工作的座右铭。很遗憾，他前不久去世了。我真的期待中国的书籍和建筑一样，能够多元发展，不光是在外在的造型，更在于它内在的"场"，让阅读或居住感受愉悦，享用舒适，领悟诗意。不管是传承还是现代，是东方还是西方，沟通融合很重要，体现个性特征更重要，这样的世界才精彩。

话题9. 设计的陷阱

● 吕

方老师，以前我看过你的书，这次我又把你的书拿出来看了一下，其中你提到一个设计陷阱的问题，举了一个特别好的例子，就是政府机关门口都竖了好多旗杆，为插万国旗而备。但是那个旗杆，它只适用于一些国际性的活动，平时没用，竖在那儿，当作放自行车的格子倒挺合适。我觉得在今天的设计中，确实有许多多余的设计、不以人为本的设计，不仅给自己制造麻烦，也给受众添堵。你对这种现象，能不能做一些分析？

● 方

书的确比较自由一点，与建筑相比，有时候它在形式上搞一点变化，受众容忍度要高一些。但是有时候过于突出设计师想法的设计，的确会带来很多不方便。因为我知道《美术观察》[1]有一次实验性的设计改革……

● 吕

是我带着改造的，虽然不成功，但做得很有意义。

● 方

那次争议非常大，我觉得稍微过了，它包括版式，整页横向一行，甚至两页都是一栏。那样我觉得有点过了。正常的话，实际上一页里面分两栏，甚至三栏。当然它这种形式可能也有一定的意味，但是我觉得它让人不舒服，哪怕你想刺激读者，或者你想怎么样，也要在一个大家能够接受的范围内，要不然我觉得就有点欺负人了。

● 吕

里面还有一个阅读科学性的问题，要从人的视线宽度考虑。

● 方

它必须在一定的地方断开。

---

[1]《美术观察》，中国综合性美术月刊。

● 吕

的确，如果是违背了人的一些功能需求上的设计，那就是一种陷阱，为阅读设计了陷阱。就像楼道设计，几十米长，楼梯设在两端，行走上下就不方便。

● 方

包括它有的版是这么排的，这本书看着看着，要转90度。这个东西也可以理解为一种想法，我觉得这个有点过了，因为它不必要。我觉得设计师展现自己的才能，完全没必要像魔术师变戏法那样，用这种夸张的、引人注目的方式去实现。可能每个人审美的角度不一样，我喜欢的设计师是有点举重若轻，或者大智若愚的——他可能看上去好像没给你做太多文章，但是他把事全给你整理得很舒服，就很好。

● 吕

我同意你的说法，但年轻设计者往往在打破常规的大胆探索、成功与失败的角力过程中得到体验和提升。这次设计实践教训来得深刻而有意义。设计的逆向思维很重要，我认为关键是针对哪一类受众而设计。《美术观察》是学术类读物，求变的设计语言肯定不适合这一类读者群，关键要把握好度。在建筑里面有没有哪些突破常规的概念设计？在建筑行业里是否允许非常规的，或者说大智若愚的，让人非常刺激的尝试呢？

● 方

这个我觉得可以允许。但是我自己有一个观点，还是看什么类型，不一样。比如一位艺术家要出版一本作品集，设计上做大胆的尝试是完全可以理解的，因为这部书的受众就是要读他的内心世界。书籍设计师极尽可能地还原出艺术家的气场，而欣赏他的读者对艺术家的作品本身也有一种认同，我觉得这样的语境是默契的。但是很多大众的出版物就不一样了。建筑也是这样，建筑师可以玩得很奇怪，但是公共建筑还是要克制一些，因为它的受众不是一组特定人群，否则也有为建筑的使用设计了陷阱的可能。有很夸张的，艾森曼——解构主义的建筑师，他早期做的建筑设计，实际也没想盖起来。他是理论上的一种探索，探索这种解构的关系。原来都是很对位严整的关系，现在他做设计，尝试变化一下。比如这个房子，这个梁和墙是对齐的，跟房间布局也是对上的，这几个系统是重叠的，那都是传统的形式。他把这个东西错动一下，房间这么分，墙和房间扭动一下，梁和其他东西再扭动一下，那就对不上了，形式肯定就很怪。本来他只是画图做了方案，结果他做了十几个方案之后，有个有钱人觉得这个东西很好玩，这个房子他喜欢，就把它盖起来了。盖起来当然对这个理论影响就很大了，比在纸上面说服力更大。但是这个房子，那个人也是拿它当个玩具收藏的，他就是有钱，他盖起来，住起来舒服不舒服不是他主要考虑的问题，他就是拿它当一个概念。它很有意思，在一个双人床中间是一条裂缝，并且这道裂缝的地板也是楼板没有的，当然他铺了玻璃，表示关系的一种分裂。然后是餐厅，餐桌有一个柱子，正好在这个位置。当然可以解释，他说这是他们家永远的客人。这个东西，如果是你自己家里，我觉得完全没有问题，你能忍受，别人不会管你的。但是公共建筑如果去这么做，我觉得就不会太合适，因为它会带来很多不必要的麻烦，你不能为了宣传一种观念，去损害到其他人的正当利益。

● 吕

但是那种超乎于公共场所或者人正常居所感受的规则之外的，突破一些所谓的规矩也好，创意也好，多少还存在着潜在的一些价值可评论。我曾参观过法兰克福斯塔德尔博物馆。施耐德&舒马赫（Schneider & Schumacher）建筑设计事务所为这间古老的博物馆设计了占地3000平方米的延展馆。建筑师没在地皮下搭建房屋，外观仅仅是起伏的大草坪，其中有许多直径2米左右的玻璃圆孔。这些圆孔呈矩阵排列，为地下延展出的展厅提供自然光源，所有的建筑文章全做在地下，完整的天际线都保留给本馆的这座19世纪哥特复兴式建筑。这种理念既违背常规，又合情合理。我记得日本建筑家也有这样的创想。

● 方

这个是非常有意思的，我觉得东方和西方有点不一样的地方。我们看西方的建筑师，会发现西方建筑史里面充满了小作品，大量的东西都是小住宅。为什么呢？那种探索性的东西，往往是在小作品上面先去实现。但是东方人恰恰相反，东方人眼睛看得见的、能记住的全是大作品。东方人编写的建筑史里，往往没有小作品的位置。你去看中国人编的建筑史，没有多少小作品，我们往往以作品规模的大小来评判它的价值。包括我们现有的评奖体系，都很明显，有的作品还没做完，你都知道它能得奖。为什么？因为它大。只要大，它就已经好像足以说服其他人认可它了，真的是很滑稽的，所以这也是价值观的一个错乱。所以我们的探索性，有时候有点过，过在哪里？我们拿最公共的东西、规模最大的东西在探索。实际这也是成本很高的探索。所以西方倒是有意思，越是规模非常大的，越是资金投入量很大的这种项目，反而做得相对保守，不见得那么有革命性。为什么？因为这个东西要花公共财政，所以会有很多审计，公共财政的支出不是那么随意的。另外，觉得拿这个东西去冒险，风险太大，完全可以有相对成熟的东西来承担这些风险。由于在很多小建筑上已经试验过了，有时候可以在大的建筑上面来实现。我们现在有些大型公共项目，当然你认为是一种勇气也好，确是有点过了；并且这种表面上看上去好像鼓励创新的模式，实际上是扼杀真正的创新。为什么？因为小作品上面的创新我们都看不见，所以最后就没有人真正在小东西上面去琢磨这些事。但是小作品上面的创新，反而是最有价值的。

● 吕

和你有同感，这些年中国审美价值取向的扭曲不容忽视。比如陶瓷设计，重在雕塑外形，不关心生活陶瓷，那怎样从最平常的生活环节中体会享用之美？现在是哪种赚钱就跟风，画家们都去画瓷瓶、瓷盘，而且越做越大，因为楼堂馆所要放，耍威风。陶瓷的产生，源于生活。它的功能是什么，如果只图所谓表面的"艺术"，而忽略生活的艺术，人们的审美价值判断能力会丧失。审美品位都是在点点滴滴的生活中潜移默化地积累起来的。那么书也是同样，刚才你说到，书的基本功能是什么，是阅读。如果你把它做成了雕塑，那它作为纸张造型艺术可以，但作为一个阅读物，它就有问题了。当然不能排除书籍造型语言方面的探索。T形台上服装模特的穿着未必适合当下，但有代表未来实用趋势的可能性，你说对吗？

话题10. 文脉的"场"

● 吕

回到你的专著《建筑风语》，其中一篇文章写的是关于中国住宅的脉。这个脉你提得很清晰，所以你才会去给人家看风水、讲五行。这方面我还不是很懂，你能不能稍微做一个解释？另外五行在建筑上经常顾及，那应用到我们的平面载体设计，是不是也有这样一个联系？

● 方

中国的风水理论，主要基础一个是阴阳理论，一个是五行，然后加上八卦，然后再衍生到九宫格这些东西。阴阳就是两个数，五行与方位、季节、时间都挂上了，然后再到八卦。八卦实际上是对五行的一个完善，就是把东北、西北、东南、西南再加进去。你就能发现，四加五就是九，九宫格。九宫格的中间部分去掉就是八卦。它们构成了一个很有意思的相互联系的系统。马克思主义讲，事物存在着普遍联系。古人没学过马克思主义，但是很早就有这个观念。其实我们讲风水、讲算命，就跟这个普遍联系的思想相关联。没有普遍联系，我们就无法去预测一些事。

五行理论就是相生相克。

相生相克揭示了一个变化的规律，就是说它建立了一套逻辑。这个逻辑当然不等于科学。但我还是琢磨风水这件事情，觉得它很有意思。它变成了我们这个民族、我们这个国家的一种审美图式，构成了我们对形势判断的依据。有时候你可能也不信风水，但是你无形中已经具备了这种风水所规定的美感。如果讲阴阳的话，这个理论特别重要的实际上是两点：一个是平衡，如果讲阴阳肯定要关注平衡，没有平衡就不叫阴阳；另外一点是阴阳一定是运动的，阴和阳之间的关系一定是相互转换的，这是中国讲阴阳时的一个重要观念。中国人往往讲由儒家出发的中庸之道，是受阴阳思想的影响。太极符号中，黑的造型中心是白，白的造型中心是黑，还有一个"极"的概念。两极互向相反方向发展，它揭示了一个运动的观念。另外揭示了你中有我、我中有你的概念，它不是很纯粹、截然的对立关系。以前念书的时候老师开玩笑，说如果阴阳这个概念让西方人表达，可能就是电视机上面调对比度的符号，一半黑、一半白。但是东方人就把它改了一下，改了一下反映的思想就不一样了——平衡和运动。中国人在描述一件事情的时候，或者在选定一个形状的时候，往往不选择最简单的形、最单纯的形。我们实际上希望有一种调和的东西在里面，就是让它有一种微妙的倾向。例如古代建筑的屋顶是曲线。关于这根曲线怎么来的，其实有很多讨论，但是现在建筑史的证据很清楚，最早中国古代建筑的屋顶是没有曲线的，是直的、平的，曲线是慢慢形成的，后来才有的。但是你如果去看的话，就会发现，曲线更符合中国人的审美，它更有弹性、更柔和。但是这种柔和不是软的柔和，而是有弹性的意思。它既有一种内在的张力，又不是很硬，柔中有刚的那种感觉。

● 吕

是不是你说的"奇正之道"的这个关系？

● 方

对，奇正也是这个意思，它一定是奇中有正，正中有奇。所以我们看中国古代的书法，最难写的是楷书。几大家的楷书之所以成名，写得好，就在于它跟印刷体不是一回事。楷书妙就妙在它这么规矩，却还包含了很多自由的东西。那种手写的随心性，是很微妙的一种感受，是我们现在做字体、做印刷体的时候所无法实现的。我前两天准备了一个课件，想起孟浩然的一首诗："春眠不觉晓，处处闻啼鸟。夜来风雨声，花落知多少。"我为什么讲这首诗呢？有意思的是在最后两句"夜来风雨声，花落知多少"，有一种淡淡的忧伤在里面，但整首诗是明快的、充满生机的，包括"花落知多少"的前提，实际也是开了很多花，愉兴之余又略含忧伤的表达。这就很中国。包括我们做菜也是这样，南方人实际是深得此中真味，咸的里面加一点糖，构成了味觉上的一种层次感，很有意思。我以前的中学老师说过一件事，我没考证过，但是可能真有这么回事。以前的泥瓦匠，在刷白墙的时候，往白灰里面扔一个煤球进去，感觉更白。这就形成了一种文化图式。我觉得它能帮助我们更好地理解东方文化的一种特质，就是它怎样去实现一种微妙的平衡。这种感觉在文化的各个层面都有体现。另一方面讲风水，风水反映民族心态，我们强调安全感、内向，我们不是特别开放，追求一种比较安全的、受保护的状态。这种空间形态，对中国影响也非常大；甚至在书上面，其实也是有所体现的。

我们的书也是很内向的。

● 吕

对，所谓书卷气，这个气也是文人所追求的一种内敛、不张扬的语境。但现在有些文人做的是平常事，却说着很大的空话，把讲究方寸艺术的封面放大成海报大小展示。居然说这是体现中华民族追求的大美，大与美怎么能画等号！

● 方

因为我们的传统书籍是不讲究封面的，现代装帧强调封面大多来自西方，而中国传统书籍封面几乎是一样的。就像我们的住宅，表面看不出太大区别，推门进去才发现别有洞天。千家万户并非千篇一律，只有深入了解才能感到每一个家的个性。

● 吕

这话题特别有意思，中国古人是追求一种外在的平和，内在的丰富。他不基于表面的张扬喧哗，更注重内心的深邃丰满。他们讲究的是高雅幽静、安然清逸、阅趣恬得的读书意境，应该说当时的文化气场导致了那个时代的书籍特征。辛亥革命后，书籍运营的商业模式被引进。今天我们的出版业内，大家有些浮躁，面临竞争，都希望能在众人面前高他人一头，所以对于外包装方面关注更多一些。这也是世界性的问题，商业化是其中的一个原因，另外可能还是价值取向的问题。有时接受采访，被问道："怎样做好看的封面才能在商业方面取胜？"我马上回答："第一，我不止做封面，是从里到外的整体设计；第二，我不认为书的价值高低取决于封面。"长期以来，业内把封面看作装帧中最重要的部分，而对于它的内在文本结构、传递方式、引导人们阅读的编辑设计，几乎是不顾及的。出版者以为出版是单向的授受行为，我在教育你，让你接受，你有什么权力来跟我品头论足。只要我打扮得漂亮，你买就是了。我觉得这是一个非常错误的观念，因为它脱离了中国数千年的书卷文化的阅读本质。

书籍的设计，我觉得和建筑也有相似之处。刚才你说的很重要，建筑的目的到底是什么。它不是表面让人看着耀眼的东西，它是实实在在让你住得舒服一点的场所。回到今天怎样认识书籍的价值，第一，我觉得和建筑一样，是让你舒适地阅读。第二，我觉得是人们进入图文栖息的空间——书里，诱发智能的发挥。再一次说到矶崎新盖那个美术馆的目的，不是只给设计一个墙壁和地板，而是让艺术家们感到可以在这个场所里展示自己的作品。书也同样，让著作者提供的信息能够得到读者的共鸣和沟通，甚至创造互动的机会。比如前面说到的写眉批，翻阅过程中留下只言片语的感受，为今人、为后辈的阅读，留下一块空间和时间交汇处，而由此令这本书值得保留、收藏、传代。书籍设计也体现了自身的价值。如果只是一张脸漂亮，即使贴上琉璃瓦，内在没有细节，也只是"绣花枕头"一个。这是一个价值错位的问题，希望大家保持清醒，努力改变这一滞后的装帧观念。

话题11．"间"与空间

● 方

这个社会节奏越来越快。对快的追求，实际上带来了另外一种相对负面的东西，就是"浅"。所以现代社会，浅交流多，深交流少，包括我们这样的交流，在古代都不算深交流。像这种对话，有可能我们会延续很长时间，谈很多次，最后慢慢达成一种相互之间的启发和互动。现代社会这方面是有一个毛病，并且价值导向宣传，越来越把你往"浅"里推，不把你往"深"里推。我觉得这是一个大问题，是一种价值导向。

讲到这里，我觉得还要回到日本"间"的概念。拿看戏作比方，你看戏的时候，可能觉得幕与幕之间的空当：第一，它是一个无可奈何的空当，没办法；第二，你觉得这个空当是没有用的空当，如果看电视的话，相当于插播广告，最好能快进，直接看到下一幕。但是他们提出这个"间"的概念之后，就不一样了，如果从那个概念出发去想，这个"间"的意义反而非常重要。它本身实际上是对上一幕的总结，又是下一幕的序曲，但它又是无所作为的——它通过一个空白、一个不作为的时空，去实现这么一个过渡，实际上功能还很强，还很有意味。

当然，东方的文化都带有这个特点，中国也讲留白，是"计白当黑"，但与"间"的境界稍有差别。为什么？我们"计白当黑"，还是当黑，我们还是把白当作一个图形，但"间"真正地非物质化了，用一种非物质化审美的眼光去看待这东西，我觉得是非常有意思的。因此，也带来了审美里对枯山水中枯寂的欣赏。枯山水从起源讲，是中国南宋的时候产生的，是从禅宗里面出来的，但是在中国后来就失传了，反而在日本发扬光大，流传至今。

● 吕

现在国人已对日本审美哲学"wabisabi"非常熟悉，这个词的汉字写作"侘寂"，有禅宗的意味，即流逝之美、残缺之美。认为华丽的东西是暂时的，自然留下来的是一种永恒的美。所以他们在瓷器设计中，无心却有意地保留原质泥土的痕迹，或者说盖房刻意保存木头自然裂纹的状态。就像枯山水一样，它不追求真实丰茂的树林和山河，以一石代表群山，在白色的沙石上画出曲线象征波涛。这种简约的表现手法，体现"间"的意念。

若一出戏，或许不是戏，是某种瞬间，是虚实之间过程的意识流。这个境界追求很有意思，就是说你的建筑也好，我的书也好，其实当你翻开，进入每个居住场所或信息栖息地后，留下的瞬间给使用者带来愉悦，或者在内心永远保存下来的那份"寂静"，一种耐人寻味的滋味。如何达到这一境界是需要我们好好去思考的。

● 方

这个"寂"[1],就在这个"间"的概念里面,我们用现代的话语来解释的话,就是它突出审美主体这里面的主体性。其实电子时代的这种主体性的沦丧更严重了,你完全是处在一种被动状态。

● 吕

我觉得是在被动阅读。

● 方

真的是这样。"间"这个东西,实际强调的是主体性。你看戏也好,听音乐也好,欣赏也好,别人不作为的时候,恰恰是你要作为的时候。你在这个过程里,就不是一个"他者"了,你真正投身进去了,所以这个"间"的微妙就在这个地方,它实际上是你投射进去的一个机会、一个入口。其实这个思想的来源,早期真的源于中国,但是已失传。实际上我们的传统文化,中断得也很厉害,像清朝对于中国传统文化的切割,太严重了。陈寅恪有一句话,他说"华夏文明造极于两宋",就是说华夏文明在两宋的时候是顶峰。在建筑上,梁思成的看法还有点不一样,梁思成认为宋还不如唐。但是实际上,我觉得陈寅恪才是真正懂中国文化的人,宋在豪迈的方面不如唐,但是宋代

---

[1] 寂,指的是随时间的自然演进而变化的事物。被称为"寂"的事物能庄严而又优雅地面对老去。

枯山水，日本赖久寺

"间"在日本建筑中的体现

的风格是更综合、更平衡的。唐其实是有点过于粗放、过于夸张，宋实际上是比较平衡的。并且从现在的眼光看，宋代所有的文化都达到了一个相当高的水准，书法、绘画、诗歌，包括戏剧、宗教等方面，都达到了一个高峰。画山水画，我觉得真没有超越宋的，后面的越画越不空灵了。

宋的时候，有那种空灵的意识。我想象那个时候的确是有禅宗产生的思想基础和社会环境。严格地讲，我们今天的人，可能已经很难还原那样一个禅宗的世界，或者说那一个境界。我们很难还原，我们只能想。日本的禅宗肯定又是日本化的，它会更决绝。但是我觉得，中国原来的本土的自然生长出来的禅宗文化，可能不那么决绝，会更优柔一点，更有余地一点。当下建筑的这套体系来自西方，这个技术体系的确有很多优越性，改造了我们。但是中国人的构建体系，我更愿意用"空间审美"这个词，而不愿意用"建筑审美"这个词来讲。为什么呢？就在于传统的中国人实际上并不把建筑看作一个太高的事情，建筑属于形而下。我们更看重的是"间"，就是建筑和建筑之间的那些东西，当然我们不用这个概念。我们用"院落"的概念，用一个整体的"境"的概念。

"境界"这个词是中国本土的词，这个"境"的概念是非常重要的。所以你去看，大量的中国古典的风景、园林、名胜，它都不是以一栋建筑来出名的，它一定是一个整体。你说看一座庙，不是说只看这座大雄宝殿，它肯定是从山门开始，到藏经楼，一直到塔，这才是一个整体环境。我觉得特别可怕的是什么，这么一个简单的道理，现在基本上被人忘掉了。由于这种建筑观念的引入，我们越来越专注于单体本身，这是非常可笑的一个事情。甚至如果我要提出批评的话，你看我们的奥运工程，很有名的两个建筑——"鸟巢""水立方"，是毗邻而居的，但是你到那个地方走一下你就知道，这两个建筑是没有关系的。

● 吕

人家说了，这叫作"天圆地方"。

● 方

所有的人都说好，圆也不是个正圆。我们现在处在一个中不中、西不西的尴尬境界，中的东西丢掉了，西的东西也没学好。这个如果放到西方去建设，人家也不这么干，会把它市民化，空间尺度也会降下来。我们还要龙脉，还要中轴线，一路弄过去，并且轴线两边这么不平衡。建筑与建筑之间都没有关系，空间上没有关系，形象上也没有关系。这种事物相互之间的关系，这个道理在西方也要讲的。西方人那么看重单体，他都要讲单体与单体之间的关系。他们受惑于鸟巢这种体量感、形式感。鸟巢给社会带来的所谓冲击力，却没有人真正地去想：这种体育场馆，在这个城市里面，它到底发挥了怎么样积极的作用？它给普通市民的生活到底带来了什么？它的意义、价值，到底在哪里？

"间"可以把它理解为"场"的一种特殊形态，是"场"的一种，包括我们讲间隙一样。我们认为"隙"这个东西，甚至可能认为它是一个无奈的产物。但是我觉得对"场"的这么一种综合的理解之后，会用一个放大的眼光去看待这个概念，结果发现这里面等于有另外一个世界。我们很早就开始强调，在老子的思想里强调"无用之用"，讲得过于玄虚缥缈。"间"的概念实际上就是把它规定到一个更可感知的、很日常的语境里面去了。但是我们一讲这个概念，有时候讲得就不太日常了，我们就讲到玄学，更高妙的东西。

讲空间的时候，很多人会引用老子那段话，实际上最早引用这个话来进行专业讨论的是外国人，不是中国人。是赖特[1]引用这句话，"埏埴以为器，当其无，有器之用""三十辐共一毂，当其无，有车之用""凿户牖以为室，当其无，有室之用。故有之以为利，无之以为用"。他其实是讲有无之间的关系。从老子这段话也可以看出，中国人普遍认为"有"肯定是好的，什么占有东西、有了，是好的。但是老子讲的意思是，有了也是好，但是没了才有用，他讲的是这个道理。碗里面没有水，你才能当碗用，碗里已经装了水，等于这只碗没了。其实这个道理很简单，碗里有水了，等于这只碗没了，等于少了一只碗。老子当时讲这句话，其实和建筑一点关系都没有，他讲的并不是建筑，他讲的更多的是一种政治哲学。但是后来引申到空间上，有道理了。他讲的这个观念，某种程度上又是西方来的，西方人强调你盖房子，钱都花在什么地方了，钱都花在地基上、墙上、屋顶上、窗户上，但是你想要的并不是墙，并不是窗户，也不是地基，你想要的实际是由这些东西所组成的那个虚的部分——空间。你要的并不是个屋顶，因此屋顶再怎么弄，其实没大的意思，你要的实际是这个空间。

因此早期的西方设计的确带有这种思想，它是由内而外设计。西方人为什么那么喜欢穹顶，其实最早这个穹顶，外面看是很难看的，就像罗马的万神庙，那个建筑并不好看。你从外面看，看不出来它有什么好，但是你到里面就知道它好了，里面是一个很完整、很几何的空间，天光从上面下来，那种神圣感，并且那个尺度与人之间对比之后，人那种渺小的感觉就出来了，

---

[1] 弗兰克·劳埃德·赖特（1867—1959），美国建筑师、室内设计师、作家、教育家，20世纪最有影响的建筑师之一。

太感人了。因此很多人学建筑，在现代这个语境里学建筑的都受希腊、罗马的影响，这个影响的来源就在于这种空间的表现力，它强调的是空间。罗马万神庙感动你，绝对不是它外面感动你。我们可以这么理解，罗马万神庙实际上是一只特别好的碗，一只巨大的碗，只有到碗里面去过的人，才知道这只碗多好。包括他们那些大教堂最能反映这个特点，比如哥特式的教堂，有的高60多米，甚至接近100米，实际上它就一层楼。从功能上来讲，10米都很高了，但是它要做这么高，为什么？它要的也不是这个墙，要的不是这个高度，要的是里面空间所形成的这种氛围，这种精神。一进去你就觉得上帝应该在里面，自己好渺小，就是那种感觉。尤其像我们不信教的人，一进去也很自觉、很安静。因为它那种神圣感，空间本身已经给你这种感觉，你不能太放肆。

● 吕

　　刚才你提到的万神庙的空间，我最近去了罗马，就近观赏了该庙，想象不到它有2000多年的历史。由于悠久或世事变迁，外观真有老朽之感，然而一旦进去，一种恢宏的气势让我倒抽一口气，一种意想不到的惊讶。这是一座几乎呈圆形的空间，正中无一摆设物，从天顶9米直径圆孔透射进阳光，随太阳的东起西落移动的光束切割了殿内空间中的任何带弧线的构件，势不可当。这直射光束显得那么威严而神圣，墙上的光影也随着光的移动演绎着一幕幕纷繁的宗教人物故事。圆形穹顶的直径正与地面到天顶圆心高度相等，43.3米。何等精心的几何级数计算。我们完全可以把建筑当成一个球体，宇宙的大圆照着小圆，身处其中自有渺小之感而肃然起敬。正如你所说，虽然不是基督徒，仍让你感觉上帝的存在，很有意思。据说罗马人那时就发明了水泥，对世界建筑发展有着巨大的贡献。除了万神殿，到其他教堂也好，建筑设计总会利用阳光的照射，随着光线方向的变换，给你一个时间上的强烈感受，给你一种空间的精神寄托，同时也带有时间性，不知道对不对？中国人在建筑方面对空间和时间是怎样理解和应用的呢？这方面我要向你请教。

● 方

东方传统建筑，在这方面，就建筑本身而言，不如西方。

● 吕

是的。你到中国的庙里感觉就是黑漆漆的。

由万神庙穹顶透射进室内的光，意大利罗马

● 方

我们对光不重视,但是我们实际上把光用在什么地方呢?我们用在室外,用在院落与院落之间的关系。我这次带学生去苏州园林,他们就体会到了。看留园最后一进,冠云峰[1]那个院子的时候,太明显了。因为前面一路走,园林里种了很多树,整个园林里是很阴凉的,房间里也是。南方的园林建筑很高,进深很大,虽然不是很黑,但也是一种很阴的感觉。结果一到冠云峰这个院落的时候,那个院落没有超过3米的树,全是矮树,好像突然之间打了聚光灯一样,石头是最高的,白花花的湖石,很亮,周围也有点绿色,但是它都衬托这个东西,一下子明暗的对比太强烈了。

学生一看很激动,拿照相机出来拍。后来我跟他们讲,其实你拍没有用,你拍不出来这个感觉,为什么?这个感觉是前后对比产生的,照片拍出来,谁都一样,拍的就是太阳下面一块石头。但是你在里面走的时候,你很激动,为什么?你是在经历一个序列,一个时间的过程,前面铺垫好了,到这里才好像突然打光,你很激动,要拍。其实拍完了你就发现,这个照片回去看,并没有那么太神奇的东西,它作为一个画面本身并不神奇。但是它神奇在利用光,利用这个秩序和节奏变化。

所以,在中国为什么建筑本身不能单独地作为一个审美对象来看,仅把建筑作为审美对象是残缺的,是不完整的,因为中国对建筑的态度就是这样。我们也不追求建筑的体量特别大,我们偶尔有几所大庙,因为里面有大的菩萨像,但是那种庙的体量放到欧洲,连个乡村教堂都比它强。我们重点不在那个地方。我们强调的是内部空间和外部空间之间的一个平衡,我们也不是

---

[1] 冠云峰,"留园三峰"之一,江南园林中最大的湖石。

说内部空间很不重要，全压缩了。我们的内部空间也不小，但是我们其实更看重外部空间。在园林里很有意思的一点是，有几个大园林，里面有大的厅堂，比如留园的五峰仙馆体量非常大，很奢华，但这么大个厅堂，几乎看不见它的立面。

这个概念很现代，看不见它的立面。为什么？因为它把这个厅堂就当作一个空间来看待，我没把它当一个雕塑看，我没想让你看它的造型。它重要的是提供在室内看室外这么一个空间。从外面看它，距离很近，所以看不全这个东西，这边看过来也是这样。五峰仙馆是鸳鸯厅，冬天用南边的厅，夏天用北边的厅，很舒服。它强调的是在这个厅里面感受环境。

从这个案例可以看得很清楚，它看重的不是建筑、造型，它看重的是这个空间，就是我有一个很舒服的室内空间，在这里我可以欣赏到专门精心布置的假山叠石和景观。我在这个地方看，接待客人、朋友，并不想让你去看我这个建筑怎么样。因为它的审美和现代很不一样，把建筑形象抹掉了，就是在空间设计里形象消失了，所以这个设计简直是太妙了，境界很高。但是现在很多人不体会这个东西，认为做园林也就是做园林建筑，那就是在园林里面要做几个亭子，做几个造型，那个是点景用的，是次要的，不是很重要的。它的重要性和厅堂是没有办法比的。

● 吕

传统建筑真是一本非常丰富而有趣的书。我曾参与中国国家图书馆"中华善本再造工程"，也是一项非物质文化遗产保护的工作。我的认识就是中国传统书籍的形态应该继承下来，但不是复制，即做好传承过程中的发展。对多种中国传统书籍形态进行再造，并在材质方面做一些探索。中国古籍非常讲究材料的应用，锦缎、布匹、丝绸、皮革、木材、翡翠等，当然与书的内涵和身份相呼应。比如"中华善本再造工程"中有研究价值的《茶经》与《酒经》，专门请紫砂和青瓷的大师、高手做茶具和酒器的浮雕，设计镶嵌于楠木书函中，纳入经过内页设计的线装本，希望传递出酒香茶韵的语境来。设计的过程中，我也体会不同的书应有适合自己居住的场所，和建筑一样，读者进入书的"建筑"也有体验进门廊、跨中堂、入厢房的过程。装帧材料也像建筑材料一样，关乎与人接触的存在感，甄选即为了诗意地阅读。在日本，我从杉浦老师那儿学到了关心信息传达的空间意识。空间不仅仅是一个物体的空间，他指的空间具有时间的概念。他让我明白一本书的设计不仅创造外在的造型，还要达到一个境界，外在的东西是虚无的东西，不是本质的东西，你可以当它不存在。所以我反而更关注内在信息在翻阅过程中的传达和记忆。我曾设想设计犹如演绎一出"书戏"的概念。因为戏是信息流动传递的最佳表现方式之一。一出戏从开幕起始，开场锣鼓响起，它都为信息传递做着某种铺垫——它是可视的，也是不可视的；既可听，亦可不听；静候，让你思索。你可以视而不见，也可在心中造型。所以从这个"场"也好，"间"也好，其实归根到底，它提供让读者去创造、去使用、去发挥的机会和想象空间。作为书籍设计师来说，我们不是信息的附庸者，而是信息传递的参与者，我可能会和文本的作者进行共同创造。当然要把握好自己的分寸感。比如我做《怀袖雅物——苏州扇子》一书，从选题策划就开始介入，对文本本身提出结构上的建议，也包括文本内在信息结构布局、书籍阅读形态，注入各种细节的建议，有点像做建筑，当然不是大建筑，是桌面上的建筑。

我觉得看建筑，真的不是光看它的外形、内部功能和气氛意境的塑造，甚至包括走到某一个角落上的光线，或是走过墙面之后所反射出来的投影。

好的设计体现在移动的享受之中。书也应该是这样，随着一面、二面、三面，逐张、逐页翻到最后，其中色彩的布局、虚实的分割、纸张质地的选择、传达轻重排列、空白转折移动等，还包括字体的大小、疏密，文字块的行走，其实都是在做一个非常重要的时间和空间的"场"的设计。

● 方

刚才讲的里面，有一点特别重要，我觉得还要说两句。中国人讲的"空"，和日本人讲的这个"空"还不太一样，它更接近一种真正的空，但也不是讲它什么都没有。我写过一篇小文章，叫《"空"谈》，空谈就是谈"空"。中国人的"空"强调的是一种容量感，比如老子讲的，"当其无，乃有器之用"，这个"空"实际上是一种容量。因此有时候，这个"空"里面内容很丰富。有一次我看白明画的那个水墨，那叫空，画得很好。他是在很大尺幅的宣纸上画，拿淡墨慢慢地渲染，一遍一遍地渲染，整个画面就像烟雨空蒙的那种感觉。他比较好地把中国人对"空"的这种意识表达出来了。这种"空"就妙在它没有那种明确的主体，没有那么强的规定性；也可理解为一种自由，就是身在其中，随心所欲。它不具体告诉你什么，但是它里面又有很多线索，有很多提示、隐约的东西在那个地方，很有意思。

话题12. 交流与模仿

● 方

这的确是信息技术发展带来的一个挑战。因为模仿的事情很难避免，古代也是在模仿，好的东西被模仿也很正常。但是古代信息交流很困难，所以要模仿也是很难的。我们看古代的文献很清楚，就算在意大利，文艺复兴时期的那些巨匠，之所以成为巨匠，有好几个人都是因为得到贵族的支持和资助。在罗马待段时间，然后把罗马的古代遗迹那么多东西研究一遍回来。所以即使在那个时候，意大利本国人要学习罗马都是很困难的，因此形成了这种落差。当然，我们说古典审美的这套系统其实也很复杂，但现在的确是太快了，这种模仿的时间间隔和难度都大大下降。以前即使想模仿，仿得好也是很难的一件事情。现在因为电脑这种东西，使得模仿越来越容易。电子文件拿到了，那我很容易改成另一个东西。建筑模仿要有些特殊的要求，但书籍的材料、技术限制很少，模仿起来就容易得多。泛滥的模仿带来一种扁平化，包括思想也是扁平化。因为现在一种思想，如果一时得到流行的话，它可以在很短的时间内传遍全世界。信息发布者就可以利用现代技术使一个东西得到瞬间的广泛传播，并且好像看上去达成了一种共识。实际也不是共识，就是一种无意识的模仿。这种扁平实际上是由于思维落差造成的，这在审美上是一个非常大的阻碍，一旦它的主体性缺失，实际上就不能叫审美了。我原来对书籍没那么多关注，后来我去做杂志，对这方面就关注更多。书的这一块，给我的印象就是，它的约束相对少一点，自由度非常大，必然带来好坏的标准问题。我觉得书这一块，学西方也学得比较快，跟得比较紧，包括很多手段。那种技法用多了，也会给我们带来困惑。平面的展览我也看了很多，的确花样繁多，但另外一方面，那种有共鸣的东西不多。我觉得有个问题和建筑界也有点像，就是在很多的花样里面让人解读起来有些找不到路径，很疑惑，当然可能也是我不懂，这也是一个原因。但是从表象上看，有时候我觉得很多形式过于一致，包括建筑界也有这种情况，就是近代这个时期我们怎么看。近代，西方的东西来了，与传统元素进行杂糅。从设计史研究的角度讲，我们不太看重这个时期，觉得这块水平不高，觉得近代就是西学。但最近再看这事，反而又不对了，又变了，觉得现在学西方比那个时候还要厉害，因此我们看它，倒不是只看西学的问题，而是看它的传统到底留存了些什么，传统的东西是怎么跟西方的东西衔接的。这个我觉得也是一个问题，想听听吕老师意见。

● 吕

文字的横竖排好像与建筑没关系，但其实是有关系的。东方的竖排，西方的横排，泾渭分明，盖房子要搭脚手架，横竖交错构成结实框架；世界文字语系的丰富性，是促成各民族文化多元性的催化剂和黏合剂，也筑就了不同宗教、文化、思想相互交替、螺旋发展的世界文明之塔。这就是"文字"无与伦比的重要性。文字不是物，是思维意识的符号化展现，视觉上又是有形的东西，结字为文，形成不同的阅读体系，自左向右，自右向左，自上而下，上下结合等，由此又产生了书写体系。真庆幸世界文字没有大一统地国际化，而保留了各自独特的语言，使世界多了一份精彩。中国文字阅读方式的改变，以及文字简化改革，都有其历史背景，有必然性，也有茫然性。繁体变简体当时为了便于扫盲，但到了第二套方案后不得不放弃，因为字源意思的核心构架被抽去了，就像房子的四根柱子撑起一个屋顶，拿掉一根也许还可以，再抽一根就岌岌可危了。如今很多学者提出恢复繁写法，这个成本可能太大。我赞同大陆用简识繁，海外用繁识简；中小学上语文课，繁简同教。其实常用字只有几百字，完全记得住、分得清。繁体字也有简体写法，比如姓范的"范"，山谷的"谷"。中华人民共和国对民国那个时代的文化是有选择地肯定。今天我们回过头来一看，其实民国时代那些学者文人，他们有着根深蒂固的中华文化底子。当时的书籍设计界有许多大家如鲁迅、丰子恺等尽管吸收了意大利未来派、德国表现主义、俄罗斯构成主义、包豪斯风格等艺术理念，但是他们借鉴的东西是经过文化过滤后所体现出来的东西，还是中国的一种审美。当时中国的出版文化主要集中在上海这样一个国际化、商业化的都市，因此各种文化的介入也势必反映在当时的平面设计界。现在回过头来看，那个时候有它进步的一面。去年我们做了一个展览叫作"故纸温暖——民国的美书"，其中有一幅《中国汉字四千年合流图》，把中国文字从起源到发展的全过程，梳理成一张巨大的信息图表，1921年由商务印书馆委托设计。在那个时候人们对信息图形设计（Info Graphic Design）已有全新的认识，令我震惊。艺术都有它一定的革命性、阶段性、螺旋式的形态变化，到一定成熟的阶段，则产生"范式革命"。我找到了国统区抗战时期的一系列设计，也找到解放区延安时期的一系列设计，每一阶段的设计都有特点。最打动你的，不一定是技巧，而是人们的心气。如今凭借电子手段，设计师可以轻易做设计，不需如前辈们那样通过亲自经历感受，再一笔一画地表达出来，作品缺乏某种温度的感染力。社会是发展了，手段进步了，但能力反而在退化。

改革开放，人们从封闭的环境中走出来，终于见到了外部世界是什么样子，而大量爆炸性的信息扑来，又无所适从。我觉得今天是个迷茫的时代，相信建筑界也差不离。30多年前，信息封闭，很少看到国外的书，我记得那个时候偷偷地到唯一可以引进外国书的中国图书进出口公司找朋友，借来书一张一张临摹。因来之不易，自己十分珍惜每一个学习过程，认真消化后的东西很难忘掉。今天，信息获得太方便，拿来就用，所以设计的雷同化、模拟化成了普遍现象。这种模拟时代造成了今不如昔的印象，山寨行为是一种令人担忧的进步的绊脚石。当然这些年书籍设计界还是取得了不小的进步，越来越多的书籍设计师认识到阅读重要性的设计本质。

2004年我们获得"世界最美的书"称号的那些书，基本上不是那些表面"炫"的书，大部分是为普通读者阅读，但有信息再造概念的书籍设计作品。

● 方

在获设计奖的书里面，我觉得有一类也挺有意思，就像朱嬴椿的作品中，有的是他自己策划的，从内容到形式完全出自一人之手，这也是一种。

● 吕

评委们评书，首先关注它的属性，选择没有过多的装饰，让人愉悦阅读的书，然后从专业的角度，针对文字排列空间把控、图文相应对位关系、信息条理阅读清晰、纸材应用、印制质量应用准确等进行评判。创意是体现在阅读设计之中的。你说到朱嬴椿那种自编、自写、自画、自导、自演的书，更容易体现设计师的主观意图，突破出版社设下的那些不必要的清规戒律，反而呈现出不同一般的清新面貌。他的《蚁呓》中有大量的空白，是情景所需，得奖前媒体猛烈炮轰；得奖后，当然是一片赞扬声，因为读者喜欢，再版了很多次，好几个国家买了此书的版权。设计师可以成为一名著作者，而非书的化妆师，这是一个非常重要的信息——文本作者是主角，设计师是配角，无可非议，但当设计师真正拥有优秀导演的素质和能力，他可能成为该书的第二作者，因为设计提升了原文本的阅读价值。这种对内容的主导性视觉编辑设计意识，更缩短与先进出版国家的差距，是提升中国书籍艺术水平的重要环节。

话题13. "场"的亲历与体验

● 方

这个问题在建筑界也有体现。相当长一段时间内，中国人学建筑是通过照片学。通过照片学还不光是出不去的问题，包括本国的一些优秀的设计，也是通过二维的东西传播的。因为那时候的确穷，想跑到苏州去看看，也不是那么轻松的事。由于注重能画出来的这些东西，而画不出来的东西则学不到。我自己这十几年体会特别深，在教学和实践里面，实际自己也在变化，对很多问题的认识也是在逐渐加深。我因为去苏州的园林很多次，也带学生去，越去就越发现，它的那种美好的东西无法传达。拍照也拍不出来，拍回来一看，发现不是你想表达的那个东西，有时候录像都不行。但是越是这样，我越觉得它有意思，越能体会它真正打动你的东西是什么。现在我出去之后，拍照的意愿越来越淡了，因为有时候我觉得我宁愿不拍照，我去把这种体验记下来。其实拍照很有意思，拍照它会转移你的注意力，你出去的时候，通过镜头所看到的世界，跟你不拿镜头直接去感受到的那个世界，是不一样的，是两个世界。一拍照，你只会关注它的形式细节，然后关注照片的构图，恰恰忘了它这个空间本身的意义是什么。

因此我现在带学生出去，第一遍走，规定他们不拿相机，就跟着我走，我走的时候还讲解一下，觉得它哪个地方有意思，但不要拍照。走一遍回来，再给你时间去拍。这样的话，空间的东西学生最起码有一个印象，不然全是镜头里的东西。有一次带学生去香港，回来我让他们把这个空间的模型建出来，然而他们真"傻"了。他们拍照片，不注意空间关系，所以需要建模就傻了。

● 吕

以上现象我的学生中也有，采风只看表象，对采访对象的人文历史背景一无所知，当然只能走马观花看热闹。因为当今能静下来读书、做案头工作的时间越来越少。这就要回到浅阅读的问题，今天的信息量太大，各类信息丰富多彩、五花八门，但是你一掠而过，无法用大脑梳理，留下印象。平面设计师、建筑师们越来越依赖现成的数字信息，以至于不能解决现实问题。

现在很多中国旅游者到外国，到一个地方拍张照就算完了，"到此一游""存照为证"，而里面的历史文化背景，之间甲乙丙丁、子丑寅卯的关系都不知道。同样，参观国际图书博览会，就拍那个封面。你只拍它的封面干吗？你应该好好看里面的信息结构、图文的叙述关系。他不看，拍封面是为做设计时的参照用。这和旅游是一个道理，先了解一个国家、一个地区的人文内在关系非常重要。这样对事物才有自己的看法，设计才会有出人意表的创意，不然就会流于模仿。

● 方

并且我们有一种很愚蠢的观念，认为拍了照，好像就把这个东西占有了，其实完全不是那么回事。你没有把这个东西真正解读之前，你拍照也是没用的，你拍回来也不知道要干什么。所以我让学生先不要拍，原因也是这个。你先理解一下这个东西，别连这个对象都不理解，你就开始拍。

我觉得追求一种智力上的进步，是人类文明的发展总趋势，不会说我们的发展趋势是反智的，如果这样，是很荒谬的。但是现在反智倾向很严重，在平面领域、建筑领域都有这个问题。他觉得稀奇古怪地随便弄两个东西出来，好可爱哦，就行了。有时候看上去可能挺有前卫感，但是我觉得他这种前卫并不是那种结构上的出于信息表达技巧上的深思熟虑，有时候就是形式层面的一种变异，图新鲜而已。我觉得审美里面是包含智力因素的。这个东西还真的困扰年轻一代的学生，有时候我和他们都很难有效地沟通。

● 吕

就你刚才的问题来讲，平面设计中也存在，这种意识还是很严重的。我觉得学习是全方位的，学习和应用他人好的东西，这没错，但是有一点，就是目的必须清楚，为什么借鉴他人的理念？你的受众是谁？我还是比较提倡学习并经过消化融合外来的东西，不要低估国人的智商。向国外学习学的不只是形式，主要学他们的思维方式、逻辑分析能力、观察事物的切入点等。确实有很多东西值得学。

● 方

方法论层面的学习，包括价值观层面的学习，这个都是应该的。

话题14. 字体设计

● 方

我们这几年对字体设计开始重视起来，字体比赛越来越多了。这也很有意思。以前那个时代，是没有电脑的时代，很多人设计的时候，都是自己设计字体，写美术字。我念书的时候，我们画完图，题头的字都是自己写的。我那个时候也经常琢磨这件事，并且我还是班里经常帮别人写那些字的人，挺爱干这件事。但是现在因为有电脑，我觉得这种写字的乐趣反而被剥夺了。

● 吕

现在反过来做书要学习民国书中的字体设计，我们发现那些中国的字体通过你的书写和理解，能创造别有趣味的新字体。看民国书封，光字体就能够打动你了。不过时代和技术的发展，改变了以往的设计手法。说来也有趣，20世纪70年代末进出版社，那个时代还属铅活字印刷，封面上没有那么大号的铅字，所以必须手写。然而除杂志、少儿、美术类图书可以设计变化字体，一般的图书均是标准宋体、仿宋、黑体或书法字。今天拿出民国拥有丰富文字表情的设计，广受褒奖。当年民国书中活灵活现的手写字感动了许多读者，我想也是他们拥有"写字动力"的原因之一吧。

汉字是方块字，四方、五行、八卦、九宫、十二度，字形构架自成规律，很像一座建筑，大都是直线，既有它的局限性，也有其自由之处。西文字圆、斜、出格，变化多。日文中有汉字，还有片假名、平假名，大小曲直富于变化。中文造字是件很妙的事。由于不满足电脑字库提供的字体，有些书籍设计师开始在自己设计的封面上写具有个性的文字，但要突破编辑、发行的预设限制。北大方正公司投入力量，设计出多套更适合阅读，又富于美感的新字体，值得赞誉。

● 方

这个挺重要的，我看你做的很多书，也是自己写书名的。

● 吕

我挺喜欢写字。书上的文字不想固守一个规矩，文字也可以成为信息传达的主角。艺术最宝贵的就是不同，这是很重要的。

● 方

其实，我主编的杂志也一直希望有字体方面的创新，我一直没太说，因为我知道这事，其实大家不愿意干。比如我们的每期封面，专题名称的字，如果有点设计，通过字体也是表达观念的一个手段，甚至有些图形反而可以不要了。

● 吕

文字成为设计的主体，很有特征。回过头来看，不管是《美术观察》的改造也好，包括您主持的《装饰》杂志实验也罢，过程的经验是宝贵的。因为审美好与坏的标准是很难界定的，人的智力、文化、经历、地域等，都是有区别的，所以不能够强求一致。但是杂志毕竟要有受众，有一个读者群，你要尊重他们，这是设计原则。我觉得在你担任主编的过程中，做了一件很有意义的事情。

● 方

关于杂志的版式，这几年每年的开期都要想这个事，对我来说真是个学习的过程。编辑杂志有一个框架的问题，网格我是很认同的，因为我觉得这点和建筑很像。另外信息一定要分层，分层之后它产生了结构明晰度。它并不在一个平面上，实际上这个信息仔细去读的话，好的设计是立体的，能够带给你原始信息之外的新的信息。

● 吕

是啊，好设计掌控最佳的明视距离，先看什么、后看什么，轻重、快慢、层次、节奏，懂得把握阅读的视觉时间，这是很重要的。

话题15．"场"——文化立场

● 方

现在最可怕的事情就是我们丧失了文化判断力，丧失了价值判断的能力，因此才会迷茫，在各种信息面前无所适从。民国时期，也不是说所有人一开始就很清楚这点，包括中国装饰美术设计泰斗庞薰琹。

庞薰琹出国是在很年轻的时候，对传统的东西也看不上，对传统意识的觉醒反而是在国外完成的。在国外，因为他的导师对他说，你应该回去看看，你们自己国家那么优秀的东西在哪里，你都不知道，却跑来学这个。你学也隔着一层，实际学不好。后来我念清华建筑学院的时候，有一位老师对我讲过一段话，我觉得讲得非常好。我那个时候正犹豫到底学中国建筑史还是学外国建筑史，自己很喜欢外建史，因为那时候对外面十分好奇的那种情绪是很普遍的，觉得中建史不好玩。后来那位老师讲，你要能学好中建史，外建史也能学好；要是中建史学不好，外建史也学不好。当时我觉得这话还有点玄玄乎乎的，但是这么多年下来，我觉得很有道理。因为不管学什么，史也好，论也好，最后其实都建立在文化理解的基础上。本国文化是最容易理解的，你连本国文化都理解不了，对他国文化的理解，基本上也是瞎理解。

● 吕

我也有一段经历，与您的感受相仿。这是一段永远铭刻在心的经历。20多年前，我赴日本学习，师从著名书籍设计家杉浦康平先生。杉浦先生毕业于东京艺术大学建筑系，是日本战后设计的核心人物之一，也是现代书籍实验的创始人。初到国外，从长达二三十年的封闭环境出来，一切都很新鲜，平时就表露出崇洋媚外的心态。杉浦先生看在眼里，无时无刻不给我提出各种关于中国古代文化的问题，提醒自己是一名中国人，并时时启迪我对中国汉字和东方智慧创意造物的敬畏心。他一直以自己20世纪70年代在德国任教时真正认识自己东方文化基因的经历开导我，强调敬重并学好自己国家文化的重要性。他的设计理念是"悠游于感性与理性，混沌与秩序之间"。至今80高龄的杉浦先生，仍以他的学术力量在东西文化交互中寻觅东方文化的精髓，并向世界发扬光大。他希望我能够更多地关注和热爱中华文化并应用到设计实践中去，对未来中国的书籍艺术发展做出一份努力。这是一次陶冶与修炼心灵的留学经历，这些教诲对我以后的设计和教学都产生了巨大的影响。出国以后，看到异乡镜子中的自己，反而令我清醒自己的文化归属，反思自己的文化立场。

● 方

我印象最深的也是第一次出国，那时去了西班牙。站在西班牙街上，我就突然涌起一种感受，这个地方非常好，但它跟我没关系，有一种疏离感。有很多东西你原来很向往，书上看到的，你现在来了也看到了，没有那么激动的感觉。所以我就想，这些东西到底是什么，你在对它不是很了解的情况下，你也很难有那种触动，尽管很有名。其实你要是背它的背景知识，也能

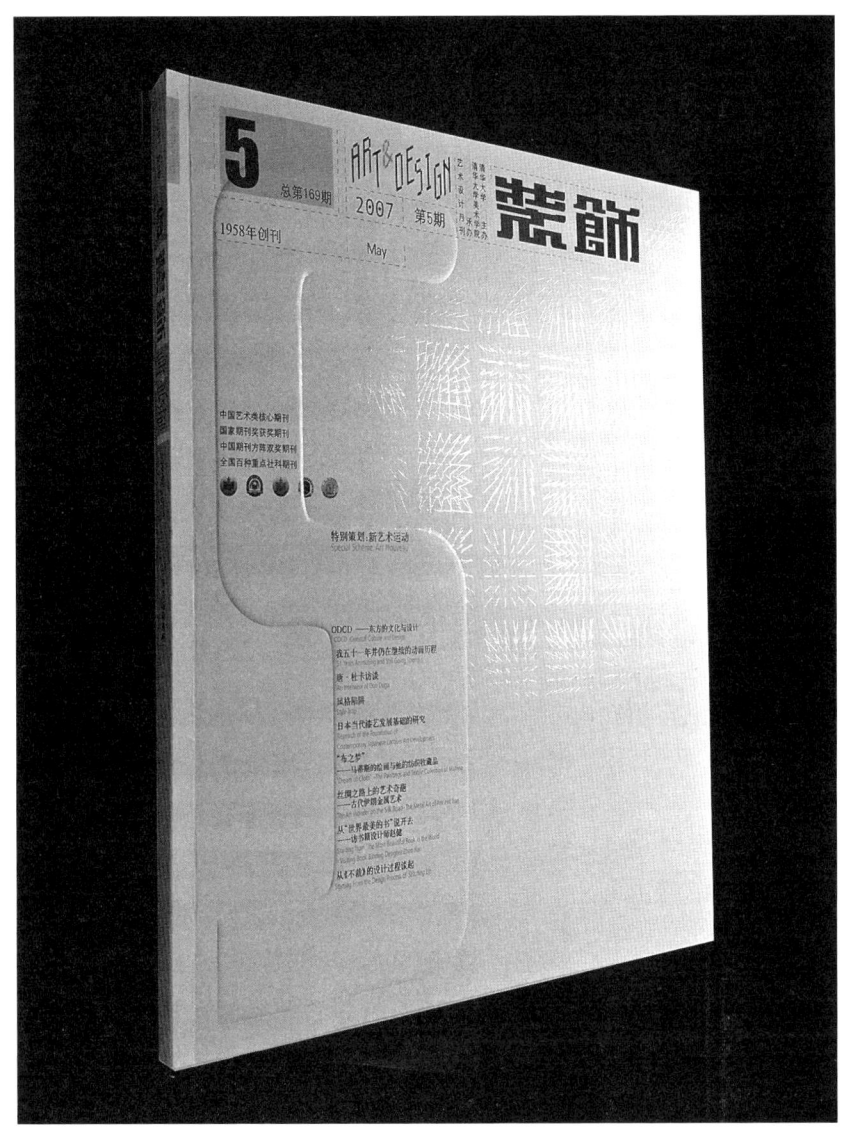

《装饰》封面与版面网格，2006年

美书　留住阅读

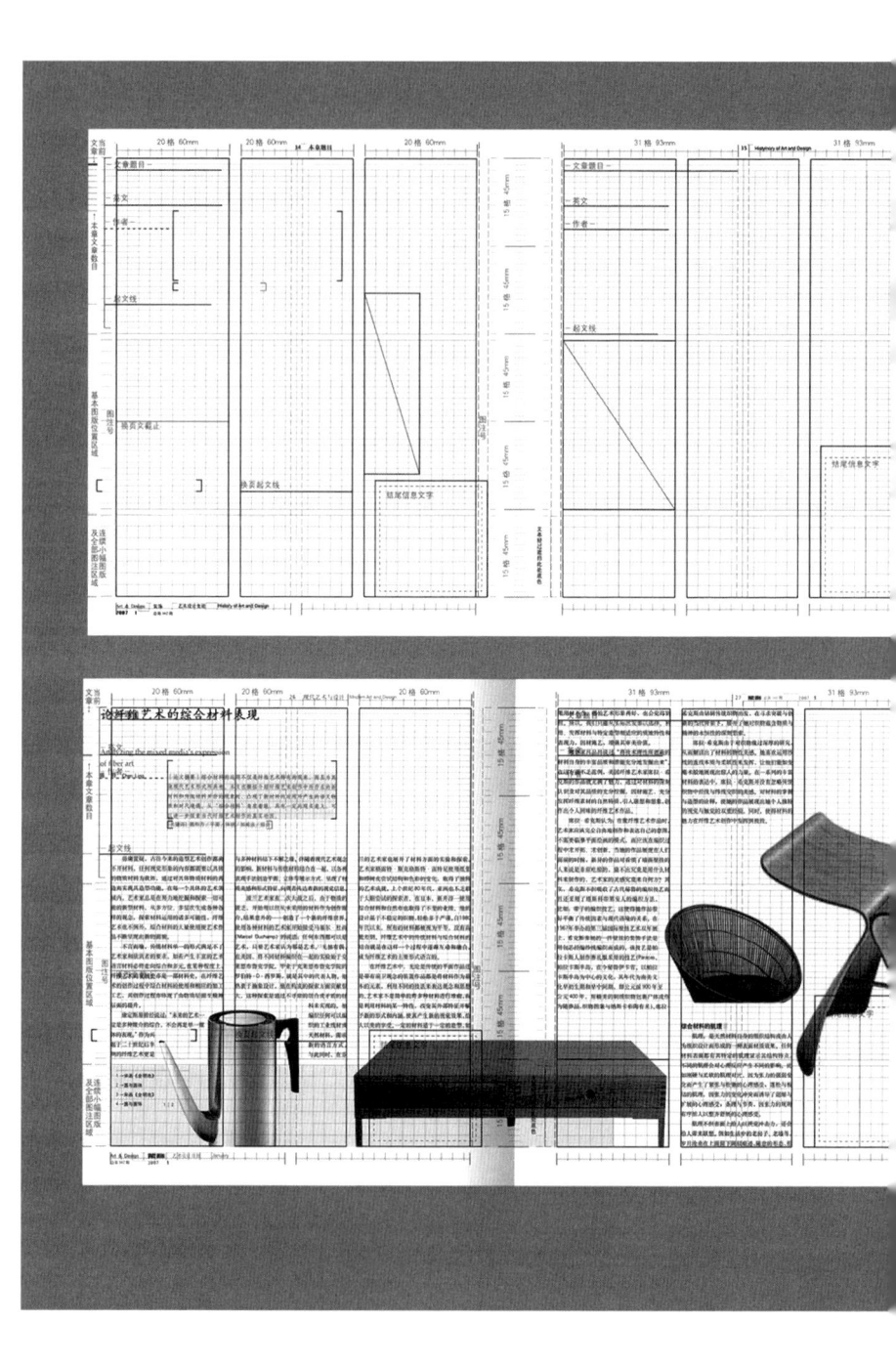

五 | 书艺对谈

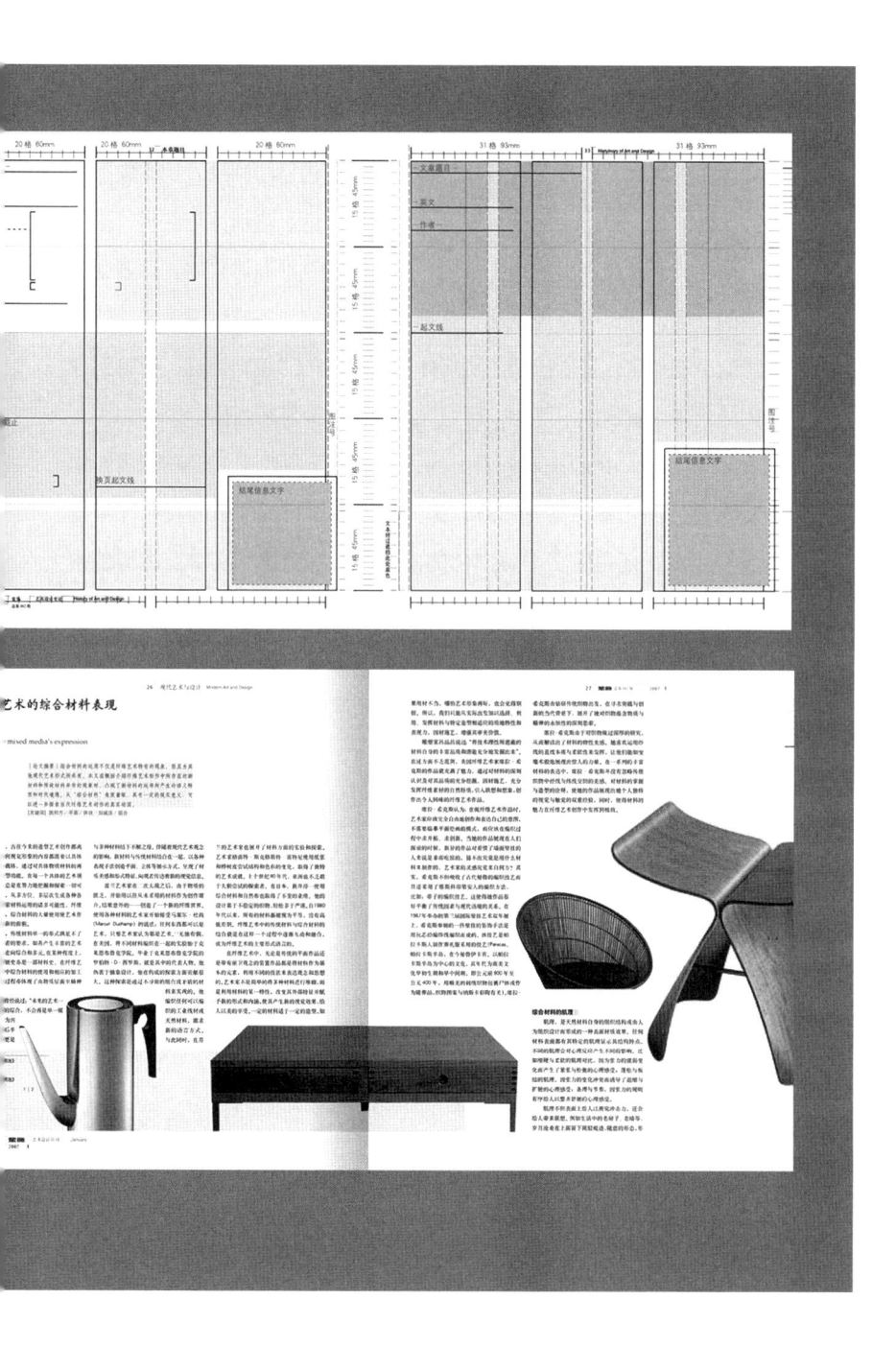

背出很多来，但是你站在那儿，不是那种很切身的感觉。

那个时候，我觉得得到一次非常重要的体验，让我明白自己是彻头彻尾的中国人。我年轻的时候，也很有一种想跟传统割裂、告别的情绪。我印象很深的是，上大学的时候，有一个电视片提出一个理论，就是告别黄色文明，走向蓝色文明。黄色文明就是我们的内陆文明，蓝色文明就是海洋文明。后者就意味着更开放的文明，要走向海洋文明，全盘西化。当时觉得它讲得没错，但现在我不同意这个观点了，那次出国的真切体验，给我的印象特别深。我特别理解全盘西化的荒谬，就是说不可能，因为人是中国人，怎么西化。

就像我刚才讲的，我原来对外建史的兴趣要大于中建史，现在让我给学生上外建史的课，我也能上得非常好，因为我太熟了，很多东西我也非常喜欢。但是那种喜欢，还是隔了一层文化的喜欢。后来我更关注本土的传统研究，现在我讲中国人的空间的时候，相信我讲的东西，会是很多其他国家的人永远不可能讲出来的。这是我们的坐标决定的事情。尽管我上学时，我们设计教育完全是西方的体系，并且我以前看了大量的书，也都不是中国人写的书。那时候喜欢看很多翻译过来的书，哲学的、美学的都有，甚至认为自己从思想上，已经变成一个外国人。但我出国的时候，很清楚地知道，你根本和它一点关系都没有，你还是个中国人。哪怕你接受外来的东西，你也是在中国这个语境下所接受的东西。这是非常有意思的。

● 吕

这两天我们围绕着"场"进行的讨论很有意思，虽然我们分别从事不同的专业，可能是因为共同的文化立场才有心有灵犀一点通的对话，意犹未尽的交流，篇幅不够，我们的讨论必须刹车了。杉浦康平老师曾说过这样一句话，让我这辈子都无法忘却。他说："依靠两只脚走路的人类，亦步亦趋，这是人类前进和发展的步伐。如果行走中后脚不是实实在在地踩在地上，前脚也迈不出有力的一步。这后脚就是踩在拥有丰厚的传统历史文化的母亲大地上！人类正是有了踩着历史积淀深厚的土地上的第一步，才会迈出强有力的文明的第二步。进化与文明、传统与现代两只脚交替，这才有迈向前进方向的可能性。多元与凝聚、东方与西方、过去与未来、传统与现代，不要独舍一端，明白融合的要义，才能产生更具含义的艺术张力。"这是他的设计哲学，并形成杉浦康平独有的视觉语言和设计语法。他认为万事万物都有主语，一个事物与另一个事物彼此重叠、盘根错节、互为纽结，经过轮回转生达到与其他事物的和谐共生，即共通的精神气场。

《北京民间生活百图》，国家图书馆出版社，2001年

《藏区民间所藏藏文珍稀文献丛刊精华本》,四川民族出版社、光明日报出版社,2016年

    我想这大概就是万千世界周而复始的"圆"的概念吧。

    我们并不会排斥西方文化,而是精心吸纳、融合,但对东方思想充满自信,学会驾驭两者之间关系,释放自身智慧的思维能量和圆满自我的途径。谢谢"书·筑"活动,与方老师有了这次愉快,并收益良多的对话机会。

《赵氏孤儿》，国家图书馆出版社，2001年

六 良师艺友

1. 引导我跨进设计之门的导师——杉浦康平

● **杉浦康平引领我走进书籍设计之门**

从我跨入杉浦康平先生在东京涩谷的事务所之门的第一天算起，至今已过去30个年头了，无论是2年间与杉浦先生朝夕相处的日子，还是之后那些年未间断过的往来；无论是先生来华，还是我去东京；无论是每年每月的书信、fax、E-mail，还是经常的电话联络，他的点拨教诲从没有停止过。若要说学时，我可能是在他那儿就学时间最长的外国学生，足足有20多年。这些年来，我在他身边聆听书籍设计艺术的教诲，在他的艺术作品中领略设计者与读者之间心灵的对话，从旁感受他的研究与治学，体验他生活与艺术创作的过程，感悟他行事做人的修为。

事务所设在涩谷并木桥附近的一栋公寓楼里。这一带有许多旧书店，先生爱书成癖，为此1968年设立事务所时就选择在书店街的附近。奇怪的是杉浦事务所的名称，英语称为PLUS EYES，直译是"复眼"，即昆虫的视觉器官，由无数个六角形的小眼构成一个繁密的视觉球体。当时我甚感困惑，请教先生，才知这是复眼的联想引申——"多视点"。对宇宙万物，对世间百相，对昨天、今天、未来，多层次、多角度、全方位地观察、解析、探究，这正是杉浦设计理念的精髓所在。我抱着极大兴趣尝试去感悟杉浦康平的奥秘世界。

先生的学识渊博，思维敏捷，兴趣广泛，视野高远。他专一好学，不耻下问，求知欲从未停息过，虽年过80，却仍像20岁的年轻人那样渴望新知。他不求名利，不容空谈，鄙视权力。他扎扎实实做学问，实实在在做设计，

杉浦康平在《疾风迅雷——杂志设计半个世纪》中国展场作品前

拥有令人敬佩的做事做人的态度。从20世纪50年代至今，作品不计其数，成就斐然，独成流派，影响日本、亚洲乃至全世界。他在亚洲各国有无数仰慕者，皆因为他的学术思想的影响力，他那源自深远东方并超越国界的文化感染力，还有他的人格魅力。

他出生在日本，却能跨出自身国界疆域的局限，用放眼汉字文化的大视野去学习研究，并形成杉浦设计哲学思想，创建杉浦设计思维方式和设计方法论。他在战后接受西方教育，并赴欧洲最著名的设计大学任教，但最终仍回归亚洲文化的源点，寻求亚洲审美价值的核心所在。他并不排斥西方的优秀文化，而是很好地吸纳其精华应用于实践，将逻辑思维和理性分析贯穿于东方文化研究的过程之中。

为了体验亚洲丰富的文化本源，更多了解各民族人文的本真精神，他用大半生的精力奔走于东方各国，印度、尼泊尔、不丹、新加坡、印度尼西亚、韩国、中国都留下了他的足迹。抱着对东方文化神灵顶礼膜拜的虔诚之心考察古迹、坊间；拜访专家学者，聆听最底层、最世俗、最自然的呼吸声并将之融入他的亚洲文化课题之中。他每到一处必去当地书店购买相关国家历史文化的书籍，有时数量册数太多，不得不用各种方式托运。经50多年的累积，他的事务所成了一个图书馆。2010年，他将收藏的近万册图书全部捐赠给日本武藏野美术大学图书馆，为培养年轻学子，奉献出一生积累的最宝贵的精神财富，倾注了他对教育治学的满腔热忱。在他的策划下，韩国坡州书城（一座汇聚300多家出版社、印刷企业、书流中心、影视基地的城市）建起了"东方书籍艺术资料中心"，该中心汇集以亚洲为主、来自世界各地的优秀书籍艺术作品，以供来访者学习浏览。由他主持的中、日、韩东亚书籍艺术研讨会自2005年起每年举行，延续至今，促进了亚洲书籍设计艺术家的交流，以推动亚洲优秀的书籍文化向世界传播。他呼吁亚洲各国珍视自身的传统文化，倡导21世纪亚洲文化走向世界的自强精神。他在曾经任教的神户工科艺术大学成立了"亚洲文化研究所"，并亲任名誉所长，秉承着关注、保护和传承的宗旨，要在他的有生之年更好地致力于亚洲文化的研究和推广，力求在世界的艺术之林中绽放出独有的东方艺术之光。

20世纪70年代，他随联合国教科文组织的文化考察团首次访问中国，对中国悠久的历史文化产生了浓厚兴趣。1989年，受中国出版工作者协会邀请，他与日本书籍设计家菊地信义一同访华，并做了精彩演讲，给当时的听众留下了深刻的印象。1999年，中国青年出版社出版了他的论著《造型的诞生》，书中对东方造型符号的渊源做了深入浅出的分析，在中国当代年轻

《造型的诞生》,中文版中国青年出版社,1999年

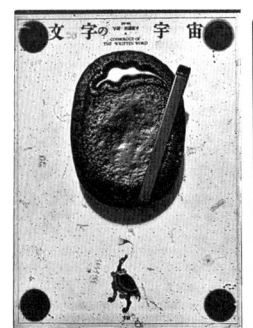

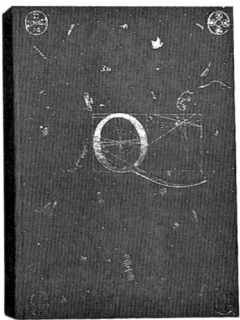

《文字的宇宙》,写研社,1985年

412　美书　留住阅读

《传真言院两界曼荼罗》，
写研社，1977年

杉浦康平艺术文论系列出版物

六 | 良师艺友

设计师心中播下了敬畏和珍爱东方传统文化的种子。2004年，他出席北京首届国际书籍设计家论坛，发表了著名的演讲"一即二，二即一——书之宇宙"。2009年在北京举办的世界平面设计大会上又发表演说，引发了中国年轻设计师们对东方设计哲学的思考。2004年以来，他多次担任"中国最美的书"的评委，高度评价中国近年来的书籍艺术，并在日本媒体上积极撰文介绍中国的发展与进步。

杉浦先生对中国文化有着浓厚的兴趣和深切的情感，其独特的研究视角和切入点都给予以汉字为母语的学者以启迪。他编著的《文字的宇宙》《文字的祭祀》《文字的美／文字的力量》一系列书籍都具有很高的学术价值。杉浦先生对亚洲图形的起源更有长期的研究和独到的见解，撰写了《造型的诞生》《叩响宇宙》《生命树／花宇宙》《多主语的亚洲》等10多部专著，其中多部以多国文字出版。他对藏传佛教的艺术精髓——"曼陀罗"精辟深入的研究和解读，使得在东方诸国的学者也受到他的影响。

在杉浦先生的设计理念中，一再强调书籍设计不是简单的装饰，对此我开始有了新的领悟。他让我明白所谓书的设计是设计者与著作者、出版人、编辑、插画家、字体专家、印制者不断讨论、切磋、交流中产生的整体规划过程。尤其是杉浦先生对文本的解读，都有他独到的见解，更是以自己的视点与著作者探讨，再以编辑设计的思路共同营造全书的架构；以视觉信息传达的特殊表现力去弥补文字陈述的不足；以读者的立场去完善文本阅读的有效性；以书籍艺术的审美追求，着重于细节处理和工艺环节的控制；以理性的逻辑思维和感性的艺术创造力将书籍的所有参与者整合起来，并发挥各自的能量，汇集群体智慧；以一丝不苟的态度为读者做一本尽善尽美的书，其过程远远超过做装帧的职能范畴。

这样繁复的做书经历在国内早就会被扣上越俎代庖的帽子，我从未体验过。固有的装帧观念也常会令我自责是否搞错主角与配角的位置。书籍设计师的这种专业性令我惊讶，更引发我竭尽全力去关注并参与一些书籍设计的过程。这也使我重新认识和定位自己，感慨书籍设计者的职业素质和设计理念绝非会画几张画，能写几笔字就能具备的，也感受到做出好看的封面或画出有艺术性的插图并不是书籍设计的全部，这里有一个很关键的问题就是意识到以往装帧观念的局限性，重新界定设计师做书的目的性和责任范围，认识书籍的装帧设计、编排设计、编辑设计三位一体的设计理念之重要，以及在设计者背后极具知识的铺垫、视野的拓展、理念支撑的必要性。杉浦先生让我开始明白作为书籍设计师除了提高自身的专业素养外，还要努力涉足其他艺术门类的学习，如目能所见的空间表现的造型艺术（建筑、雕塑、绘画）、耳能所闻的时间表现的音调艺术（音乐、诗歌），同时感受在空间与时间中表现的拟态艺术（舞蹈、戏剧、电影）。他指出自满自足的狭隘的装帧误区（日本业界也存在），引领我走进书籍设计之门。杉浦先生曾形容一个设计师就像一个大坛子，随时随地、时时刻刻将各种知识或新鲜的感受装进去。杉浦先生的大脑就是个大坛子，除了博览群书外，他喜欢到各地旅行采风。我曾随他一起参加民俗节日活动，拜访民间艺人，参观各类展览，浏览书店，聆听音乐，观赏戏剧、电影。杉浦先生的工作室可以说就像一个世界音乐的殿堂，各种音乐尤其以东方的为主，犹如天籁之音从早到晚萦绕在整个工作室的各个角落。下午茶的时候杉浦先生让大家观赏各种短片，有自然科学、人文景观，当然还有关注现代科技发展的纪录片，观后他给予点评，随后进行讨论。与杉浦先生在一起最大的感受就是他那没完没了的问题，"为什么"几乎是他的口头禅，他鼓励大家独立思考，敢于怀疑，思维上勇于另辟蹊径。他不以掌握知识自居，似乎更享受追求真理的过程。杉浦先生的工作室像是一个知识传播的大课堂，除了他的助手外，还有不少像我这样来自不同国度、地域的学生，这里也是一个包容着各种文化的学校。每个学习者都竭尽全力地将丰富的知识填充进自己的脑海，经过吸收消化，最终形成了结合自己本民族文化特点的知识。

每次国内外出行，杉浦先生会随身携带高精度录音机，采录清晨丛林中的鸟叫声，溪谷中潺潺的流水声。白天他录下人来人往的小街市巷的嘈杂声，静籁的夜晚录下虫鸣和风啸声，以敬畏之心留下大自然中的一切声音。而另一方面，杉浦先生对科技的进步同样也抱有浓厚兴趣。学习建筑设计的经历和追根寻底的习惯，使他具有严谨的逻辑思辨能力和对数据精度的严密要求，自然体验的噪音学说和东方的混沌思想，结合西方科学严密的逻辑思维，形成杉浦设计公式：艺术×工学 = 设计^2。

20世纪60年代后期两次到德国乌尔姆造型大学执教的经历，成为杉浦先生重要的转折点，设计手法从"模式"过渡到"内容"，使他开始从文本内部重新思考封面设计，让书籍杂志拥有自己独立的"面孔"。他精心编排设计的文字组合以及亲自绘制的立体图形跃然纸上，使一本本书刊呈现出前所未有的景致。

他为构建近代活字主流字体的审美气质和传达表现，进行了大胆的试验和实践。尤其是粗宋体那种浓重的"黑色"在竖排字体的构成中尽情施展具有丰富的音乐节奏感的魅力。他精心编写的四本字体应用手册成为很长一个时期日本设计师必用的工具书。"因为有了杉浦康平，自此开始有了用日本字所创造的美"（日本设计界泰斗龟仓雄策语）。可见杉浦先生在文字方面注入心血的研究成果，在日本具有举足轻重的位置。杉浦先生创造性地将瑞士完善的网格体系应用到日本特有的竖排格式中，同时他的设计规则是一种靠倍率增减架构秩序的格子天地，成就了独有的秩序之美的杉浦风格。他对于精确度有着洁癖般的苛求，最终使作品达到几乎完美无瑕的程度。

杉浦先生说，一个优秀的设计师不仅拥有能容下知识的"大坛子"，而且在需要的时候能够随时拿出来——是经过解疑存真，去粗取精，经过消化的东西，成为创意的智慧点，是赋予个性的东西，是一种跳跃性的思维。设计不仅仅是技巧物化的高低评判，更是设计之外的知识展示和修养的显露，犹如"功夫在画外"的道理。杉浦先生又让我走出"设计"而获得了更为开阔的设计天地。

20世纪60、70年代，杉浦先生将"噪音语法"作为设计的核心研究课题，不断尝试着各种手法，这也是他正式跨入书籍设计领域的重要阶段的研究。通过翻来覆去的噪音语言和语法的探索，经他双手所创造出来的那种充满生命感的书籍、杂志、音乐函套、海报、信息图表设计所表现出的深厚人文底蕴，经久不衰，至今仍显现出充沛的活力。

对于从"噪音"中诞生的杉浦康平书籍设计语法，我既无知，更觉茫然，尤其在国内闻所未闻，业内也只是泛泛谈及形式为内容服务的大道理，而别开生面地深入探讨设计语言的本质与规律的并不多。我怀着一种迷惑忐忑的好奇心渐渐走进杉浦先生的"噪音"世界。

● **走进杉浦康平的"噪音"世界**

1951年在东京重点中学毕业的杉浦康平，成绩优异，老师们期待他考有前途的东京大学理工学科，但他与之相左，选择了与理科相关的建筑艺术，1955年从东京艺术大学毕业。杉浦先生虽是建筑专业科班出身，却倾心于平面设计，1956年即获得"日宣美展"大奖（"日宣美展"奖是当时年轻艺术家心目中的最高荣誉）。20世纪50年代末，他在日本平面设计界已显露才华，不断创作出令前辈们刮目相看的优秀作品。杉浦先生酷爱音乐。他自小受传统音乐熏陶，曾热衷于从西方古典到前卫音乐的研究，他主持策划的音乐戏剧都融进现代艺术元素。他对抽象几何学造型进行了锲而不舍的探索，撑起了那个时代现代主义造型语言之翼。杉浦先生一直关注意大利的前卫艺术运动，研究未来派噪音音乐的构成规则，联想地球对于宇宙空间弥漫的电磁波的表现形态，这一前瞻性理解和发现，渐渐形成杉浦先生以后主要设计语言的起因。

杉浦先生的"噪音"设计可追溯到50多年前，为日宣美（日本宣传美术会，当时日本最权威的国家级艺术机构）设计的唱片函套系列，接着他又在为音乐会设计的海报中，明确地以噪音的形式表现主题。之后，杉浦先生不断探索延展噪音设计论，逐渐形成他独特的设计语法，影响了几代日本设计师，乃至亚洲的设计。

● **"噪音"来自自然万象和世间百态**

20世纪50年代的日本东京，并没达到今天这种城市化程度，那时世田谷、涩谷、杉并区一带，夜晚一片嘈杂的青蛙和昆虫的鸣叫声。杉浦先生去过巴厘岛，在山野里转悠被叽叽喳喳的喧闹声所围绕，这就是大自然的噪音。巴厘岛的人们就是在这样的环境中生存，印尼的民间歌舞就是在自然的噪音中孕育衍生。

杉浦先生认为人的成长过程，胎儿在母体中被杂音裹拥着，全身都浸透在如同巴厘岛山野的骚动声中，赋予心脏强有力的跳动。人类就是由不断躁动着的精子和卵子的结合，最终达到诞生的瞬间，在胎儿的体内留下了深深

《东京国际版画展》,海报设计,1972年

的印记。

噪音亦可解释为杂音。所谓"杂"是"纯"的反义词，也称为低质的言辞，是一种驳杂的语音。杂如同多种颜色混合成的编织物的状态，倾向于一种视觉表现，或称为杂音的视觉表达。

他说，对比一下光和音在电磁波中传送，是在纯净的环境中进行的，没有噪音。然而，人类在语言的交流中，利用声音传送信息。在听取对方语言分辨声音时，会受到大自然中的山川草木嘈杂的声音干扰。比如在瀑布旁不大声说话就不能传达信息。杂音的概念是近代才被强调的，是产业革命的结果。自机械诞生之日起，强烈的音响随之而来，无时无刻不影响着生态环境。蒸汽机车喷吐的气嘘声、发电机的电荷爆发声、自动织布机的轰鸣声等都令人胆战心寒。一系列未曾有过的声音侵浸人们的耳内，这是近代所带来的令大地震颤的声音。自此，人类社会过去那种自然安详，如同绒毯般质感的静籁世界被截然割裂，留下了一股紊乱而刺激的声音。杂音就是在这样一个充满暴力的背景下潜在地存在着。

杉浦先生开始投入设计的20世纪50年代，正是第二次世界大战后的混乱期。白天的街道上充斥着骚乱杂音，那种毫无操守的美国文化不断浸淫着日本社会。混杂与挣扎，良莠不齐相抵又共存。60年代围绕日美安保条约的政治运动，势必导致杂乱纷争、吵吵嚷嚷的社会环境，而给当时的设计带来潜在的影响。

当年还十分年轻的杉浦先生深受音乐魅力的感染并沉醉其中，在那时的音乐世界里，有两位现代音乐家深深吸引着他。有一个叫皮埃尔·夏凡尔和皮埃尔·阿里的法国组合进行的试验性创作，利用战时发展起来的磁带录音方法将日常生活中人们发出来的声音进行集中拼合。同时，将乐器音乐融合进去。音乐会的组织者还把人们交谈的说话声和物件相碰撞的声音，也有风声、水声等自然之音融合在一起。将噪音重新组合、修补、合成一部作品，并刻成了唱片。另一位受20世纪30年代未来派运动影响的埃德加·巴雷斯以巴黎为中心进行创作实验，活跃在噪音音乐的舞台上。杉浦先生当时像着了魔似的聆听着这类音乐。噪音的魔力给当时的乐坛强烈的新鲜感，唱响了那个时代，并影响了以后电子音乐的开发。

在美术领域，杉浦先生关注美国抽象表现主义画家波洛克的作品和记号艺术，以及美国西海岸艺术家的点彩主义画风。另一位吸引他的是法国画家兼音乐家迪比费，他的作品显然受强烈的充满活力的非洲音乐的启发和影响，创作一种将绘画音乐化的作品。

那时的东京，还处于孕育着战后复兴的胎动时代，百废待兴，拆毁与建设同步。在这一背景下，杂音性的概念引发杉浦先生更为深层的思考。

但在那个年代，美国商业文化盛行，其中广告界是任凭主导者制定的规矩行事的商业世界，他们想强调商品的完美与可靠度是为自身带来利益的所谓秩序性，美国的广告中此种倾向尤为明显。受其影响的日本设计师们一味将商品极尽完美无瑕之能事地整合作为设计的首要目的，杉浦先生对这一类商业载体持怀疑与抵触的态度。他认为与其要塑造一种臆想的物品，倒不如去表现其层次化、阶段化的形成过程，其中还包含多少非秩序化的因素和符号分解、组合、重构的过程。这正是杉浦先生追溯噪音根源的初衷。

● **阅读感受能增殖的"噪音"**

杉浦先生初期创造的噪音图形以线条语言的运用和黑白处理为主。通过原始图形的切割、连接、分解、层次化重新组合成新的图形。这种不断复合化的设计，最早用于音乐唱片盒套设计，后来设计的音乐海报也注入了噪音符号。如1957年为黛敏郎、武满彻的音乐会设计的电子音乐函盒，1960年为东京现代音乐节设计的海报。杉浦先生从20世纪50年代到60年代期间不断在线的表现方面不遗余力地尝试着。

杉浦先生大学期间在学习建筑时经常有引用建筑图的场合，特别在意"影"的作用。他非常注意物体投影的图面表现，尽管设计是在平面上作业，但影子使对象呈现丰富的凹凸感，由此延展到噪音图像中影子所发挥的作用。1960年为"世界设计会议"设计的海报上应用了影子的语言。从1959年开始，在《广告》杂志上整整一年全部以噪音图像语言为主体设计语言。1961年为《中井正一全集》设计，应用影子造型结晶化的手法，被称为"震动的节奏"或称为"波纹的层次"。

杉浦先生在对同一符号图形进行不断反复、移位、切割、重组，把不断增加的图形为"能增殖的图形"。在研究其"从杂音趋向秩序"的生成法的过程中，这逐渐成为杉浦先生非常重要的设计语法。

关于"能增殖的图形"的形成过程，杉浦先生有一个有趣的经历。那个年代是活版印刷的时代，那时的图版均用铜版腐蚀的方法，然后与活字组合成版面。可那些铜版只限用一次，用后就丢弃了，看到印刷厂的角落里堆满了废弃的铜版，非常可惜。而一些杂志的题字，用了很好的板材，保存下来反复使用后，字的边缘都磨成了圆形。杉浦先生突然想到同一块铜版可以反复使用，经过多次精心刻意地设计，组合重构，移位切割，同一个图形结果形成千变万化的图样来。这个创意，既节省经费，又有多种可能性。后来设计的《音乐艺术》《数学讲座》《设计》的封面均被杉浦先生称为"自我增殖的图形系列"。

杉浦先生对噪音有一种强烈的视觉表达意识，在选择书籍整体设计时会将噪音的主角意识贯穿其中。1971年设计的《自我的丧失》一书，正文用灰色纸印一色。此书是以主述不能动摇自我意识为主题的现代文学和艺术，文中引用现代科学的许多范例，解答如何延展其自身生命的内容。杉浦先生根据文本的大致框架，直观地感觉可以应用法国画家迪比费的噪音绘画元素，从其作品中摘取某些暗号画素，而达到入木三分的结果。这本设计将文字与暗号符号混杂在一起，名言警句与噪音并存，叽叽喳喳，若隐若现。若不是聚精会神地看，也许看不到任何东西。杉浦先生以此作为一种反命题来进行探讨。封面装帧使用了不常用的丝织物，一色丝网印刷。杉浦先生为唱片公司设计的音乐函套系列两色套印，有时也用荧光油墨，在紫外线的照射下噪音图像呈现完全异样的视感，产生强烈的视觉效果。在印刷手段上，更呈现出若隐若现的不断变换的噪音感。

将各种各样的图形符号相会、组合、并置、拼贴而形成的噪音图像是一种产生异化作用的视觉现象。将色彩变成噪音，有限的三原色，或填满，或抽减，或剥离而产生了森罗万象、色彩斑斓的噪音。

● **书中包容天宇中嘈杂的星尘**

宇宙天际中的星尘是杉浦先生挥洒不去的主题。日本电波天文学家森本雅树先生是杉浦先生的中学同学，在森本的书中，杉浦看到了另一种噪音——全新感受的天宇群星深深灌注进他的意识之中。过去触及的噪音话题涉及的是音乐活动和现代艺术领域，而天文学家森本雅树让他感触到科学领域中的噪音同样具有震撼力。开始，受控制论的影响，科学家诺巴特·威易纳从航海术得到启发，根据控制论原理，提出信息控制和生产控制技术，与此并行产生出全球化通信理论中噪音的问题，作为重大课题提了出来。美国数学家申农设定了信号与噪音之间的比较，称为"SN比"。

环顾周边的日常生活，噪音现象比比皆是，它的全意即是多元的姿态。当杉浦先生针对这一话题，面对天际和虚空的世界，他从极大到极小，从宏观到微观进行深入研究，其视觉化成果不断多层化地在杉浦先生的脑海里显现出来。

自古以来人们关心天宇中闪烁的群星，空中飞过的流星束，以及光子群，其实就是星星的碎粒"垃圾"，空中光子、量子，群星乱舞，杉浦先生称为星星的微尘噪音，并呈现出宇宙线的轨迹。散乱纷繁的群星是最典型的噪音表现，无法计算的星星零乱到了极致，洒落在无垠的苍穹中，辉放着强弱不同的光，形成有趣的图像。杉浦先生说，这也是后人命名星座的畅想之初吧。从感性的出发到微尘噪音的联想，再到图形的诞生，相互关联、相互触发，奇迹便产生了。

由宇宙星空的启示，思考人类生命的起源，其根源归根结底来自点的分布。人类的肉眼能看到星空的尘埃，宇宙与人类到底存在怎样的关系，生命的造型和知性来自何方，丰富的联想由此产生。

20世纪60年代末，杉浦先生为松冈正刚办的杂志《游》做设计。他们之间进行了热烈的讨论，不久，松冈有了撰写《全宇宙志》的构想，两人一拍即合。这是杉浦先生以星尘作为视觉符号主角，极尽发挥噪音语言之能事的开端。

在另一本《宇宙论入门》的设计里，从外包封、内封、环衬、扉页、目录、序言到内文页几乎全部被星尘湮没。微尘、杂音的层层叠叠中源源不断地涌出信息，从杂音的光栅中表现生命，以此种气氛营造该书著作者、宇宙史学者稻垣足穗所期待的目标。书的正中还穿透了一个孔洞，注目窥透宇宙的无垠。

《全宇宙志》全部页面都用黑色作底，上面布满了群星尘埃，成为在当时极为激进的一种设计，也成为杉浦先生之后经常思考的以星辰为背景的设计语言和语法。

运用星辰方面具有控制力表达的设计是《立体看星星》这本书。他在德国期间曾对三维立体图形产生兴趣，通过在投影几何坐标上用红、蓝二色描绘出各种群星造型。这类试验在以后的设计中不断尝试。杉浦先生做的《立体看星星》初版至今，已再版30多次，并翻译成世界多国文字出版，中文版于2006年与中国读者见面。1969年创刊的《都市住宅》杂志封面，矶崎新和他的助手进行近代建筑空间立体图的试验。当时的埴田主编希望给杂志注入新鲜的活力，杉浦先生决定把封面做成立体建筑图。那些日子他几乎是彻夜不眠，一根线、一根线地极其严谨细致、精确无误地进行立体视觉图的描绘。

关于噪音的发现，杉浦先生有过一段有趣的经历。他经常去印刷厂，看到因为纸上的纸粉末，或者从外面落下来的微尘垃圾，满版印刷过的纸张表面上出现星尘般的白点。那时印刷机虽有防护设备，但仍防不胜防，显然要印出漂亮的活是真要有精益求精的技术。打样的彩稿一来，若屋子黑一点，打样上会呈现闪闪发光的星星尘埃般的点。如果有凹凸质感的纸，油墨未必能饱和地印在表面，同样也会出现许多星尘点。文稿打样上，由于活字组合后在字与字之间也会留下一点一画的污点积集在那儿，印压后的文字则也会出现残缺的部分。若再看一看印刷的活字盘，更是布满了垃圾星尘。对于这些污点，一般校对时都会圈出来表示去脏点。但杉浦先生觉得特别有意思，他认为无论是生产的哪一个过程，都会有杂品产生，而人的生存过程中同样

《全宇宙志》,工作舍,1979年

《全宇宙志》，工作舍，1979年

伴随着无数的噪音和令你不愉快的事情。因此所谓星尘已不仅仅属于上天所有，人们的周遭环境与文化多彩并浸沁于每一个人的器官和身心，他说这是在地上与星尘相会。时间的噪音，随时随刻录下经历的过程。

星星尘埃的表现手法并未在经历了《全宇宙志》《宇宙论入门》《都市住宅》《立体看星星》的工作而结束，相反以新的思考角度在运转。从星辰中产生的种种想法转换为宇宙观方面的思考，并以此为背景喷发出一系列《亚洲的宇宙观》的研究话题，一发而不可收。之后策划主持"亚洲的宇宙观"展时，从展览馆的天顶吊下无数颗豆粒般的小灯，像天空中纷杂闪烁的群星。杉浦先生不仅专注书籍设计，还对空间设计、杂志设计、广告设计、音乐函盒设计等作为他整体的设计思想相联结，进行不同层面的多元思考。

● **"噪音"反映出人生事态与社会现象**

人的行动产生痕迹，会留下噪音符号。20世纪50年代末到60年代，日本社会充满动荡的气氛，形成具有扰乱特征的时代性。杉浦先生那时也参加示威游行，参加政治斗争，演出话剧。显然这就是一种社会性的噪音，掀起破坏平静秩序的噪乱的杂音，如同法国五月革命那种运动。

时间轴所表现出的噪音符号同样存在。一堵墙随着时间的推移，其物态在潜移默化地产生色、质、形的变异。生物的生命结束后，向周边的环境渐渐渗透，如同织物浸染时产生色的变异，通过时间过程导致噪音符号的时间性变化。由于动物的运动过程，或者人类在移动的阶段都会留下痕迹，并生发出鲜明的噪音符号，而引发其他动物或他人的兴趣。由动作产生的过程始末，发生骚动的噪音，这是作为社会给人类留下的作品化的痕迹。现在刚才过去在记录能够反映出时代特征变化或事件扭曲等现状，亦可称为社会缩影的噪音符号。

噪音能反映社会的一个侧面，也可以说是群众论的一个历史横断面。《骚乱的民间运动》一书是作家管孝行关于民众运动的论述。设计以骚动、嘈杂、混乱的视角，抽象化的手法，用狂草的笔触书写了几十个趋向四面八方的动态符号，然后一张一张拼贴、组合、集积，产生旋涡般群众运动的气氛。从封面、环衬到扉页，到处充满了骚乱行为的动态表现。目录编排的文字中混杂着从作者原稿中提取出来的手写文字，就这样，吵吵闹闹、熙熙攘攘的文字将整个活字排式激活了，字里行间传出了喧嚣的噪声，全书渗透进暴力噪音到了极致。

值得一提的是另一套书《大森实选集》。大森实曾是日本每日新闻社政治栏目的负责人，20世纪60年代末辞职后，独自奔赴越南战场，专写战时采访报道。杉浦先生将大森在战地拍的35毫米胶卷底片夹在纸上的模拟形态，作为设计该书的视觉符号。一种在战斗现场采访、收集素材后，急匆匆整理材料的战乱现场感充分地体现出来。全书从包封、封面、环衬、扉页到内文，各种场景的照片凌乱地夹卷在书页上，活生生地表达了噪声化的紧张、混乱、残酷气氛，诅咒令人窒息的战争年代。

当时流行采访报告文学，斋藤茂男系列的《新闻的危机》便是其中一例。此书以与时代同步的进行时体例，针对新闻、报道、言论自由等诸多问题产生的危机感进行现场采访，作为记者的一种声讨。杉浦先生在封面上将文本以15个字一行的组合句排列，用粗红铅笔在文稿中写上校对批示符号，制造特有的职业气氛。这些在文字间"横冲直撞"的笔迹，留下了噪音般的痕迹。斋藤是共同通讯社的名记者，也是战地记者。他的一套文集封面上放置了亲笔手稿，并利用了笔记本活页上的孔洞，显现采访性。书页用仿旧纸，每一册分别用三种颜色将内容进行划分，形成有层次的区隔。凡作者笔迹印刷的文字页用另一种纸插入正文。噪音的手写文字，赋予了恰如其分的阅读感受，有层次的设计安排，逼真地打动读者，心绪似乎随着采访在战地奔波。虽然只是一个载体，但并没有切断读者与作者之间感情的交流，而达到两者沟通的互动水准，这就是设计的感染力，设计的力量。

《平凡社百科年鉴》封面，根据视觉的角度变化设计烫压小小的几何符号的组合，看不明白是什么形，但由于受光角度的不同，从不同方位看不同的几何形，有层出不穷变化的图像组合。这是受粒子论的启发用于设计的一例。杉浦先生把这些设计元素视为撒入书的宇宙空间之中的一粒粒尘埃。

以上这类噪音到处可以找到，容易发现。而将多种噪音符号进行对称处理，又生发新的"杂乱无章"的噪音，其中存在着严谨的构造法，却让人感觉似乎是随心所欲的纷乱无序的杂音。《全宇宙志》所表现的星尘与自然现象有所不同，是趋向于秩序感的噪音，似乎星星的飘荡浮游的微尘在逐渐开始进化。

将星尘噪音符号按波形蜿蜒曲折的格子规矩，成秩序状地还原，注入图形模式的噪音。《印》将彩虹箔的噪音符号进行烫印，授予噪音的纷繁性以更深的涵义。《梦之书》使在同一形的基础上再生出来再次利用，一种望风扑影的符号，表达了梦的诞生和生存蜕变。

● **多姿的文字彰显变幻无穷的"噪音"魅力**

20世纪60年代始，杉浦先生不断变化设计语言，进行大胆的实验性设计，对文字的细微观察和运用，活版印刷新技术和手段的开发，悉心进行纸张材料的选择，这些实践在那个年代给读者带来不小的震动，也为后辈设计者留下了巨大的决定性影响。

杉浦先生认为，世界的基本构成要素是最细微的微尘。宇宙由无数的细小颗粒组成，其实我们的生命体也是由尘埃所组成的。一本书由成千上万个文字组成好似星尘云屑、微不足道的杂音要素，随着设计渗透到层层叠叠的纸面中，它们繁杂琐碎、魔幻多变，汇集成文本的千军万马，甚至还会通过设计成为传递信息的主角儿。

在《真知》杂志中整体应用"杂音"要素设计，每一面都利用细微的"杂音"记号，隐隐显浮聚集的版式、投撒散乱的文字、跳跃活泼的图像，甚至在切口上大做文章。这本杂志可以说是未正式宣布的设计实验场。

杉浦先生的设计中，经常应用电影的手法，如《电影的神学》一书（泰流社，1979年）中时而在映像中显示出文字，时而映像从文字中逐渐化入化出。

在记述文字的过程中，展现出各式各样的记号噪音。比如在校勘文章时写下的校对线、圈、叉、勾、点、字都可以视作噪音符号。文字剧场的舞台有太多的噪音引人注目。

有关文字形态的研究，杉浦先生更多地将他挚爱的汉字情节和严谨的学术思想融进他的设计之中。季刊《银花》杂志自1970年创刊至今，已出版122期，一直由杉浦先生担任设计。设计中汉字那俊美的姿态和一张一弛富有节奏韵律的排列组合，将文字完美生动地展示在书籍设计中，充分体现杉浦文字论的结晶。《银花》杂志封面中，杉浦先生将图像文字与地球轴23.5度倾斜角保持一致的设计，源于他对中国古代"天圆地方"宇宙说的研究。他一直关注文字的四方、五行、九宫、十二度的"天圆地方"学说，并应用于书籍文字设计的语言组合排列，照应来自四面八方的视线的阅读设计。那些在

《游》,杂志工作舍,1979年

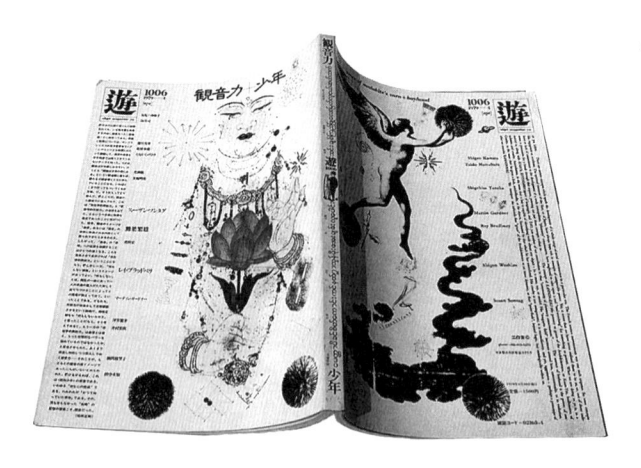

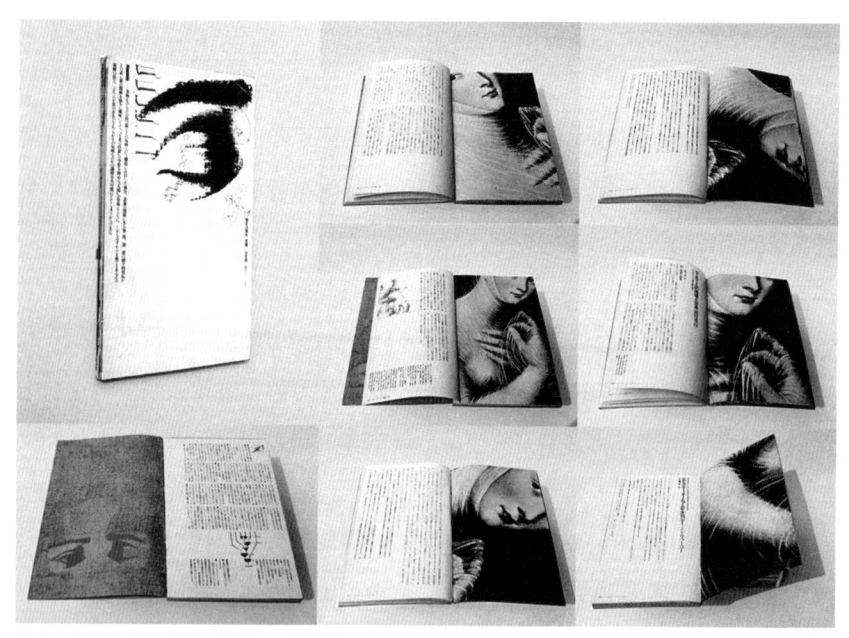

间轴在《真知》杂志内页中的体现,1975年

432 美书 留住阅读

书籍文字方面的创意和独树一帜的设计，不胜枚举。先生以他独特的哲理思考，潜心驰骋在书籍设计广阔的想象空间之中。

随着当今数字化信息时代的到来，人们应用数字化程序，靠计算机制作超越自身能力极限的设计，这种快感是不言而喻的。然而，解释那种超越今人取自自然深层意念的文字，比如护符的文字，寻究人类追求善美的神话般文字符号的过程，这种魅力和亢奋感靠手指操作鼠标是解答不出来的。杉浦先生所期待的是触及具有文化渊源的设计，如古老亚洲的图像宇宙中，存在一种肉眼看不到的，潜藏于生命之中的设计。他深深感悟于此，这是一种不可逾越的价值观。

书法家井上有一先生在巨大的纸上挥毫洒墨，用他的全身心力投向一纸空白，犹如在空中行舞，超脱自身形体的存在，文字随其形开始获得生命的表现力。杉浦先生认同他对书法真髓的思维方式和书写是像孕育生命一样重要的过程，才会设计出《井上有一炽梦录》这样震撼人心的巨作。文字的造型深基于生活的方方面面，也许人们已经忘却这些变幻无穷的文字产生于何处。为此，杉浦先生自1975年至今，以写研社每年的月历为舞台，使饱含着生命的汉字众生相一个字一个字活灵活现地跃然纸上，从寻根溯源到深层含义，从生态圈到文化范畴，犹如让读者进入文字博物馆的氛围之中。

同时以杉浦版式学而展开的文字设计的创新实验，从单个文字、词组、标题、群体文字到字距、行距、灰度；从阅读关系到明视距离；从噪音到秩序，从秩序到噪音，这样周而复始的设计过程，是鉴别对噪音文字群控制力的考验。杉浦先生一直在摸索诞生于从噪音到秩序的文字表现的规律和方法论。围绕着不同的主题，为读者和同行呈现出人意表、赏心悦目的新作。《游》《讲谈社新人文库》《真知》《传闻的真相》等均发出游戏般的文字

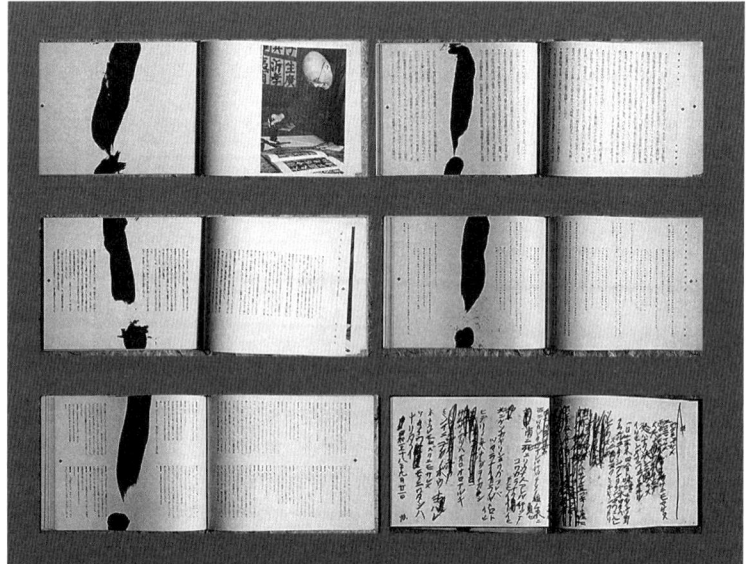

《井上有一·绝笔行》,UNAC TOKYO,1986年

"噪音"魅力。《文字的宇宙》《文字的祝祭》的问世,其影响远远超越了汉字圈文化的国界,在西方也引起了巨大的反响。

● 杉浦康平的设计哲学——东方多主语世界的和谐共生

以上只是杉浦先生诸多噪音设计语言和语法的一部分,不仅仅从书的外在表达出发,还包括书的内部,将噪音渗透到书页的纸面、纸背,内文的整体贯穿噪音设计是杉浦先生始终在探索的主题。

杉浦先生"噪音"设计的语法是丰富多变的,并在不断地发现和创造中。学习杉浦先生的噪音学说,并不只是学得一种设计手法,而是求取观察自然、人类、社会的方法,汲取浩渺深邃的宇宙世界(社会科学、自然科学)之养分,丰满有限的知识,拓宽学术的视野,提升创想的能力。

杉浦康平先生曾说:"书,就像打开未知却充满预感的井盖,深井里面盛满故事与思想、声音与影像、生命与地球历史。"可以说书是触及未知世界的载体。书与一粒种子一样,它能承载释放世间的万事万物。一张纸亦然,拿在手上自然产生天头地脚。从左到右画线,即呈现从过去到未来的时间流。一张纸既反映时间,又反映空间。白纸一张也是宇宙。纸张组合起来的书就是高深的容器或一口井,知识与智慧既能往里深入,亦能从中汲取。

他指出:万事万物都有主语,森罗万象如过江之鲫,是一个喧闹的世界。一个事物与另一个事物彼此重叠层累,盘根错节,互为纽结,联成一个网。它们每一个都有主语,经过轮回转生达到与其他事物的和谐共生,即共用精神气韵。我想这也许就是中国道家所谓生生不息的"圆"的概念吧。这倒印证了他的信念,宇宙是一个多主语的世界,东方与西方、混沌与秩序、传统与现代,每一事物既有其存在的必然性,更有其相互依托的共通性。他

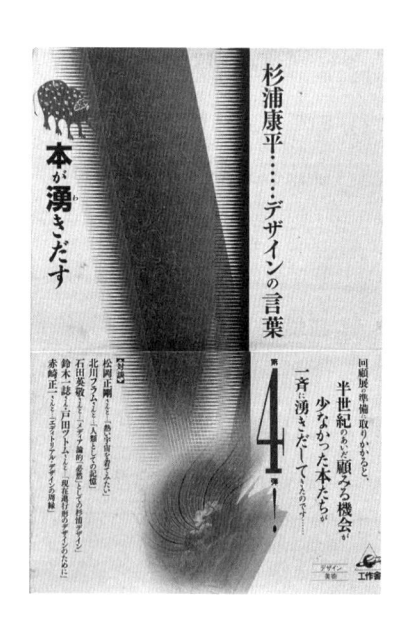

《中国京剧院访日公演》海报，1979年

杉浦康平新著《书如泉涌——杉浦康平设计语言》，工作舍，2023年

美书　留住阅读

《杉浦康平的亚洲设计》,新宿书房,2023年

的后半生研究中始终贯穿这一思想,并形成杉浦康平独到的设计哲学,释放自身智慧的思维方法和圆满自我的实践途径。

这也许正是杉浦先生能维系久远艺术生命的根本所在。
书籍设计使无生命体得到生命。(杉浦康平语)

2. 恩师贺友直

时隔2年，我再次回到上海担任"中国最美的书"评委。按照惯例，每次到上海必去探望恩师贺友直。自1973年在北大荒幸运邂逅贺老师几近40年了，那时50岁的贺老师正值创作高峰期，他创作的《山乡巨变》连环画可以说影响了整个美术界。在我下放的农场，天上掉下来一个我们学画时特别崇拜的贺"姥姥"（如同红楼梦中宝玉慕盼的林妹妹），让我们这帮绘画青年乐得屁颠屁颠的（手舞足蹈）。我与齐齐哈尔知青侯国良、上海知青刘宇廉（已故）、天津知青赵国径（后去天津美院上学，很不舍地离开小组）有幸成为三结合创作组的成员，开始了与贺老师同吃、同住、同劳动、同创作的朝夕相处的日子。365个日日夜夜，下生产队体验生活、搜集素材、研讨脚本、塑造人物、构想情节、制定手法、完成画稿，一年后，一部《江畔朝阳》连环画出版了，从此我们成了贺老师名副其实的学生。贺老师的艺术追求、细微的生活观察、严谨的创作方法，使我们这些没有经历专业训练的绘画青年茅塞顿开。他勤于思辨，认真做事，疾恶如仇，端正做人，成了我们走人生正道的引导者，受用至今。几十年来他像我的父辈，亦是良师益友，更成了心灵沟通的莫逆之交。

贺友直老师是当代中国美术史绕不开的人物，业界称他连环画大师、造型艺术家、教育家、故事大王、视觉艺术表演家、戏剧导演，都不为过。他在美术领域的影响已不局限在绘画本身，在造型美学、创作思维、画法画论、教学思想方面都风标独树，备受业内各画种同行名家敬重。

自20世纪60年代创作《山乡巨变》以来，在画坛吹起一股清新的贺旋

贺友直老师在上海，2015年

风，善于捕捉人物复杂心境，关注生活物象细节，根植于社会底层草根的善意，在《山乡巨变》的四本画作中发挥得淋漓尽致。读者无不被画中一山一水、一情一景、一苦一乐深深打动。那一幅幅来自生活又接地气的作品最具生命力，已是当今共识。《山乡巨变》已成为中国美术史中的经典，唤醒中国美术人的手、眼、心，并证明连环画可登大雅之堂。之后《白光》《朝阳沟》《十五贯》《小二黑结婚》作品不断，《杂碎集》汇集了一生总结的画理。他的贺家白描传承中国古典绘画的精髓，又融入现代审美的形式美学；他的贺家线描能魔幻般掌控表象的驾驭力令同行折服，并影响海外。

11年前有幸为上海人民美术出版社设计了《贺友直画三百六十行》。贺友直笔下的世间万象，众生百态，一个个活灵活现、惟妙惟肖地展现出来，像穿过时光隧道，回到七八十年前老上海的历史场景，让当代人进入这些早已消失的语境，体味至今还残留的痕迹，引发感悟和反思。打开扉页是一幅长长的拉页"小街世象"，是贺老师80高龄的力作。秉承清明上河图的观相术，回忆莽莽草民的世象百景，画石库门、小作坊、三教九流、贫富杂陈的芸芸众生，生动、有戏。精妙的白描线条，刻画出一条上海街巷的嘈杂、喧嚣、哀怨、生死相属的戏中戏，令人细细回味品读。

贺友直用他犀利的观察力，捕捉社会人道中最细微的情感人心，寻找生活中点点滴滴的物象景致，游刃有余地编织着人生故事，画就《贺友直画三百六十行》中近百幅行道众像。专注的剃头匠、仗势欺人的白相人、眼明手快的堂倌、温婉的卖花女、狠毒的拿摩温、苦面的卖唱人，还有令人怀旧的诸如西洋镜、老酒馆、大饼油条粢饭豆腐浆。像陈老莲"水浒叶子"极简的绣像，如"清明上河图"的群体组合，繁密有致、虚实相间、画风清雅、用笔老辣。形态、境景、性情都有故事和精气神，每一个人物都像被赋予了灵魂。还要特别提到的是贺老师撰写的文本，语言风趣幽默，文字干净利索，叙述语境独成一家，真可谓图与文珠联璧合。

11月21日是贺老师的生日，与第二日要回美国的二哥约好在巨鹿路贺老师家门口会合。巨鹿路没太多变化，房子没拆，还是那种情调，那股味道，只是临街的店铺，开了关，关了开，新老板、老伙计，老店主、新伙计，风水年年转，人走茶凉。而住在这里的贺老师饶有兴趣地用一双犀利的眼睛观察着社会的千变万化和世态炎凉，他那一幅幅上海风情画里，用画笔描绘出人生百相。拐角一家生意兴隆的"咸亨酒家"不知何故关了门，原本每次探望,我都会在这里买一坛贺老师喜欢的绍兴花雕,真扫兴,这回买不成酒,换了挺务虚的鲜花。沿街的两条斜向小弄堂都可进,两直线交叉夹角的一栋,拾级而上就是贺老师的家门。推开门迎面就是直通二层的楼梯,陡陡的,举眼看不见二楼的门。没有玄关,开门抬步就上第一个台阶,共18级台阶,贺老师每天上下楼不知走多少回,半个多世纪走下来,相当于攀登珠峰多少个来回了吧!现已90高龄的他仍健步上上下下、进进出出不在话下,可谓奇迹,也在理中。

这是间被贺老师自嘲为三房一厅的30平方米左右的房间,其实只是用柜子、布帘、床架隔成睡觉、吃饭、工作、会客的多功能的格子,自从搬进来生儿育女,五六十载未曾动过窝。在这小小的屋子里却诞生了影响几代美术人的佳作《山乡巨变》《小二黑结婚》《朝阳沟》《李双双》《十五贯》《白光》,得奖无数,享誉世界。贺老摘得中国"造型艺术成就奖",文化部、中国美协"中国美术／终身成就奖",法国昂古莱姆市荣誉市民等诸多荣誉。20世纪80年代他被中央美院特聘为教授,并先后出版多部理论专著。年过古稀,却精力旺盛,创作力勃发:新加坡寺庙巨型壁画、世博会上海老弄堂长卷。89岁为上海新落成的美术馆完成2米×2米的《上海大世界》,其间出版多部画作《老上海三百六十行》《贺友直自说自画》《杂碎集三部曲》。他所有的原作全部捐给了上海美术馆,本可留给后代,或换得比现在好得多的住宅。他是位大师,却从没有大师腔。

楼梯有点老,踩上去嘎吱嘎吱响,抬头仰望,先见地平线上一轮圆,接着露出贺老师的脸,他每次都会在房门口迎接,一会用英语,一会儿用日语、普通话、宁波话说着欢迎的话。他是语言幽默大师,一开口笑语连珠,时间长了保证你下颚骨发酸。要不是投错行,他绝不逊色于北方的相声大师

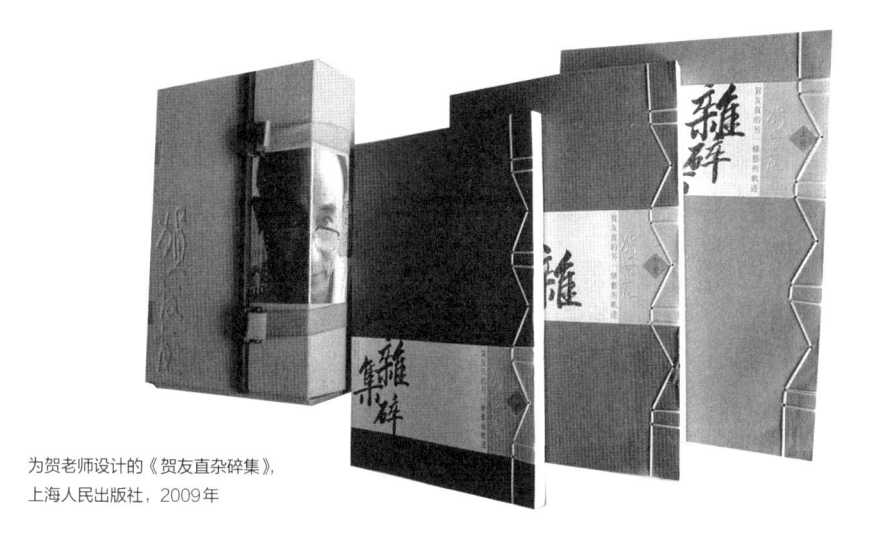

为贺老师设计的《贺友直杂碎集》,
上海人民出版社,2009年

为贺老师设计的《贺友直画三百六十行》,
上海人民美术出版社,2004年

六 | 良师艺友

侯宝林、马三立，南方滑稽戏名家姚慕双、周柏春。

送上鲜花，贺老师一脸严肃，直叨咕："花过敏，没必要，没必要！"贺老师一贯反对送礼，但对视如儿辈的一片心意他明白，转而一笑，对着我们有意用宁波腔的洋泾浜英语"悉那咕荡泼类斯喔"（sit down please）招呼我们坐下。因二哥在美30多年，贺老师存心用英语与他调侃。"Now I very busy.""So busy."他又加了一句，不失强调的意思，却又有些夸张的语气。刚完成的《上海大世界》，是凭记忆把60多年前的大众游乐场的众生相记载下来。贺老师惊人的记忆力超越了电影胶片，他那独特的贺式视觉导演手法和与生俱来的人物表演才华，把彼时、彼地、彼情、彼景，一五一十、活灵活现地描绘出来，也许一些研究社会史的学者只有从他的画面里才能寻觅到时空倒转的记忆。后来他又办了好几个回顾展，那时在绘制2013年的两本挂历，内容是20世纪中期至今上海人衣食住行的变迁。另一主题是新二十五孝图，增加的一孝是狗主人敬孝爱犬图，又是有意搞笑，有点尖刻，这是他的风格。善于观察生活、琢磨事态的贺老师随时把摸社会的脉搏，透析人世间的美恶善丑，他的脑子从来没有停息过。我今天在书籍设计中应用的编辑设计和书戏理念何尝不受他的影响。

边谈边开玩笑，师母外出，他亲自拿玻璃杯给我们泡茶，随后溜出一句："可以免费续杯啊！"又把我们弄得前仰后合。笑完以后话锋一转，煞有介事地说："为赶年历的约稿，上午画两个小时，现在下午还要增加两小时，不过今天有人（指我们）跑来占了我画画的时间，这费用怎么算啊？"他又扔出一个包袱，引出新的话题：关于珍惜时间。他谈到画小人书的趣味和价值，不羡慕人家毛笔一挥挣大钱，他却用一生的光阴白描大千世界，虽清平，不悔丁管细毫在方寸纸上耕犁百态世相；图满足，杯酒落肚，构想不断，读者喜欢，乐哉乐哉。他说做事要坚定，他指了指我，"小吕若要画连环画，肯定比不过我，而他做书籍设计，认准了坚持下去才有今天的成绩"。我知道，他指的是我当年在出版社做装帧，不安心，想画画，被贺老师批评不踏实做本职的事。我至今为自己的好高骛远和浮躁感到难为情，也为能得到他的及时拨开迷雾而庆幸。在北大荒认识贺老师后的40年，多少封书信，多少回授艺，多少次恳谈已经记不得了。回眸一瞬间，进入花甲之年的我几经风风雨雨，坎坷与幸运，失落与收获，事业与生活的每一个关节眼上都有恩师的点拨和指引，我无法忘却。

谈得欢，故时间过得快，因有约上海人民美术出版社李社长谈书稿，我们不得不起身告辞。见我们要走，贺老师要挽留，说咱们应该出去"撮一顿"，40年前在东北学到的土语仍然不时蹦出来。只要有空，每次不会错过品尝师母烹调的一手好菜，今天没口福。见我们谢辞，他掏了掏口袋，摸出几个硬币，说了句："嗯？铜板勿够，算了，算了！"他给自己圆了场，又留下一溜笑声。

跨下长长陡陡的楼梯，回头看了看向我们招手的他，心里默默念叨："谢谢贺老师，我的恩师。"

《贺友直全集》全26卷在贺老师去世8年后出版,上海人民美术出版社,2023年

六 | 良师艺友

3. 出版理想国的缔造者——李起雄

这座城市给我带来极好的美感。早晨的阳光、蓝天的大雁、野外的沼泽地，浑身引来一股清新。从1988年开始到现在，经历了近30年的坡州的造书人，正是每天迎着这样的曙光，来构筑他们心中的理想国。他们追崇保留大自然的生态环境，同时聚集全国最优秀的做书人在这块88万平方米的大地（第一期工程）上营造最现代化的出版城。坡州的建设，秉承天人合一的自然观，为后代造就真正幸福感的文化理念。

坡州是一座新兴的城市，这里聚集了数百家韩国的出版社、印刷企业、书刊流通企业、量贩书刊发行会社和各类个性书店。这里更有国际化的会议中心、图书信息中心、酒店、规模宏大的展览场所、设计名家的工作室。这里经常举办各类学术交流、文化艺术演出和展示活动，以及群众性的读书、造纸、做书活动。出版社从策划、编辑、设计、印刷到发行流通一条龙完成。200余家的出版人交流切磋和相互竞争，合成一股，出版韩流从这里喷涌而出。目前已开启第二期工程，规划面积为68万平方米，建设新媒体基地的"图书＋影视"的城市。第三期正在规划，在330万平方米的农地上融合传统稻作文化出版人文精神的"图书＋农场"城市。殊不知这儿是一块荒无人烟的军事禁区，不远处就是与朝鲜接壤的三八线。随着南北关系的缓和，更为同一民族的文化交往促就和平大业，以韩国李起雄为代表的出版人历经重重挫折，突破军方压力，亲自求见当时在任总统金泳三，陈述"出好书必须有一个好的文化环境"，即"韩国出版正体性"的亚洲出版文化主导意识，面呈建设坡州书籍城的宏伟蓝图，感动了执政者并得到政府的支持和优惠政策。韩

韩国坡州出版城理事长李起雄先生在老宅悦话堂

坡州出版城

国的出版人们真的在缔造心中的巴比伦塔,世界独一无二的文化理想国。

李起雄先生出生于书香传承的贵族家庭,父亲在家开设"悦话堂"的书斋,授学编书,厚学载道。结束学业后,离开现已成为国家非物质文化遗产的庄园到首尔,子承父业成立了出版社。为了建造坡州出版城,他走遍世界各国,寻找全球最优秀的建筑家。我也很有幸,陪同李起雄老师到北京"长城脚下的公社"去考察优秀建筑。李起雄先生提到建设坡州出版城时,总要提起一位韩国抗日义士安重根,1909年10月26日,他在哈尔滨刺杀了日本首相伊藤博文,被捕后坚贞不屈,被判绞刑。安重根在旅顺狱中手书的"一日不读书口中生荆棘",李先生特意刻碑竖立在书城最重要的建筑前,供后人敬仰。他还请画家画了一幅画。画中的李先生手握方向盘目视前方开着车,后座坐着安重根,凝重的表情,时空穿越,意味深长。李先生见我一脸疑惑,他认真地说:"烈士一直在空中看着我,要走正道,毋要懈怠,他的精神拨雾清霾,引领的力量无时、无处不在啊!"有了这份信念,坚定不移聚集了首都一批中坚出版人出谋划策,力邀世界和本国建筑名家参与组建,投下开拓未来新型城市的大手笔,就这样奋斗几十年。

他们信守"乡约",共同制定共同遵守的规则,比如生态保护、建筑高度、间隔零障碍、出版社标牌统一等,形成公共整体意识,契约精神在所有的合作细节中体现出来。它内在的力量出自它的节制、均衡、和谐和人间之爱,其核心正是书卷之气,是人和人之间通过文化来传递温暖,因此您会感动于它是一座创造阅读之美的城市。书城特别现代,但不放弃传统,坚持东方的理念。坡州酒店里没有电视机,只有书。在每一房间的门上,会贴一张作者的相片,这个房间里陈列着该作者的著作,供宿客浏览阅读。李起雄先生特地把一古建筑原汁原味搬来,把传统家居与现代建筑结合起来,传递坡州浓郁的人文气息。李起雄先生有很多藏书，建起的悦话堂书籍艺术博物馆，定期举办专题书展，供人们浏览。博物馆的进门处，专设一个神龛，右侧是他的祖辈和父母，左侧供着韩国几代重要文人和著作者，时刻记住感恩与敬畏的礼书。感动处处体现于人和书之间的书香气韵，传统在这座城市得以保留。

李起雄的书籍城经20多年建设已见端倪，而李起雄先生积劳成疾，大病一场。所幸他付出的心血终于赢得书籍城被世界瞩目的繁盛局面，也促使韩国的出版行业调整出版整体结构，理顺行业规则，加大本民族书籍艺术设计力度。各级政府还组织密集的国际国内书籍设计学术交流活动，以亚洲文化特色面向国际化的市场，并在亚洲形成凝结东方出版相互交流融合的纽带，拓展21世纪的东方文化精神。

如今除了正式出版领域外，还保留了活字印刷，设立纸张平台，开设书店群体，搭建世界一流的流通书库。世界著名的设计家安尚秀老师在这里建立了名为"PATI"的设计学校，影视学校也即将开学，未来IT业进入，将在这里构建从出版到新媒体，从艺术到工学的综合体系。

坡州一直举行包括出版在内的各种学术、评比、颁奖活动。2005年我参加了第一届东亚论坛，把东方同与不同的文化融合在一起，创造东方都有的书籍语言和书籍语法。时隔10年，李起雄再把我们聚集在一起，举行"第十届东亚书籍设计论坛"。坡州书城，为东亚的文化精神的传播提供了一个舞台。

一个国家的强大，文化的力量不可忽视，即软实力的体现。韩国政府这几十年来，认同设计即生产力，亦是文化核心价值体现的观点，国家为此专门设立了设计振兴指导委员会的政府部门，推动韩国包括书籍设计在内的各种设计产业。坡州书籍出版城的建立正是政府以文化大视野的高瞻远瞩做出的振兴国力、振奋民族精神的重要举措。显然这离不开像李起雄先生那样百折不挠的先行者和实践者,韩国书籍的进步才让世界刮目相看。

最近李起雄先生的新著《书城的故事第二部》出版了,为了表彰这几十年来的贡献,政府官员、学者、艺术家们聚会庆贺,为他颁发奖杯,我也有幸到韩国致贺。钦佩之余,我看着台上这位身体瘦弱,略显疲惫却总是激情万丈的他,油然感慨人间真有"滴水穿石"的传奇。

李起雄先生的书城悦话堂出版社内景

4. 乌塔——海洋彼岸等待着一个黑色的吻

乌塔·斯奈德（Uta Schneider），德国法兰克福图书艺术基金会执行负责人，莱比锡"世界最美的书"评委会主席（2001—2013），自2003年开始热心关注中国的书籍设计发展，极力鼓励中国参与这一国际级的大赛，为中国设计师的作品获得评选资格搭建桥梁，由此推动中国当代书籍设计艺术走入世界同行的视野。20年来，中国有23本书籍设计作品获得"世界最美的书"称号，中国几乎每年都有夺魁（每届获此殊荣仅14本），让世界更加了解中国的书籍艺术的进步与水平。

与乌塔女士相识是在2004年上海刘海粟美术馆举办的《世界最美的书展》的论坛上，聆听她对书籍的设计维度的演讲，令我深感兴趣和启发。优雅知性、平易近人的她与国内外有些官员形成很大的反差，给我留下很深的印象。之后的20年里我们多次在不同场合一起工作，举办展览、学术交流、教学活动。原以为她只是位负责文化的行政官员，其实她还是德国成就卓著的版画家、字体设计家、书籍设计家和前卫艺术家。2005年我邀请她在北京首届书籍设计家国际论坛发表专题演讲，2009年我与乌塔共同策划在法兰克福国家图书馆举办《书戏——中国书籍设计家作品展》，2013年她参与策划在上海举办的国际书籍设计师大展，2015年来北京《敬人书籍设计研究班》担任课程教学，2018年出席《吕敬人书籍设计40年展》上海站的开幕式并在论坛上发表演讲。与她交往越多，更是对她的艺术理念肃然起敬。2013年她结束了担任12年莱比锡"世界最美的书"主席的职位，终于摆脱行政事务，回归艺术家的本真。

1985年乌塔毕业于奥芬巴赫设计学院，她的毕业设计参加了当年德国最美的书的评选即获得大奖，给了她成为具有独立见解的书籍设计师的勇气，而这种探求纸媒介质信息传达可能性的过程一直没有停止过。

在她的设计中有一关于"折叠"的概念对我触动很大。她认为书籍就像船只、集装箱一样，是一种特殊的运输工具。它与北欧神话里可以承载许多武器征程，又可以像布一样折叠放进口袋的魔法船有异曲同工之妙。对于书籍设计师来说非常自然的折叠，是使得一本书成为"书"，并被人不加质疑地认知为"书"这个概念的一个重要因素。折叠无处不在，它存在于自然中，存在于生物和既定事实中，同时存在于数学、哲学、写作以及书写艺术中。德语中有复合词的现象，因为它通过一个类似"折叠"的程序，使单词形成双重含义甚至能代表隐喻意味的一本书。

她认为书包含了很多折叠的信息，一本书就是一连串的时刻，一本书就是一个时空系列，每一个空间都是能够在不同的时刻被人们所感知到的。我们看到的空间可能是音乐，可能是画作，可能是文学，一本书是太空中的一卷书，时间并不总是根据流水线，也不总是按部就班，而是一个包含时间的极其复杂的混合度，而时间可以通过揉皱多重可折叠的多样性形成图式。由折叠形成距离，通过时间来改变空间关系，书籍设计中的折叠是最大限度利用纸的形式，无论是哪种折叠形式都为书打开了一个三维空间，创造触觉的速度感，隐喻时间的流动，营造呈现或消失的气氛。此外结合纸张的透明度、薄厚度以及排版空间，装订设置，以不同的折叠形式来实现想要表达的信息传递空间和深度。

她认定折叠包含一种不可读的心理潜能，也是一种游戏，预设和建立在一个人作为一个可想象的物体上。折叠可以掩盖结构，封闭或排除一定的空间，包括有一些压迫或展开空间的潜力，但非决定性的定义。它是一个跨学科的新领域，这对于书籍艺术家而言是个相当令人兴奋的概念。

2012年我在德国奥芬巴赫书籍艺术博物馆举办《吕敬人书籍设计》展时，去她在奥芬巴赫的工作室拜访，她拿出与合作伙伴乌尔里克共同创作自出版的《无边无际》一书摆在我的面前，一边逐层开启折叠的书页，一边详尽解读内容，以上概念实实在在地得以验证。

初读此书之前不得不先了解一下"boundless"这个书名，"bound"有界限捆绑的含义，而书籍装帧的"bind"一词在英文的过去时态中恰恰也写作"bound"。于是"boundless"被设计者巧妙地赋予了"无边无际"和"无装订"的双重含义。而这个双关词直指"住宅中的艺术家"活动给设计者的命题"货船与书"。打开银灰色函袋，里面有未经装订的7款折叠的书页。它们分别代表从美国纽约乘船横跨大西洋抵达德国汉堡港所需要的7天。一一将其打开，可见船只照片的局部画面。若按照星期日到星期一的顺序拼接起来，刚好形成一艘完整的乘风破浪的航船。设计者在这一面上还相应标注了根据GPS测定的某日、某时、某个行驶点的经纬度数据。据乌塔女士讲述，折叠形态还象征了船员翻开航海图的过程。

在这7款不同的折页中，作者如同书写航海日志一般将7种关于货船与书的思考娓娓道来。以下为7款折页的内容：

装订船／星期日

设计者根据20世纪20至80年代欧洲印刷业者中流传的一则趣闻进行了采访，这一页内容是采访过程中留下的电子邮件笔录。当时欧洲的印刷成本增加，不少出版社都选择在印刷价格相对低廉的亚洲印制书籍。由于大批成品

《无边无际——船之书》，Nexus+UnicaT，2002年。乌塔·施奈德+乌尔里克·施图尔茨著+设计，本书应 Nexus 出版公司策划的"住宅中的艺术家"活动之邀而设计

《无边无际》内页

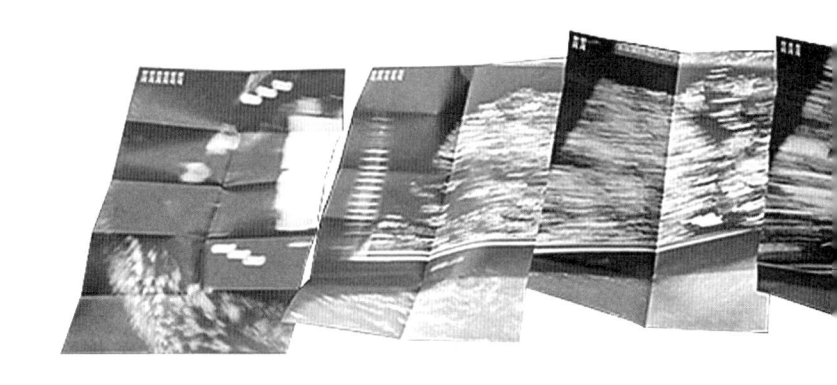

书从香港通过海路返回欧洲的耗时过长，不少出版商突发奇想，即将装订机搬进船舱，把货船变成了一艘名副其实的装订船（Book Binding Ship）。但是这一行为的可行性至今备受当年参与其中的印刷业者的质疑。

书与船 / 星期一
书和船都是容器，一个承载故事、知识与思想，一个承载人与货物。

"船"的发音与四个方向阅读 / 星期二
设计者将两组文字纵横交错排列。横向排列的是关于书承载的与关乎书本身的文字，正看如"爱、希望……"，倒看如"教科书、出版商……"纵向排列的词语包含航海所用到的词语以及欧洲各国货船名字的拼写，同样以正反向分开阅读。有趣的是，作者在各种船名字的发音中，找到了一个共同的音节"Kall"。

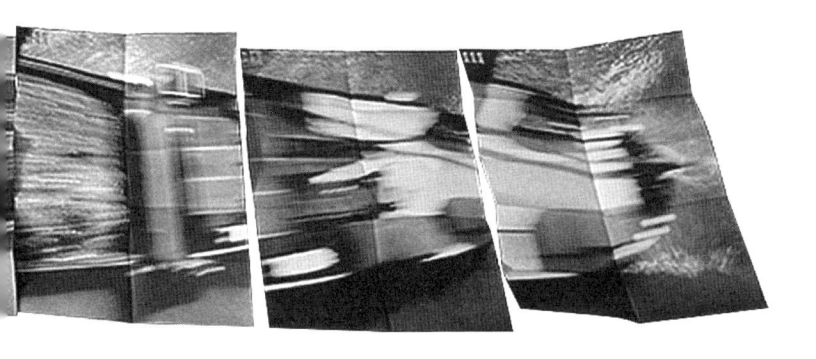

海图／星期三

全球海图每年根据航路变化而不断更新。然而，为什么要运输？因为有需要物品的地方存在，因为有人们需要告知或与他人分享的思想存在。我给予你思想，我给予你物品，同样我销售给你思想，我销售给你物品。

导航图——不迟疑地航行下去／星期四

运输，从一个港口到另一个港口。此岸是创作者和思想的家。思想登上纸面，从一页航行到另一页。原稿到成书，纸如海洋。读者在彼岸，思想真正着陆的地方。

古拉丁文文献中的航海注意事项节选／星期五

种种思想转化为书籍。在这一信息被不断运输的过程中，新世纪的电子书通过电子纸张也加入其中，这使作者联想到这样一幅画面：船成为中转站，货物不断重组，甚至文字如微尘般通过书籍重组后还诞生了新的文字。

让书与图书馆来导航 / 星期六

亚历山大大帝建立的亚历山大图书馆旨在收集全球的书籍，从异域文化认知出发进而控制其领地，足见知识的力量。在这一利益的驱动下，帝国的船只疯狂地建造，以求运回更多的书籍。书籍在运抵或装箱的过程中，又不断地被复制着。原版书虽然返回了图书馆，而它流传开来的拷贝本似乎更具价值。

字母表是一个容器，它包含一切潜在的抽象事物。而物质的容器只可以容纳物体，如果不是我们幻想，它无法容纳抽象的物体。书是一个容器，它可以以一个真实的形态容纳一切。

将这一面内容摊开连接起来，可以看到这样一组诗句：

故事就在那里	The story is already there
文字一个个被舀出	every text has to be spooned out
星星数着页数	and stars number the pages
听，海平面那端	listen, far out the horizon
不同的故事在苏醒	waking up in different stories
或许昨日就要重现	and perhaps yesterday will arrive soon
文本卷入夜晚	text enrolls into the night
带来一个黑色[1]的吻	a black kiss of printing ink

---

[1] 原文为"来自油墨的黑色之吻"，因考虑到中文语境已比较具体，故去掉"油墨"一词。

工作中的乌塔

她亲手翻启多层折叠的书页，犹如转动着神秘的魔方。富有诗意的内容叙事随着纸页的切割、反转、连贯、叠加、断裂，真可启动阅读者产生想象力的潜在能量。乌塔的书籍设计"折叠"概念令我豁然开朗。

趁一次她到敬人工作室访问的机会，我问道：怎样的设计才称得上一本名副其实的"最美的书"？她答道："书籍设计不只图封面好看，而是整体概念的完整，一本好书不仅在于设计的新颖，更在于书的内容编辑与整体关系贴切，并能十分清晰地读到内容，从功能的翻阅感受到内容诗意的表达，均有完整的思考。"这一定义出自一位"世界最美的书"评审委员会主席的判断，既有她的长期设计经验的感悟，也是国际性"最美的书"评判标准的归纳。

5. 夏日的对话——与菊地信义的《树之花》之遇

那是个夏日的夜晚，空中的烁烁繁星与地上的闪闪霓光交织在一起，装点着东京的天和地。白日那令人厌倦的热浪渐渐退去，习习晚风拂来一缕清新。

经讲谈社夏目君的介绍，菊地信义先生约我于这个晚上在银座会面。按约定的时间我踏进一家镶嵌着玫瑰花门饰、名为"树之花"的咖啡馆。店面并不大，环境却十分幽雅。在东京银座嘈杂的夜晚，这里堪称一块闹中取静的"净土"了。上了二楼，菊地先生已在那里等候。先生着一件深色圆领棉毛衫，一头浓密的长发下高挑的眉宇间闪着一双大大的眸子，透着一股男性的智慧与潇洒。没有过多的寒暄，我们的谈话即涓涓地流入书籍装帧这条河道。菊地先生一边侃侃而谈，一边抽着香烟。透过袅袅薄纱般的烟雾，听着他对装帧美学的探求，我蓦然感到，他对书籍装帧的无限爱意和执着的追求。

"菊地先生，能否谈谈您对书籍装帧的看法？"我问道。"要讲清这个问题，很不容易。"菊地先生谦虚而认真地说，"简单地讲，就是对每一册书都注入改变的意识。力求以平面、空间乃至时间上立体地去展现一个既不单纯属于作品的解说，也不是狭隘的外表装饰；它像一部静态的戏剧，让读者通过装帧来感知内容的概要，并通过触觉和视觉揭开书籍所特有的封闭世界，在作者和读者之间连接起互相信任的纽带，这也许就是装帧的含义吧。"先生弹了弹烟头上的余灰，接着说："书是塑造人类内心的工具。人从一生下来就开始编织人生，众人编织着社会。书将社会的发展和人类的苦乐善恶记载下来公之于世，人们就可以从中拓展知识，陶冶心灵。可见书对人类起着何等重大的作用！这是我搞装帧以来经常思考的问题。"他深吸一

90年代的菊地信义

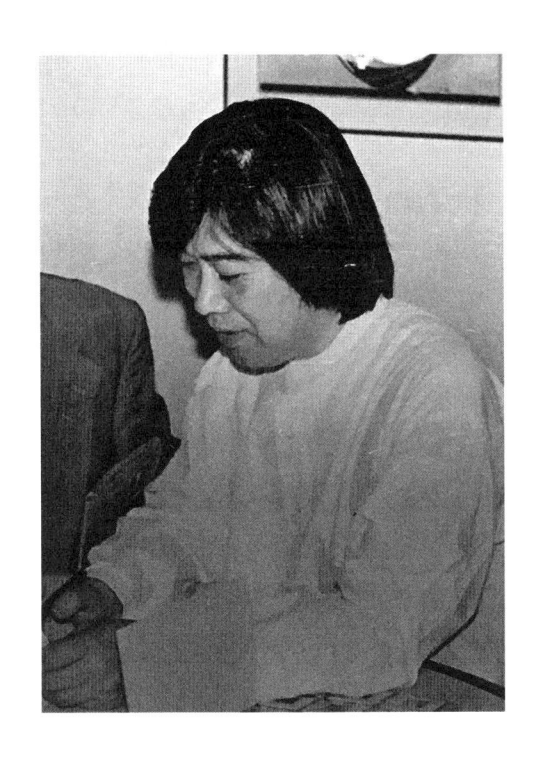

口香烟,颇有感慨,"从事如此富有意义的工作,谁不想设计出让读者交口称赞的好书呢?我经常逛书店,当然并非关注书店主经营得好坏,而是去观察读者对书籍装帧的反应。当书籍展示在书店的柜台上,首先映入眼帘的是书的视觉形象,用经装帧家之手把设计四要素——色彩、图像、文字、材料的重叠再生所塑造出来的书的形态来吸引读者。当读者拿起书,从外表到内文,从天头到地脚,从视觉效果到触觉感受,展开时空的流动,读者会无意识地受到感染。不管最终读者对书的内容是否满意,装帧这一介于作者和读者之间的微妙关系——把司空见惯的文字融入耳目一新的情感,将作品视觉化、立体化、流动化，使书籍产生一种不可思议的生命力，以牢牢吸引读者的视线，从而达到融化读者的目的。这正是我最大的愿望和满足。"先生的一席话，使我感受到一个装帧者所应把握的视点和自己所处的位置，更使我叹服他对书籍装帧的见地和研究。

室内回荡着悦耳的轻音乐，窗外的星星点点分不清哪儿是灯影哪儿是星光。菊地先生又谈到书籍装帧的书卷气和商品化的合理平衡、汉字与外文字母并用的异化共存。最后他告诉我，他即将作为中日书籍装帧艺术展日方装帧设计家的两位代表之一（另一位是日本著名书籍装帧艺术家杉浦康平先生），赴中国进行访问和学术活动。出于对中国悠久历史文化的仰慕，他感到极为兴奋。

夜已很深，人们纷纷离席，去赶乘12点的末班车，我也起身告辞。此时，菊地先生拿出一本精装的书赠送给我。这是不久前出版的先生的装帧作品专集。淡雅素朴的包封纸里隐隐夹杂着植物的纤维，好像还透着一股大自然的芳香。这是造纸厂按菊地先生的要求特制的书装纸，它很能代表菊地先生作品的淡雅质朴的个性。作品集汇集了先生自1973年到1987年15年间装帧设计中精选出的1000多册书。为了此书的出版，他整整用了3年时间，经过深入细致的整体策划，在分类、编辑、版式构想上独具匠心。在摄影方面，选用十几种拍摄视角，全方位地调度来展示书的三维空间，体现书的全貌。作品从豪华本到简装书，从袖珍本到系列丛书，其品种数量之巨、艺术质量之精是令人惊讶的。从中可见菊地先生在书籍艺术这块园地里别具慧眼的耕耘，呕心沥血的追求。我真希望这本作品集能介绍给中国同行，让他们和我一样能从中汲取值得学习和借鉴的东西。回国一年后，这一愿望终于实现了。时值中日建交20周年，中国青年出版社出版了这本书的中文版。

《菊地信义的装帧艺术》,中国青年出版社,1993年

六 | 良师艺友

465

6. 喜欢吃馒头的安尚秀老师

  10多年前安老师在中央美术学院任教，他住的教师宿舍正对着我家窗口。我早晨经常去附近的南湖公园散步，无独有偶，总能看到安老师手捧在附近街边买的热气腾腾的北方大白馒头，一见面，他会笑眯眯地用中国话慢条斯理地说："馒头，好，好吃！"那年他教授央美同学编辑设计和字体编排课程，我也经常去看他的教学，与众不同的书籍设计理念令同学们感觉既新鲜，但也有些不适应。无论朝曦还是夕夜，他一直在教室耐心解疑，循循善诱，逐一点拨。同学们在安老师的教学热情下提升了学习热度，课程圆满完成，最终学生把作业编辑成册《众艺》，畅销再版，一书难求，这正是安老师教学成果的最好说明。

  我通过杉浦康平老师结识了安尚秀老师，他的许多出其不意的作品不断打动着我。也因为安老师，我越来越关注韩国的设计，并喜欢与韩国的同行交流，从中受益良多。2000年首尔世界平面设计大会（ICOGRADA）、2005年坡州首届东亚书籍设计论坛，之后的10多年我经常去韩国。我主持的"敬人书籍设计研究班"每年都到韩国BOOKCITY见学，安尚秀字体设计学校是我们的必到之处，安老师会做充分的准备给我们师生讲学，每次都有新的内容。记得PATI刚创建不久，我带清华美院的同学去学校访问，令人惊讶的是安老师用两个篮球场大的场地，特意为我们展陈几十年来收到的来自世界各地的数百封邮件。他侃侃而谈这些包裹的故事，通过时间隧道回流，不可思念的事与物在当下空间呈现了多姿多彩的人文镜像。我佩服安老师给予我们的精心提醒——智慧来自深厚的积累，厚积而薄发。我至今还记得他在一

安尚秀老师在北京讲课

次演讲时曾经说过的一句话："传统不只是过去的遗物，它是每个时代里最好的东西，在历史潮流的研磨中释放光芒，传承至今。"怪不得他一直坚持韩国文字的研发和创造，他的教学打破固有的教育模式，带领学生们走出教室，尊重传统，面对历史，走向自然，挖掘世界人文万象，追寻不同民族真善美的价值判断。他以东方人温良恭俭让的儒教文化之心，包容着丰富性、多元化的万千世界的存在，最终通过他向往的弘扬本民族优秀文化的初心，提倡年轻人为打造经得起时光碾磨的艺术去释放能量，这也成就了今天我们所看的PATI学校令人钦佩的教学高度。

馒头，中国北方老百姓餐桌上最最不起眼的普通食物，低调，不张扬，像安老师平易近人的谦虚秉性，和他在一起，心里总是暖暖的；但馒头外软内紧，嚼起来有劲，扛饿耐饥，这又很像安老师对事业的那股执着和韧劲。在一起教学时感受到他亲力亲为、苛求严厉、不轻易妥协的一面。站在目睹从经历白手起家到建起的新教学大楼面前，感慨万分。兴奋之余，我感受到的恰是安老师那股耐得住寂寞，顶得住困难，乐观且永不服输的精神。

馒头先生，设计、教学、做事、为人，他成了我一生的楷模。

敬人书籍设计研究班学院参观PATI设计学院，2016年

安尚秀老师白手起家建起的PATI设计学院开放式教学楼

7. 把书当作快活玩具的松田行正

认识松田行正先生的契机，是买到他做的一本书《一千亿分之一的太阳系＋四千万分之一的光速》，震之，便开始饶有兴趣地去寻找这位奇人。《一千亿分之一的太阳系》是一本让人"晕菜"的奇书，手捧这本书就像把整个太阳系抱在怀里，真不可思议。全书以精密的一千亿分之一的矢量信息参数将围绕太阳的每个行星依光速距离排列，每个星座又附着大量相关的信息，翻阅就像在星际间行舟，地球、金星、水星、木星、火星、冥王星，找到它们的故事，身临其境。这需要严谨的科学态度和数字化逻辑思维将这些枯燥的数据视觉化、戏剧化地编织成充满趣味的书籍。显然他是深谙信息视觉化设计规则，并时刻在开拓别开生面的新阅读体验的书籍设计家，非一般书籍装帧者所能及。这样的选题，缺乏想象力的出版人一定是雾里看花，茫茫然，或指责这是白痴的玩物丧志，吃饱撑的，但明白人一定认为这是千载难逢的好题材。这位日本特立独行的书籍设计界的奇才，拥有挂牌为"牛若丸"的一个人的出版社。自编、自导、自演，一年出一本书，坚持了20多年，独立出版了20多本书，许多是畅销书，输出了不少版权，名扬出版界。据说"牛若丸"是日本民间传说中的小神仙，好似中国的葫芦娃，调皮伶俐、惩恶扬善。松田先生期待自己独立出版的每一本书都能显出富有想象力的灵光，给观念陈腐的日本出版业带来一股冲击力。

我决心要找到他，会会这位神奇之人。经友人佐藤先生引荐，在东京僻静马路边一栋公寓里见面，这是一间不太大的事务所，是我常见的工作环境。然而初见本人，让我惊着了。事先了解比我只小一岁的他染着一头红

正在敬人设计研究班上讲课的松田行正先生

发，穿着时尚，皮肤白皙，透着精神气，看上去起码小我10多岁。

松田先生非设计科班出身，大学就读法学，那时正值20世纪60年代中期，中国正在闹"文化大革命"，日本也受余波震荡，各大学都搞停课造反运动，乱成一锅粥，松田说还好那阵子对他影响不算大。不过毕竟经历了大学专业的法学教育，养成了独立思考、逻辑条理的辨析个性，形成了他做书独有的学术风格。当时年轻，又喜欢艺术，酷爱音乐，不习惯死板的工作约束，从中央大学法学部毕业后，未去司法部门求职，而尝试做了多年杂志编辑、书籍设计，期间深受杉浦康平先生的影响，最终成立了松田工作室和一个人的出版社。虽整日忙于书籍业务，却忙里抽闲，不时参加摇滚乐队的演出，他是一位优秀的电吉他手，尽管今年已近古稀，仍好寻找刺激，乐此不疲。

童心未泯的他对各类知识充满着好奇心，生性善学思辨，寻觅各种知识领域未知世界的内在关系，从宇宙存在到虚拟瞬间，都成为他的研究方向，并寻觅有趣的切入点，从视觉宏观到微观，从物质存在到精神，知识在他的细微精确的表述中生发出奇妙的诱惑力，让你去亲近，去深探。而我们的许多专家、大编辑们做着生涩的大学问却无法接近普通人的地气。《一千亿分之一的太阳系》《眼的冒险》《圆与方》《81个横断面》，以独特的视角阐述再也平常不过的现象，却又传递出其不意的科学话题。他说："有些书的内容在国内出版人眼里是不可能被认可的：简直是痴人妄想，哪来卖点？只因为我们的大脑往往是平面思维，缺乏的是宇宙世界的相互关联，有着需要多棱镜般的时间与空间穿透力的思考。"松田出版物让我们开启了另一扇观察世界的窗户。据说他的书卖得不错，我在日本好多大书店里看到为他设立的专柜，不少书已翻译成其他语言在多国出版。《记号学》在大陆和台湾分别以红、橙、黑、金等多种版本发行，赢来许多粉丝读者抢购收藏。

松田先生谈到他的书籍设计理念"做放在书柜和桌面上都具有存在感和可对话的书"，值得我们做书人回味。在2014年第三期敬人书籍设计研究班上，我有幸请到他来授课，他的开场白："我要做令人愉悦的书、充满梦想的书、作为物化的书、一本温馨的书、不自觉想赠给朋友的书。"他可没有国内出版人那种荡气回肠的豪言壮语。"我想要颠覆对书过于严肃的定义——书是快活的玩具。"我们从这些桌面上放着的小小的、朴素的、并不张扬的、普普通通有趣的书中却能感受到其中的内力、活力和知识的力量。

研究班上展出了将繁复的信息编辑设计后物化制成的书籍，还有他设计的信息图表作品。将平面的信息进行结构化的图表设计已成为松田行正终生的事业之一。他的逻辑性、条理性、系统性的信息传达思维意识造就了他——作为当代书籍设计师必须拥有的基本素质。

用IDEA杂志主编室贺清德先生的评述："松田就像运动员或艺术家们那样把控着自由的空间，他专注研究事物相互间缜密的矢量关系，但并不仅仅依赖于纯粹的数理化的计算，而是极富感染力和想象力地塑造了生动的视觉信息蓝图，可能这也可称作为信息的绘画艺术吧。"

松田行正先生与众不同的设计思路给中国的同行带来反省与思考，尤其面对新媒体时代书籍出版市场激烈的竞争局面，如何把握内容选题？怎样构建文本叙述结构？为什么要了解编辑设计语言和语法？故事是否该有出人意表的别样的叙述法？以这样的问题给我们的出版人、编辑、书籍设计者自己一个测试，也许您会得出一些有益或有趣的新答案。

松田行正作为牛若丸出版社的主持人每年自编、自导、自出版的书

8. 素描宁成春

● 北宁南陶

老宁，长我6岁，入行比我早10多年，是名副其实的前辈。

1978年我入职中国青年出版社，对装帧一窍不通，仅凭一点绘画和写美术字的基本技能为小说作插图和画封面，除了在实践中慢慢体会设计的要义外，大部分的学习是观摩前辈设计家的作品。当时业内许多主力集中在京沪两地，京派中有曹辛之、张慈中、曹洁、陈允鹤、马少展、钱月华、仇德虎、王卓倩、郑在勇、张守义诸多名师，我仰而望之；沪派大家钱君匋、任意、范一辛、陆全根、陆元林、俞理、何礼蔚等也让我敬佩有加，他们皆为给予我启蒙的老师。而另有两位中青年设计家的作品特别引发我的关注，即被我称之为"北宁南陶"的北京三联书店宁成春和上海译文出版社的陶雪华。

老宁是正宗科班出身，具有厚重的传统文化积淀，有着很强的师法传承意识，练就了中央工艺美院装饰美学的功力。他的设计含蓄凝练，构法归正，用色沉稳，《根》《西行漫记》《独自叩门》是当时给我触动极深的几部。陶雪华同样有着深厚的求学背景，扎实的设计基本功，加上得益于海纳百川、东西兼并的海派出版文化熏陶，较早引用包豪斯极简主义手法，既守章法，又想象灵动，富有很强的视觉冲击力，《黑潮》《神曲》《战争风云》则为教科书级的代表作。

北宁南陶，均给予入行之中的我诸多启发，他们的设计能让我琢磨许久，他俩可谓20世纪80、90年代大江南北书籍设计界的"独领风骚者"，影响了大批后来者，我就是其中之一。与"北宁南陶"交往40多年，亦师亦友，收益良多。

《根》，三联书店，1979年　　　《西行漫记》，三联书店，1979年

● **老倔头**

初次与老宁接触，面前这位高大矍铄的北方汉子，真有几分惧怕之意。第一印象是不善言笑，虽待人平缓，但不轻易附和，始终坚持自己的观点。不过，一旦深入交往，你会发现他其实是个古道热肠之人。在北方，一般把耿直刚烈的性格称为"倔头"，上了年纪叫"老倔头"，放在老宁身上，实至名归。

老宁的倔劲最鲜明的表现，是他对专业锲而不舍的扛劲，容不得半点瑕疵的工作态度和对精益求精的严苛要求，凡与他交往过的作者、编辑、设计同事都深有感触。有一次做一本书的封面，做了20多遍仍没通过，他的倔劲上来了，绝不气馁，非把这个封面做好。他曾回忆说："做设计不是给别人做，都是为了自己，所以通不过，心情并不沮丧。"自小就牢记母亲"争口气"三个字的教诲,练就老宁不管大小事都执着的精气神。

有一次接《陈寅恪的最后20年》封面设计的任务,为了吃透内文,他借原稿带回家细读,在回家途中,放置在自行车前车筐的装书稿的书包被贼窃走,倔强的他跑遍各处,不放弃一线希望。幸好小偷认钱不认字扔掉书稿,经一番周折终于完璧归赵,但让较劲的老宁一夜白了头。也正因为这股倔劲,赢得了与他合作过的著作者、出版人、编辑们一致好评和信赖,许多作品得到诸多赞誉并获得大量国内外大奖,慕名而来的客户络绎不绝。

老宁的倔劲圈内闻名,坦诚自己的观点,是非分明,好坏对错不模糊,在老宁眼里揉不进沙子。有一次给重要赛事活动进行评审,觉得其中程序很不合理,指出后也无改变,故愤然退场走人。又有一次大赛,我们一起担任评委,我俩对评判标准看法有些区别,即使是老朋友,也不给情面,毫不客气当面指出,坦荡磊落正是这个老倔头可爱的一面。我觉得老宁坚持自己,不随大流,这是艺术家应该拥有的良知和气节。而在我推动书籍设计理念的坎坷路上,始终得到老宁的真诚而热心的支持和关照,我从这个老倔头身上学到很多。

● 好"色"之徒

此"色"与女性无关,是指老宁在设计中特别擅长色彩的应用,他的色彩感特别好,尤以把握大套丛书色彩统筹见长。油墨的三原色通过老宁的调色板生成出复杂而魔幻般的色彩组合,如《蓝袜子丛书——外国女性文学》系列封面设计,以降调的图形做底,在与之补色衬底上配以鲜明对比色的书名,使低彩度调性表现得极为丰富。尽管全套书呈中间调的灰色系,但通过对比色的微妙把握,作品既饱和稳重又不失明快跃动,这也形成老宁作品风

《陈寅恪的最后20年》，三联书店，1995年

格的一大特色，显现出他老练而成熟的色彩修养，可以看出他深得袁运甫先生的真传。《金庸作品集》中古雅淡泊的古典绘画与高纯度颜色组合边框和谐共处；《乡土系列丛书》在全书内外贯穿丰富喧哗的民间色彩之中又关注内敛的人文格调；《我的藏书票之旅》《自珍集》《中国古代赏石》《世界名作二十讲》等用色含蓄而沉稳，讲究赋彩的文化情绪，独具韵味，各有千秋。

这位喜好舞彩弄色的"色迷"，封面设计中以纯白或纯黑色的表现并不多见。但有一本"黑书"一出手就成经典，那就是前面提到的《陈寅恪的最后20年》的设计。封面以全黑为基调，白色横排的书名与竖排引文交替混排，大文字与紧密的小文字堆积于上方，似山雨欲来的云层形成压抑的气氛，右下方置入怒睁失明双目、手握拐杖挺拔坐姿的陈寅恪黑白照片，大面积的黑色隐喻主人公坚定不移追求真理的心绪和悲愤的情感。凡第一眼读到此书封面的人无不

六 ｜ 良师艺友

为之动容，并钦佩设计者呈现如此寓意饱满而有生命力的设计。

● "书籍设计"第一人

有人把我称作"书籍设计"第一人，指的是我把"书籍设计"概念带入国内，其实并不准确。1989年我还在日本学习，老宁首次引进全面介绍当代日本书籍艺术的《日本现代图书设计》中文版在国内出版，书中登载了杉浦先生《从"装帧"到"图书设计"》一文。杉浦先生观点鲜明地指出"书籍设计"已无法用"装帧""书装"等词汇加以概括的观点。他阐述道："一提到装帧，一般认识是编辑决定版式，装帧者进行封面设计，我从20世纪60年代中期就已经着手书籍整体设计……"文中强调这是包括选题计划、叙述结构、图文编排、工艺设定在内等一系列工作的担当。老宁通过这本书首先把"书籍设计"的观点传达给国内的同行，所以准确地说这"第一人"非老宁莫属。

1993年我从日本学习回来，深感从"装帧"到"书籍设计"的观念转换，对国内出版领域和设计行业的未来发展具有重要的意义，希望做一些推动的工作。1996年找到老宁提出我的看法，因我俩有共识，一拍即合，并得到当时三联书店的领导董秀玉总经理的支持，于是与当时十分优秀的年轻设计师一起，在新建的三联书店新楼举办"书籍设计四人展"，并出版了《书籍设计四人说》一书，正式阐明我们对"书籍设计"概念的认识，也产生了一定的反响。与30年前的日本一样，这一"从装帧到书籍设计"观点的提出，受到一部分同道的非议，但至今已得到业内大多数人的认同，令人欣慰。

老宁《日本现代图书设计》的设计打破原书的结构，根据中文阅读习惯，从编辑设计着手，全方位把控内容叙事、网格应用、图文构成、工艺应用等，成功完成"书籍设计"新概念的实施，这也是他对杉浦康平"一书一宇宙"书籍设计理念的一次致敬吧。

我认为从1990年之后，老宁一直是作为第二"作者"的身份在做设计，他主动深入到文本之中，与著作者、编辑、插图画家、摄影者、印制工艺师一起商榷，建立一个参与书籍整体设计全过程的统筹运转系统，老宁是最早的实践者。《宜兴紫砂珍赏》的设计，从赴宜兴经历与顾景舟大师近距离接触和采访，到工艺调研、结构编目、摄影编排、印制实验等每一个环节的呕心沥血，最终完成那个年代不多见的精品之作，并荣获香港特区政府及印艺学会图书全场大奖。之后，老宁一发不可收拾，《香港》《莎士比亚画廊》《明式家具研究》《中华人民共和国50年图集》等一大批作品均为投入书籍整体设计的概念，这样的案例不胜枚举。

● 守正新致

2011年我在北京雅昌艺术中心策划了《守正新致——宁成春书籍设计46年回顾展》，当时请原三联书店副总编辑、时任人民美术出版社总编、著名出版人汪家明先生为该展作序，"守正新致"正是这篇序文的题目。文中如是说："宁成春的书籍设计既讲求'守正'，又志存'新致'。守正是他的为人品格和文化追求使然，新致则是在守正的基础上对艺术的孜孜以求。"这是对老宁的书籍设计艺术简明而精准的解读。

老宁自1960年入学中央工艺美院深造，直接受教于中国设计教育界中如雷贯耳的大师祝大年、郑可、邱陵、袁运甫、余秉楠等先生，经历从装饰绘画到现代设计等一系列正规的教育，所以在老宁的骨子里浸润着上一代艺术家传承下来的文化基因，并渗透于他所有的设计思维之中。同时，入行后

《日本现代图书设计》，三联书店，1990年

又有幸得益于时任人民出版社社长、资深出版人范用先生的悉心引导，遵循着范老"一定要了解书的内容再设计"的忠告，认真设计出一本本清新、大方、意蕴深远、书卷气息浓厚的出版物，逐渐形成了深受文化人喜爱的三联书籍设计风格，并影响了后辈们的设计。每次听老宁对几十年设计经历的回顾时，都能感受到他对最敬重的范老所抱有的感恩之情。

足有成就的老宁不倚老卖老，更不固步自封，对新事物抱有强烈的兴趣和求知的欲望。他是第一批中国出版协会派赴日本讲谈社研修的设计师，面

对全新的书籍设计理念，如饥似渴地求教。两年间深得杉浦康平、道吉刚、真锅一男等多位大师的真诚而毫无保留的传授与指点，他记住真锅一男先生"掌握新的设计理念才不会落伍"的教诲，努力了解国外这一领域发展的轨迹与手法，以提升自己，并领悟"守正"乃须"新致"的真义。回国后他积极给同行传授当时国内尚未知晓的新知识、新概念，我就是其中的受益者，并踏着老宁走过的印迹一路走过来。

而新理念使他对设计有了更高的要求和标准，他精心编撰的《邱陵的装帧艺术》，归纳整理了邱陵老师一生追寻书籍艺术理论的来龙去脉，第一次完整介绍老艺术家开创中国书籍艺术教育的重要成果。他与时任三联书店副总编的汪家明先生一起，经历策划、编撰、拍摄、设计，步步亲力亲为，在从民国到当代的出版物中，搜寻梳理三联书卷艺术传承的脉络，研究提取前辈的设计风格，遂形成当今时代认知的三联书籍设计的审美体系，完成贯穿书籍整体设计概念的《书衣500帧》。此书具有很高的学术价值，真可谓是一次践行"守正新致"理念的书籍设计之旅。

1995年，不"安分"的老宁学习日本设计行业社会化的经验尝试转换工作体制，成立了新知设计事务所，他可能是装帧业内第一个吃螃蟹的人，尽管只有一年，却为我1998年离开体制成立独立的工作室提供了宝贵经验和勇气。退休后的老宁终于成立了名副其实的个人"1802设计工作室"，圆了他真正区别于主流体制工作状态之梦。

与老宁结交40多年，我们在书籍设计方面有许多共通的理念，在生活上有许多趣味相投的地方，虽然我俩的性格和设计风格不尽相同，有时也会有不同的想法，但我们珍惜一路走来相互包容，且能推心置腹交流的真挚友情。和而不同，君子之交。一贯率真、耿直、低调、专一的老宁，让我肃然

《守正新致》展海报，2011年

起敬，以诚相待。

值老宁耄耋之喜，三联书店的老友让我写点文字絮叨絮叨，自知码格子写文章不是我的专长，故只能用简笔速写的方式涂抹上几笔老宁的素描肖像，像？还是不像？我也不知道。可能有点变形，请多包涵。

人不能由一个模子刻出来，老宁就是老宁，这世道才好玩。

9. 郑在勇——勾勒与渲染音韵在书中

郑在勇老师是我非常尊敬的前辈，资深且不卖老，在艺术追寻之路上永不满足，对于新领域、新概念，包容不排斥，还不耻下问，即使面对的是后辈或年轻人。我们相交40余年，亦师亦友，艺趣相投，至今对书籍设计总有说不完的话题。

郑老师自20世纪60年代入行音乐书籍设计领域，亲得设计大师丘陵、任意两位先生的点拨与传授，加上他本人敏锐的感知力和对音乐艺术的悟性，深钻研学，广收博取，求艺精进，即使退休之后的20多年，也从未放慢不断探索实践的脚步，佳作频出，成就斐然，并逐渐形成音乐书籍门类独到的设计语言和语法，成为引领这一门类书籍设计的翘楚。用郑老师的话来说就是，要有"好的学习态度，求动求取，不消极等待"，厚积才蕴浓，这正是始终低调的他在业界取得极大成功的秘诀吧。

郑老师用大半辈子的心血研究音乐书籍的设计，他对书籍艺术之中音乐性的推敲，有着他自己的见解："音乐的非具象和不可视性，是转向'情感的体现物'，要下功夫通过'情感'去体现音乐的视觉感受。"他还认为对音乐的表达，不应只擅长"勾勒"，而且更多使用"渲染"，"音"是有色的，"色"更有调性，从而才能驾驭"节奏"与"韵律"这两个十分活跃的因素，使音乐书籍的设计更富有属性特征。

郑老师对音乐的领悟，非一朝一夕而就，从自幼酷爱到专业求教，使音乐美学渗透进他的设计思维之中，构成看得见的、有跳动节奏的音符。如何把抽象的旋律视觉化、形象化，既不脱离书籍作为造型艺术的物化本体，

郑在勇先生肖像

又完美准确传递音乐表达的情感，他主张勾勒铸"形"和渲染呈"韵"的设计理念，"音乐性"贯穿他整个书籍设计的过程。一位英国哲学家讲到戏剧的感染力与观众的观察距离有相当密切的关系，翻阅即近距离感受书页舞台上蕴积的信息跨越时空的表演，这种综合多重性、互动性和时间性的阅读过程，与在剧场聆听音乐的体验有何等的相似。我深切感受到郑老师的设计之中，自始至终在营造这种造型与旋律交融的现场感，以下略举几例。

《论指挥》，音乐出版社，1979年

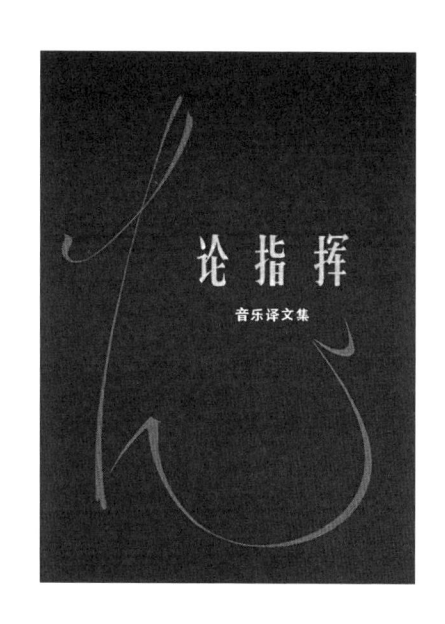

● **黑胶调性的魅力**

黑胶唱片是20世纪占统治地位的音乐格式，也是当今票友最酷爱追忆的黑色经典。1979年郑老师设计的《论指挥》荣获第二届全国书籍装帧展封面设计一等奖，全黑的封面除黄金比位置上三个小小的书名字，空旷的空间里只显出指挥棒划出的一道二拍子曲线轨迹，似乎从黑色乐池中流出的一条弧光音律，画面再没有添加任何多余的元素，仅留下无穷遐想。尽管那年代艺术作品刚摆脱"文化大革命"一片红的固态模式，而如此大胆用全黑设计封面，可谓是极为罕见的创举。这一设计对于刚入行一年的我来说感触颇深，刺激不小，并成为与郑老师莫逆之交几十年和向他学习的起端。之后他的黑调设计还有很多，如《卡拉扬自传》《音乐是不会死亡的》《论钢琴表演艺术》等继续施展黑胶调性的魅力。

● **文字的变奏曲**

可以看出郑老师在字体设计的创作中花费了很大的心思，文字作为造型的一部分必与主题个性相关，他并不满足从已有字库中简单的拿来主义，而是采取文字的变奏，保持其基本意味并加以自由发挥。如音乐手法中的装饰变奏、对应变奏、曲调变奏、音型变奏等如此这般。《樱花》是一本日汉对照歌曲集，巧妙地将日语"さくら"三个平假名变形设计成樱花丛中的树干，既与汉字"樱花"书名相对应，符合此书日汉解读格式，又将文字造型转换调性，营造婀娜多姿的烂漫樱花的语境。从字义出发，进行文字的变奏，这样的案例也有很多，如为《中国音乐书谱志》《中国古亭》设计的书名，为人民音乐出版社设计的社标，《四通集团年报》封面STONE的字形组合，《华乐标志》《数学/树形标志》等设计中均呈现出美妙的字体变奏曲。

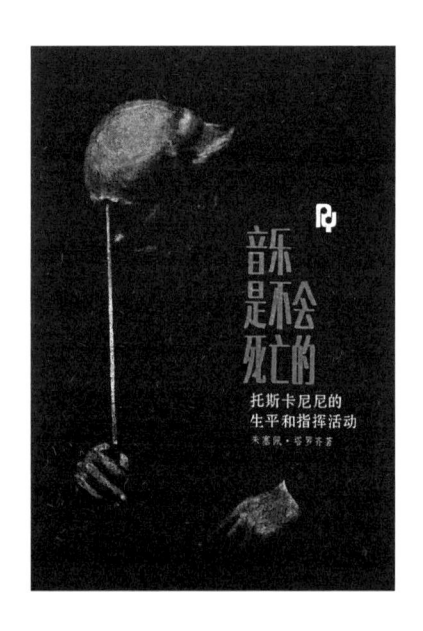

《音乐是不会死亡的》，音乐出版社，1979年

● **图像的和声**

郑老师喜欢"设计只说三分话，却要全抛一片心"，以少胜多，删繁就简的设计方法。他的大量作品言简意赅，含蓄而不张扬。早期作品充分体现了这一理念。如《阿拉伯音乐史》封面中白色阿拉伯长袍占有四分之三的空间，突出了吹奏人的手与乐器及书的主题；《斯坦尼斯拉夫斯基体系论集》中寥寥几笔勾勒的五官结合高度概括的眉发白色块的人物塑造；《牛津简明音乐图鉴》《中国乐器图鉴》都以精确严谨的摄影把控呈现在主画面上。而后期作品可以看出郑老师在图像设计语言方面的探索，《茗边老话丛书》《中华国宝大辞典》封面设计都以繁密而多图的组合进行有意义的"和声"表演。多与少、简与繁、疏和密本无良莠高低之分，他做到了简而不空，繁而不乱，对立统一，达意和谐。

● **色彩的多重奏**

郑老师的大多数作品以中间色调为主，那也是那个时代主流设计提倡的用色范式，但我注意到他在色彩应用上一直在进行大胆尝试。《现代绘画中的音乐》是他策划、主编、设计的挂历项目，选择20世纪初现代绘画大师关于音乐主题的作品，进行画面选取和色差分列，色彩分配强调首尾高音部，中间编排起伏的音色。封面是用每幅画的局部色彩重组构成，他将音乐的情感融入色彩中，随着每一页的翻过，犹如一部年代久远而色彩丰满的多重奏，令人叹为观止。还有很多作品在用色构成方面都有十分现代感的色彩带入。如《中国歌剧选曲集》明快色块与灰调共存，《论导演与表演》的补色演绎，《黄钟》的大量纯色的组合使用。郑老师的书籍设计通过色彩情感的驾驭让读者感受颜色也具有音乐性。

● **整体设计的交响**

郑老师的设计生涯跨越多个时代，但他从未随着手段和观念的变化而放弃设计的与时俱进，标新立异。1994年从人民音乐出版社退休，恰恰让他迈开了重新起航的步伐。作为卓有成就的资深设计师，仍是谦虚求教，吸收一切新的设计概念和各种尚未了解的设计手法。特别体现在他的设计已不满足于为书作打扮的层面，而是灌入书籍整体设计的观念，重视编辑设计的主动介入和给予文本叙述全新的创意。《藏书票世界》的设计，从开本设定、图文叙事、视觉结构、版面字体、页码编排，还有年代色彩系统划分，贯穿全书的图形符号，书封函盒的装帧等，这几乎是一部交响曲的全方位把控。书籍设计概念的灌入，从整体到局部，外表到内在，重点到细节，审美到功能，使全书气韵内外贯通，增添了书的艺术性和阅读的价值。他退休后的设计作品如《中国乐器图鉴》《人书情未了》《北京鸽哨》等，都留下整体设计全新概念实践的精彩之笔。

浏览郑在勇老师跨越60年的众多作品，不仅有大量音乐题材书籍的优秀设计，也涉足其他众多门类的书籍、杂志、标识、海报等的设计，不断跟上时代的潮流，总有让你耳目一新并为之感动的惊喜。造型与情感，直观与韵味，具象与抽象，静态与旋律等，交织围绕着郑老师的创作实践、思考、实践，周而复始，锲而不舍，终赢得众多重大赛事的头筹。专业同行的肯定就是最好的证明，而最高的褒奖是得到读者的赞誉："啊！我在您的设计中没有看到音乐，而是感受到音乐。"勾勒与渲染音韵在书中。无须赘言，足矣！

有幸在我的设计生涯中很早认识郑老师，只要有机会我们就经常在一起交流切磋，他一直保持着年轻人求知的渴望，并以"能者为师"的谦虚心态，看待后辈取得的每一点进步，并积极鼓励。他的文化素质和美学修养，给予我诸

《中华国宝大辞典》，辽宁美术出版社，1997年

多的影响，他为人做事的诚恳善良，让我受益多多。收入远不抵付出的他总说"要想做一本经得起翻阅的书"，别无他求。敬佩前辈设计家视做好书为一生事业的职业操守，怎不令人肃然起敬。退休后的他是我工作室的常客，每次来都拖着一辆装着水果或点心的行李车，进门就说："我是来收获新知识的，一点点心意。"没办法，还是老派人不忘的礼数和谦逊。近期，因师母骨折需要照顾，夫妇俩住进了养老院，他还时刻不忘以往没有完成的书稿，不忘了解最新国内外设计动态，还在总结编辑他这本设计作品集，笔耕不辍。

"画堂人静雨蒙蒙，屏山半掩余香袅。"（宋·寇准《踏莎行·春暮》）入笔须含蓄，余韵且绵长。我们需要慢慢读懂郑老师的书籍设计和审美追求。

10. 刘晓翔——为文本以造型的人

　　2004年第六届全国书籍设计大展上，刘晓翔作品《中国历代美学文库》荣获整体设计金奖。之前我们未曾谋过面，那次我主持国际书籍设计学术论坛，场下总有一个亮点直晃眼，原来那是刘晓翔的金光脑袋，自此与他相识。之后年复一年、日复一日无间断地交流切磋，他称我师父，亦师亦友20载，终成莫逆之交。

　　晓翔好啤酒，尤其是原麦啤酒，据说深夜回家必以啤酒脑补。你看他呷

刘晓翔

获得整体设计金奖的《中国历代美学文库》，中国高等教育出版社，2004年

一口冒着金黄色泡沫冰啤的眼神，大眼变眯眼，幸福感满满。前不久在九展优秀作品巡回展北京站的首图论坛结束后，我们一帮参与者聚餐，用啤酒洗去多日的疲惫辛劳，并回味着他在演讲中的"一粒麦子"说。作为书籍艺术的播种者，他日日夜夜辛勤耕耘，不是吗？从播种、出苗、育秧、拔节、抽穗、结实，一步一步毫不懈怠，成熟了他今天的理论和实践高度。大家笑谈他那盈盈累累的丰硕成果全是靠啤酒浇灌出来的。

今天，晓翔的书籍整体设计在把握上已开合有加，从文本解读、逻辑分析、编辑导向、叙事构成、网格设定、版面格律、字体应用、阅读布局、图表连接到物化成型，依照不同题材门类和文本特征完成了一本又一本佳作，在国内外获奖无数。但他并不满足，决不止步于设计视觉漂亮的书，而是专

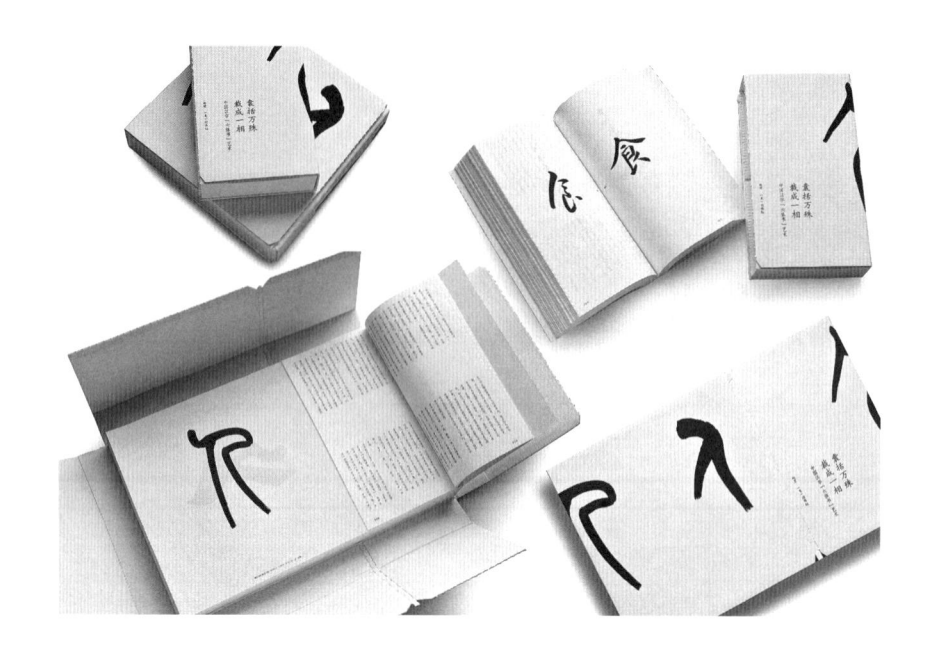

注书籍的内在排版方法论和文本造型等阅读科学方面的深入研究。这是在书籍设计概念基础上一种思考的升华,并逐渐形成晓翔独具个性的逻辑思维法和编辑设计方法论,这是一般设计师尚未做到的。

最近晓翔在上海举办了一个小型展览会,令观者耳目一新。晓翔将他分布在众多出版物中有特点的文本造型,去掉原书纸张质感后,制作了2本大开本的书,把版面设计单纯地呈现给读者;为方便理解,又将设计这些文本造型的方法论和排印规则印在展板上。书籍是物质实体,所以晓翔随方法论一起展出了12本可供翻阅的实体书籍:《2010—2012中国最美的书》(2013)、《气候》(2016)、《莎士比亚全集》(5本,2016)、《文爱艺爱情诗集》(2017)、《姑苏繁华录桃花坞木版年画特展作品集》（2017）、《11×16 XXL Studio》（2018）、《风吹哪页读哪页》（2019）、《中国商事诉讼/民事诉讼裁判规则》（2019）、《罗伦赶考》（2019）、《汉仪玄宋字体册》（2021）、《字腔字冲》（2021）、《Babel》（2021）。方法论、文本造型和实体书籍一同展出，丰富了展览内容。为展览制作的两本大开本书籍中收录的众多文本造型，严谨、多样又灵动，是他精心挑选的不同题材门类的内文编排设计案例，这样做真是十分难得。事前他告知展出方案，赞赏之余，自觉同行们也会受益匪浅，我认为值得关注的有以下几个方面：

1.书之格律。格律是一本书让读者得到诗意阅读享受的必备条件，这不是泛泛的装饰能力所能做到的，而书中所有信息均置于逻辑编排的严谨运筹之中，如诗词歌赋行文规则中蕴含一种叙述的秩序美。他提出"奠定理性的审美根基"是文本设计的重要意识，设计为书谱写美的阅读旋律，编辑设计是重中之重。

2.字体排印与阅读。字体排印设计关乎阅读，字形、字体、字号、字重、字距、灰度，还有识别度、明视度、流畅度、舒适度，以及字体的气质、兼容性和物质性。晓翔把大量的设计都倾注在了文本的阅读结果之上，他认为"汉字各种字体，字与字、字与行的排列，文字群空间等非常类似组成生命的基本单位DNA排序"，建构成书籍的生命体。

3.文本造型。文本组成了阅读的方阵，包括版心、页边距、格式矩阵、模数单元……构成富有几何与数学概念的费氏系列黄金矩形或欧几里得原理的页面比例关系，并通过变幻无穷的排列组合，来创造有着无限可能性的程序编排。版面通过一切信息元素的合理配置和图文调度，从视线流到明视距离，从灰度分割到空白运筹，乃至阅读的时空位移。编排是多维度的思考，

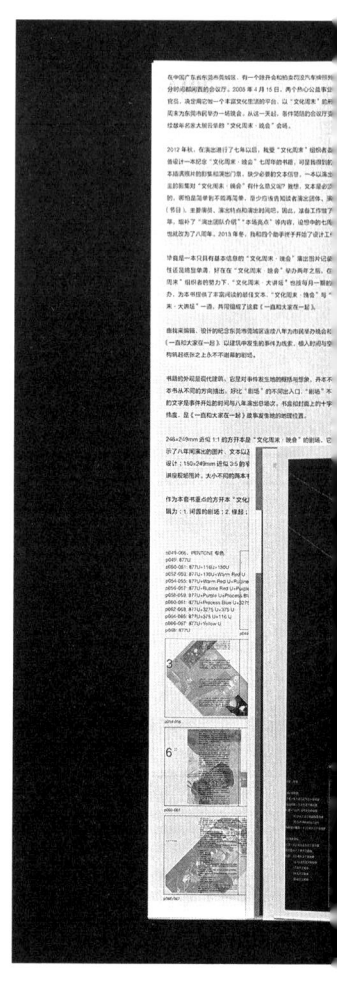

《11×16 XXL Studio_01》，上海人民美术出版社，2021年

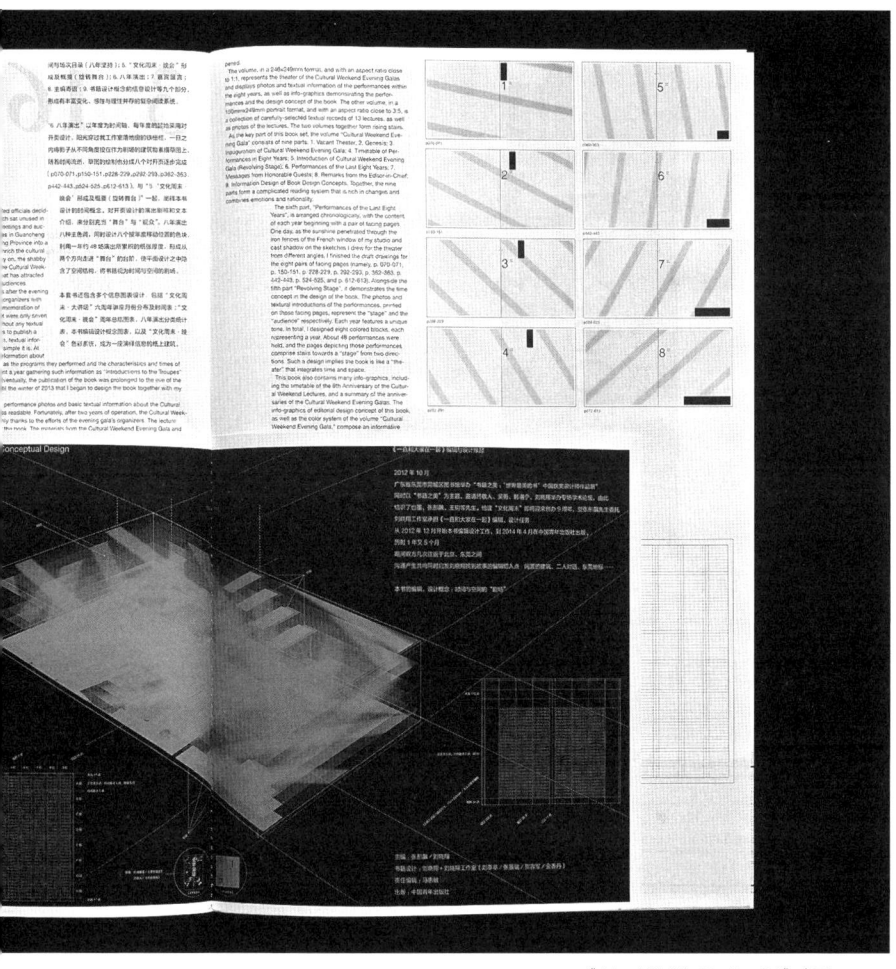

《11×16 XXL Studio_01》内页

而非简单的文字平面罗列，他强调"要赋予文本以造型"。

4. 网格规制。晓翔指出"网格系统是逻辑思维在书籍设计里的应用，核心是建立秩序与数值的矢量关系"。他将网格系统引入以pt为单位的数列"倍率"递进关系与抽象美学法则进行链接。他认为网格系统本身并无个性，但通过网格设计可以对文本进行塑形，从规制中得到无限的自由，并为编排复杂体例的文本提供有序而多变的创意机会。晓翔独创的由一个字到一本书的排版原理和方法为版面设计者开启了一扇理解"网格"之门。

晓翔好学不倦，思维敏捷，理解力强。自幼喜爱古诗词的他为人行事浪漫，但对理性思维逻辑推理情有独钟，故点、线、面在他的脑子里不仅是造型画面，而是它们之间一连串来龙去脉的矩阵数值关系，这构成他感性与理性追理寻根的求学态度，极力包容东西方不同学术流派的观点，解开形成封闭自我思辨的桎梏。为此，十数年钻进汉字网格系统这个至今令设计界懵懂的领域迎难而上。他广览著述，不断实践，锲而不舍啃这块硬骨头，终于成功不负有心人，他的诸多作品印证了他的学术成果。《由一个字到一本书》《11×16 XXL Studio》两本书的问世，进一步阐明了他的"书籍设计文本排印法和文本造型"的理论，这也是当今书籍设计师应该掌握的专业本领和应该具备的职业素质。

本次展览证明设计师在装帧之外界面的工作依然重要，书籍设计还有那么多需要介入的领域和必须掌握的知识结构，从装帧到书籍设计，是反射时代阅读的一面镜子。晓翔的设计观代表了时代阅读的需求。

晓翔是位文化播种者，如同入秧、拔青、抽穗、结实，再酿造出芬芳美酒。书籍设计同样将图文信息元素，经过苦心经营，孕育从一个字到一本动人好书的过程。所以，做书如同酿酒，我猜想这大概就是晓翔好酒的缘由吧。

11. 周晨——意蕴多来去　诗意有回文

　　春之初，不在浓芳，幽幽书香自追游。今，张爱玲书店艺术画廊举办周晨书籍设计展，文人美书结缘，实乃门当户对。又闻他的新著《美编派》即将付梓问世，"问此春，春酝酒如何，今朝熟"[1]，恰是时辰。

　　周晨，苏州人氏，一口温文尔雅的吴语，从不显山露水的秉性，德才并茂的谦谦君子。1996年入职古吴轩，任职美术编辑，后转职江苏教育出版社，默默耕耘至今逾25年。与他相识已有20多载，时常书艺切磋成莫逆之交。周晨学问用心，学艺钻研，尤以编辑设计专攻，近年国内外井喷式获奖频频，成绩斐然，乃厚积而薄发也。

　　周晨得益于称职的美术编辑历练，深受传统文化熏陶，凡经手古籍再造或传统新论的选题，他必寻根溯源，觅探究竟。四库全书经史子集；千字文五方五色；考工记的天时、地气、材美、工巧；吴门琴谱《绝世清音》音韵字符，领悟《淮南子·本经》中"造字不能藏其秘，灵怪不能循其形"的理念；追随明代王艮的"百姓日用即道"之思想；挖掘来自民间失传的绝门字符苏州码字……独特的中华传统文化创造力和古人提倡润物细无声的雅致审美深入骨髓，浸淫于他的书品艺质的整体思考，也应用于将传统观念与国际化融合的视角来表现自身的书籍艺术创作，我觉得是他成功的重要缘由之一。

　　周晨的设计绝非只是完成装帧的层面，他明确指出"编辑设计"是今天的书籍设计师应该拥有的设计意识和每位参与者做书的进行式。根据他几十

---

[1] 摘自宋吕本中《满江红》。

周晨

年积累的设计经验:"设计师需要设想一个合理的整体的视觉塑造方案,编织一条紧扣文本并富有节奏的阅读逻辑线,规划一个贴切合理的版面网格组织,定制一套合情合理的个性设计语法系统,这是我理解的编辑设计需要做的工作。"

编辑设计(Editorial Design),是书籍整体设计的核心概念,是探究阅读本质的整体设计。周晨在尊重文本准确传达的基础上,精心演绎主题,应用解构重组的视觉化设计语言和语法,以达到文本内涵的最佳传达,赋予受众全新的阅读享受。纸面书籍设计与电子载体不同,它不是单一的个体,也不是一个平面,它具有多层性、互动性和时间性,即多个平面(页)组合的近距离翻阅过程的思考,通过眼视、手翻、心读,带来享受视觉、嗅觉、触觉、听觉、味觉五感和信息动态阅读的魅力。为此,周晨做书的语法,一定是"把握好阅读需求、阅读层次、阅读特征,决定设计方案,体现书的整体气质和观感",目的是解决阅读的设计本质问题,而非外在美观打扮。这才

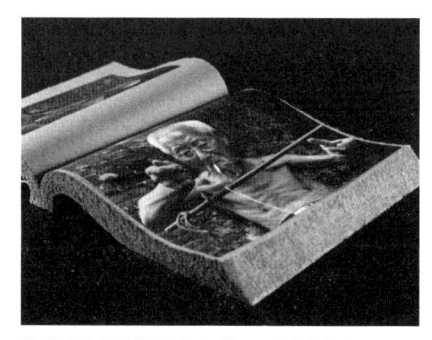

《江苏老行当百业写真》，江苏凤凰教育出版社，2018年

有《绝版的周庄》《苏州水》《泰州城脉》《平江新图》《江苏老行当百业写真》《冷冰川》《无尽心》等一系列由内而外、耐人寻味、出人意表的精彩设计打动读者，并一而再、再而三地荣获国际、国内大奖。

翻书拙政沧浪，采香吴江古轩。周晨饱润丰泽的姑苏文化孕育下的南派艺术风韵。中国版本史嘉庆三足鼎立之一的刻印精良苏式本，是当时文人雅士心目中书籍的最高标准；绚丽雅秀的苏州桃花坞是中国木版年画的重要一支；委婉的苏昆评弹是中华表演艺术的精华；飞檐、花窗、砖雕、老墙的江南园林是东方建筑艺术的象征；苏绣雅扇是传统工艺的一朵奇葩……在风雅、淡雅、清雅的江南文化熏陶下，加上深厚工艺美术的家学渊源，周晨的设计风格被评论界称颂为精致、别致、雅致三致，这与他一贯对"汲古得新"和"造物境界"做书理念的锲而不舍追求密不可分，此言不虚也。

当今是多媒体丰富的阅读时代，纸面载体不可能独当一面，若单靠好看的"面子"则无法留住读者，更需要内在饱满的"里子"维系美而久远的阅读。"里子"和"面子"是统一体，不能只顾面子丢了里子。周晨的"美编一派"强调阅读方式多元存在，其包含富有新意的信息结构、叙事的层次节奏、准确的字体选择、合理的图文比例、版面的经营布局、图像的精密还原、纸材的五感应用、工艺的精细把控、形式成本度的平衡……编辑设计的综合运用方能收到良好的阅读效果。他指出"书籍设计应是当代编辑学的研究课题和重要组成部分"，十分重要。从装帧到书籍设计观念的过渡，不仅仅需要设计师个人思路的转换，也需要整个出版业对书籍整体设计观念的认知。追求书籍外表与内在、美学与功能、艺术与技术的和谐统一，书装与书籍设计观念是反映时代阅读的一面镜子。

书籍载体为周晨提供了讲故事的舞台，他以导演的角色演绎出一本本生动的书戏，以编辑设计的思路构建全书文字、图像、空间与时间的叙述结构，以视觉信息传达的特殊性思维为文本增添阅读价值。欣赏他的设计，经得起琢磨，意蕴多来去；品味他的书，诗意有回文，意犹未尽。用周晨自己归纳的话总结："有情、有意、有理、有据，胸有成书。"因为做书皆我情意在，唯有理据方为真，做书之道也。

《美编派》，周晨著
山东人民出版社，2021年

七 创作自述

1. 我的书籍设计观——承其魂，拓其体：不摹古却饱浸东方品位，不拟洋又焕发时代精神

"书籍设计应该包括编辑设计、编排设计、装帧设计+信息视觉化设计"3+1的设计概念。对书稿内容会提出看法和态度，将著作者、出版人、编辑、摄影、插图者、印艺人聚合在一起沟通交流，共同构建全新的阅读语境，信息视觉化设计更为文本增添了附加值，也给我开辟了新的设计领域。所以我不满足设计只为书籍做封面装帧，设计师不仅为书衣打扮，还为读者得到最佳的阅读体验。这就需要设计师在对文本理解的基础上提出全书叙述结构、体例编序、图文布阵、信息完善、阅读氛围、材质触感、装帧形态、翻阅感受，以及时间和空间的阅读关系等编辑设计的工作，这是以往装帧根本不会顾及，甚至无权触碰的工作范畴。书籍整体设计要具有作为信息导演的一份担当，既要有感性的冲动，又要有逻辑分析的能力，对文本演绎、信息解构、节奏把握、物化心理及最后的阅读结果等都有一番思考。

书籍设计首先要有秩序美学的概念。什么是设计？设计是秩序的驾驭，即解决文本在纸面上得到有序、清晰、明辨的阅读呈现。版面设计不仅仅讲究二维平面构图的平衡、对称、对比，更重要的是理解书籍版面是多个平面层层叠叠连续性的空间+阅读时间的信息综合呈现，把握文本内在的逻辑和规律，设立应用于全书一个版面的网格系统。对字体、字号、字重、字距、行距、段式、灰度、空白、节奏、体例，还有对视线流、明视距离规则等进行把控。设计师一定要掌握从编排秩序向灵动的图文创意的过渡，在规则中找到发挥的自由。从编辑设计起步，经过编排设计，再到装帧，将"阅读"的

思考始终贯穿其中。直面物化书籍具有参与性和互动性的特质，对于读者来说，册书在手，就会左右、上下、里外地不停翻阅，连续地翻读，瞬间地点阅，隔日的复览，随感的眉批……让读者成为书籍的介入者，并感受阅读书带来的与电子载体全然不同的舒适，随兴和诗意品味视、触、听、嗅、味五感的愉悦。书衣打扮的装帧像短距离赛跑，而书籍整体设计则有点像马拉松比赛，速度不快，但耐力要好。一部书稿，从正文到图像，从目录到后记，从注释到索引，从形态到物化，每一环节精打细敲，书的生命能更久远。

在学习现代设计理论和手法的同时，对东方书籍形制有了新的认识。中国拥有值得自豪的书卷艺术传统，忽视传统，设计会像飘浮的落叶，找不到它的根。但一味模仿传统，会缺失创造的动力，创新必然是传统有生命力的衍生。所以珍视本民族土壤中生生不息的文化遗产，以敬畏之心重新认识东方古籍之美，"天时、地气、材美、工巧"（《考工记》），缺一不可。东方与西方，传承与创新像两条腿走路，一前一后交错而行。如果前脚不是有力地深踩大地，后脚则跨不出有力的一大步。这大地就是本土文化的土壤，有了深深吸纳传统文化的第一步，就有迈向前方的第二步。面对传统与未来不独守一端，阴阳轮回，涅槃再生。"不摹古却饱浸东方品位，不拟洋又焕发时代精神"是我设计的追求。做到这点很难，成功的也很少。明白不一味地盲目复古，但又要克制赶时尚的欲望，承其魂，拓其体，寻找自己真心向往的做书方向。

作为书籍设计师，应该有对文学、音乐、戏曲、话剧、电影、摄影、体育、旅游、自然科学、现代科技，以及传统手工艺等诸多爱好，这些触类旁通的知识无形或有形地渗入对书籍整体设计的看法和创想。比如看舞台上演员的对话，除语言本身外，还有语调抑扬顿挫的魅力。另外舞台调度、场次节奏、灯光布景的语境烘托，以及画外音的旁白渗透……给予书籍图文编辑、编排造型提供很大的视觉想象，我总把阅读看作享受有声的舞台。作为由装帧师过渡到书籍设计师的难度就是要对原本书装职能的局限有一个超越，是自身各类知识的积累与综合素质的延展。

我的设计方法：认真阅读文本，在分析解构内容后，提出编辑设计的想法和方案，添补辅佐文本的视觉信息的建议，贯穿书籍设计3+1的概念和方法论，并决定物化制作成本的方案。归纳一下我愿意做设计的前提：①文本有价值；②有整体设计的可能性；③成本控制是手段而不是目的，做物有所值的书。

我有幸亲身经历40多年的中国书籍设计从观念到技术的提升，从活字印刷到平版印刷，从手工贴稿制版到如今的电脑设计成书。回顾这一过程，给当下数码时代的设计者一份思考。半个多世纪前的原始手段，没有电脑，并没有阻碍前辈们的创造力，我想其中的核心是"体验"。那个年代我们窝在房间里什么事也做不成，因为没有先进的联络工具。你必须亲自与著作者和所有与做书相关的参与者见面、交流、沟通，了解作者的经历、著作者对文稿呕心沥血的付出，编辑为文本完美无瑕的全身心投入的态度，对印制师傅在充满油墨味的机位上反复调试的专注……这里除了可以得到专业学识外，还有学校里学不到的情感交流和做事做人的感悟，这都会充实到你的创作行为和构想中，潜在地影响你的创作，一种有温度的感染力。当年手持着小镊子在版式纸上拼贴一行行、一个个文字时，我知道手下粘贴的每一个字都要对得起每一位参与者以及读者的一种尊重和担当。今天先进的电子工具给做书人带来了过去无法比拟的方便与效率，一本书的完成也许可以减少当面交流沟通的时间，但每一位参与者的情感投入和独特见解你未必体会得到，这会直接影响对这本书的设计定位和细节的投入。温故知新，技术进步不能替代一切，今天的读者有更多的选择和阅读审美的欲求，我们要保留过去曾经有过的做书态度。

1978年我入职中国青年出版社，1998年成立了独立的书籍设计工作室，2002年调入清华大学美术学院任教，2012年65岁退休，2013年面向社会开设敬人书籍设计研究班至今，继续传递书艺之道，因为我认为物化书籍不会消失。倘若书籍仅仅发挥信息传达的功能，那书完全可能被电子载体所淘汰。然而，具有五感之书，让读者眼视、手翻、心读的阅读过程中感受出温暖而甜美的香，新时代的做书人该清醒如何做一本好书，留住阅读。2016年、2017年、2018年、2021年，我在韩国，美国，中国北京、上海、深圳举办了《书艺问道——吕敬人书籍设计40年》展，我想给更多的出版界的同道、从事书籍艺术的设计师们，以及正在学习这门艺术的学生们分享我的设计观念，并能带来一些思考。同时，我要感恩改革开放这一时代，感谢这块土地滋养出来的丰厚文化营养的铺垫，使我才有做中国书的底气。我为作为一个表现汉字魅力的书籍设计师感到由衷的幸福。

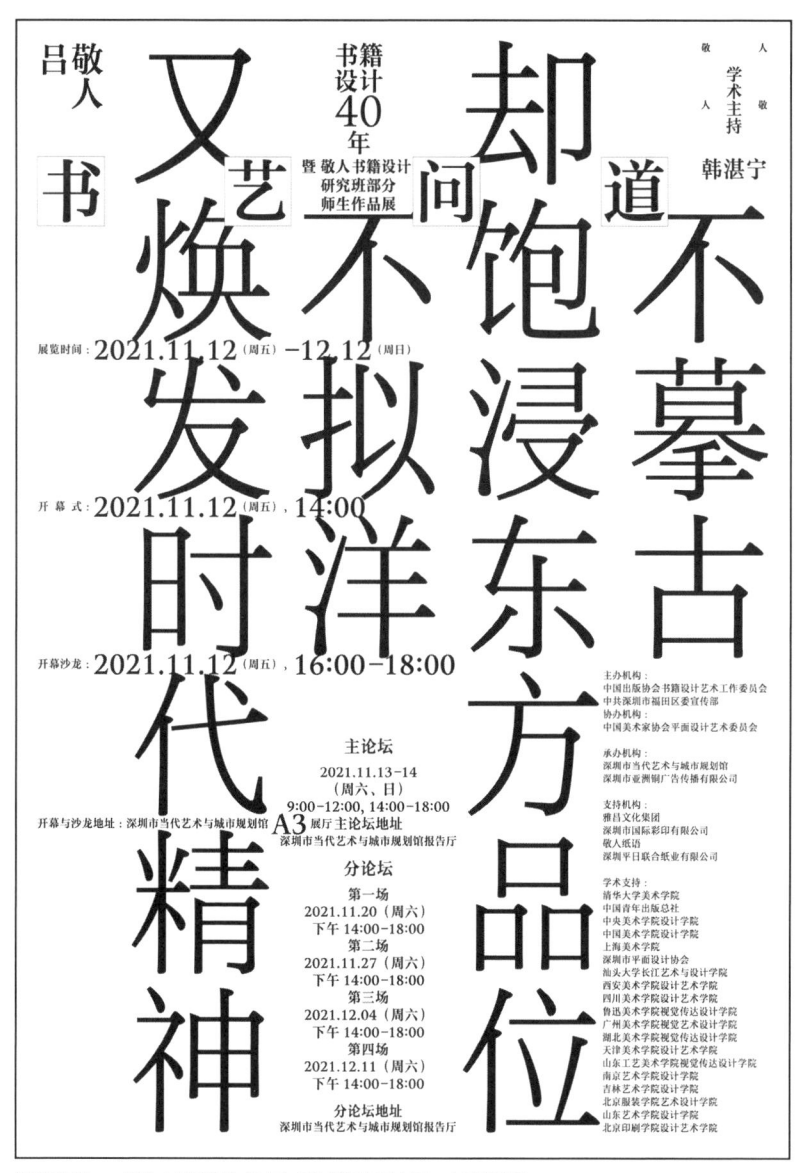

"书艺问道——吕敬人书籍设计40年"展深圳站图录封面，刘晓翔设计

"书艺问道——吕敬人书籍设计40年"展北京站展场

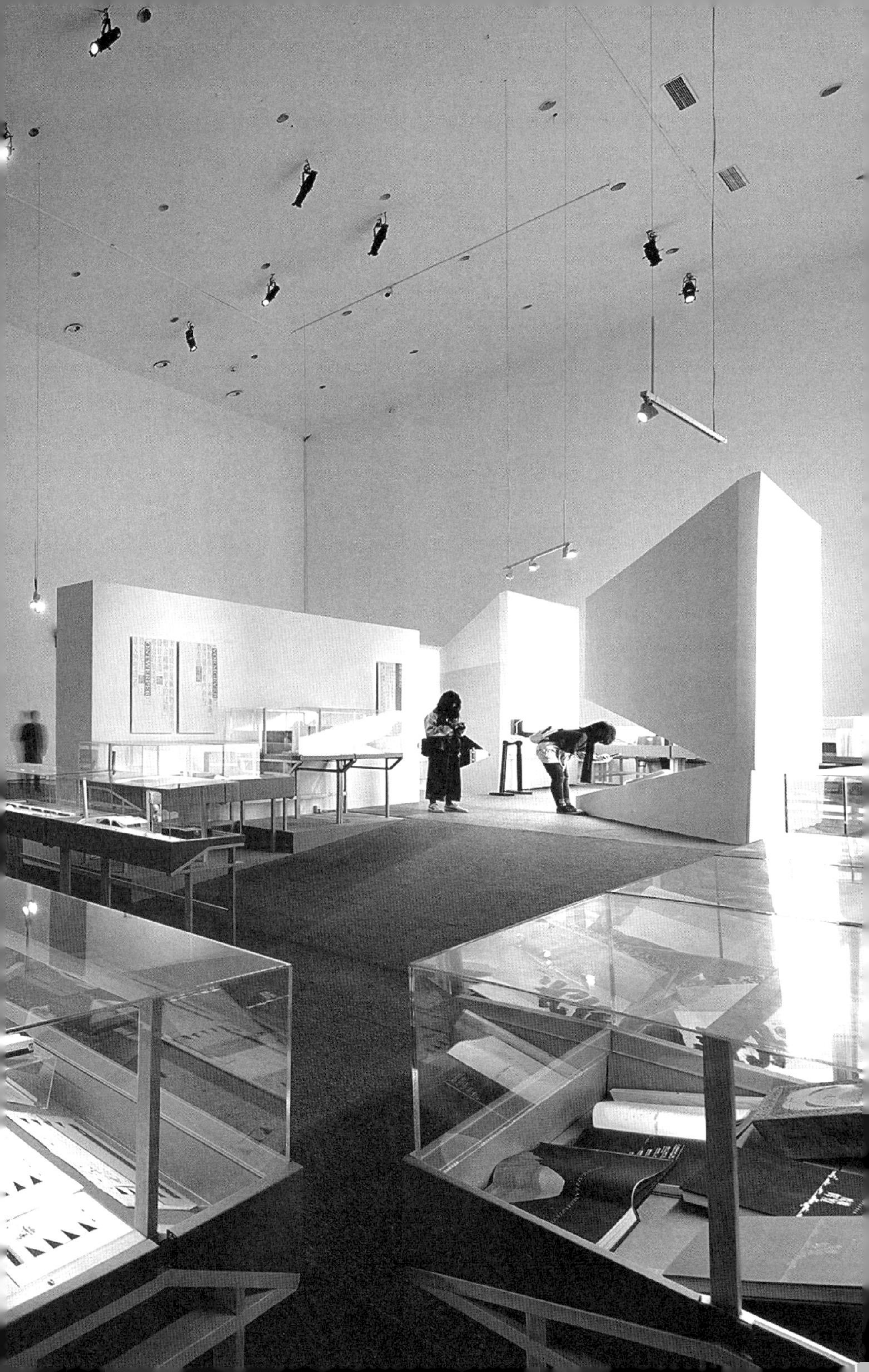

2. 我对书籍设计师这一角色的认识

（1）设计是一种沟通与交流的学问，能力与忍耐，坚持与妥协，自信与合作。

（2）设计是解决问题，设计是一种态度。做书是一件美好差事，也是一程苦旅。

（3）装帧像短距离赛跑，而书籍设计犹如一场马拉松比赛，要有耐心和坚持。

（4）设计是对文本的一种介入，设计是文本叙事中的一个角色，设计师像一位导演，是一个讲故事的人。

（5）设计不仅仅是为书装饰打扮，设计师不可能独当一面，其是系统工程中合作群体中的一分子。

（6）设计师是个编辑、推手、倾听者、杂家，要具有坚定的执行力，有五感的敏锐度，对文本编辑具有欲望，不是对文本的照本宣科，而是对文本的一次探险和寻宝。

（7）设计师并不万能，杂家、倾听者、推手，但过程中尽显永不满足的自我苛求及协同合作的能量，成果固然重要，过程更为刺激。

（8）我的感觉做设计始终是亢奋与郁闷共存，纠结与释怀同在的过程。设计不会结束，成果是吹哨人宣布工作终结的一个瞬间定格，一个无奈的静止画面，好赖只能让他人评判。

（9）设计师的工作状态：催命与挣扎，与时间赛跑，与欲望抢可能，与残缺争完美。

（10）设计师在时间上永远是负债者，不到讨债人上门，绝不轻易"还钱"（交稿）。

（11）设计师的艺术立场：既非向内容投降，也非主观去超越，更不是市场的迎合，而是以设计师的智慧引领读者去"会见自己"。（杭间语）

3. 我做传统书

家父藏书中有不少古籍，自小接触古装书，那时根本读不懂书中深奥的文言文，而对书中的宋体字、韵味十足的木版插图、薄薄的书面纸和线装书的形式感兴趣。我把古版本中陈老莲的"水浒叶子"人物临了个遍，一本家传原版《芥子园画谱》也被翻得稀烂。

20世纪60年代，传统文化被视同洪水猛兽，一概作为封建糟粕进行批判。80年代改革开放后，人们的眼睛集中盯着西方，无暇顾及传统书籍中蕴含着的精彩。1989年，我去日本学习，对日本设计既大胆吸收世界各国优秀文化理念，又非常重视和保留本民族文化特征的意识，留下了极深的印象。导师杉浦康平一再强调中华文化对亚洲诸国和世界的影响力，他要我认知继承本民族文化的重要性，并要满怀敬畏心学习之。

回国后，在做书的过程中，我尽可能尝试吸收传统视觉元素，把它们注入现代书籍的设计之中，比如《中国民间美术全集》《子夜》等均在继承传统书籍形式方面进行了一些探索。

20世纪90年代，郑欣淼先生（后来担任故宫博物院院长）特意来信推荐在故宫博物院举办的"清代宫廷包装艺术展"。展览中陈列了清廷精巧的囊、匣、盒等原件珍品，其中包括大量图籍、书画的各类包装。宫廷包装的精致华贵、民间器物的粗犷古朴，均展现了中国古人追求美的心理和讲究实用功能的设计智慧。一本本令人叹为观止的图书形态、精美手工艺、富有人情味的自然质材更让我驻足难移，后来我又去了两次，每次皆有所得。这一经历更激起我的做书梦。《朱熹榜书千字文》《马克思书信真迹手稿》也在这书梦中诞生了。

21世纪初，我参与"中华善本再造工程"的设计工作，有幸进入了藏书量居全国之首的国家图书馆地下书库浏览中外古籍。唐经文、宋刻本、明绘本、版印本、少数民族的贝叶经、藏宗教梵夹装、《永乐大典》《四库全书》等都给我一种令人震撼的视觉冲击、一股暖暖的幸福感。

对比当今书籍出版物固定划一的标准模式，我深感中国传统书籍文化宝藏之丰富，古人想象力之聪慧，今人实不得自以为是，自高自大。古籍文化之精髓真是取之不尽，用之不竭，真希望这令国人自豪的文化财富不要被所谓的与世界接轨淹没了。中国传统书籍艺术给予我很多启示，也激励我抱着浓厚的兴趣，而全身心投入富有挑战性的古籍再造的书籍设计活动中去。

不久，文化部、财政部成立了"中华善本再造工程"专门的委员会。数月后，《食物本草》《人间词话》《忘忧清乐集》《茶经》《酒经》《沈氏砚林》等10多部被注入新设计理念的古籍出版了，成为全国各大图书馆的藏品，并作为国家与国家进行文化交流的重要礼品。

中国近代书籍设计，受外来影响仅百年历史。20世纪30年代，鲁迅将德国、英国等欧洲的插图和日本风格的书籍装帧介绍到中国。其实中国的书籍艺术有更久远的历史，有着丰厚的文化积淀，其书籍形态之多样、图像文字语言之奇妙、印刷工艺之精巧、装帧手段之独特，在世界书籍史上有着举足轻重的历史地位。拥有被视为世界文化瑰宝的造纸术和活字印刷术的中国传统书籍艺术传统，由于历史的原因逐渐被国人淡忘，今人对其价值的认识远远不够，还有待有识之士去挖掘、弘扬。关键的问题是如何学习、怎样继承和拓展。

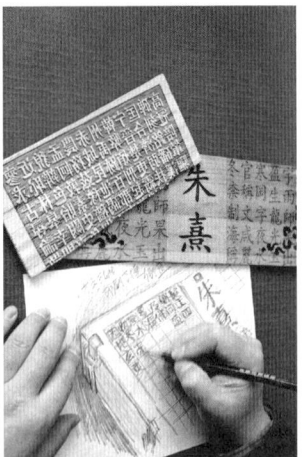

《朱熹榜书千字文》，中国青年出版社，1998年

朱熹，理学家、政治家、书法家，他用遒劲、有力度的大楷书写千字文。中国的雕版印刷有悠久的历史，构想还原中国传统印刷物的形态，为这本《千字文》设计了模拟雕刻印刷版的封面、封底，各反向雕刻500个字，共1000个字。本书借鉴中国古籍夹板装的形态，皮带穿板而过，连接如意扣相合，探求一个既有传统概念又有现代意识的古籍设计思路。汉字是用一笔一画组合来表达的，把点、撇、捺作为视觉符号应用到封面设计中。书名中"千"的上方是一撇，"字"的顶部是一点，"文"的右下方是一捺，把书法的基本笔画作为每一册的个性特征，亦点出书的主题。全书4开本，将其原寸原貌还原出来，充分展现朱熹的书法魅力，并给予读者欣赏古籍造型艺术的机会。

在数千年漫长的古籍创造中，它们经历了简策、卷轴、经折装、蝴蝶装、包背装、线装等形式。古人并不作茧自缚，而是在自我否定中逐渐完善，保持时代精神的美感与功能之间的完美和谐，推陈出新，不断衍生出新的书籍形态。这是书籍能存在至今，具有生命力的最有力证明。

至于传统书籍的再生，是照本宣科的如法炮制，还是承其魂，拓其体，重新创造一个具有古籍内涵和传统文化特质，又呈现鲜明时代特征的新的书籍生命，这是值得今天的出版工作者、学者、设计者共同研究探讨的课题。

中国在悠久的文化历史长河里，书籍艺术一直以动态的姿态在变化、发展着。老子有句名言："反者，道之动。"书籍设计者们不拘泥于束缚发展的旧模式，不满足于已有现状，而敢思敢想，虚心向世界各民族的优秀文化学习，达到"不摹古却饱浸东方品位，不拟洋又焕发时代精神"的追求。继承与创新、民族化与国际化、传统手段与现代科技的探索，都能为书籍艺术呈非静止化的动态发展注入活力，而达到"道之动"的真正境界。

为了实现这个愿望，我与雅昌彩印集团合作成立了"敬人书籍艺术工坊"，按照传统造书的手工艺技术，边做边学，经历了多次失败，而终于完成以上"再造工程"一本本传统书籍。同时，制作了许多具有传统意味的现代书，为社会所认同并引发这类书籍风格的设计热潮。我庆幸能用手触摸这些来自大自然恩惠的材质，我尽可能保留这种原始材料最亲密接触的艺术创作，尤其是在当今越来越远离生活的电子虚拟时代。因此，我也让学生们亲临工坊，亲自动手做书，体验传统工艺，感悟传统书籍形态的魅力，感受书籍给我们带来的亲近愉悦之感。

《最后的皇朝——故宫珍藏世纪旧影》,敬人设计工作室紫禁城出版公司,2011年
全套书七册一函,整体采用中式筒子页包背装。双色印刷很好地呈现了黑白老照片的细节层次。本书隔页内侧反印具有特点的本章节照片,翻动时透过轻薄的纸张分割章节的图像隐约可见。借助清代宫廷建筑中复杂多变的几何窗饰结构灵感,设计者为该套书重新设计的七款六边形纹样分别应用在七册书的封面和内页设计中。封面辅之单纯厚重色彩后印刷于丝绢质装帧材料上,精致的纹样与有光泽的材质凸显华丽气质。

七 | 创作自述

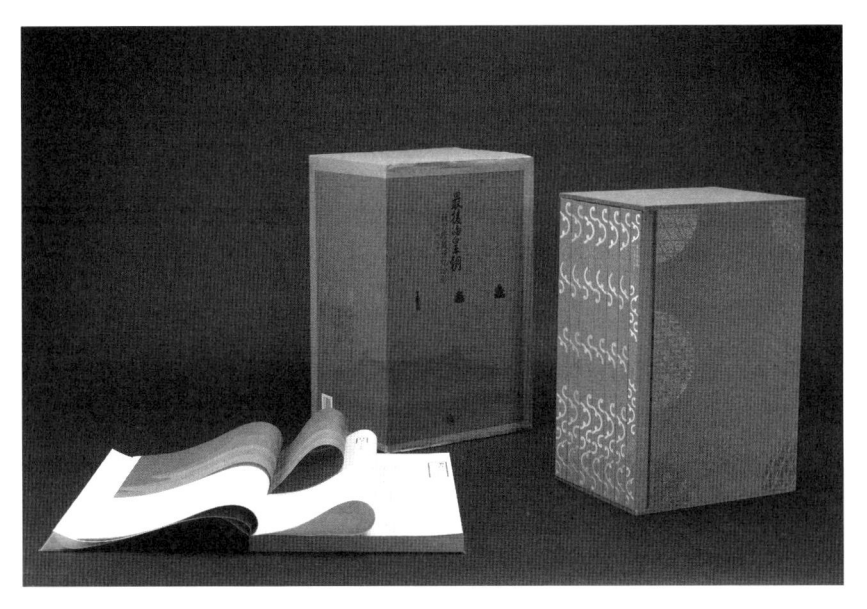

敬人工作室为各类书设计的函、匣、箱、屉等

4. 创作案例解读

（1）《中国记忆》——创意的传承与延展

　　《中国记忆》以构筑浏览中国千年文化印象的博览"画廊"作为设计构想，将本书内涵元素由表及里贯穿整体书籍设计过程。全书以Book Design的设计理念展开，整体从编辑设计、编排设计、装帧设计三阶段进行，设计核心定位是体现东方文化审美价值。中国传统文化审美中道、儒、禅三位一体，即道教的飘逸之美、儒家的沉郁之美、禅宗的空灵之美融合在一起，并试图渗透于全书的信息传达于结构和阅读语境之中。

　　全书充分体现书籍设计语言的综合应用，以保障主体文本的全面展示。外函盒贴签选取中国传统绘画中的大地、江海、山峦等万物组合构成中国千年文化的生命之场。设计思路是将中国最典型的文化精神所代表的天、地、水、火、雷、山、风、泽进行视觉化图形构成融入全书的阅读气氛中，以体现东方的本真之美。书名字体选择雄浑、遒劲、敦厚的《朱熹榜书千字文》中"中国记忆"四个字进行重构，让读者拿到书的第一时间就直接感受到东方文化气息。

　　以文本为基础，编织内容传达的逻辑秩序结构和物化驾驭规则，把握好艺术表现和阅读功能的关系。《中国记忆》内文设计着重编辑设计概念的贯穿，以中国特有的传统书籍形态，即使用柔软的书面页纸和筒子页包背装结构组成中国式阅读语境。每一部分的隔页选用36克字典纸反印与该年代相呼应的视觉图形，烘托该部分的历史年代。随着翻阅，若隐若现的纸背印刷图

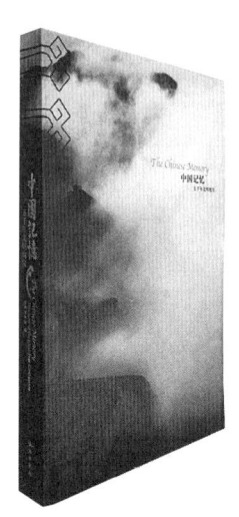

《中国记忆》书脊

美书　留住阅读

形与正面文字形成对照，若静若动，引发超越时空的阅读感受。薄纸隔页与正文内页的纸质形成对比，具有鲜明的触感，读者可以自觉感悟出每一部分的区隔，增添了全书的层次表现。为了完整呈现物象画面全景，跨页执行M折法，以纸张宽度长短结合的结构设计使中心部分书页离开订口，使单双页充分展开，增加了信息表达的完整性和阅读的互动性。单页形式的排列，则强调文字与图像的主次关系和余白的节奏处理，为书籍陈述的层次感和有序性进行充分的编辑设计，由此形成全书整体设计理念的全方位导入。

封面应用我拍摄的具有水墨意蕴的万里长城摄影作品为基调，蜿蜒雄阔的气势表现以自然万象之源为本体表征的东方美感，突出画册主题的中国艺术精神。

占书三分之二高度的腰带以中国典型的文化遗产图像反印在薄薄的纸背上，通过对折使视觉图形若虚若实、亦真亦幻，烘托一种跨越中华历史时空的氛围环抱全书。腰带上方有意显露封面上方的巍峨长城，并用红绳绣有象征吉祥的纹样与人文、地域、历史特征融为一体，封面强调稳重、含蓄、典雅，即中国书卷语言的独特展现。

本书区别于此类图书惯用的西式精装硬封形态面貌，而以亲切普通的简装本形式面对读者。特种装是本书的附加设计，属政府馈赠国礼之用。函盒以传统的六墙函套装为基础，打破传统书函模式重新设计组合结构而成。以自然的两种色泽棉织物装裱成太极内函盖和上下天地隐纹外函盖，并由如意纹木质扣件相连，配置吉祥玉佩和万寿结组合件饰物。此函盒的构想体现中国文化特征与时代性相结合，并强调实用保护功能的设计理念。

《中国记忆》设计力图做到代表国家身份的大度气质，既体现中国传统文化的典雅端庄特质，又应用西方设计概念而具时代气息。通过书籍设计使

《中国记忆》精装版函套

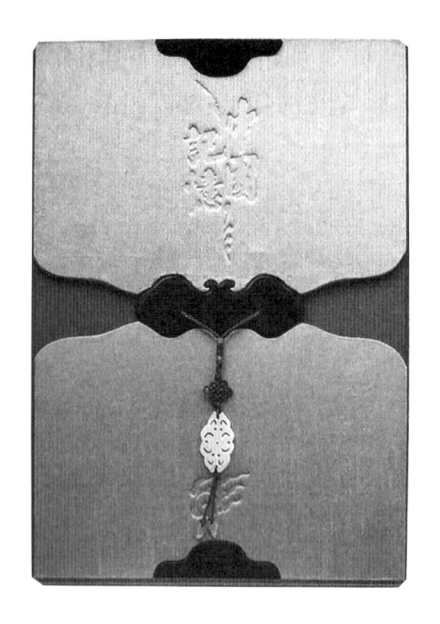

《中国记忆》半透明腰封

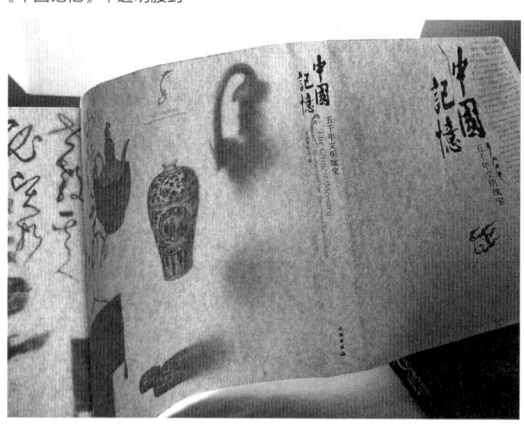

美书　留住阅读

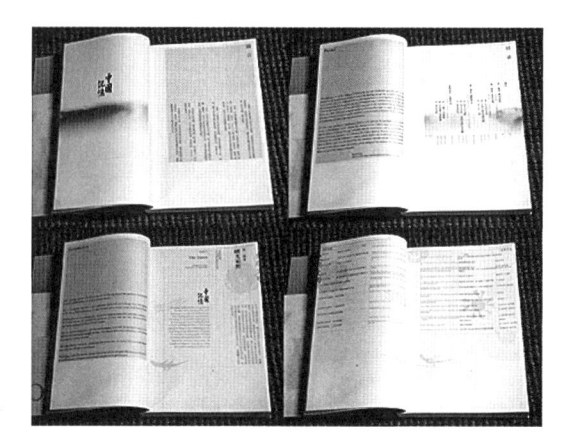

《中国记忆》内页

七 | 创作自述

内在丰厚的中国文化艺术精品得到充分展示，让读者在品赏中回味森罗万象的中华文化意境，通过阅读留住中国记忆，这正是本书设计的初衷。

（2）《怀袖雅物》——书籍整体设计理念的应用

折扇被视为中国文人雅士的象征物，士林中的时尚。折扇是书法家、篆刻家、画家和士大夫书画、题写的创作天地，也是汇集诸多制扇艺人在扇面、扇骨、展刻、扇头、扇坠、扇套、扇盒等工艺技术方面的精湛展示，是聚合多种审美的艺术品。自古以来，无论是宫廷，还是民间，扇子已超出其实用功能，更是收藏者的珍爱，是中国非物质文化遗产中一块重要的瑰宝。设计这套书是为文化传承和积累，来不得半点浮躁与虚华，故抱着虔诚和严谨的敬畏之心去做。这是一部历经5年，整体贯穿书籍设计概念的作品。自2005年与编著者商讨该书策划主题开始，虚心向他们学习专业知识，应用编辑设计的新思路不断和作者研究商榷，提出全书信息视觉传达构架体系的书籍设计思想，在充分体现中国扇子从历史传承、艺术审美、工艺过程全方位向读者完美展示中国非物质文化遗产的编撰结构方面取得共识，而一步一步切实贯穿编辑设计、编排设计、装帧设计三位一体的设计过程。很有幸，主编赵羽本身就是一位优秀的平面设计家，编委们都是博物馆的学者行家，我的设计思想始终得到他们的支持和理解。另外，也受到出版家苏士澍、汪家明、李新等诸位先生的指导、激励，备受鼓舞。

自20世纪70年代以来，信息设计概念被引申到平面设计应有效展示信息而非仅仅停留在增加吸引力和艺术化表现层面（装潢）。设计者针对文本进行逻辑化的发展主题、要点的强调、清晰的层次处理、阅读线索的导引等而

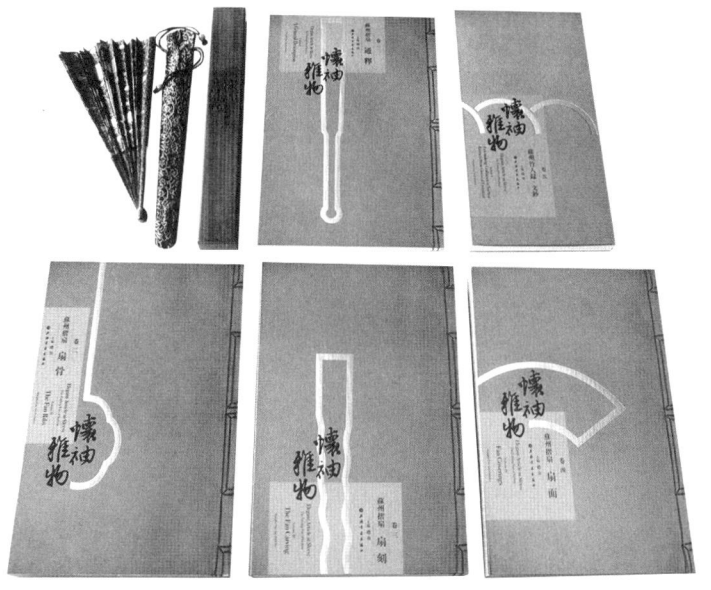

《怀袖雅物——苏州折扇》精装函套，上海书画出版社，2010年

《怀袖雅物》一函五册封面

七 | 创作自述

创建信息结构的组织协调控制体系。书籍设计者的角色则扩展到需要承担起文本内容和语言表达的责任，这种视觉化的表现可使内容更清晰地传达给受众。这就是书籍设计与装帧概念的不同之处，即直接介入文本创编的全过程。

本书的第一步就是编辑设计。

编辑设计要建立整套五册书信息传递的框架。首先要明确该书的核心内容、传达目的和阅读对象，由此制定专业性、学术性、知识性、欣赏性、收藏性的设计定位。对扇子的历史演进和结构进行分门别类的视觉化语言叙述。每一分册富有个性的信息演义语法、扇子物化始末的过程陈述、翻阅的时间与空间的节奏形态、还原图像的完美传达要求，以及全书体现中华文化精神和文人风韵的表达等设计理念与编著者进行交流，最终在专家们的指导下确立了全书的设计方案。

主要介入内容结构的设计体现以下几个编辑设计要点：

① 强化扇子制作过程的视觉化阅读；

② 理解扇子解构与重构的图形化解读；

③ 提供全书有时间与空间层次感的翻读；

④ 享受戏剧化演义图形镜头感的赏读；

⑤ 领会文字承担的角色语言的认读；

⑥ 贯穿视觉化内容编织的书戏语法的品读；

⑦ 融入中国扇子传统精神与现代审美的书籍语境。

编创人员围绕以上思路取得共识：全书一定要排除当下非功能性的过度包装的恶劣风气，装帧要量体裁衣，物尽其用，更要防止急功近利的浮躁心态，只图外在的表面装饰打扮，忽略内文信息的翔实、精准，图像品相的完美和还原度；避免快餐式的出版思路，宁愿多次编辑返工，改变书籍内部结构，不断修正设计方案，不放弃打造中国传统和现代审美相融合的书卷精品的出书宗旨，设计出与电子载体全然不同，且独具魅力的传统纸面载体。编辑设计的思路在编著者、设计者、出版者、编辑者、纸品制造者、印制装帧者们5年的共同讨论、磨合、交流中完成，每一位在尽心尽力、辛勤耕耘的酸甜苦辣经历中，体味出做一部好书的不易，全体参与者都是书籍整体设计系统工程缺一不可的一分子。

编辑设计方案的确立、全书信息阅读结构的认定是书籍设计最为关键的第一步。这使接下来的编排设计、装帧设计得以前后贯穿、互不割裂，艺术与工学同步，体现书卷气与物化技术同行，全书品位质量的控制有了保障。

本书编辑设计特别强调叙事的时间概念，把从采竹、选竹、制骨、刻骨、做面的折扇工艺全过程的视觉解读作为全书的重头戏。虽只占一小部分，但读者理解了造就中国扇子之美的"天时、地气、材美、工巧"的人智物化的道理，并由表及里解读扇子制作的时间流程和工艺追求的心路历程。设想取得主编的共识，编著者下大力气采编，集积大量素材，为设计这一部分"戏"的演绎做了充分的铺垫。

继承传统并不等于过去的复制。本书的题材属文化遗产的传播，一方面要准确再现古扇精华，同时对传统定式有创造性的延展和突破。编辑设计的重点是把握好主体语境的传达。全书现代性的视觉语言，从色彩、符号到布局始终在封面、扉页、章隔页、书页的整体中贯穿运用，概括抽象的扇子、扇骨、扇刻、扇面符号和响亮的色块，既现代又透着浓郁的中国传统文化特征。

纸质书与电子载体的不同之处是翻阅的形态。本书的信息阅读方式，从折扇的多层重叠特性中找到不断翻折的读书行为。在筒子页的基体中注入M折页、双折页、单拉页、长短页、半透页、宣纸页的信息，分别以不同的主题内容在多主语的陈述过程中承担各自的角色，信息在互动的翻阅过程中得以多姿态地呈现。

编排设计虽在二次元的平面上进行文字、插图、照片、色彩、空间、灰度、节奏等的设计运筹，但其每一面不是孤立的，文本诸元素的延续性、渗透性、时空性是版面信息编织必须具有的设计意识，绝不是版心模板的简单充填。《怀袖雅物》体例繁杂，建立网格系统是非常重要的。设计中以文字属性分割成不同的版块，分门别类为若干等级的题首、正文、说明文、注释文、图解文。建立字体、字号系统，《通释》《竹人录》和三册画册构成既有不同，又要统一。图解文的阅读鉴别符号贯穿各集，突出识别性。插图文本的半透明重叠为体现物件的整体性，图像的分布、调度、切割和视觉镜头感均有仔细的斟酌，全书的灰度与空白的经营使版面信息的阅读性和视线流得以最好地体现等。

最后一步的装帧设计十分重要。依据文化属性、体裁内涵、阅读对象决定书籍装帧形态的定位，装帧工艺的设计和把关是书籍物化良莠高低的关键，是以往装帧者业务方面不太关注的重中之重。

《怀袖雅物》是一套介绍中华传统艺术，传承世界非物质文化遗产的书籍，必然透着中国的书卷气息。古线装、经折装、筒子页、六盒套等传统书籍形态作为本书装帧设计的基础，但不拘泥于原有模式，比如书页中的夹页、长短插页、拉页合页、M折页均是古籍中没有的。为了更好地、有层次地传达文本信息而采取配页法，线装的缀钉形式由习惯的六眼钉改为十二眼钉，书脊订口特意为四册线装本分别设计梅、兰、竹、菊四君子的图案。函盒根据阅读本与珍藏本的不同用途，分别进行结构上的设计。

因为线装书的形制，为保护书籍需要函套。简装本以三墙套夹和瓦楞纸

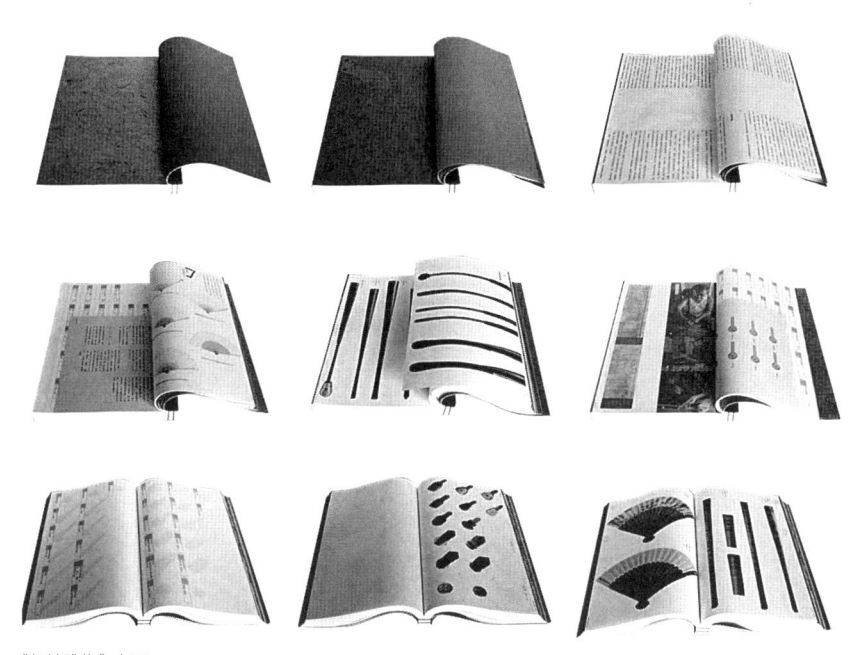

《怀袖雅物》内页

板盒组合；珍藏本内收纳仿明代乌骨泥金折扇和经折《竹人录》，配以四墙扇头梅花套函，创造性地引用扇骨概念作为函盒锁扣，既体现主题又具功能性。函盒不奢华，庄重、典雅，不失书卷气韵。这里需要有一个度的把握。

本书以图像为阅读主体，图像的品相至关重要。前期摄影要求功力，后期印前的色相控制，印刷中的还原度的把握，所有的过程相关人员都是一丝不苟，全身心投入，设计师在不断的沟通中，把握好每一个细节十分重要。

纸张是承载内容的舞台，要做到纸张语言和表情的准确把握。《怀袖雅

一、二级标题区域（八格）

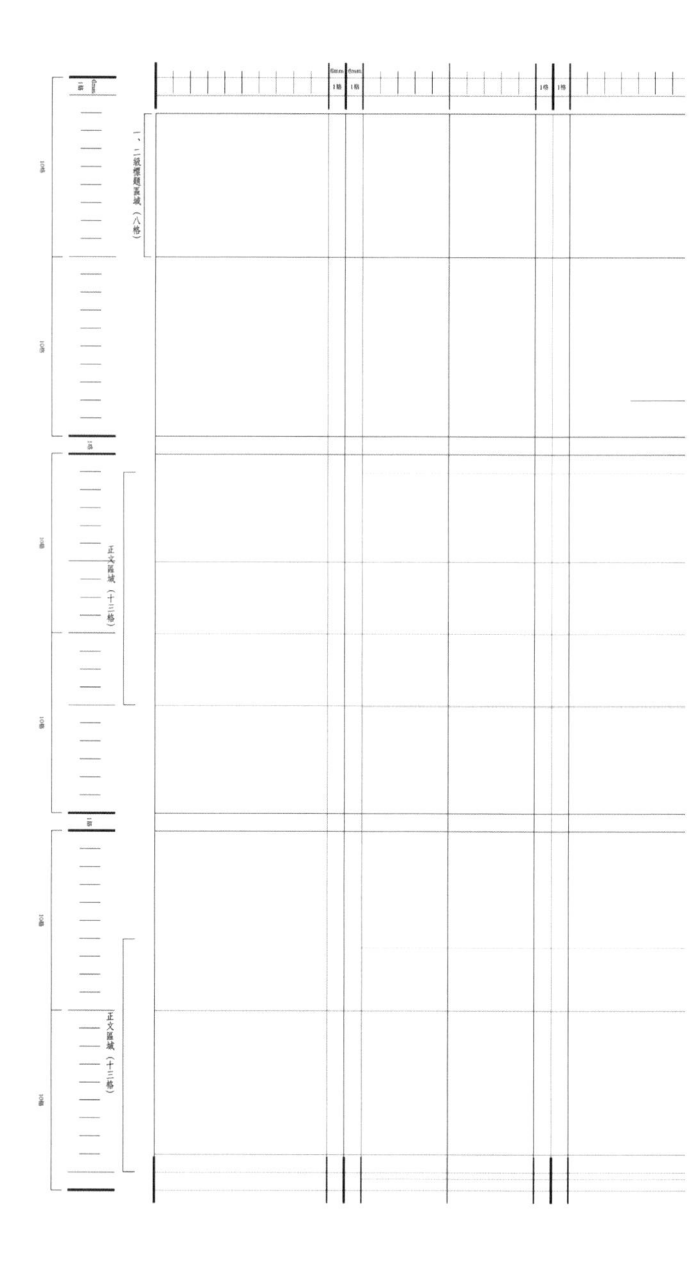

正文区域（十三格）

正文区域（十三格）

《怀袖雅物》版面网格设计

空明代中期,苏州成为摺扇的重要产地之一。谢肇淛《五杂组》卷十二有曰:「上自宫禁、下至士庶,惟吴、蜀二种扇最盛行。蜀扇每岁进御、馈遗不下百余万。上及中宫所用,每柄率直黄金一两。吴中泥金最宜书画,不胫而走四方。羞与蜀扇埒矣。大内岁时每发千余,令中书官书诗以赐宫人者,皆吴扇也。」又曰:「蜀扇譬之内酒,非富人筒中则妇人手中耳,吴扇初以重金妆饰其面为贵,近乃弃其骨,制之极精,有柳玉台

义。明成祖永乐中,朝鲜国入贡,成祖喜其卷舒之便,命工如式为之,自内传出,遂遍天下。其始不过竹骨蒲纸面而已,迨后定制,每年多造重金者进御,一面命待诏书写端楷,一面命画苑绘画工致,预于五月一日进呈,以备午日颁赐嫔妃宫女。其钉铰眼线,皆用精金,每扇值值五金。」由宫廷而民间,摺扇逐渐成为寻常百姓的日常生活用品。

我国团扇的历史悠久,早在汉代已有画面记载,相传汉成帝〔前33至前7年〕的妃子班婕妤曾写过这样一首诗:「新裂齐纨素,鲜洁如霜雪,裁为合欢扇,团圆似明月。」一段累朝画意,俟今才合理可以想象的意象,健传这首诗考证的是团扇画意,显示一把团扇原是正在打开的样子。

This court fan of China dates back a long time. It first appeared in the Han period. The poem supposedly written by the concubine of Emperor Cheng of the Western Han dynasty, reads: "The newly made plain silk, clean and white as snow, is cut into a fan of happy reunion, round as the moon." The early court fans normally could not be folded, but later versions could be folded up. It is said that such folding court fans were once seen in the Qing palace. The picture shows how a folding court fan is being spread out.

私人藏
From Private collection

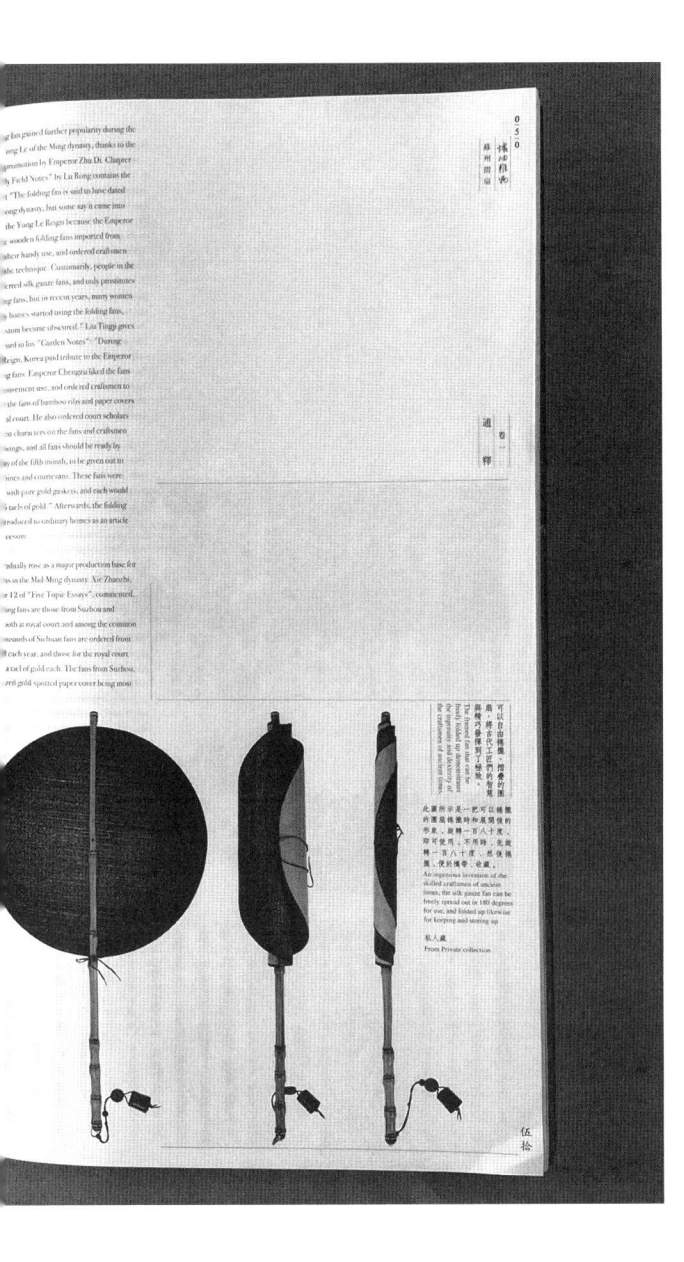

《怀袖雅物》版面网格设计

七 | 创作自述

535

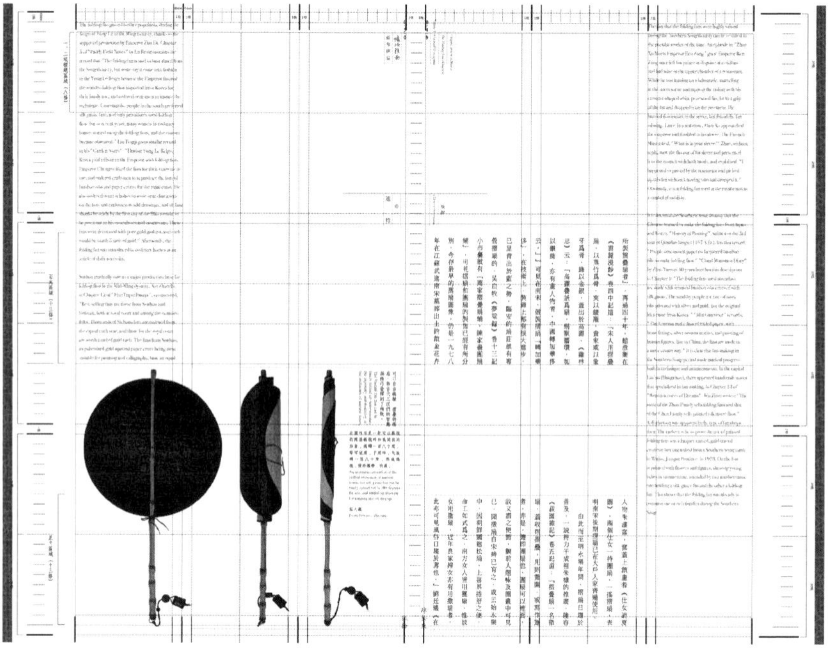

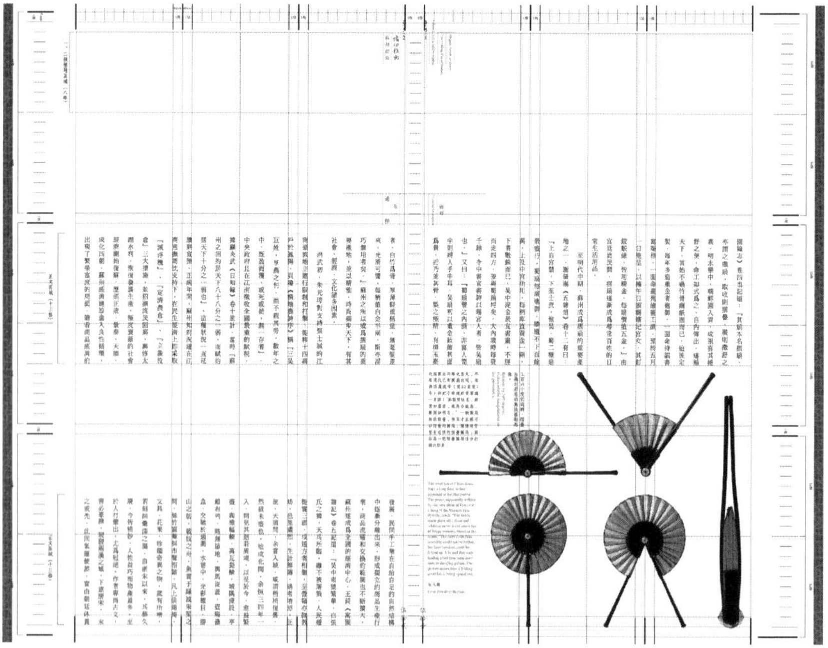

《怀袖雅物》版面网格设计

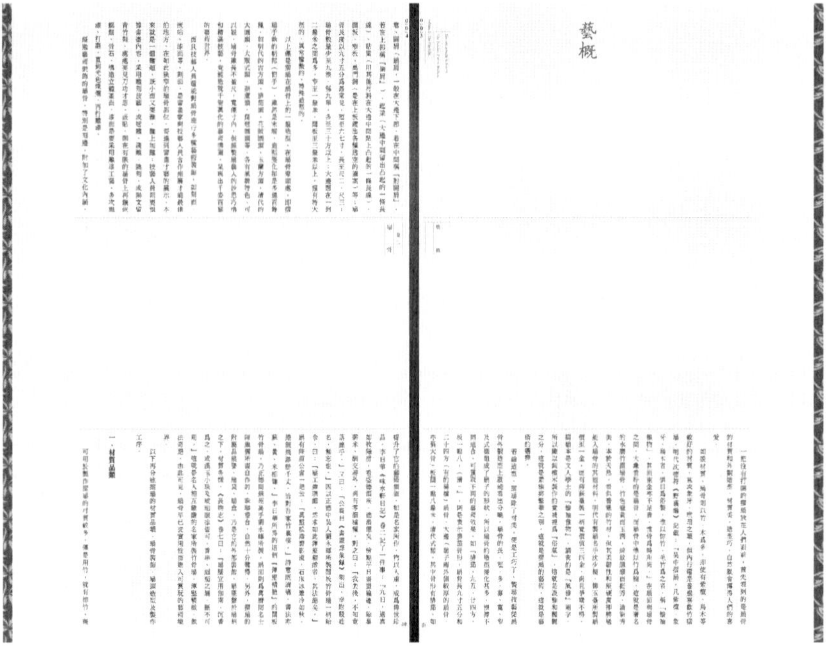

藝概

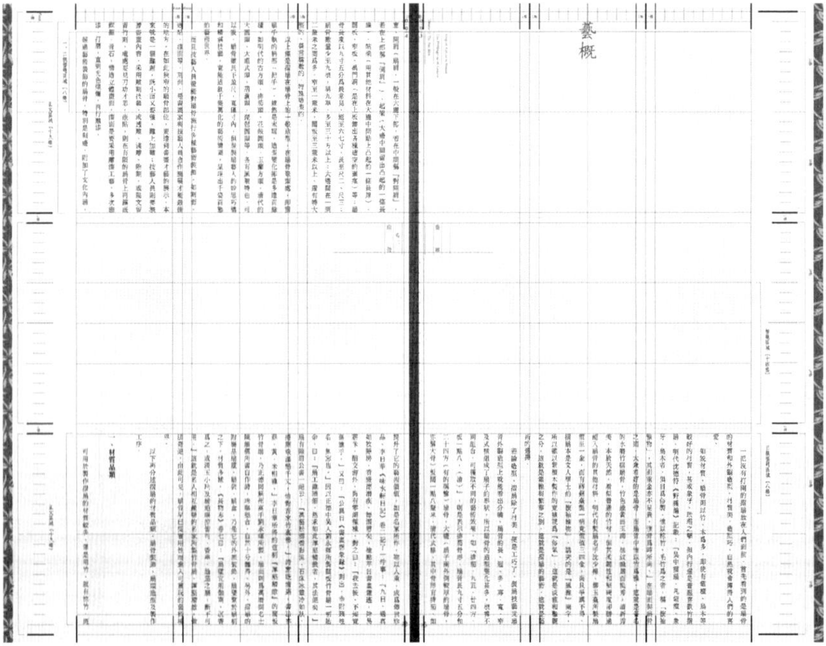

藝概

七 | 创作自述

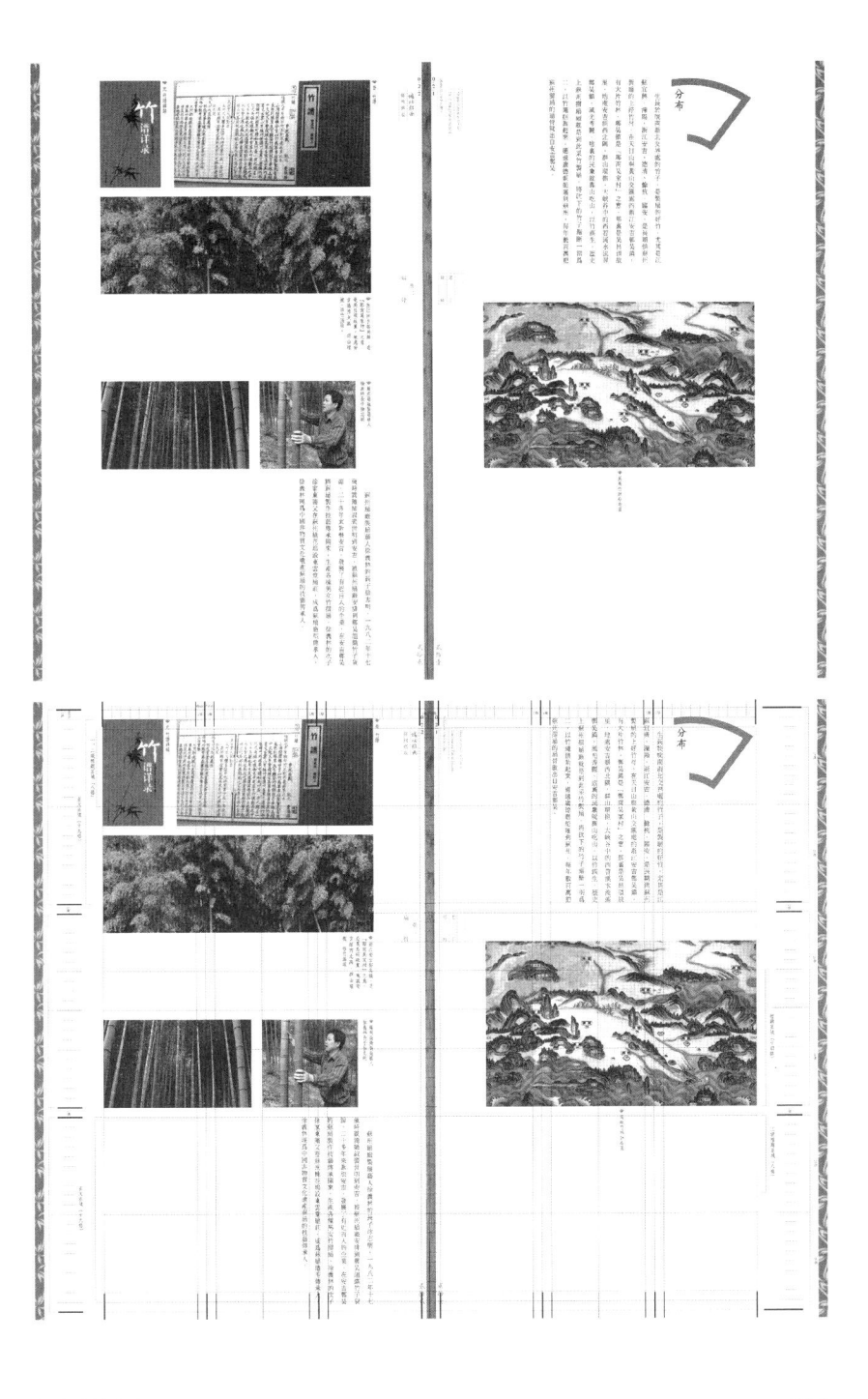

539

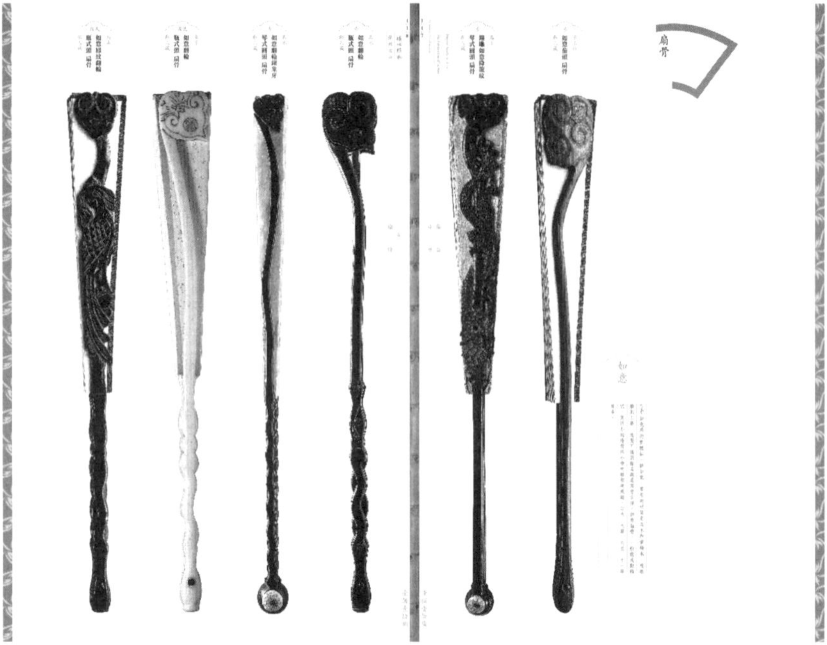
扇骨
如意

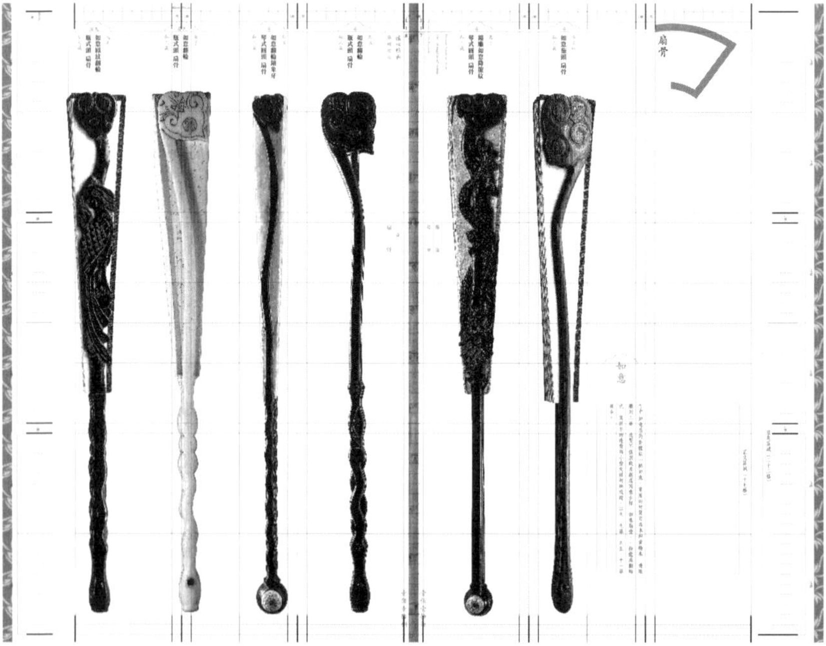
扇骨
如意

七 | 创作自述

542

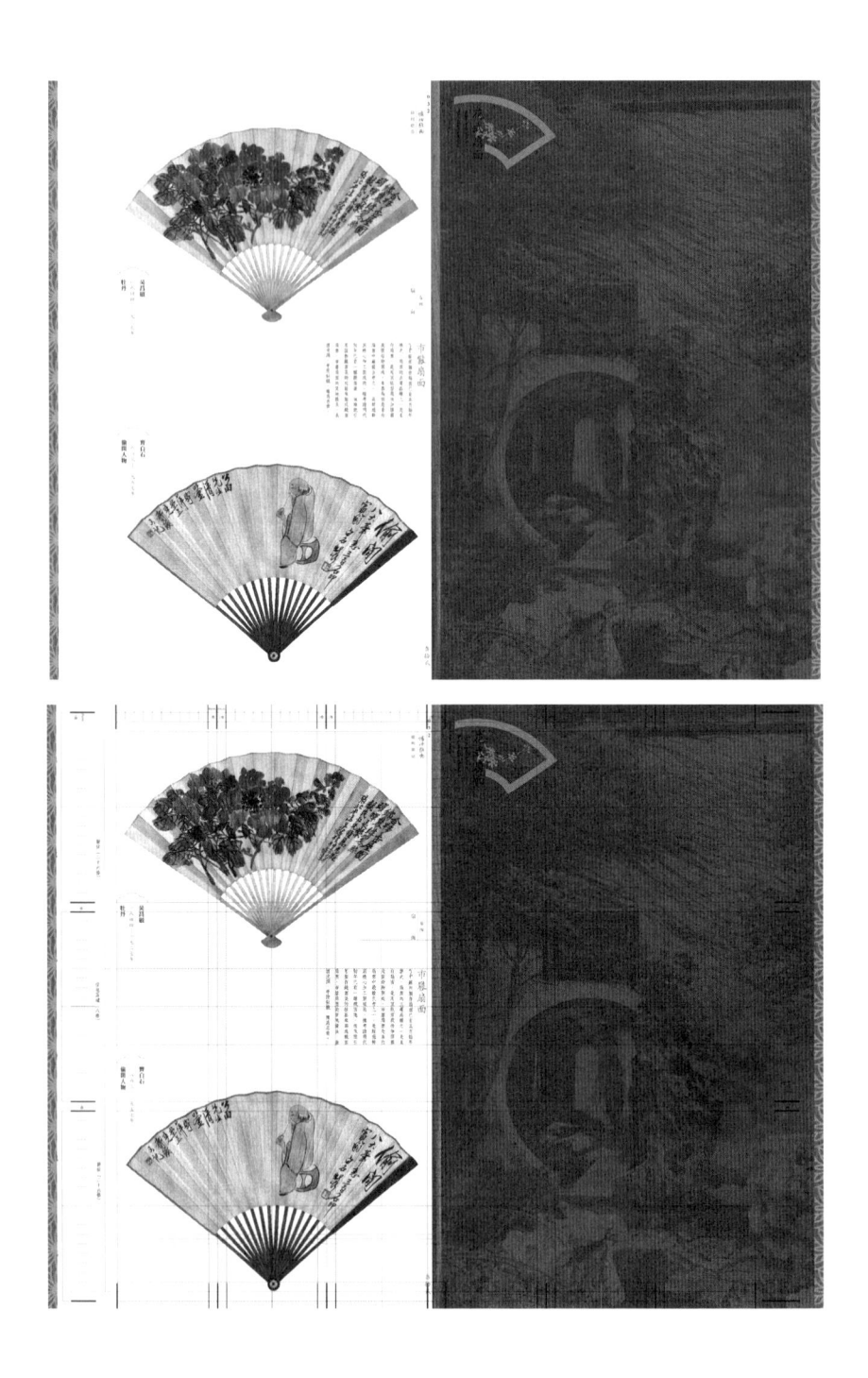

美书　留住阅读

七 | 创作自述

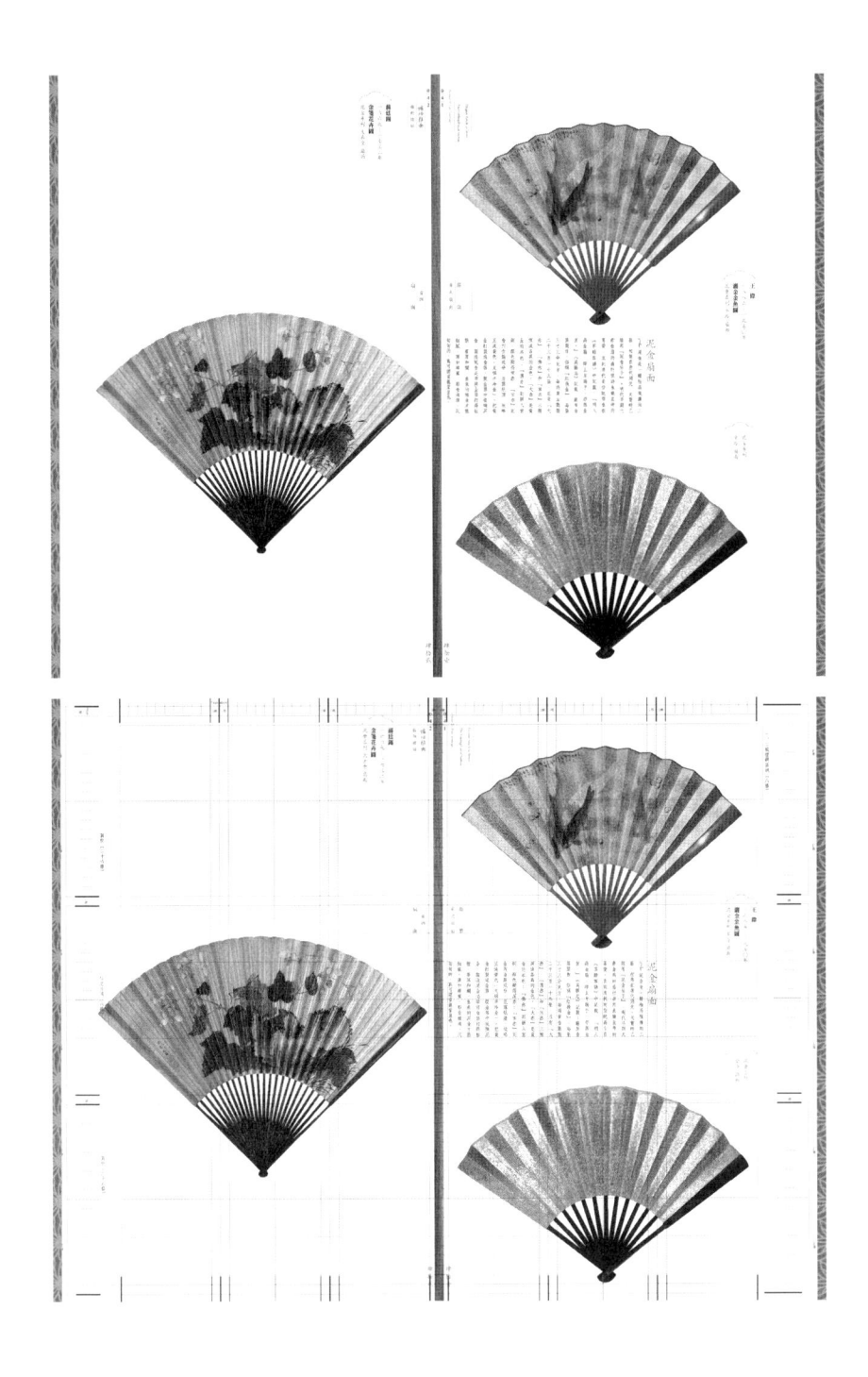

543

物》用了近10种纸，分别担当书中不同的角色。正文纸为凸显东方书物的翻阅质感，经多次到中国最大的金东造纸厂与技术人员商讨，专门为此套书制造专用纸。因离设计要求还差5克的柔软度，原纸拉回工厂，重新制造而得以使用。如此严谨的经营态度，真令人感动。

全书印刷装订的难度落到深圳国际彩印身上，印质还原的高要求、薄纸的印刷难度、多种配页的复杂度、手工传统装订的稳定度、南北方不同的湿度都给他们制造了大量难题。幸得国际彩印领导层打造国际一流印刷产业的视野和艺术审美的高标准，以及精益求精、认真负责、知难而进的企业精神，完美完成本书的全部印刷装订工作。长期与我们合作的雅昌企业集团在巨大的工作压力下，竭尽全力，努力配合，完成函盒的制作。

书籍设计是一个系统工程，没有后期的印制装帧工艺的兑现，设计只是纸上谈兵，由衷的感激之情难以言表。如今他们的付出得到了专业人士的承认和丰厚的回报。《怀袖雅物》获得2010年第八届"亚洲印艺大赛"印刷金奖，第二十二届"香港印艺大赛"印刷金奖、全场大奖，第四届"中国金光国际印艺大赛"创意设计金奖以及"中国最美的书"奖，2011年获第62届"美国印制大奖"班尼金奖。

书籍设计的工作不能脱离书的市场流通，5年的设计过程中，与编著者、出版人、印制单位就书的成本、定价、营销不断切磋讨论。表面上与设计无关，其实在一次次的交谈中，了解客户的需求和心结，而提出我们的看法和建议，同时也在不停地调整设计的定位，并参与到书籍营销宣传品的设计过程中。书价的设定，设计师是没有一点话语权的，如今的定价偏高，我不满意。也许出版方和编著者有他们的计算方法或受制于业内流通的潜规则，这是我做完这件事唯一的心中之痛。我希望更多的读者能读到这套内容丰富、印制精良，具有学术、审美、收藏价值的反映中国优秀扇子文化的书籍。

（3）《**怀珠雅集**》——**怎样完成一本书的整体设计**

2002年，张子康任河北教育出版社驻北京分社负责人，我的工作室与他近在咫尺。一日，子康拿了5位藏书票画家的作品让我做5本小画册。我做书的目的是著作者作品的最佳传达和让读者得到最满足的阅读感受。画家作品固然重要，而藏书票的背后还有多少资讯和内涵可以通过设计得以饱满，仅做装帧是不够的。我的书籍设计想法得到了子康和原社长王亚民的认同。

以往的观念普遍认为，书籍装帧就是为书梳妆打扮，是为著者做嫁衣

《怀珠雅集》，河北教育出版社，2003年

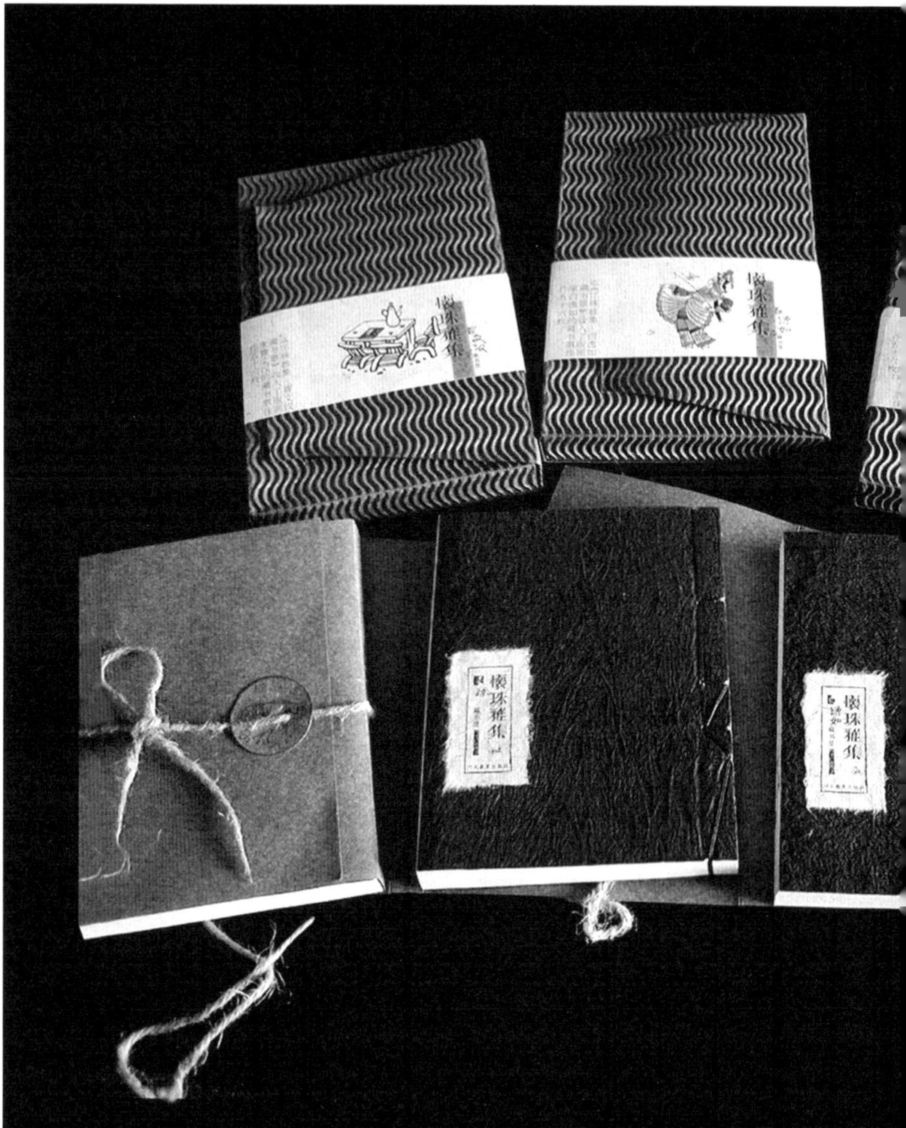
懷珠雅集
懷珠雅集
懷珠雅集
懷珠雅集

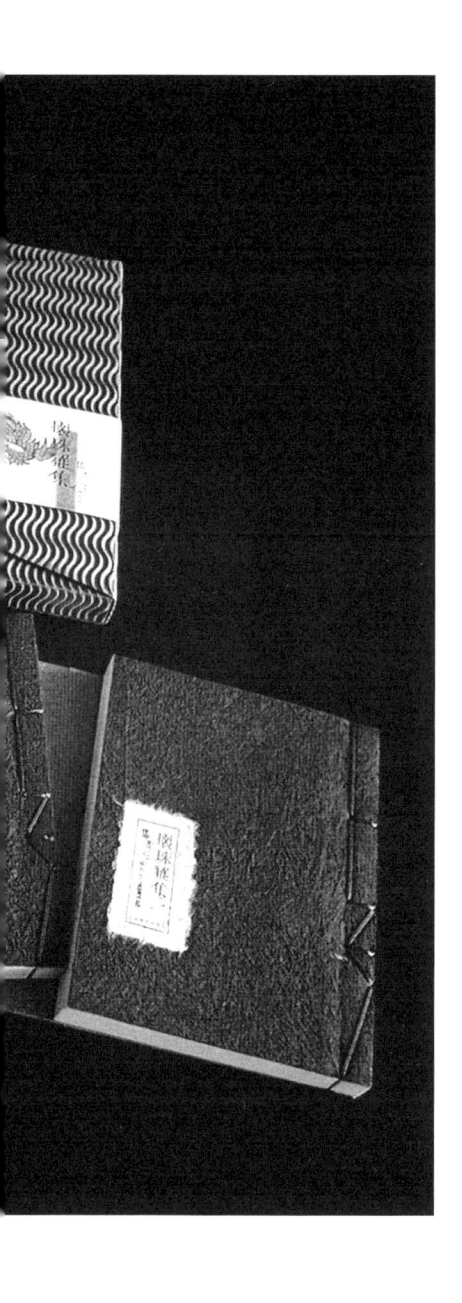

《怀珠雅集》，河北教育出版社，2003年

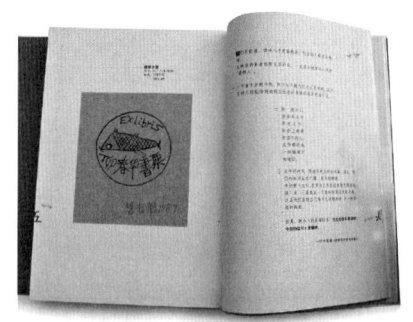

《怀珠雅集》，河北教育出版社，2003年

裳，要想超越文本则是非分之想。我不同意将设计与文本内容相割裂，认同对那种画蛇添足的过度设计是越俎代庖之举的批评，但也为至今还把书籍设计视为商业包装而悲哀，这正是装帧观念的滞后所致。确实，书籍设计与纯美术创作不同，设计者无权只顾自己意志的宣泄，无视著者和读者的需求。正是书籍整体设计概念要求设计者不可自作多情，而要主动对文本进行深入的分析，并注入独到的看法和情感，与著者或出版人沟通，想方设法创造与内容相吻合的构架系统，认知在不同传达语境下导入个性化的语言和语法，弥补文本信息传达的视觉缺陷，营造文本阅读通畅的气场，增添对原始文本理解的联想再生，通过设计在著者和读者之间架起一座顺畅的桥梁，并真正为文本实现增值效应，这就是书籍设计者与装帧者的不同之处。要认清主、配角之间角色转换的可能性，并要了解自己多了一份责任，多了一道综合素质修炼的门槛。

被公认为配角的设计师在书籍设计舞台上到底该扮演怎样的角色，是否有可能会担起主角B，甚至主角A的职能，这正是当今出版界乃至设计界感到疑惑甚至争议的问题。我以下谈及的书籍整体设计的过程未必适用于任何文本，仅为大家提供一种方法作为抛砖引玉的参考。

出版社提出为5位画家做5本藏书票作品集的设计要求，我认为编辑定位只停留在供少数人欣赏的艺术类画册层面，局限了读者群的广泛性，也不能全面完整体现读书文化的内涵，应将欣赏性和可读性相结合，故建议对该书的出版编辑思路和文本结构进行重新调整。与编辑一起分析藏书票艺术的起源、过程和生存状态，需要为年轻读者提供与藏书票相关的书卷文化知识，建议加强编辑力量，组建新的编辑班子，以藏书票的艺术展示为框架，展示每一幅作品的同时，注入经过编撰后的学者、名人、藏书人对读书只言片语的感悟和对藏书票的诠释，可使图与文有深度的传达，扩充原文本的信息量，从而提升阅读价值。

确立本书基调，即中国文化气质的设计定位，整体设计要求调动中国古籍中的视觉符号元素，但必须符合当代人的阅读审美情趣，抓住中国文化特征图形、汉字字体、字形及文字群排列的丰富形态，以体现形式与主体内涵相统一，并带来阅读生动的书卷审美语境。

版面设计是文本视觉化的戏剧再现，全书各页舞台中的每一个元素（演员）都在演出过程中担当重要角色，图形、色彩、字体、字号、行距、段式、空间、文字群的分解组合，阅读节奏层次把握，甚至于每一个符号、一根线、一个点都有着非同小可的重要作用，本书版式的每一面设计与整体关系都有精心的运筹，排列的文字均有丰富的表情。

不游离书籍阅读习惯，强调传统形态的全新演绎，从而设定外在造型、成本核算、内文传统筒子页装订方式；选择最具亲近感的手工宣纸、麻绳、瓦楞纸等材料以及既传统又创新的线缀方式，具有飘逸的翻阅质感，以达到文人追求回归自然、淡泊高雅心境的追求。

经过设计及反复试验的全过程，以忐忑不安的心情，送交出版社审视，判断最终结果的良莠好坏，这是一个十分重要的创作步骤。作品必然要经过著作者、编辑者、出版发行者以及读者第一时间的"骨头里挑刺"，总结改进以利于完善，才算最后设计的完成。

《怀珠雅集》全套5本出版后，读者纷纷购买，也成了许多爱书者的珍藏品。该书经历了编辑设计、编排设计、装帧设计的全过程，尽管对方未必事先提出这样的索求，但对于书籍设计者来说是应该具有的设计意识。书的形态是一个立体的载体，翻阅书籍是一种动态的行为、过程，随着书页的启合，时空的流动，可以将文本主体语言和视觉符号进行互换，为读者提供新的视觉经验，并产生联想，设计的作用正在于此。本套书的设计在主体与客体、审美与功能、艺术与物化之间寻找一种平衡关系，并应用富有个性的设计语法进行信息再造，使书得到了文本以外应有的增值体现。一本区别于"装帧"概念的"书籍设计"就这样完成了。

（4）《剪纸的故事》——演绎一出生动的剪纸书戏

当你喜欢某一事物时，你会着迷。赵希岗的剪纸艺术成了我无时无刻不关心的事。那是在2004年第六届"全国书籍艺术展"评奖过程中，我看到两幅相当于全开纸大小的剪纸插图作品，一幅是《断桥》，另一幅是《孔雀东南飞》。且不说赵希岗的图形语言准确表达文学作品意境的感染力，那一剪下去游丝穿行，在纸面空间中留下清风明月、百鸟歌鸣，实在是妙剪生花。

绘声绘色的作品既保留了民间剪纸艺术的风韵，但又绝无依葫芦画瓢的痕迹，足以看得出他深厚的绘画功底和对当代艺术语境的追求。以后我不断读到他的新作，依然在斗方天地中创作出一件件的剪纸作品，令人目不暇接。气势磅礴的《西游记》《三国演义》插图，花团锦簇的农时节气等。更令我瞩目的是他新剪的瓜果蔬菜系列，披沙拣金的手法，凝练概括的造型，鲜灵灵跃然纸上。还有那一只只生龙活虎的飞禽走兽，妙趣横生，忍不住开怀大笑，活脱脱一个个人间世相。

赵希岗经历中央工艺美术学院本科、清华美术学院研究生的学习，沉浸于故乡山东民间文化滋养的土壤，又得益于中国高等艺术教育学府的熏陶，不善言辞的他谦虚、勤奋、刻苦，且智慧、幽默。手不离剪刀的日日夜夜，造就他独特娴熟的剪纸手法、与众不同的视觉语言：点、线、面的起承转合，粗细疏密的里应外合，大胆"放肆"的造型对比，粗放中见细腻、稚拙中显奇巧，扣人心弦又耐人玩味。我决意要通过书让人们了解这样一位优秀的艺术家，把他的作品奉献给大众，走进艺术殿堂，并跨出国门。

这就是《剪纸的故事》的由来。在做书之前，一家有名的纸业工作室邀我做2011年的挂历，我立即将剪纸作品推荐给他们。充满对赵希岗剪纸艺术的喜欢之情，用心设计成的挂历受到欢迎。剪纸作品也受到多方关注，在社会上产生不小的影响。接着我又将其介绍给人民美术出版社，被社领导和编辑认同，一拍即合，并给予设计很大的创想空间，设计师马上投入书籍设计工作。

《剪纸的故事》从选题策划、文本设定、内容架构、编辑思路、传达节奏、色彩系统、翻阅形态、阅读质感、工艺兑现等戏剧化的书籍设计是装帧设计、编排设计、编辑设计三位一体概念的综合应用，以至成本核算、市场界定、书价确定……工作室无不是在与作者、责编、纸业、印制、出版单位不断商榷沟通中决策的。

首先提出该书的四项设计宗旨：①全面展现剪纸艺术家作品的个性特征；②呈现作者在传承民间艺术的同时，创造当代语境追求的理念；③以纸张三维空间为舞台，演绎一出全新的剪纸书戏；④为普通受众提供具有东方之美的剪纸艺术，得到诗意魅力的阅读享受和一本赏心悦目的五感物化载体。

围绕宗旨充分发挥书籍设计的创想力，进而进行有序的整体运筹和编辑设计。比如建议作者进行作品陈述文字的撰写和中英对照的要求；设立全书信息传达的构架系统，划分内容视觉版块，为作品得到全新的阅读节奏；设计不拘泥于原作的平面陈列模式，通过对作品的解构重组产生别样的视觉冲击和信息传达；将作品进行拆散聚合、流动游走于纸面，强化内容于空间及时间的叙述性；作品色彩全新设定为主题的民间氛围得以强化；书籍翻阅形态中设定部分书页的横向断切为读者注入由外向内剪纸的潜在意念；特殊薄纸印刷的大折页感受民间剪纸原作的真切感；严格的工艺设定，如模切、套页等，让读者品味书卷细节的特殊美感；多种不同的纸张玩味自然质感的书之五感气息；裸露彩线锁背装以及每帖中心多彩色线表现与多色的剪纸相呼应；包封背面图形印刷对折后为封面动态图形得到生动的气氛烘托；书籍袋套内特意装入模切下来的彩色纸屑能留下剪纸的余味。《剪纸的故事》的设计完全改变了装帧的概念，编辑设计更是著作者与设计者共同出演的一台戏，当然首先是以好作品作为基础，并打动设计师。有书籍设计概念的设计师就会根据文本采取不同的设计语言和语法，挖掘文本之外可发挥的创意，完成既体现原著本义，又为文本增添阅读价值的信息再造全过程。

编辑设计是书籍设计理念中的核心，是过去装帧者未曾涉入的，是对文

《剪纸的故事》，人民美术出版社，2011年

《剪纸的故事》，人民美术出版社，2011年

本作者和责任编辑"不可进犯的领地"的一种"干预"。编辑设计鼓励设计者积极对文本的阅读进行视觉化设计观念的导入，即与编著者、出版人、责任编辑、印艺者在策划选题前，或过程中，抑或在选题落实后，开始探讨文本的阅读形态，以视觉语言的角度提出该书内容架构和视觉辅助阅读系统，并决策提升文本信息传达质量，以便于读者接受并乐于阅读。

编辑设计的过程是深刻理解文本，并注入书籍视觉阅读设计的概念，完成书籍设计的本质——阅读的目的。设计者和作者、编辑者默契配合，致使视觉信息与文字信息珠联璧合。书籍设计师不仅会创作一帧优秀的封面，也会塑造出人意表、耐人寻味、具有阅读价值的图书来。

21世纪的数码时代改变了人们接收信息的传统习惯，视频信息阅读已成为一种生活状态。即使传统阅读仍具魅力，也必然要改变一成不变的设计思路，更不能停留在为书做装潢打扮的工作层面。我们将会投入电子载体界面的设计工作，那更要学会信息收集、分析、建构、传达的编辑设计本领，并使电子书拥有美的阅读感受和书卷气息。敬人设计工作室的设计师们正努力学习，不断实践，争取成为跟上时代节拍的书籍设计师。

（5）《烟斗随笔》——韵味与乐感

《烟斗随笔》是日本三大著名作曲家之一团伊玖磨先生的散文集，是作者生前随笔专栏"烟斗随笔"的精选，《朝日新闻》曾连载团伊先生的随笔散文达36年之久。"烟斗"，更让人感到一种身份、时光、潇洒等意象笼罩的悬念。36年的积累，它告诉我们的不仅仅是音乐，而是一个完整的、真实的人性。正如他的好友、著名音乐人吴祖强所说："《烟斗随笔》是一位作曲家并非以音符，而是用文字来表达内心感受的作品。"

团伊玖磨先生以音乐名世，但他的散文却呈现了他更丰富的人格特质，他的旷达、豪气，他的细腻、感性，还有他骨子里的童真和贵族气兼有的气质。他使所见、所闻、所感，犹如山间潺潺溪水，自然而淡远，透出隽永的人性真意。他的文笔富有音乐特有的细腻情绪和节奏感。于是《烟斗随笔》的书籍设计架构和文本叙述基调从优雅与淡泊着眼，营造一个富有韵味和乐感的文学意境。

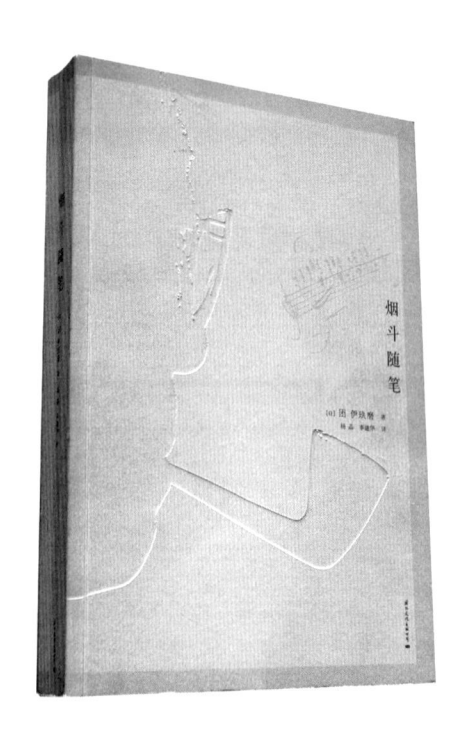

《烟斗随笔》，
国际文化出版公司，2006年

《烟斗随笔》，国际文化出版公司，2006年

● 结构——序曲

书籍结构是一种辅助陈述作品精神的有效方式,"结构"的特点形态,诠释了作品的信息特质,它既是理性的,也是感性的。"每一个着眼点以及组织模式,都能够给人一种全新的结构;同时,每一种新的结构也将使你理解出一种不同的意义。"[1]

正文以"时间"为脉络,辑页以较少变换文字的朴素风格来体现其"淡"。版面统一在空灵且宁静的大调里,即使文本中存在反差鲜明的作品和情绪,读者的整体感受仍然是浸润在统一的氛围里的,这是设计起始最重要的一步。

● 文字——节奏

作品是随笔散文,篇幅长短不一,这个特征正好可以用作书籍节奏的设计元素;此外,空间(留白)的设计也是调节节奏的常用方法;还有,文字块恰到好处的灵活应用,也是创造节奏感的一种微妙手法。

本书文字的节奏设计了几种版面变式:

目录文字:打破以往文字连续排列的习惯,设计为三行至四行一组的文字块群,错落有致的排列组合,感受一种略带纯真童趣又不失法度的韵律。

序言文字:采用10磅(pt)的报宋,并给以较大的行距、舒缓的阅读引导,营造一种持重的序曲氛围,也是对之后正文的情绪引导。

正文文字:在距上切口8厘米处界定了内文文字排列的上限,8厘米以上

---

[1]《信息饥渴——信息选取、表达与透析》,(美)理查德·索尔·沃尔曼(Richard Saul Wurman)著,李银胜译,电子工业出版社,2001年版,第52页。

的天头部分留有较大的空间，使文字块的分量压迫感减轻，版面略显闲适、淡远，也给读者提供了一个余音缭绕的遐思栖息地。正文大留白的舒朗版式，是一条隐含的、首尾有致的基调线，形成自然流畅的视线流，也着意营造一种轻音乐的基调氛围。通过大面积的留白和手写音乐符号的应用，共同缔造空灵、悠扬的乐感。

另外，在保持文字大小、行距、网格分栏规则一致的情况下，变换行宽的长度，通过文字群外形的变化与对比，求得版面灰度的变化。根据每一篇文字所叙事情的内容和风格，抉择变化的文字群块形态，造成篇章意蕴的相对独立感，一如不同乐章的转换音色。

大事年表：文字为6磅书宋，双栏竖排，在黑色拉页上翻白印刷。通过强调时间和适当增大行距，借鉴电影的片尾形式感。这与正文形成极大反差的设计，是乐章终结富有仪式感的休止符。

● **图版——和声**

由日本摄影家广濑飞一拍摄的照片通过不同角度把团伊先生的品格、风貌表现得淋漓尽致。借助照片的风采有趣有序地穿插于文本中，一如合唱中的和声部。

照片与书本巧妙地结合，在阅读文字之余点亮一盏灯让你眼前突然明亮起来，虽然只是调整位置和图片的大小，但把握空间的调度、顺序、节奏、剪辑，还有电影中的镜头感、扩张、凝聚、松散，根据文本叙述加入最恰到好处的布阵经营，犹如画外音成为辅助文本的重要角色。为了阐述著作者的音乐家身份，设计中采用了作者手写的音乐符号贯通全书，乐符不仅在封面、封底，还在环衬、目录、各篇文章的开头以不同的姿态出现，强化视觉上的乐感。

● 平静的终止符

封面是书籍设计的最后一道程序。《烟斗随笔》为异型16开的简装本，略显长形，尽可能地与手稿相契合。

书名"随笔"前冠以"烟斗"二字，据说，用烟斗是他的嗜好之一，烟斗形象似乎是诠释文字灵魂的潜台词。为营造全书宁静优雅的气氛，封面上没有直接用作者的摄影照片，只以外轮廓起凸浮现出团伊先生嘴叼烟斗的剪影，在淡灰色封面纸上印了一层白油墨，烟斗口处露出袅袅烟雾，似乎隐隐飘出音乐家书写的音谱，沉思中稍显出俏皮的色彩。书名字有意放得很小，让它在淡远的空间中，远远地回眸着团伊玖磨先生。封面在色彩上做减法，吻合全书的基调。也许销售者会不高兴，但我相信读者会接受的吧。

《烟斗随笔》基本是一本纯文字的书，通过编辑设计紧扣文本核心主题，貌似简单平淡的呈现结果，却注入大量的构想和心力，选择最好的设计语言和语法。即使出版人没有任何特殊诉求，设计者也要用书籍设计的理念和态度去对待每本书。最好的设计应该是看不出设计痕迹的设计，同时让读者感受到有设计的设计也是一种享受。

（6）《灵韵天成》《蕴芳涵香》《闲情雅质》——书籍设计是对文本的一次再创作

《灵韵天成》《蕴芳涵香》《闲情雅质》是一套分别介绍绿茶、乌龙茶、红茶的生活类图书。出版方的定位是时下流行、售价便宜的实用型、快餐式的畅销书。

读完书稿，意犹未尽。我在与著作者的接触中被她热衷中国茶文化的

《灵韵天成》《蕴芳涵香》《闲情雅质》，
中国轻工业出版社，2007年

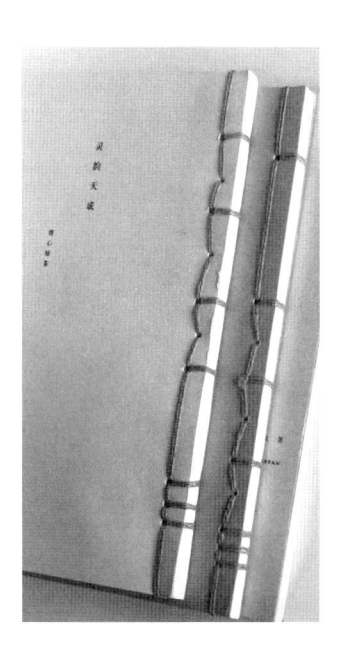

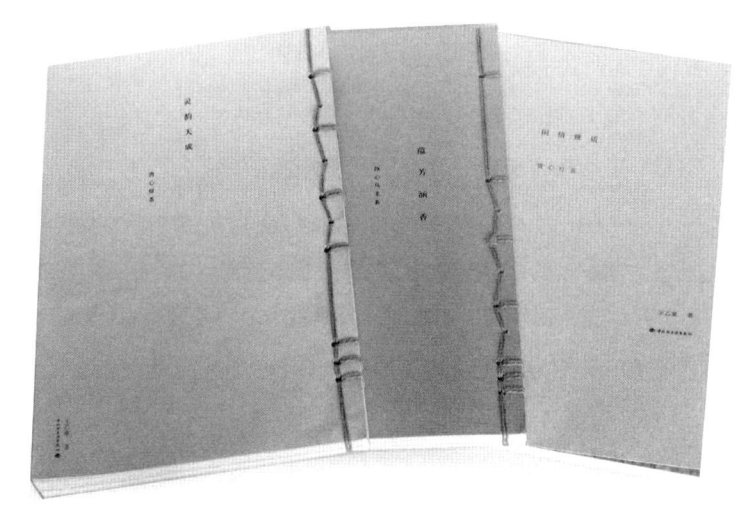

精神和为认真采风而付出的精力所感动，觉得书的最终出版形态局限于纯商品消费书的定位太可惜，应该重新思考此套书的出版方针和读者方向。全书通过书籍设计使作者的文稿充分透出中国茶文化中清雅茶韵和诗情画意的品位，这也是对中国传统文化的一种尊重。

这一编辑设计思路与作者沟通并取得共识，与出版社就文化与市场、成本与书籍价值等问题进行了反反复复的探讨，改变只重外包装的廉价取悦，而是精心编辑设计做到物有所值的精品定位。这一方案最终得到了出版人的认可。

全书完全颠覆重书装轻视内文传达的装帧惯例，注重内文和图版的编辑与编排，强化图文叙事传达的设计思路，用准确的书籍设计语言组织叙述结构。《灵韵天成》《蕴芳涵香》《闲情雅质》分别以绿茶、乌龙茶和红茶为解读对象，故对于不同的内涵选择差异化的设计语法来诠释主题。前两本均采用东方传统的筒子页单面印竖排右翻线装的装帧形式，红茶一册则采用横排左翻双面印的西式平装书籍形态。

《灵韵天成》用60克松质轻型纸对折筒子页作为内文，一般文本只印在外侧。回想绿茶泡在玻璃杯中茶叶升腾的状态，在筒子页内侧印上了各种形态的茶叶局部，图像通过油墨在松薄纸张里的渗透性在正面纸上隐隐约约地呈现出来，茶叶似乎在朦朦胧胧中穿插于文字之间，阅读中隐约闻到水中飘逸的茶香。根据文本体例采用不同的字体字号，散文部分为11P仿宋，单栏竖排，拓宽行距1.5倍，上下留有宽松的相当于二分之一行长的天与地。茶品解读文字为10.5P的雅宋，二段式，上空下沉，像杯中沉叶。书页正面灌入不同造型的大小虚实的茶图，又与内侧隐隐透过来的跳动的图形相呼应。全书隔页为绿色基调，营造着灵韵天成绿茶世界的氛围。

《蕴芳涵香》是介绍乌龙茶的，与绿茶一书相同采用东方的装帧形式，而编辑思路转化成品茶器物的叙事方式。书中选择许多古人赋闲饮茶的书画作品，并采用当代紫砂陶名家的仿古茶具有节奏地融入行文之中，似乎是一种时空穿越。文本处理相对凝重安稳，全书是棕色基调。

　　《闲情雅质》是介绍来自英国的红茶的，为区别于绿茶和乌龙茶，全书以绯红色为基调，内文为横排左翻的西式平装，书中除原文中介绍的茶品外，大量编入体现英国茶饮文化的绘画作品和西方庭院、茶具、欧式风光，以及茶具摆放程式等的图片，增添了文字中没有表达的视觉体验。所有的视觉元素都是在文本以外去寻找，并要切中主题，而非画蛇添足。

　　蕴含大自然气息的带有草梗的特种纸作为此套书的封面用纸，淡雅温和，色相明度留有差别的三款纸用于三本茶书，封面大大的空间中仅用小字印有书名、作者名，空灵、淡泊。东方线装缀钉方式也改变了传统程式化的均衡处理，富有检索功能的变量订，既传统且新颖。全书风格没有任何矫饰和刻意的设计，用心于编辑设计之中。这是在著作者大力支持下的再创作，以文本为基础，重新架构全书的叙事结构和阅读互动方式，能让读者体会到文字以外的设计用心。虽然书的成本、定价比原来预计的高了些，但书的价值得到了全新的兑现，反而促进了销售，收到好的社会和经济效益，也体现了设计的价值。

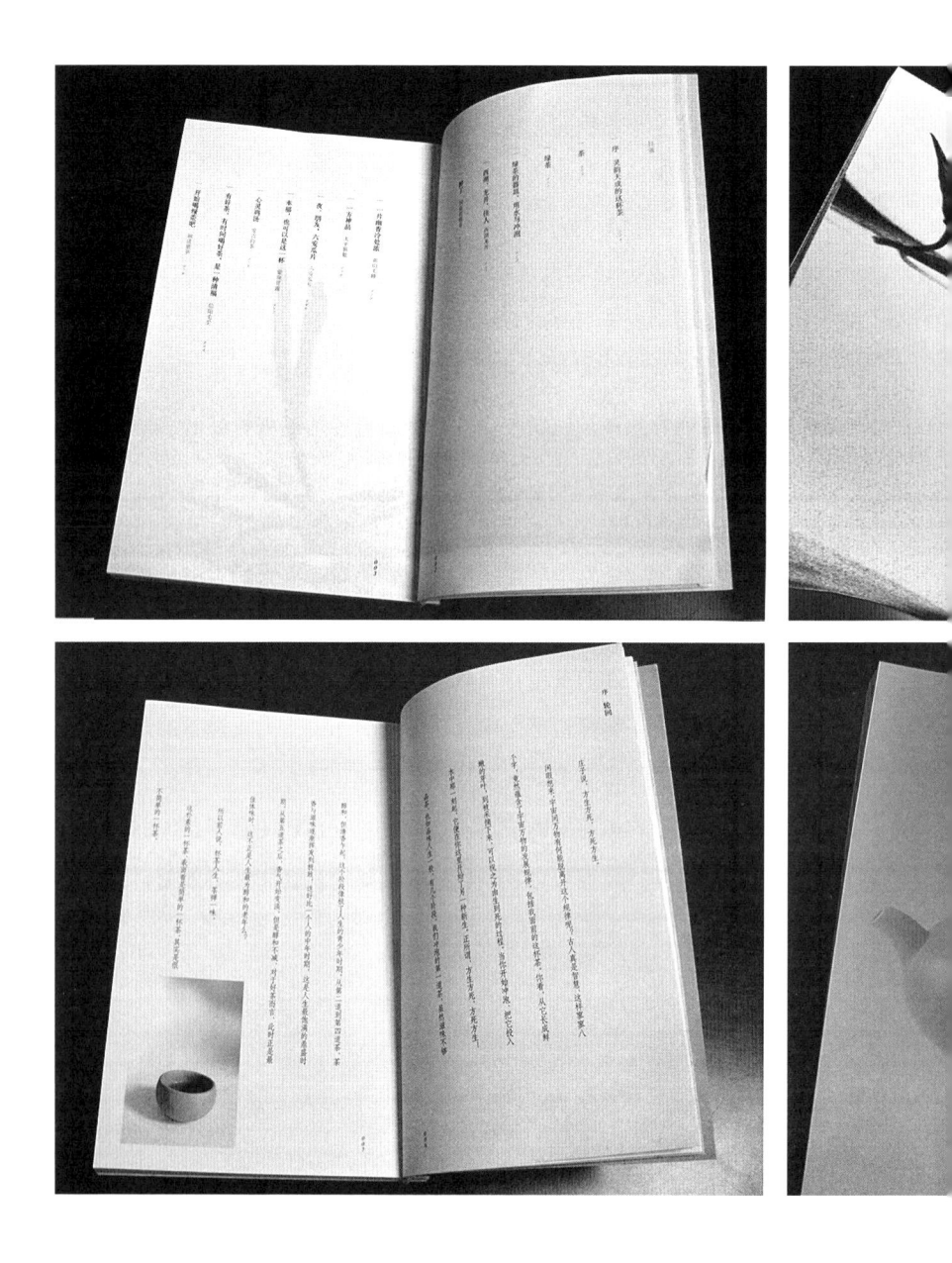

美书　留住阅读

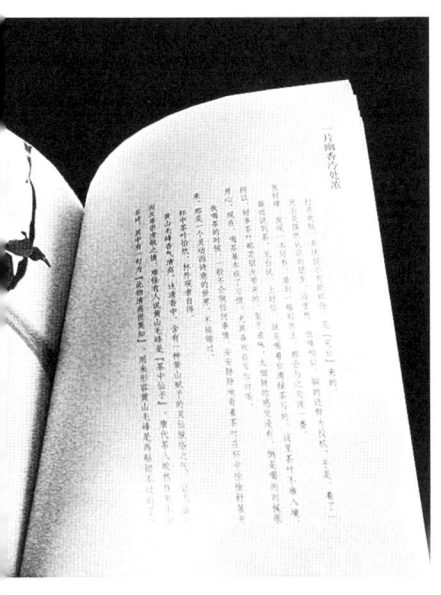

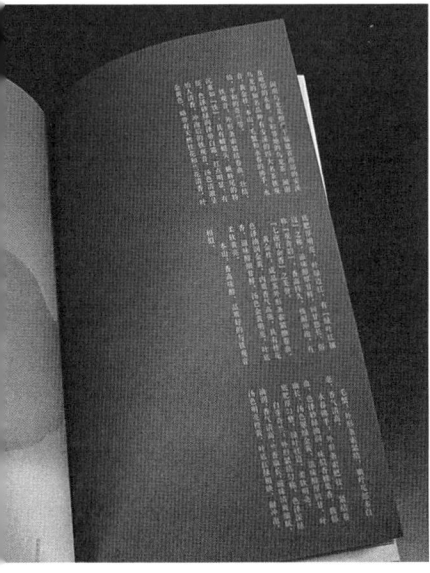

《灵韵天成》《蕴芳涵香》《闲情雅质》，
中国轻工业出版社，2007年

跋　华彩书香——我的书籍设计 45 年

1978年，十一届三中全会开启了改革开放的序幕，这一年我进入出版行业，也开启了我书籍设计40多年的航程。我亲身经历了中国出版物从观念到技术的变化与提升，从活字印刷到平版印刷，从手工绘图、贴稿制版到如今的电脑设计联网成书。回顾这一过程，给当下数码时代的设计者一份思考。半个多世纪前的原始手段，不依靠电脑，并没有阻碍前辈们的创造力，我想，其中的核心是"体验"的人之本能所致。那个年代我与前辈骑着自行车到处与著作者、画家、编辑以及所有与做书相关的参与者见面、交流、沟通、切磋，作家面对文稿的呕心沥血，编辑为文本完美无瑕的全身心付出，印制师傅在充满油墨味的机台上反复调试的专注……这里除了专业学识外，还有学校里学不到的情感交流和做事做人的态度，这些都会充实到你的设计行为和感悟中，无形地影响你的创作投入，是一种有温度的感染力。当年拿着小夹子在版式纸上拼贴一行行、一个个照排文字时，我知道手下粘贴的每一个字都是对每一位做书人以及读者的一种尊重和责任担当。

　　从20世纪初的辛亥革命开启的中国新文化运动，书籍制度也产生了变化，文本的竖排格式变成横向阅读排列，装帧工艺逐渐跨入现代工业化进程。活字凸版印刷虽维系了大半个世纪，而90年代的平版胶印成为中国印刷的主流，21世纪已是数字化印刷的天下。如今生产力、生产工具、生产关系的巨变，必然引发出版体系构成、产出授受关系和设计思维概念等革命性的范式转移，这是我40多年从业经历中最深的体悟。

　　多少年来，由于观念与经济条件的制约，做书人在意书籍的外表，不注重内文编辑设计力量的投入，书的排式也几乎千篇一律，编辑、设计、出版、印制各管一摊，书的阅读审美不是一个整体。随着阅读载体的多元化，出版人面对书籍设计的观念正在更新，认识到设计要物有所值，设计要有温度，设计人要专一、讲细节，书籍设计者应成为文本传达的共同参与者。40多年来迎着困难不断实践使中国书籍设计师有了更多的共识：装帧与书籍设计不是一词之差，书籍设计既是一种新的观念，更是一种态度，其目的是为读者带来阅读的动力。

20世纪90年代迎来中国改革开放的黄金时期，中国呈现多彩的文化景象，出版业对书籍设计开始有了改变滞后观念的迫切感。出版、设计、印艺业的有识之士开启了广泛的国际化交流，使更多的设计师们以开放的心态和学习的诚意，对东方与西方、传承与创新、民族化与国际化、传统工艺与现代科技有了新的认知。他们打破装帧的局限性，投入大量精力和心力，强化内外兼具的编辑设计用心，为创造阅读之美进行了有益的探索，虽困难重重，却乐在其中。

中华书卷艺术源远流长，中国的设计师要珍惜祖先留下来的宝贵遗产，谦卑且冷静地对照古人做书的进取意识，以敬畏之心重新认识东方古籍之美。感恩中国书卷艺术的悠久历史和灿烂的汉字文化，让我有做中国书的勇气和自豪感。感恩改革开放，我能有机会正视21世纪世界发展与时俱进，用设计面对新概念的更多挑战，在书籍设计观念转换的阅读美学研究中探索前行，并以"不摹古却饱浸东方品位，不拟洋又焕发时代精神"的理念作为我的设计追求和努力方向。

华彩书香，展现东方书籍独特的魅力。

作者简介

书籍设计师、插图画家
清华大学美术学院教授
中央美术学院客座教授，上海美术学院客座教授
中国出版协会书籍设计艺术委员会副主任
中国美术家协会平面设计艺术委员会副主任
中国艺术研究院设计研究院研究员
《书籍设计》丛书主编
国际平面设计师联盟（AGI）成员

1995年由国务院授予全国先进工作者奖章
1996年获国务院颁发国家政府专家特殊津贴
1999年由《出版广角》评为对中国书籍装帧50年产生影响的10位设计家之一
2008年由南方传媒集团颁发首届华人艺术成就大奖
2010年由《编辑之友》评为对新中国书籍60年有杰出贡献的60位编辑之一
2011年由中国包装联合会设计委员会颁发"中国设计事业功勋奖"
2012年被收录于《梅格斯平面设计史》（Meggs History of Graphic Design）
2014年担任德国莱比锡"世界最美的书"国际评委
2018年获光华设计基金会光华龙腾"改革开放40年中国设计40人荣誉功勋奖"
2019年获光华龙腾"中华人民共和国成立70周年中国设计贡献奖金质奖章"

展览
2012年德国奥芬巴赫的克林斯波博物馆举办"吕敬人书籍设计艺术"个展
2016年韩国坡州举办"法古创新——吕敬人的书籍设计展与10个弟子展"
2017年美国旧金山举办"吕敬人的书籍设计展"
2017年北京今日美术馆举办"书艺问道——吕敬人书籍设计40年展"
2018年上海刘海粟美术馆举办"书艺问道——吕敬人书籍设计40年展"
2020年深圳当代艺术与城市规划馆举办"书艺问道——吕敬人书籍设计40年展"

获奖
1986年《生与死》获第3届全国书籍装帧艺术展银奖
1995年《中国民间美术全集》获第4届全国书籍装帧艺术展金奖
　　　《黑与白》获第4届全国书籍装帧艺术展中央展区金奖
1997年《书籍形态学》获第3届书籍装帧研究成果金奖
2001年《敬人书籍设计2号》获第14届香港印制大赛设计意念奖
2003年始，《中国书院》等10部设计作品获第1、2、3、4、5、6、8届"中国最美的书"奖

2009年《中国记忆》获德国莱比锡"世界最美的书"荣誉奖，获第2届中国出版政府装帧设计奖
2010年《北京奥运交通图》获第24届国际制图大会（ICC）城市类地图金奖
2011年《怀袖雅物》获第4届金光国际印艺大赛设计创意金奖、第62届美国国际印艺大赛新颖书籍设计金奖、"中国最美的书"奖
《最后的皇朝》获第23届香港印艺大赛冠军奖、全场大奖
《贺友直自说自画》《剪纸的故事》获第9届"中国最美的书"奖
2012年《剪纸的故事》获德国莱比锡"世界最美的书"银奖
2014年《中华舆图志》《剪纸的故事》获第3届中国出版政府装帧设计奖
2017年《藏文珍稀文献丛书》获第4届中国出版政府装帧设计奖
2018年《历史的场》《书艺问道》获第16届"中国最美的书"奖
2020年《世界城市地图》获第5届中国出版政府装帧设计奖

  主编《书籍设计》丛书，编著出版《书籍设计四人说》（合著）、《敬人书籍设计》《敬人书籍设计2号》《吕敬人书籍设计教程》《书戏—中国当代书籍设计家》《中文字体的教与学》（合著）、《书籍设计基础》《书艺问道—吕敬人书籍设计说》《敬人书语》《日本当代插图集》，翻译出版《菊地信义的装帧艺术》《旋—杉浦康平的设计世界》等。主持第6、7、8、9届全国书籍设计大展，策划中国书籍设计艺术德国、瑞典、日本、韩国及中国台湾、香港地区展，并在美国、瑞士、瑞典、德国、日本、韩国、新加坡及中国港澳台地区进行学术交流和教学。